普通高等教育"十三五"规划教材
电子电气基础课程规划教材

U0289820

电工电子技术

宋玉阶　吴建国　刘　琼　武达亮　主　编

周钰杰　柳利军　李德芳　胡修兵　副主编

电子工业出版社
Publishing House of Electronics Industry
北京·BEIJING

内 容 简 介

本书是根据教育部高等学校电子电气基础课程教学指导分委员会最新审定的"电工技术"、"电子技术"课程教学基本要求，在系统地总结多年教学和教改经验的基础上编写的。

全书分为电工技术和电子技术两篇，共 13 章。电工技术篇的基本内容包括电路基本定律与基本分析方法、单相交流电路、三相电路、暂态电路、变压器、电动机；电子技术篇的基本内容包括半导体器件、基本放大电路、集成运算放大器及其应用、直流稳压电源、门电路与逻辑代数、组合逻辑电路、触发器及时序逻辑电路。

本书内容简明扼要，深浅适度，重点突出，理论联系实际，知识点全面，可作为高等院校本科非电类专业的"电工学"课程教材。

图书在版编目 (CIP) 数据

电工电子技术 / 宋玉阶等主编. —北京：电子工业出版社，2017.8
ISBN 978-7-121-31636-4

I. ①电… II. ①宋… III. ①电工技术－高等学校－教材 ②电子技术－高等学校－教材
IV. ①TM ②TN

中国版本图书馆 CIP 数据核字（2017）第 119306 号

策划编辑：张小乐
责任编辑：张小乐
印　　刷：北京七彩京通数码快印有限公司
装　　订：北京七彩京通数码快印有限公司
出版发行：电子工业出版社
　　　　　北京市海淀区万寿路 173 信箱　　邮编：100036
开　　本：787×1092　1/16　印张：21.75　字数：560 千字
版　　次：2017 年 8 月第 1 版
印　　次：2024 年 1 月第 4 次印刷
定　　价：49.50 元

凡所购买电子工业出版社图书有缺损问题，请向购买书店调换。若书店售缺，请与本社发行部联系，联系及邮购电话：（010）88254888，88258888。

质量投诉请发邮件至 zlts@phei.com.cn，盗版侵权举报请发邮件至 dbqq@phei.com.cn。

本书咨询联系方式：（010）88254462，zhxl@phei.com.cn。

前　言

本书是根据教育部高等学校电子电气基础课程教学指导分委员会最新审定的"电工技术"、"电子技术"课程教学基本要求，为满足网络信息时代电工电子技术课程教学模式改革的需要，在系统地总结多年教改和教学经验的基础上编写的。可作为高等院校本科非电类专业的"电工学"课程教材。

"电工学"课程是研究电工技术和电子技术的理论和应用的专业基础课程。为适应非电类专业对"电工学"课程的基本要求，教材应力求涉及面广、内容精炼、知识新颖，以克服学时少与内容多的矛盾。本书对教材内容进行了提炼，从系统的角度对基本理论进行了阐述，重视外部特性的研究，力求结构化、积木式，以便于读者选用。本书还突出了对思维方法的训练，注重应用研究，以利于培养学生分析和解决实际问题的能力。

本书主要有以下特点：

第一，贯彻以能力培养为核心，注重传统与现代的结合，注重理论与工程的联系，重新优化了章节顺序，精选了基础内容，精简了烦杂内容和例题。

第二，本着少而精的原则，力求概念准确、清楚，阐述简明扼要，定理推导从简，突出分析方法和应用。但为适应学生毕业后从事工程技术的需求，适当增加了选修内容和自学内容。

第三，为适应各学校广泛推行的学分制和学生自由选课、自由选教师的要求，重新拟定了特别的习题模式，精选了典型例题，优选了课后习题。

第四，本书作者皆为从事该课程教学的一线教师，具有丰富的教学经验，并将多年教学经验融入教材编写中，使教材内容更贴近课程教学。

本书由武汉科技大学信息科学与工程学院的教师编写，全书共 13 章，具体编写分工如下：第 1 章、第 4 章由武达亮编写；第 2 章由柳利军编写；第 3 章、第 12 章由刘琼编写；第 5～6 章由宋玉阶编写；第 7 章、第 11 章由李德芳编写；第 8 章、第 10 章由吴建国编写；第 9 章由周钰杰编写；第 13 章由胡修兵编写；全书由宋玉阶策划和统稿。

在本书编写过程中，得到了武汉科技大学教务处和信息科学与工程学院的大力支持和帮助，在此表示衷心的感谢。

由于作者水平有限，书中难免会有错误和不当之处，殷切希望使用本书的师生及其他读者给予批评指正。

作　者

2017 年 5 月

本书习题答案请扫二维码获取：

目　录

电工技术篇

电子技术篇

电工技术篇

第1章　电路的基本定律与分析方法

本章以电阻电路为例，介绍电路的基本定律和分析方法。首先讨论电压和电流的参考方向、基尔霍夫定律、电路的三种基本工作状态。在应用基本定律的基础上，再讨论几种复杂电路常用的分析方法，如等效变换法、支路电流法、节点电压法、叠加原理、戴维南定理。本章介绍的基本定律和分析方法不仅适用于直流电路，还适用于交流电路、电子电路等，必须给予充分的重视。

1.1　电路模型

1.1.1　电路与电路模型

电路是为了某种需要由各种元器件按一定方式用导线连接而成的，它是电流的通路。电路一般由电源（或信号源）、负载和中间环节组成。电源是产生电能的装置，例如蓄电池、发电机等。负载是取用电能并将电能转换成其他形式能量（机械能、光能和热能）的装置，例如电动机、照明灯、电炉等。中间环节是连接电源和负载的部分，如连接导线、控制开关和保护装置等，主要起传输、控制和分配电能的作用。

电路的一个作用是实现能量的传输与转换。如电力系统这类电路，由于电压较高，电流和功率较大（习惯上常称为强电电路），因而要求在电能的输送和转换中，电路的能量损耗尽可能小，效率尽可能高。

电路的另一个作用是电信号的传递和处理。如收音机这类电路，由于电压低，电流和功率较小（习惯上常称为弱电电路），因而主要考虑如何改善电路传递和处理信号的性能，如失真、稳定性、放大倍数、级间配合等问题。

实际电路元件就是构成电路的电工、电子元器件或设备，如电池、电灯、电动机等。用实际电路元件构成的电路称为实际电路，如手电筒电路。

为了便于对实际电路进行分析和数学描述，将实际电路元件理想化，即在一定条件下抓住其主要的电磁性质，忽略次要因素，把它近似地看作理想电路元件。理想元件（简称元件）主要有电阻元件、电容元件、电感元件和电源等。由理想元件所组成的电路，就是实际电路的电路模型。也就是说，电路模型是为了某种需要由一些理想元件相互连接而构成的整体，是实际电路的一种等效表示，也称为等效电路。对一个实际电路建立电路模型可为分析和研究电路问题带来很大方便，是电路分析常用的方法。例如，手电筒电路的电路模型如图1.1.1所示，干电池为电源，用U_S和R_0串联的模型表示；灯泡为负载，用电阻元件R表示；筒体为中间环节，用导线和开关表示。

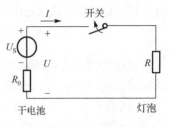

图1.1.1　手电筒电路模型

1.1.2　电压和电流的参考方向

电压和电流的方向，有实际方向和参考方向之分，要加以区别。

电路中带电粒子在电源作用下有规则的定向运动形成电流，其大小等于单位时间内通过导体横截面的电荷量。即

$$i = \frac{\mathrm{d}q}{\mathrm{d}t} \tag{1.1.1}$$

在国际单位制中，电流的单位是安培（库仑/秒），简称"安"，用符号"A"表示。还有毫安（mA）、微安（μA），它们的换算关系如下：

$$1A = 10^3 mA = 10^6 \mu A$$

电流的大小和方向都不随时间变化，称为直流电流，用符号"I"表示；电流的大小和方向都随时间变化，称为交流电流，用符号"i"表示。

既然电流是由带电粒子有规则的定向运动而形成的，那么电流就是一个既有大小又有方向的物理量。

习惯上规定正电荷运动的方向或负电荷运动的反方向为电流的实际方向，用"→"表示。但分析复杂电路时很难确定电流的实际方向，这就要求先任意设定一个方向作为电流的参考方向。当电流的实际方向与所选定的电流参考方向一致时，则电流为正值；当电流的实际方向与所选定的电流参考方向相反时，则电流为负值。如图 1.1.2 中，实线箭头表示电流参考方向，虚线箭头表示电流实际方向。可见，在参考方向选定后，电流就有正负之分。分析与计算电路时，一定要在电路中标出电流的参考方向。

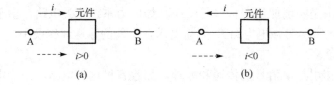

图 1.1.2　电流的参考方向

电压是描述电场力对电荷做功的物理量。a、b 两点之间的电压 U_{ab}，在数值上就等于电场力将单位正电荷从 a 点移到 b 点所做的功。

电动势是用来表示电源移动电荷做功的物理量。电源的电动势 E_{ba}，在数值上等于电源把单位正电荷从负极 b（低电位）经由电源内部移到电源的正极 a（高电位）所做的功。

在国际单位制中，电压和电动势的单位都是伏特，简称"伏"，用符号"V"表示。还有千伏（kV）、毫伏（mV）和微伏（μV），它们的换算关系如下：

$$1kV = 10^3 V, \quad 1V = 10^3 mV = 10^6 \mu V$$

电压的实际方向规定为由高电位（"+"极性）端指向低电位（"−"极性）端，即为电位降低的方向。电源电动势的实际方向规定为在电池内部由低电位（"−"极性）端指向高电位（"+"极性）端，即为电位升高的方向。和电流一样，在较为复杂的电路中，往往也无法先确定它们的实际方向（或者极性）。因此，在电路图上所标出的也都是电压和电动势的参考方向。电压的参考方向用"+"、"−"极性表示，从"+"端指向"−"端；或用双下标表示，如

U_{ab}，它的参考方向是从"a"端指向"b"端。若参考方向与实际方向一致，则其值为正；若参考方向与实际方向相反，则其值为负。

在分析电路时，原则上参考方向是可以任意选择的，如果设电流的参考方向与电压的参考方向一致，则这样设定的参考方向称为关联参考方向，如图1.1.3(a)所示，电流的参考方向是由电压的高电位流向低电位的。如果设电流的参考方向与电压的参考方向不一致，则这样设定的参考方向称为非关联参考方向，如图1.1.3(b)所示。

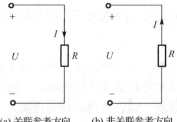

(a) 关联参考方向　　(b) 非关联参考方向

图 1.1.3　电压、电流的参考方向

1.1.3　欧姆定律

欧姆定律是电路的基本定律之一，它的内容是：流过线性电阻的电流与电阻两端的电压成正比。如图1.1.4(a)所示的电路，欧姆定律可用下式表示：

$$I = \frac{1}{R}U \quad 或 \quad U = IR \tag{1.1.2}$$

式中，R即为该段电路的电阻值。

由式（1.1.2）可知，在电压一定的情况下，电阻越大，电流越小。可见，电阻具有对电流起阻碍作用的物理性质。

如图 1.1.4 所示，由于电阻元件的端电压和电流的参考方向有相同和不同之分，因此欧姆定律的表达式中有正、负号之分。

当电压和电流的参考方向一致时，如图1.1.4(a)和图1.1.4(d)所示，有

$$U = IR$$

当电压和电流的参考方向相反时，如图1.1.4(b)和图1.1.4(c)所示，有

$$U = -IR \tag{1.1.3}$$

由以上分析可知，欧姆定律的表达式中包含了两套正负号，一是表达式前面的正负号，由U与I的参考方向是否相同决定；另外，电压U和电流I本身的值还有正负之分。所以在使用欧姆定律进行计算时，必须注意这一点。

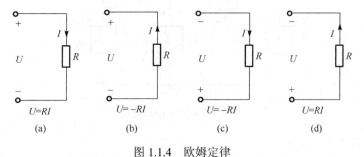

(a)　　　　　(b)　　　　　(c)　　　　　(d)

图 1.1.4　欧姆定律

1.1.4　功率和电能

电气设备在单位时间内消耗（实际是转换）的电能称为电功率，简称"功率"。用"p"表示，$p = ui$。

在直流电路中，如果 U 与 I 的参考方向一致，则

$$P = UI \tag{1.1.4}$$

如果 U 与 I 的参考方向相反，则

$$P = -UI \tag{1.1.5}$$

可见，功率有正负之分。功率的正负表示元件在电路中的作用不同。若功率为正值，则表明该元件是负载（如电阻），在电路中吸收功率（即将电能转换成其他形式的能量）；若功率为负值，则表明该元件为电源，在电路中发出功率（即将其他形式的能量转换成电能）。

在同一个电路中，电源发出的总功率 P_S 和电路吸收的总功率 P_L 在数值上是相等的，这就是电路的功率平衡。即

$$P_S + P_L = 0 \tag{1.1.5}$$

在国际单位制中，功率的单位是瓦特（焦耳/秒），简称"瓦"，用"W"表示，还有千瓦（kW）、毫瓦（mW）等单位。换算关系如下：

$$1kW = 10^3 W, \qquad 1W = 10^3 mW$$

在 t 时间内消耗的电能为

$$W = Pt \tag{1.1.6}$$

W 的单位是焦[耳]（J）。工程上电能的计量单位为千瓦时（kW·h），1 千瓦时即 1 度电，1 度电与焦的换算关系如下：

$$1kW \cdot h = 3.6 \times 10^6 J$$

电阻消耗的电能全部转化为热能，是不可逆的能量转换过程。

【例 1.1.1】 在图 1.1.5 所示电路中，方框代表电路元件（电源或负载）。各元件的电压、电流方向如图所示。已知 $I_1 = -4A$，$I_2 = 5A$，$I_3 = 9A$，$U_1 = -6V$，$U_2 = 10V$，$U_4 = -4V$。

（1）试求各元件的功率，并判断其元件性质；

（2）该电路功率是否平衡？

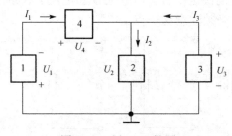

图 1.1.5　例 1.1.1 的图

解：（1）元件 1 的功率：

$$P_1 = U_1 I_1 = -6 \times (-4) = 24W > 0 \qquad （元件 1 为负载）$$

元件 2 的功率：

$$P_2 = U_2 I_2 = 10 \times 5 = 50W > 0 \qquad （元件 2 为负载）$$

元件 3 的功率：

$$P_3 = -U_2 I_3 = -10 \times 9 = -90W < 0 \qquad （元件 3 为电源）$$

元件 4 的功率：
$$P_4 = U_4 I_1 = -4 \times (-4) = 16\text{W} > 0 \qquad （元件 4 为负载）$$

（2）负载消耗的功率：
$$P_\text{L} = P_1 + P_2 + P_4 = 90\text{W}$$

电路产生的功率：
$$P_\text{S} = P_3 = -90\text{W}$$

因为 $P_\text{S} + P_\text{L} = 0$，所以功率平衡。

1.1.5　电源的三种工作状态

1. 电源有载工作

在图 1.1.6 所示电路中，开关 S 闭合，电源连接负载电阻 R_L 组成闭合回路，这称为电源的有载工作。电源输出的电流即为流经负载的电流，其大小为

$$I = \frac{U_\text{S}}{R_0 + R_\text{L}} \qquad (1.1.7)$$

式中，U_S、R_0 分别为电源的电压和内阻；R_L 为负载电阻。

当 U_S、R_0 一定时，电流 I 的大小由负载电阻 R_L 决定。R_L 越小，则电流 I 越大。

电源端电压 U 等于负载电阻两端的电压，由式（1.1.7）可得

$$U = I R_\text{L} = U_\text{S} - I R_0 \qquad (1.1.8)$$

式（1.1.8）表明在有载工作状态时，由于电源内阻有压降，因而 U 总是小于 U_S。当 U_S 和 R_0 一定时，U 随着电流 I 的增加而下降。电源端电压与输出电流之间的关系曲线，称为电源的外特性曲线，如图 1.1.7 所示，其斜率与电源内阻 R_0 有关。当 $R_0 \ll R_\text{L}$ 时，则

$$U \approx U_\text{S}$$

这说明电源带负载能力强，当电流（负载）变动时，电源的端电压变动不大。

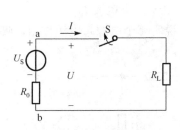

图 1.1.6　电源有载工作

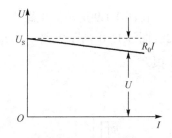

图 1.1.7　电源的外特性曲线

式（1.1.8）各项乘以电流 I，得功率平衡式

$$UI = U_\text{S} I - I^2 R_0$$

或
$$P + P_\text{S} + \Delta P = 0 \qquad (1.1.9)$$

式中，$P_\text{E} = -U_\text{S} I$ 为电源发出的功率，$\Delta P = I^2 R_0$ 为电源内阻损耗的功率，$P = UI$ 为负载消耗的功率。

2．电源开路

当图 1.1.6 中的开关 S 断开时，电源处于开路状态，也称为空载状态。开路时外电路的电阻对电源来说等于无穷大，因此电路中电流为零。这时电源的端电压（称为开路电压，用 U_O 表示）等于 U_S，电源不输出电能。

如上所述，电路开路时，主要特征可表示为

$$\begin{cases} I = 0 \\ U = U_O = U_S \\ P = 0 \end{cases}$$

3．电源短路

如图 1.1.8 所示，当电源的两端由于某种原因而连接在一起时，称为电源短路。电路短路时，外电路的电阻可视为零，这时电路中的电流为短路电流，用 I_S 表示。

电路短路时，主要特征可表示为

$$\begin{cases} U = 0 \\ I = I_S = \dfrac{U_S}{R_0} \\ P_S = \Delta P = I^2 R_0 \\ P = 0 \end{cases}$$

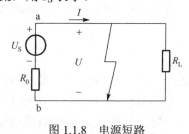

图 1.1.8　电源短路

由上述可知，电源被短路时的电流 I_S 很大，电源产生的功率 P_S 全部消耗在内阻上，易造成电源过热而损坏。此时负载上没有电流，负载的功率 $P=0$。

短路通常是一种严重事故，应尽量避免。通常采取的保护措施是在电路中接入熔断器（俗称保险丝）或自动断路器，以便在发生短路时迅速将故障电路断开。

练习与思考

1.1.1　在图 1.1.9 所示的电路中，$R = 2\text{k}\Omega$，$U_{ab} = -10\text{V}$，求电流 I。

1.1.2　图 1.1.10 所示电路中，$I_1 = 12\text{A}$，$I_2 = 7\text{A}$，说明哪个电源起电源作用，哪个电源起负载作用。

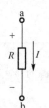

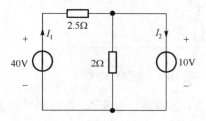

图 1.1.9　练习与思考 1.1.1 的图　　图 1.1.10　练习与思考 1.1.2 的图

1.1.3　图 1.1.11 所示电路中，$U = -100\text{V}$，$I = 2\text{A}$，试问哪些方框是电源，哪些方框是负载？

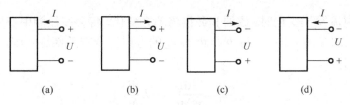

(a)　　　　　(b)　　　　　(c)　　　　　(d)

图 1.1.11　练习与思考 1.1.3 的图

1.2　理想电路元件

1.2.1　电阻元件

电阻元件是表征电路中消耗电能的理想元件。一个电阻器有电流通过时，若只考虑它的主要因素热效应，忽略它的次要因素磁效应，则它成为一个理想电阻元件。电阻元件上电压和电流之间的关系称为伏安特性。如果电阻元件的伏安特性曲线在 u–i 平面上是一条通过坐标原点的直线，则称为线性电阻，简称为电阻。线性电阻的图形符号如图 1.2.1 所示。电阻上电压与电流的关系为 $u=Ri$。

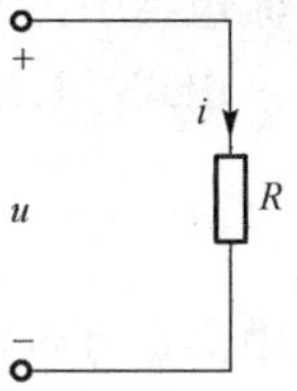

在国际单位制中，电阻的单位为欧［姆］（Ω）。还有千欧（kΩ）、兆欧（MΩ）。它们的换算关系如下：

图 1.2.1　电阻元件

$$1M\Omega = 10^3 k\Omega = 10^6 \Omega$$

1.2.2　电感元件

电感线圈是典型的实际电感元件，电感线圈通有电流时产生磁场，具有储存磁场能量的性质，当忽略线圈导线中的电阻时，它就成为一个理想的电感元件。

图 1.2.2(a)所示是一个电感线圈，当通过电流 i 时，将产生磁通 Φ，如果线圈为 N 匝，则磁链 $\psi = N\Phi$，磁链与电流 i 的比值称为线圈的电感，即：

$$L = \frac{\psi}{i} = \frac{N\Phi}{i} \quad (H) \tag{1.2.1}$$

若 ψ 与 i 的比值是常数，这种电感称为线性电感，简称为电感，否则为非线性电感。线性电感的符号如图 1.2.2(b)所示。

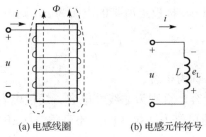

(a) 电感线圈　　　(b) 电感元件符号

图 1.2.2　电感元件

在国际单位制中，电感的单位为亨利（H），还有毫亨（mH）。它们的换算关系为 $1H=10^3 mH$。

当线圈中的电流发生变化时，磁通和磁链将随之变化，将会在线圈中产生感应电动势 e_L。如果 u 与 i 采用关联参考方向，i 与 Φ、Φ 与 e_L 的方向符合右手螺旋定则，则在电感元件中产生的感应电动势

$$e_L = -\frac{\mathrm{d}\psi}{\mathrm{d}t} = -L\frac{\mathrm{d}i}{\mathrm{d}t} \tag{1.2.2}$$

电感电压和电流的关系为

$$u = -e_L = L\frac{\mathrm{d}i}{\mathrm{d}t} \tag{1.2.3}$$

式（1.2.3）表明，线性电感元件两端的电压 u 与流过它的电流的变化率 $\mathrm{d}i/\mathrm{d}t$ 成正比，而与当时的电流数值大小无关。因此，电感元件是一种动态元件。

当在电感线圈中通过恒定电流时，电流的变化率为零，其上的电压 u 也为零，因此，在直流电路中，电感元件可视作短路。

由式（1.2.3）可得出

$$i = \frac{1}{L}\int_{-\infty}^{t} u\mathrm{d}t = \frac{1}{L}\int_{-\infty}^{0} u\mathrm{d}t + \frac{1}{L}\int_{0}^{t} u\mathrm{d}t = i_0 + \frac{1}{L}\int_{0}^{t} u\mathrm{d}t \tag{1.2.4}$$

式中，i_0 为初始值，即在 $t=0$ 时电感元件中流过的电流。

在电压与电流的关联参考方向下，线性电感元件吸收的功率为

$$p = ui = iL\frac{\mathrm{d}i}{\mathrm{d}t} \tag{1.2.5}$$

从 $-\infty$ 到 t 时刻，电感吸收的磁场能量为

$$W_L = \int_{-\infty}^{t} p\mathrm{d}t = \int_{-\infty}^{t} Li\mathrm{d}i = \frac{1}{2}Li^2 \tag{1.2.6}$$

上式表明，当电感元件中的电流增大时，磁场能量增大，电能转化为磁场能，即电感元件从电源取用能量；当电流减小，磁场能量减小，磁场能转化为电能，即电感元件向电源释放能量。可见电感元件不消耗能量，是储能元件。

1.2.3 电容元件

电容器是一种能储存电荷或者说储存电场能量的元件，电容元件就是反映这种物理现象的理想化元件。

若两极板上所加的电压为 u，极板上所带的电荷为 q，则电容定义为

$$C = \frac{q}{u} \tag{1.2.7}$$

式中，C 是电容元件的参数，称为电容。

C 是常数的电容为线性电容，否则为非线性电容。线性电容的符号如图 1.2.3(b)所示。

在国际单位制中，电容的单位为法拉（F），还有微法（μF）或皮法（pF），它们的换算关系如下：

$$1\mu F = 10^{-6}\,F, \quad 1pF = 10^{-12}\,F$$

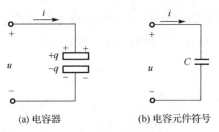

(a) 电容器   (b) 电容元件符号

图 1.2.3 　电容元件及符号

u 与 i 采用关联的参考方向，当电容两端的电压 u 随时间变化时，则电容两端电压、电流的关系表达式为

$$i = \frac{\mathrm{d}q}{\mathrm{d}t} = C\frac{\mathrm{d}u}{\mathrm{d}t} \tag{1.2.8}$$

上式说明电容元件的电流与它两端的电压的变化率成正比,因此电容元件也是一种动态元件。

在直流电路中，由于电容两端电压 u 为恒定值，$\mathrm{d}u/\mathrm{d}t=0$，即 $i=0$，因此电容元件可视作开路。

由式（1.2.8）又可导出电容上电压 u 的表达式：

$$u(t) = \frac{1}{C}\int_{-\infty}^{t} i\mathrm{d}t = \frac{1}{C}\int_{-\infty}^{0} i\mathrm{d}t + \frac{1}{C}\int_{0}^{t} i\mathrm{d}t = u_0 + \frac{1}{C}\int_{0}^{t} i\mathrm{d}t \tag{1.2.9}$$

式中，u_0 为初始值，即在 $t = 0$ 时电容元件上的电压。

在电压与电流的关联参考方向下，线性电容元件吸收的功率为

$$p = ui = Cu\frac{\mathrm{d}u}{\mathrm{d}t} \tag{1.2.10}$$

从 $-\infty$ 到 t 时刻，电容元件吸收的电场能量为

$$W_{\mathrm{C}} = \int_{-\infty}^{t} ui\mathrm{d}t = \frac{1}{2}Cu^2 \tag{1.2.11}$$

上式表明，当电容元件上的电压增大时，电场能量增大，电容元件从电源取用能量；当电压减小时，电场能量减小，电容元件向电源释放能量。可见，电容元件是一种储能元件。

1.2.4 　电源的两种模型

电源是任何电路中都不可缺少的重要组成部分，它是电路中电能的来源。电源是从实际电源抽象得到的电路模型。它可用两种不同的电路模型表示。一种是用理想电压源与电阻串联的电路模型来表示，称为电源的电压源模型；一种是用理想电流源与电阻并联的电路模型来表示，称为电源的电流源模型。

1. 电压源

如果电源的端电压是一个定值，而其中的电流 I 是任意的，电流 I 的大小随负载电阻 R_{L} 的变化而变化。这样的电源称为理想电压源或恒压源。理想电压源的符号如图 1.2.4 所示，图中 U_{S} 为理想电压源的电压。它的外特性曲线是一条与横轴平行的直线，如图 1.2.5 所示。

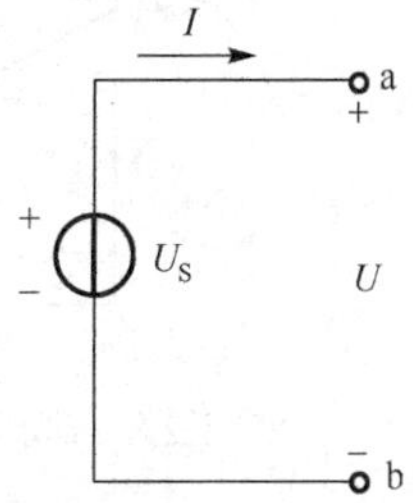

当外接电阻 R_{L} 变化时，电源的输出电压波动较小，可认为是

图 1.2.4 　理想电压源的符号

电压源。如发电机、电池、稳压电源等。一个实际电源，可看成是理想电压源 U_S 和内阻 R_0 串联的电路模型，如图 1.2.6 所示，此即电压源模型，简称电压源。

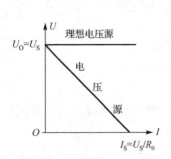

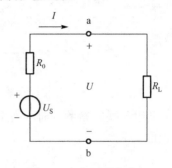

图 1.2.5　理想电压源和电压源的外特性曲线　　　　图 1.2.6　电压源电路

图 1.2.6 中，U 为电源的端电压，R_L 是负载电阻，I 是负载电流。电源的端电压

$$U = U_S - IR_0 \qquad (1.2.12)$$

由此可画出电压源的外特性曲线，如图 1.2.5 所示。当电压源开路时，$I=0$，$U=U_O=U_S$；当电压源短路时，$U=0$，$I=I_S=U_S/R_0$（I_S 称为短路电流）。内阻 R_0 越小，直线越平。

当电压源的内阻 $R_0=0$ 时，为理想电压源。理想电压源实际上是不存在的，如果一个电压源的内阻远小于负载电阻，即 $R_0 \ll R_L$，则输出电压 $U \approx U_S$，该电压源近似为一个理想电压源。

2. 电流源

如果电源的电流是一个定值，而其两端的电压 U 是任意的，电压 U 的大小随负载电阻 R_L 的变化而变化。这样的电源称为理想电流源或恒流源。理想电流源的符号如图 1.2.7 所示。它的外特性曲线是一条与纵轴平行的直线，如图 1.2.8 所示。

当外接电阻 R_L 变化时，电源的输出电流波动较小，可认为是电流源，如光电池等。一个实际电流源可以看成是理想电流源 I_S 和内阻 R_0 并联的电路模型，如图 1.2.9 所示，此即电流源模型，简称电流源。图中，U 为电流源的端电压，负载电流为

图 1.2.7　理想电流源的符号

$$I = I_S - \frac{U}{R_0} \qquad (1.2.13)$$

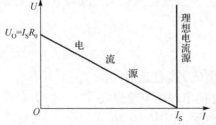

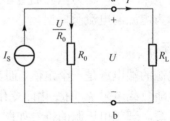

图 1.2.8　理想电流源和电流源的外特性曲线　　　　图 1.2.9　电流源电路

由式（1.2.13）可画出电流源的外特性曲线，如图 1.2.8 所示。当电流源开路时，$I=0$，$U=U_O=I_S R_0$；当电流源短路时，$U=0$，$I=I_S$。内阻 R_0 越大，则直线越陡。

当 $R_0=\infty$（相当于 R_0 支路断开）时，$I=I_S$，这时的电流源为理想电流源。理想电流源实际上是不存在的，如果一个电流源的内阻远大于负载电阻，即 $R_0 \gg R_L$，则 $I \approx I_S$，该电流源近似为一个理想电流源。

1.3　基尔霍夫定律

基尔霍夫定律是对电路进行分析和计算的基本定律，它分为基尔霍夫电流定律（Kirchhoff's Current Law，KCL）和基尔霍夫电压定律（Kirchhoff's Voltage Law，简称 KVL）。基尔霍夫电流定律应用于节点，基尔霍夫电压定律应用于回路。

电路中的每一分支称为支路，一条支路流过的同一电流，称为支路电流。图 1.3.1 所示电路中有三条支路，相应的支路电流为 I_1、I_2 和 I_3。

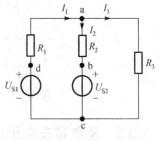

电流中三条或三条以上支路的交点称为节点。图 1.3.1 中有 a 和 c 两个节点。

电路中由一条或多条支路组成的闭合电路称为回路。图 1.3.1 所示电路中有 adcba、abca 和 adca 三个回路。

图 1.3.1　电路举例

1.3.1　基尔霍夫电流定律

基尔霍夫电流定律用来确定电路中任意一个节点上各支路电流之间的关系。由于电流的连续性，电路中任何一点（包括节点）均不能堆积电荷。因此，该定律指出：在任一瞬时，流入电路中任一节点的电流之和等于流出该节点的电流之和。

在图 1.3.1 所示电路中，对节点 a 有

$$I_1 = I_2 + I_3 \qquad (1.3.1)$$

或将上式改写成

$$I_1 - I_2 - I_3 = 0$$

即

$$\sum I = 0 \qquad (1.3.2)$$

也就是说，在任一瞬时，任一个节点上电流的代数和恒等于零。如果规定参考方向指向（流入）节点的电流取正号，则背向（流出）节点的电流就取负号。

基尔霍夫电流定律不仅适用于电路中的节点，而且还可推广应用于电路中任何一个假定的闭合面。例如，在图 1.3.2 所示的电路中，虚线所示的闭合面所包围的是一个三角形电路，它有三个节点。由基尔霍夫电流定律可得：

$$I_1 = I_4 - I_6$$

$$I_2 = I_5 - I_4$$

$$I_3 = I_6 - I_5$$

以上三式相加，得

$$I_1 + I_2 + I_3 = 0$$

可见，在任一瞬时，通过电路中任一闭合面的电流的代数和也恒等于零。

【例 1.3.1】　在图 1.3.3 所示的电路中，已知 $I_{S1}=3A$，$I_{S2}=2A$，$I_{S3}=1A$。试求 I_1、I_2 和 I_3 的值。

解： 应用基尔霍夫电流定律可列出

$$I_1 = I_{S3} - I_{S2} = -1\text{A}$$
$$I_2 = -I_{S1} - I_1 = -2\text{A}$$
$$I_3 = I_{S1} - I_{S2} = 1\text{A}$$

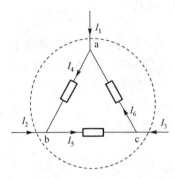

图 1.3.2　KCL 的推广应用

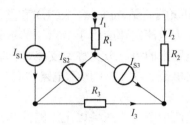

图 1.3.3　例 1.3.1 的电路

1.3.2　基尔霍夫电压定律

基尔霍夫电压定律用来确定回路中各段电压之间的关系。基尔霍夫电压定律指出：在任一瞬时，从回路中任意一点出发，沿回路绕行一周回到原点时，在这个方向上的电压降之和应等于电压升之和。

以图 1.3.4 所示的回路 adcba 为例，图中电压、电流和电动势的参考方向均已标出。从 a 点出发，按照虚线所示方向逆时针绕行一周，根据基尔霍夫电压定律可列出

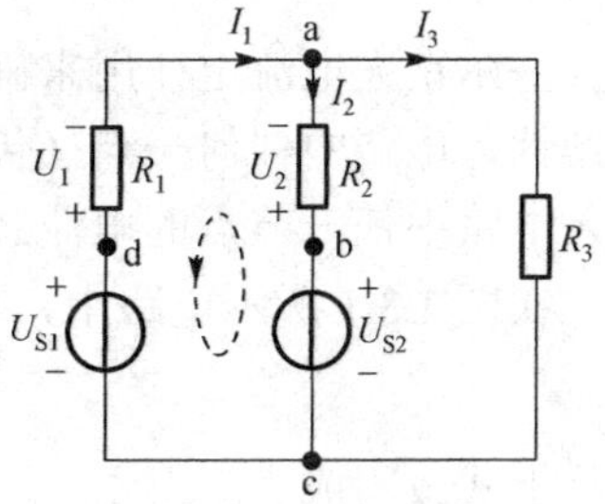

$$U_{S1} + U_2 = U_1 + U_{S2}$$

将上式改写成

$$U_1 + U_{S2} - U_{S1} - U_2 = 0$$

图 1.3.4　回路

即

$$\sum U = 0 \qquad (1.3.3)$$

基尔霍夫电压定律也可表达为：在任一瞬时，从回路中任意一点出发，沿任意闭合回路绕行一周，则回路中各段电压的代数和恒等于零。如果规定电压降取正号，则电压升就取负号。

基尔霍夫电压定律不仅适用于电路中的闭合回路，而且还可推广应用于回路的部分电路。例如，对图 1.3.5 所示电路可列出

$$-RI + U_S - U = 0$$

或

$$U = U_S - RI$$

不论是应用基尔霍夫定律还是欧姆定律列方程时，首先要在电路图上标出电流、电压或电动势的参考方向。因为所列方程中各项前的"+"、"−"号是由它的参考方向决定的。如果参考方向选得相反，则会相差一个"−"号。

【例 1.3.2】 图 1.3.6 中，$U_{AB} = 8\text{V}$，$U_{BC} = -7\text{V}$，$U_{CD} = 9\text{V}$。试求：U_{DA}，U_{AC}。

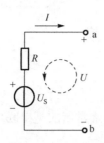

图 1.3.5　KVL 的推广应用

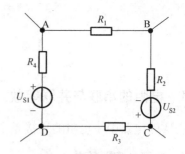

图 1.3.6　例 1.3.2 的图

解： 根据基尔霍夫电压定律可列出

$$U_{AB} + U_{BC} + U_{CD} + U_{DA} = 0$$

即
$$8 - 7 + 9 + U_{DA} = 0$$

得
$$U_{DA} = -10\text{V}$$

同理，
$$U_{AB} + U_{BC} - U_{AC} = 0$$

即
$$8 - 7 - U_{AC} = 0$$

得
$$U_{AC} = 1\text{V}$$

练习与思考

1.3.1　如图 1.3.7 所示电路，已知 I_1=11mA，I_4=12mA，I_5=6mA。确定节点数，求 I_2、I_3 和 I_6。

1.3.2　如图 1.3.8 所示电路中的电流 I_1 和 I_2 各为多少？

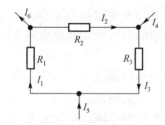

图 1.3.7　练习与思考 1.3.1 的图

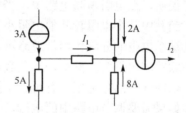

图 1.3.8　练习与思考 1.3.2 的图

1.3.3　试确定如图 1.3.9 所示电路中的支路数、节点数、回路数，并写出回路 ABDA、AFCBA 和 AFCDA 的 KVL 方程。

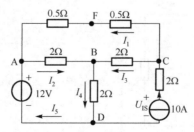

图 1.3.9　练习与思考 1.3.3 的图

1.4　二端网络的等效变换

1.4.1　电阻的串联与并联等效

在实际电路中，电阻的连接是多种多样的，其中最简单最常用的是串联与并联。

1. 电阻的串联等效

如果将若干个电阻依次顺序连接，并且在这些电阻中通过同一电流，则这样的连接形式就称为电阻的串联，如图 1.4.1(a)所示。

在图 1.4.1(a)中，

$$U = U_1 + U_2 + \cdots + U_n = IR_1 + IR_2 + \cdots + IR_n = I(R_1 + R_2 + \cdots + R_n)$$

令
$$R = R_1 + R_2 + \cdots + R_n = \sum_{i=1}^{n} R_i \qquad （1.4.1）$$

则
$$U = IR$$

式中，R 定义为串联电路的等效电阻，等效条件是在同一电压 U 的作用下电流保持不变。等效电阻等于各串联电阻之和。等效电路如图 1.4.1(b)所示。

串联电阻上的电压分别为

$$U_k = IR_k = \frac{R_k}{R}U \qquad k = 1, 2, \cdots, n \qquad （1.4.2）$$

式（1.4.2）说明，在电阻串联电路中，当外加电压一定时，各电阻端电压的大小与它的电阻值成正比。当其中某个电阻较其他电阻小很多时，它两端的电压也较其他电阻上的电压要低很多，因此这个电阻的分压作用常忽略不计。

电路串联的应用很多。例如，在负载电压低于电源电压的情况下，通常需要与负载串联一个电阻，以降低一部分电压。有时为了限制负载中通过过大电流，也可以与负载串联一个限流电阻。如果需要调节电路中的电流，一般也可以在电路中串联一个变阻器来进行调节。另外，改变串联电阻的大小以得到不同的输出电压，这也是常见的。

【例 1.4.1】　在图 1.4.2 所示电路中，$U_1 = 20\text{V}$，$R_1 = 1.2\text{k}\Omega$，$R_2 = 1.8\text{k}\Omega$，$R_P = 7\text{k}\Omega$，试求 U_2 的变化范围。

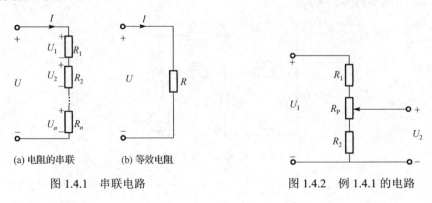

(a) 电阻的串联　　　　(b) 等效电阻

图 1.4.1　串联电路　　　　　图 1.4.2　例 1.4.1 的电路

解： 当滑动触点移到 R_P 最上端时

$$U_2 = \frac{R_P + R_2}{R_1 + R_P + R_2}U_1 = \frac{(7+1.8)\times 10^3}{(1.2+7+1.8)\times 10^3}\times 20 = 17.6\text{V}$$

当滑动触点移到 R_P 最下端时

$$U_2 = \frac{R_2}{R_1 + R_P + R_2}U_1 = \frac{1.8\times 10^3}{(1.2+7+1.8)\times 10^3}\times 20 = 3.6\text{V}$$

所以 U_2 的变化范围为 3.6～17.6V。

2. 电阻的并联等效

如果电路中有若干个电阻连接在两个公共节点之间，使各个电阻承受同一电压，则这样的连接形式就称为电阻的并联。如图 1.4.3(a)所示。

在图 1.4.3(a)中，根据基尔霍夫电流定律，总电流应等于各电阻支路电流之和，即

$$I = I_1 + I_2 + \cdots + I_n = \frac{U}{R_1} + \frac{U}{R_2} + \cdots + \frac{U}{R_n} = U\left(\frac{1}{R_1} + \frac{1}{R_2} + \cdots + \frac{1}{R_n}\right)$$

令

$$\frac{1}{R} = \frac{1}{R_1} + \frac{1}{R_2} + \cdots + \frac{1}{R_n} \tag{1.4.3}$$

上式也可写成

$$G = G_1 + G_2 + \cdots + G_n \tag{1.4.4}$$

则有

$$I = \frac{U}{R} = UG$$

式中，R 定义为并联电路的等效电阻，G 称为电导，是电阻的倒数。在国际单位制中，电导的单位是西[门子]（S）。并联电路的等效电路如图 1.4.3(b)所示。

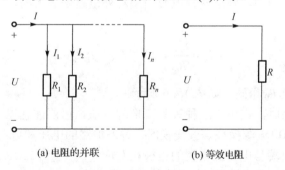

(a) 电阻的并联   (b) 等效电阻

图 1.4.3   并联电路

并联电阻上的分流分别为

$$I_k = \frac{U}{R_k} = \frac{R}{R_k}I \qquad k = 1,2,\cdots,n \tag{1.4.5}$$

可见，并联电阻上电流的分配与电阻值成反比，当其中某个电阻较其他电阻大很多时，通过它的电流就较其他电阻上的电流小很多，因此这个电阻的分流作用常可忽略不计。

一般负载都是并联运行的。负载并联运行时，它们处于同一电压之下，可认为任何一个

负载的工作情况不受其他负载的影响。并联的负载电阻越多，则总电阻（小于其中任一并联电阻）越小，电路中总电流和总功率也就越大，但每个负载的电流和功率没有变化。

【例 1.4.2】 在图 1.4.4 所示电路中，电流表的量程为 1mA，内阻为 100Ω。现将量程扩大至 5mA，求分流电阻值。

解： 分流电阻 R 与电流表并联，因此二者电压相等，即

$$(5-1) \times 10^{-3} \times R = 1 \times 10^{-3} \times 100$$

$$R = 25\Omega$$

当电流表配置该分流电阻后，电流表的量程扩大 5 倍。

【例 1.4.3】 图 1.4.5 所示电路中，$R_1 = 10\Omega$，$R_2 = 5\Omega$，$R_3 = 2\Omega$，$R_4 = 3\Omega$，试求 a、b 之间的等效电阻 R_{ab}。

解： 令 $R_{34} = R_3 + R_4 = 2 + 3 = 5\Omega$，则

$$R_{ab} = R_1 + \frac{R_2 R_{34}}{R_2 + R_{34}} = 10 + \frac{5 \times 5}{5 + 5} = 12.5\Omega$$

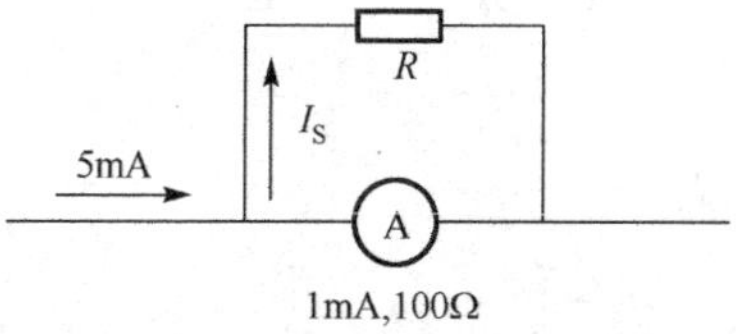

图 1.4.4　例 1.4.2 的电路 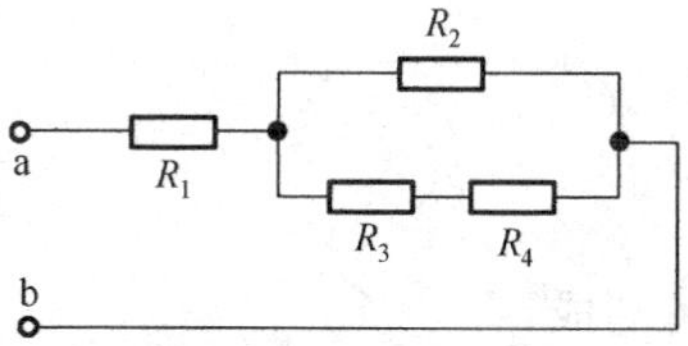　　　　　　图 1.4.5　例 1.4.3 的电路

1.4.2　电源两种模型的等效变换

一个实际电源既可用电压源模型来表示，也可用电流源模型来表示。如果电压源模型和电流源模型的外部特性相同，则这两种电源模型对外电路是等效的，可以进行等效变换。

等效变换的条件为

$$I_S = \frac{U_S}{R_0}，\quad 或 \quad U_S = I_S R_0 \tag{1.4.6}$$

两种表示形式中的内阻 R_0 相同，如图 1.4.6 所示。

在分析和计算电路时，也可用这种等效变换的方法，但要注意以下几点。

（1）电压源模型和电流源模型等效变换时，对外电路的电压和电流的大小、方向都不变。电流源模型的电流流出端与电压源模型的正极相对应。

（2）电压源模型和电流源模型的等效变换是对外电路而言的，对电源内部并不等效。例如在图 1.2.6 中，当电路开路时，电压源模型中无电流，电源内阻 R_0 上无功率损耗；但在图 1.2.9 中，当电路开路时，电源内阻 R_0 上有功率损耗。

（3）理想电压源与理想电流源不能等效变换。因为对理想电压源（$R_0=0$）来说，其短路电流 I_S 为无穷大，对理想电流源（$R_0=\infty$）来说，其开路电压 U_0 为无穷大，都不能得到有限的数值，故两者不存在等效变换的条件。

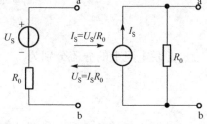

图 1.4.6　两种电源模型的等效变换

（4）理想电压源与元件（电阻或理想电流源）并联时，并联的元件都可以断开不予考虑。如图 1.4.7 所示，这是因为无论理想电压源外部并联多少元件，都不会影响其端电压的大小。

（5）理想电流源与元件（电阻或理想电压源）串联时，串联的元件都可以视为短路。如图 1.4.8 所示，这是因为无论与理想电流源串联多少元件，都不会改变其输出电流的大小。

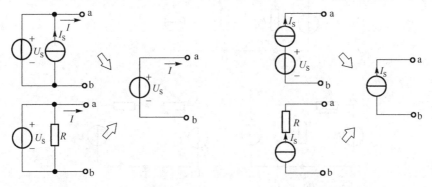

图 1.4.7　理想电压源并联元件的化简　　　图 1.4.8　理想电流源串联元件的化简

【例 1.4.4】　已知 I_S= 1A，U_{S1}=15V，U_{S2}=12V，试用电源等效变换法求图 1.4.9(a)所示电路的电流 I。

解： 根据图 1.4.9 所示的变换次序，最后化简为图 1.4.19(e)所示的电路，由此可得

$$I = \frac{4}{4+6} \times 3 = 1.2\text{A}$$

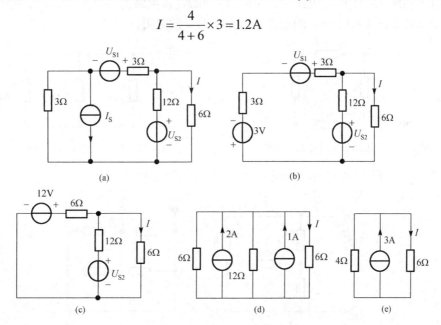

图 1.4.9　例 1.4.4 的求解过程电路

【例 1.4.5】　在图 1.4.10 所示电路中，已知 I_S=1A，U_S=2V，R_1=3Ω，R_2=6Ω，R_3=4Ω，R_4=8Ω，试求电路中电流 I_2。

解： 首先对图 1.4.10(a)所示电路进行等效变换。理想电压源 U_S 与电阻 R_4 并联，R_4 可视为开路；理想电流源 I_S 与电阻 R_1 串联，R_1 可视为短路，这时电路等效化简为图 1.4.10(b)。

其次，将图 1.4.10(b)电路中的电流源变为电压源，可得图 1.4.10(c)所示电路，求得

$$I_2 = \frac{U_S - U_{S2}}{R_2 + R_3} = \frac{2-4}{6+4} = -0.2\text{A}$$

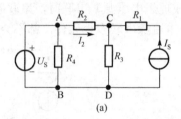

(a)

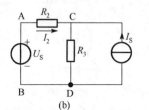

(b)

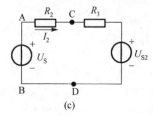

(c)

图 1.4.10　例 1.4.5 的电路

练习与思考

1.4.1　在图 1.4.11 所示电路中，电阻 $R=40\Omega$，该电路的等效电阻 R_{ab} 为多少？

1.4.2　计算图 1.4.12 所示的电阻并联电路的等效电阻。

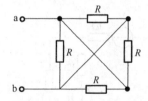

图 1.4.11　练习与思考 1.4.1 的图

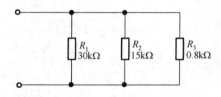

图 1.4.12　练习与思考 1.4.2 的图

1.4.3　试计算图 1.4.13 所示两电路中 a、b 间的等效电阻 R_{ab}。

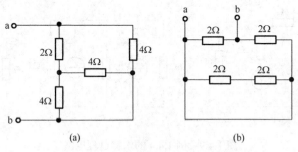

(a)　　　　　　　　　(b)

图 1.4.13　练习与思考 1.4.3 的图

1.4.4　通常电灯开得越多，总的负载电阻是越大还是越小？

1.4.5　把图 1.4.14 中的电压源模型变换为电流源模型，电流源模型变换为电压源模型。

1.4.6　在图 1.4.15 所示的直流电路中，已知理想电压源的电压 U_S =3V，理想电流源 I_S =3A，电阻 R=1Ω。求：（1）理想电压源的电流和理想电流源的电压，并指出哪个是电源？哪个是负载？（2）讨论电路的功率平衡关系。

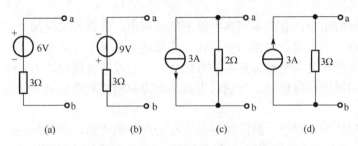

图 1.4.14　练习与思考 1.4.5 的图

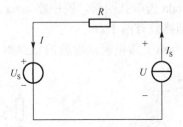

图 1.4.15　练习与思考 1.4.6 的图

1.4.7　把图 1.4.16(a)所示电路等效变换为电流源模型，把图 1.4.16(b)所示电路等效变换为电压源模型。

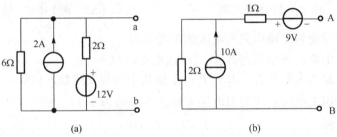

图 1.4.16　练习与思考 1.4.7 的图

1.4.8　用电源等效变换法求图 1.4.17 所示电路中的电流 I。

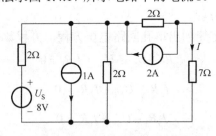

图 1.4.17　练习与思考 1.4.8 的图

1.5　电路的两种基本分析方法

1.5.1　支路电流法

实际电路的结构形式是多种多样的。对于简单电路，即单回路电路或者可利用元件串、并联方法化简为单回路的电路，应用欧姆定律和基尔霍夫定律可方便地计算出电路中的电压、电流等。但在实际应用中，有的多回路电路不能应用串、并联方法化简为单回路电路，这种电路称为复杂电路。研究复杂电路的分析计算的简便方法是非常必要的。

支路电流法是求解复杂电路最基本的方法之一。它以各支路电流为未知数，应用基尔霍夫电流定律和基尔霍夫电压定律，分别对电路的节点和回路列出所需要的方程组，然后解出各支路电流。

在一个复杂电路中，每一个回路至少包含有一个新的支路，这样的回路称为单孔回路。在图 1.5.1 所示电路中，如果设回路 abda 和回路 acba 为单孔回路，则回路 acbda 不是单孔回路。还可设回路 abda 和回路 acbda 为单孔回路，则回路 acba 不是单孔回路。在图 1.5.1 所示电路中，有三个回路，但单孔回路只有两个。

以图 1.5.2 所示电路为例，介绍支路电流法解题的步骤如下：

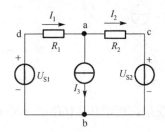
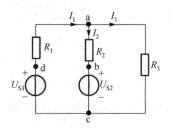

图 1.5.1　两个单孔回路的电路　　　　图 1.5.2　两个电源并联的电路

（1）在电路中标出各支路电流及电压的参考方向。

（2）纵观整个电路，找出节点数 $n = 2$；找出支路数 $b = 3$。

（3）设支路电流为未知数 I_1、I_2、I_3，未知数个数与支路数 b 相等。

（4）根据基尔霍夫电流定律列出电流方程，方程数为 $n-1$。

对节点 a 列方程 $\qquad\qquad\qquad\qquad I_1 - I_2 - I_3 = 0 \qquad\qquad\qquad\qquad$ （1.5.1）

对节点 c 列方程 $\qquad\qquad\qquad\qquad I_2 + I_3 - I_1 = 0 \qquad\qquad\qquad\qquad$ （1.5.2）

可见，式（1.5.2）即为式（1.5.1），它是非独立的方程。因此，对具有 n 个节点的电路，只能列出 $n-1$ 个独立的电流方程。

（5）根据基尔霍夫电压定律列出单孔回路电压方程，方程数为 $b-(n-1)$。

回路 abcda 的电压方程为 $\qquad\quad I_2 R_2 + U_{S2} - U_{S1} + I_1 R_1 = 0 \qquad\quad$ （1.5.3）

回路 acba 的电压方程为 $\qquad\quad I_3 R_3 - U_{S2} - I_2 R_2 = 0 \qquad\qquad\quad$ （1.5.4）

回路 acda 的电压方程为 $\qquad\quad I_3 R_3 - U_{S1} + I_1 R_1 = 0 \qquad\qquad\quad$ （1.5.5）

式（1.5.5）可以由式（1.5.3）和式（1.5.4）相加得到，可见这三个方程式中只有两个独立方程，即独立方程数与单孔回路数相同。

（6）将电流和电压独立方程联立，解方程组，求各支路电流 I_1、I_2、I_3：

$$\begin{cases} I_1 - I_2 - I_3 = 0 \\ I_2 R_2 + U_{S2} - U_{S1} + I_1 R_1 = 0 \\ I_3 R_3 - U_{S2} - I_2 R_2 = 0 \end{cases}$$

（7）用功率平衡关系验证计算结果。

总之，支路电流法是分析和计算复杂电路的最基本方法之一，适用于求解电路中各个支路电流，即求多个未知数。但如果只求其中一条支路的电流，用此方法计算就比较烦琐，特别是当电路的支路数比较多时，这时，就可选用后面将介绍的其他较简便的方法。

【例 1.5.1】在图 1.5.3 所示电路中，已知 $U_{S1}=12V$，$U_{S2}=12V$，$R_1=1\Omega$，$R_2=2\Omega$，$R_3=2\Omega$，$R_4=4\Omega$，求各支路电流。

解：设各支路电流的参考方向如图 1.5.3 所示。图中 $n=2$，$b=4$。列出节点和回路方程式如下：

对节点 a 列出方程　　　　　$I_1 + I_2 - I_3 - I_4 = 0$

对回路 acba 列出方程　　　$-I_1R_1 + U_{S1} - I_3R_3 = 0$

对回路 adca 列出方程　　　$-I_2R_2 + U_{S1} - U_{S2} + I_1R_1 = 0$

对回路 abda 列出方程　　　$I_4R_4 - U_{S2} + I_2R_2 = 0$

代入数据，解上述方程组得：

$$I_1 = 4A, \quad I_2 = 2A, \quad I_3 = 4A, \quad I_4 = 2A$$

【例 1.5.2】求图 1.5.4 所示电路中各支路的电流 I_1、I_2。

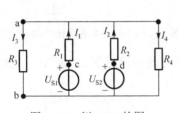
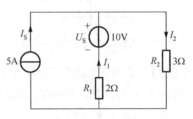

图 1.5.3　例 1.5.1 的图　　　　　　　　图 1.5.4　例 1.5.2 的图

解：图 1.5.4 所示电路的节点数 $n=2$，支路数 $b=3$。因求解的未知电流只有 I_1 和 I_2 两个，所以只需列出一个 KCL 方程式和一个 KVL 方程式，即

$$I_S + I_1 - I_2 = 0$$

$$I_2R_2 + I_1R_1 - U_S = 0$$

代入数据并解上述方程组得：$I_1 = -1A$，$I_2 = 4A$。

1.5.2　节点电压法

1. 电路中电位的概念及计算

在分析和计算电路时，特别是在电子技术中，常用"电位"的概念，即将电路中的某一点选作参考点，并规定其电位为零。于是电路中其他任何一点与参考点之间的电压便是该点的电位。参考点在电路图中用接地符号"⊥"表示。所谓"接地"，表示该点电位为零，并非真与大地相接。电位用"V"表示，如 b 点电位用 V_b 表示。

以图 1.5.5 所示的电路为例，如果以 a 点为参考点，则有

$$V_a = 0, \quad V_c = -60V$$

如果以 c 点为参考点（见图 1.5.6），则有

$$V_c = 0, \quad V_a = U_{ac} = 6 \times 10 = 60V$$

可见，电位也有正负之分，比参考电位高为正，比参考电位低为负。另外，在同一电路中由于参考点选得不同，各点的电位值会随之改变，但是任意两点之间的电压值是不变的。所以各点的电位高低是相对的，而两点间的电压值是绝对的。

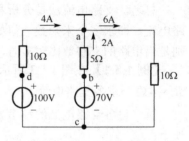

图 1.5.5 以 a 点为参考点

在电子电路中，为了绘图简便，习惯上常常不画出电源符号，而将电源一端"接地"，电位为零，在电源的另一端标出电位极性与数值。图 1.5.6 所示电路的简化电路如图 1.5.7 所示。

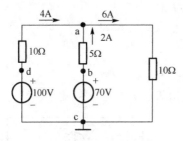

图 1.5.6 以 c 点为参考点

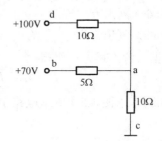

图 1.5.7 图 1.5.6 的简化电路

【例 1.5.3】 求图 1.5.8 所示电路中开关 S 闭合和断开两种情况下 a、b、c 三点的电位。

解： 当开关 S 闭合时，$V_a=6V$，$V_b=3V$，$V_c=0V$。

当开关 S 断开时，$V_a=6V$。

因为电路中无电流流过电阻 R，所以

$$V_a = V_b = 6V$$

c 点的电位比 b 点电位低 3 V，$V_c = V_b - 3 = 6 - 3 = 3V$。

【例 1.5.4】电路如图 1.5.9 所示。已知 $U=15V$，$E=10V$，$R_1=22\Omega$，$R_2=8\Omega$，$R_3=3\Omega$，$R_4=7\Omega$，求 A 点电位 V_A。

解： B 点电位

$$V_B = \frac{R_2}{R_1+R_2}U = \frac{8}{22+8} \times 15 = 4V$$

A 点电位

$$V_A = V_B + \frac{R_4}{R_3+R_4}E = 4 + \frac{7}{3+7} \times 10 = 11V$$

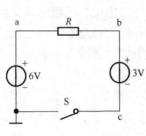

图 1.5.8 例 1.5.3 的图

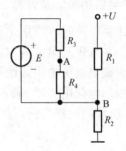

图 1.5.9 例 1.5.4 的图

2. 节点电压法

如果在一个电路中，任选一个节点作为参考点，其他各个节点与参考点之间的电压称为该节点的电位，又称为节点电压，以节点电压为未知量的电路分析方法称为节点电压法，节点电压法又称为节点电位法。

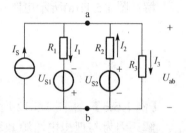

图 1.5.10　具有两个节点的电路

下面以图 1.5.10 所示的电路为例，介绍节点电压法。设节点电压 U_{ab} 和各支路电流的参考方向如图中所示。应用 KVL 和欧姆定律，用节点电压表示支路电流：

$$\begin{cases} U_{ab} = I_1 R_1 - U_{S1}, \ I_1 = (U_{ab} + U_{S1})/R_1 \\ U_{ab} = -I_2 R_2 + U_{S2}, \ I_2 = (U_{S2} - U_{ab})/R_2 \\ U_{ab} = I_3 R_3, \ I_3 = U_{ab}/R_3 \end{cases} \tag{1.5.6}$$

应用 KCL 列出节点 A 的电流方程：

$$I_S - I_1 + I_2 - I_3 = 0$$

即

$$I_S - \frac{U_{ab} + U_{S1}}{R_1} + \frac{U_{S2} - U_{ab}}{R_2} - \frac{U_{ab}}{R_3} = 0$$

整理上式后，得到节点电压求解公式（称为密尔曼定理）：

$$U_{ab} = \frac{I_S - \dfrac{U_{S1}}{R_1} + \dfrac{U_{S2}}{R_2}}{\dfrac{1}{R_1} + \dfrac{1}{R_2} + \dfrac{1}{R_3}} = \frac{\sum I_S + \sum \dfrac{U_S}{R}}{\sum \dfrac{1}{R}} \tag{1.5.7}$$

式中，分子为电路中所有电源（电压源和电流源）的流入电流。$\sum I_S$ 为电流源的代数和，设流入 a 点的电流源为正，流出 a 点的电流源为负；$\sum \dfrac{U_S}{R}$ 为电压源的电压与内阻之比的代数和，设电压的正极与节点 a 相连时为正，电压的负极与节点 a 相连时为负。分母 $\sum \dfrac{1}{R}$ 为与节点 a 相连电阻（但与理想电压源并联的电阻、与理想电流源串联的电阻除外）的倒数之和，恒为正。

节点电压公式[见式（1.5.6）]仅适用于具有两个节点的电路。由式（1.5.7）求出节点电压 U_{ab}，再用式（1.5.6）求出各支路电流。

【例 1.5.5】　试求图 1.5.11(a)所示的电路中 A 点的电位 V_A。

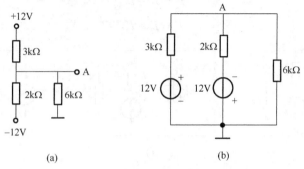

(a)　　　　　　　　　　　　　　　(b)

图 1.5.11　例 1.5.5 的图

解：图 1.5.11(a)所示电路可等效为图 1.5.11(b)所示电路。因此，A 点的电位为

$$V_A = \frac{\dfrac{12}{3} - \dfrac{12}{2}}{\dfrac{1}{3} + \dfrac{1}{2} + \dfrac{1}{6}} = \frac{-2}{1} = -2V$$

【例 1.5.6】 求图 1.5.12 所示电路中的电流 I。

解：因为与理想电压源并联的电阻、与理想电流源串联的电阻可除去，所以节点电压为

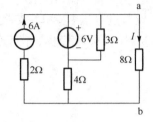

图 1.5.12　例 1.5.6 的图

$$U_{ab} = \frac{6 + \dfrac{6}{4}}{\dfrac{1}{4} + \dfrac{1}{8}} = \frac{\dfrac{30}{4}}{\dfrac{3}{8}} = 20V$$

$$I = \frac{U_{ab}}{8} = 2.5A$$

1.6　线性电路的两个重要定理

1.6.1　叠加原理

叠加原理的内容：在有多个独立电源共同作用于线性电路时，任一支路的电流（或电压）都可认为是由电路中各个理想电源分别单独作用时，该支路中所产生的电流（或电压）的代数和。

所谓某一个理想电源单独作用，就是假设其他独立电源不作用，即理想电压源短路，电动势为零；理想电流源开路，电流为零。

叠加原理可以用图 1.6.1 所示电路说明。图 1.6.1(a)所示电路是一个有两个电源共同作用的线性电路，各支路电流 I_1、I_2、I_3 为 U_S 和 I_S 共同作用时在各支路中所产生的电流；图 1.6.1(b)所示电路为 U_S 单独作用时的分电路，I_1'、I_2'、I_3' 为 U_S 单独作用时所产生的分电流；图 1.6.1(c)所示电路为电流源 I_S 单独作用时的分电路，I_1''、I_2''、I_3'' 为 I_S 所产生的分电流。根据叠加原理有

$$I_1 = I_1' + I_1''$$

$$I_2 = I_2' - I_2''$$

$$I_3 = I_3' + I_3''$$

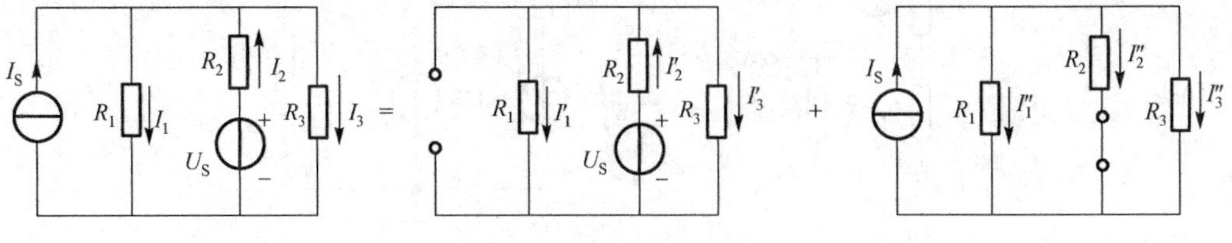

(a)　　　　　　　　　(b)　　　　　　　　　(c)

图 1.6.1　叠加原理

电流符号的规定：当分电流的参考方向与原支路电流的参考方向一致时，应取"+"号，反之为"–"号。

利用叠加原理可以将由多个电源组成的复杂电路简化成几个单电源的简单电路，再来计算电流（或电压）就简单多了。

必须说明，只要是线性电路，叠加原理都适用。不能应用叠加原理求功率，因为功率是与电流（或电压）的平方成正比的，不存在线性关系。以图 1.6.1(a)中电阻 R_3 上的功率为例，显然

$$P_3 = R_3 I_3^2 = R_3(I_3' + I_3'')^2 \neq R_3 I_3'^2 + R_3 I_3''^2$$

【例 1.6.1】 在图 1.6.1(a)所示电路中， U_S=32V， I_S=4A， R_1=R_3=4Ω， R_2=6Ω。试用叠加原理求电流 I_1、I_2、I_3。

解：在图 1.6.1(b)中，
$$I_2' = \frac{U_S}{R_2 + R_1 /\!/ R_3} = \frac{32}{6 + 4 /\!/ 4} = 4\text{A}$$

$$I_1' = I_3' = \frac{1}{2}I_2' = 2\text{A}$$

在图 1.6.1(c)中，
$$I_2'' = \frac{R_1 /\!/ R_3}{R_2 + R_1 /\!/ R_3} I_S = \frac{4 /\!/ 4}{6 + 4 /\!/ 4} \times 4 = 1\text{A}$$

$$I_1'' = I_3'' = \frac{I_S - I_2''}{2} = \frac{4-1}{2} = 1.5\text{A}$$

由叠加原理得：
$$I_1 = I_1' + I_1'' = 3.5\text{A}$$

$$I_2 = I_2' - I_2'' = 3\text{A}$$

$$I_3 = I_3' + I_3'' = 3.5\text{A}$$

【例 1.6.2】 在图 1.6.2(a)所示电路中， R=1Ω，R_1=R_3=2Ω，R_2=11Ω。试用叠加原理求电流 I。

解：图 1.6.2(a)所示电路中的电流 I 可以看成是由图 1.6.2(b)和图 1.6.2(c)所示两个电路的电流 I' 和 I'' 叠加起来的。

$$I' = \frac{R_3}{R + R_3} \times 3 = \frac{2}{1+2} \times 3 = 2\text{A}$$

$$I'' = \frac{3}{R + R_3} = \frac{3}{1+2} = 1\text{A}$$

因此 $\qquad\qquad\qquad\qquad\qquad I = I'' - I'' = 1\text{A}$

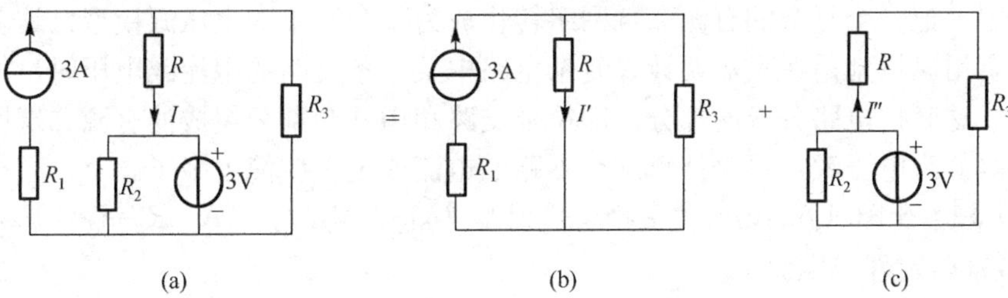

图 1.6.2　例 1.6.2 的电路

1.6.2 戴维南定理

凡是具有两个端钮的部分电路，不管它是简单电路还是复杂电路，都称为二端网络。所谓网络，就是指含元件较多或者较为复杂的电路。二端网络又分为有源二端网络和无源二端网络。内部含有电源（电压源或者电流源）的二端网络称为有源二端网络，用 N 表示，如图 1.6.3(a)所示；内部不含电源的二端网络称为无源二端网络，用 N_0 表示，如图 1.6.3(b)所示。

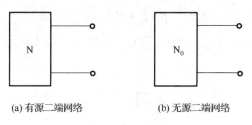

(a) 有源二端网络   (b) 无源二端网络

图 1.6.3　二端网络

在分析电路时，有时只需要知道一个二端网络对电路其余部分（外电路）的影响，而对二端网络内部的电压、电流情况并不关心。这时就希望用一个最简单的电路（即等效电路）来代替复杂的二端网络。无源二端网络可等效为一个电阻。有源二端网络对外电路来说就相当于一个电源，因为它给外电路提供电能。有源二端网络就可等效为一个电源（电压源或电流源），等效后的电路对外电路的电流和端电压都不变。

戴维南定理是对外部电路而言的。任何一个线性有源二端网络都可用一个等效电压源代替（见图 1.6.4）。等效电压源的电压 U_S 就是有源二端网络的开路电压 U_O，等效电压源的内阻 R_0 等于有源二端网络中所有电源均除去（将各个理想电压源短路，即其电动势为零；将各个理想电流源开路，即其电流为零）后所得到的无源二端网络 a、b 两端之间的等效电阻。这就是戴维南定理。

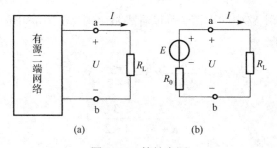

(a)　　　　　　　(b)

图 1.6.4　等效电源

戴维南定理把一个复杂的有源二端网络转化成为一个简单的电压源模型，这在分析复杂电路时十分有用。特别是在只需要计算复杂电路中某一条支路的电流或电压时，应用这个定理非常方便。这时把电路分成两部分，即待求支路和由其余部分组成的有源二端网络，把有源二端网络等效为电压源，再来计算这个支路的电流或电压就简单多了。

【例 1.6.3】　在图 1.6.5(a)所示电路中，已知 $U_{S1}=20V$，$I_S=5A$，$R_1=R_3=10\Omega$，$R_2=2\Omega$，$R=8\Omega$。用戴维南定理求电流 I。

解：等效电源的电压 U_S 可由图 1.6.5(b)求得

$$U_S = U_{abo} = -R_2 I_S + E = -2 \times 5 + 20 = 10\text{V}$$

其中，U_{abo} 为 a、b 间开路电压。等效电源的内阻 R_0 可由图 1.6.5(c)所示电路求得

$$R_0 = R_2 = 2\Omega$$

图 1.6.5(d)为图 1.6.5(a)的等效电路，因此

$$I = \frac{U_S}{R_0 + R} = \frac{10}{2 + 8} = 1\text{A}$$

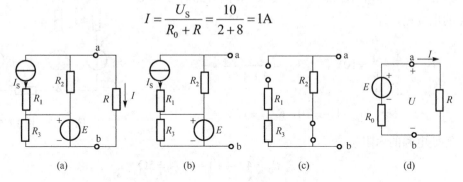

图 1.6.5　例 1.6.3 的电路

【例 1.6.4】在图 1.6.6(a)所示电路中，已知 $R_1=1\Omega$，$R_2=R_4=6\Omega$，$R_3=3\Omega$，$U_{S2}=22\text{V}$，$U_{S1}=8\text{V}$，$I_S=2\text{A}$。用戴维南定理求电流 I_1。

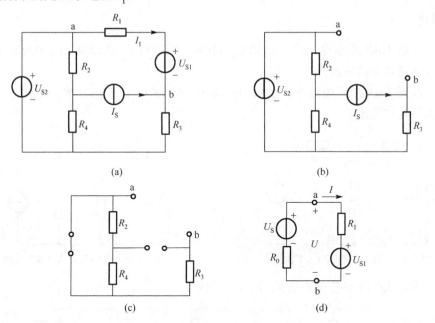

图 1.6.6　例 1.6.4 的电路

解： 等效电源的电压 U_S 可由图 1.6.6(b)求得

$$U_S = U_{abo} = U_{S2} - I_S R_3 = 22 - 2 \times 3 = 16\text{V}$$

等效电源的内阻 R_0 可由图 1.6.6(c)求得

$$R_0 = R_3 = 3\Omega$$

图 1.6.6(d)为图 1.6.6(a)的等效电路，因此

$$I_1 = \frac{U_S - U_{S1}}{R_0 + R_1} = \frac{16 - 8}{3 + 1} = 2A$$

【例 1.6.5】 电路如图 1.6.7 所示，$R=5\Omega$。试用戴维南定理求电阻 R 中的电流 I。

解： 将图 1.6.7 中 a、b 间开路，求等效电源的电压 U_S（开路电压 U_{abo}）和内阻 R_0。U_{abo} 为 a、b 间开路时 a 和 b 两点的电位差，即

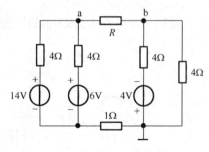

图 1.6.7 例 1.6.5 的图

$$V_{ao} = \frac{\frac{14}{4} + \frac{6}{4}}{\frac{1}{4} + \frac{1}{4}} = 10V, \qquad V_{bo} = \frac{-4}{4+4} \times 4 = -2V$$

$$U_S = V_{ao} - V_{bo} = 10 - (-2) = 12V$$

等效电源的内阻为

$$R_0 = 4 //4 + 1 + 4 //4 = 5\Omega$$

电阻 R 中的电流为

$$I = \frac{U_S}{R + R_0} = \frac{12}{5+5} = 1.2A$$

练习与思考

1.6.1 在图 1.6.8 所示电路中，已知 $E_1=110V$，$E_2=90V$，$R_1=1\Omega$，$R_2=0.6\Omega$，$R_3=24\Omega$。用支路电流法求各支路电流。

1.6.2 在图 1.6.9 所示电路中，已知 $U_S=140V$，$I_S=18A$，$R_1=20\Omega$，$R_2=6\Omega$，$R_3=5\Omega$。用支路电流法求各未知电流。

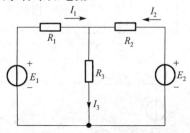

图 1.6.8 练习与思考 1.6.1 的图

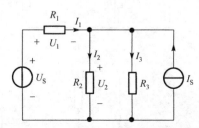

图 1.6.9 练习与思考 1.6.2 的图

1.6.3 求图 1.6.10 中各电路的 a、b、o 点的电位。

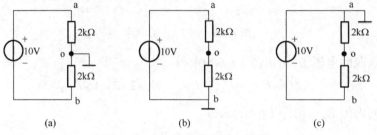

(a)　　　　　　　　(b)　　　　　　　　(c)

图 1.6.10 练习与思考 1.6.3 的图

1.6.4 求图 1.6.11 所示电路中开关 S 闭合和断开两种情况下 a、b、c 三点的电位。

1.6.5　在图 1.6.12 所示电路中，已知 U_S=90V，I_S=7A，R_1=20Ω，R_2=5Ω，R_3=6Ω。用节点电压法计算电压 U_{AB} 和电流 I_1、I_2。

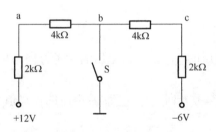

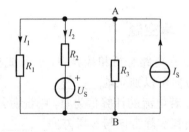

图 1.6.11　练习与思考 1.6.4 的图　　　　图 1.6.12　练习与思考 1.6.5 的图

1.6.6　已知 U_S=24V，I_S=1A，试用节点电压法求图 1.6.13 中的电流 I。

1.6.7　已知 R_1=50Ω，R_2=R_3=30Ω，R_4=60Ω，U_S=60V，I_S=3A。试用叠加原理求图 1.6.14 中各未知支路电流。

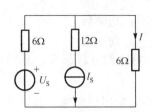

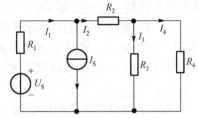

图 1.6.13　练习与思考 1.6.6 的图　　　　图 1.6.14　练习与思考 1.6.7 的图

1.6.8　应用戴维南定理将如图 1.6.15 所示的各电路转化为等效电压源。

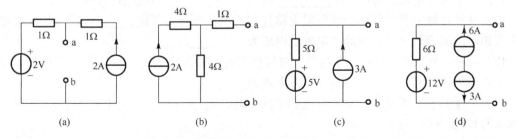

(a)　　　　　　　　(b)　　　　　　　　(c)　　　　　　　　(d)

图 1.6.15　练习与思考 1.6.8 的图

1.6.9　在图 1.6.16 所示电路中，已知 R_1=R_2=5Ω，R_3=4Ω，R_4=6Ω，U_S=15V，I_S=6A。用戴维南定理求 A、B 两点之间的等效电压源。

1.6.10　在图 1.6.17 所示电路中，已知 U_S=2V，I_S=1A，R_1=R_2=R_3=1Ω。用戴维南定理求电流 I。

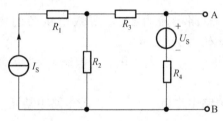

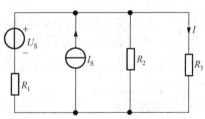

图 1.6.16　练习与思考 1.6.9 的图　　　　图 1.6.17　练习与思考 1.6.10 的图

1.7 习　　题

1.7.1　填空题

1．在电路分析和计算中，必须先指定电流与电压的_____，电压的参考方向与电流的参考方向可以独立地_____。

2．若电流的计算值为负，则说明其实际方向与参考方向_____；若电流的计算值为正，则说明其实际方向与参考方向_____。

3．若电压与电流的参考方向为非关联，线性电阻的电压与电流关系式是_____；若电压与电流的参考方向为相关联，线性电阻的电压与电流关系式是_____。

4．电压源空载时应该_____放置；电流源空载时应该_____放置。

5．电路中某一部分被等效变换后，未被等效部分的电压与_____仍然保持不变。即电路的等效变换实质是_____等效。

6．电阻串联电路中，阻值较大的电阻上分压较_____，功率较_____。

7．电阻并联电路中，阻值较大的电阻上分流较_____，功率较_____。

8．n个相同的电压源（其源电压为U_S，内阻为R_0），将它们并联起来，其等效电压源与等效内阻分别为_____与_____。

9．n个相同的电流源（其源电流为I_S，内阻为R_0），将它们串联起来，其等效电流源与等效内阻分别为_____与_____。

10．一个实际电源，可用一个_____源与一个_____并联电路等效代替。

11．一个实际电源，可用一个_____源与一个_____串联电路等效代替。

12．从外特性来看，任何一条电阻支路与理想电压源 U_S 直接_____联，其结果可用一个理想电压源等效代替，该等效电压源电压为_____。

13．从外特性来看，任何一条电阻支路与理想电流源 I_S 直接_____联，其结果可以用一个等效理想电流源代替，该等效电流源电流为_____。

14．一个具有 b 条支路和 n 个节点的平面电路，可编写_____个独立的 KCL 方程和_____个独立的 KVL 方程。

15．使用叠加定理求解电路时，不作用的独立理想电压源用_____代替，不作用的独立理想电流源用_____代替。

16．用叠加定理可计算线性电路中的电流和_____；但不能计算线性电路中的_____。

17．用理想电压源 U_S 与电阻 R_i 串联等效一个实际电源时，R_i 为实际电源的_____与_____之比。

18．有源二端线性网络的开路电压为10V，短路电流为2A，等效电压源的内阻为_____；若外接$5\,\Omega$的电阻，则该电阻上的电压为_____。

19．若电压 u 与电流 i 为关联参考方向，则 $p =$_____；若电压 u 与电流 i 为非关联参考方向，则 $p =$_____。

20．若电路中某元件的功率为正值，此元件在电路中作为_____；若电路中某元件的功率为负值，则此元件在电路中作为_____。

21．理想元件中，不是耗能元件而是储能元件的为_____和_____。

22．电容和电感为线性元件，当电容中能量改变时，电容中的_____改变；当电感中能量改变时，电感中的_____改变。

23．若电源的外特性为 $U=(10-2I)$V 的关系，电源的内阻为_____，则外接电阻 $R=3\Omega$ 后的电流为_____。

24．若把电路中原来电位为 3V 的一点改为电位参考点，则改后的电路中各点电位比原来_____，电路中任意两点的电压_____。

25．戴维南定理等效电压源的内阻 R_0 等于有源二端网络中将各个理想电压源_____，各个理想电流源_____后所得到的无源二端网络两端之间的等效电阻。

26．理想电压源和理想电流源之间_____等效变换关系，电压源和电流源之间_____等效变换关系。

27．在图 1.7.1(a)所示电路中，发出功率的电源是_____；在图 1.7.1(b)所示电路中，发出功率的电源是_____。

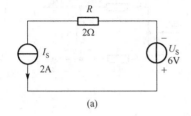 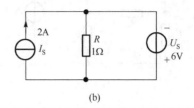

图 1.7.1

1.7.2 选择题

1．电路如图 1.7.2 所示，R_{ab}、R_{cd} 分别为（   ）。

    A．4.5Ω、4Ω B．4Ω、∞ C．4Ω、4.5Ω D．4.5Ω、∞

2．电路如图 1.7.3 所示，电压 U_{AB} 为（   ）。

    A．-2V   B．-1V   C．2V   D．1V

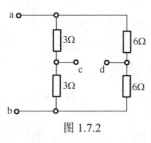 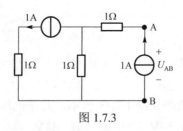

图 1.7.2   图 1.7.3

3．电路如图 1.7.4 所示，已知 R_L 消耗的功率为 20W，则理想电压源 U_S 的功率为（   ）。

    A．-50W   B．50W   C．10W   D．-10W

4．将图 1.7.5(a)所示电路等效为图 1.7.5(b)时，应有（   ）。

    A．$R_0=2\Omega$，$U_S=2$V   B．$R_0=2\Omega$，$U_S=5$V

    C．$R_0=1\Omega$，$U_S=6$V   D．$R_0=1\Omega$，$U_S=2$V

5．电路如图 1.7.6 所示，各电阻值和 U_S 的值均已知。欲用支路电流法求解流过电压源的电流 I，列出独立的电流方程数和电压方程数分别为（   ）。

A. 3 和 3　　　　　B. 4 和 3　　　　　C. 3 和 4　　　　　D. 4 和 4

6. 电路如图 1.7.7 所示，电流 I_2 为（　　　）。

　　A. 7A　　　　　　　B. 3A　　　　　　　C. −7A　　　　　　　D. −3A

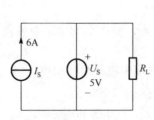

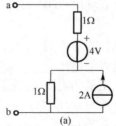

图 1.7.4　　　　　　　　　　　　　　　　图 1.7.5

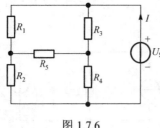

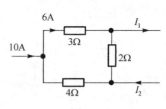

图 1.7.6　　　　　　　　　　　　　　图 1.7.7

7. 电路如图 1.7.8 所示，当 R_1 增加时，电压 U_2 将（　　　）。

　　A. 变大　　　　　　　B. 不变　　　　　　　C. 变小　　　　　　　D. 可能变大可能变小

8. 电路如图 1.7.9 所示，电源电压 U=2V，若使电流 I=3A，电阻 R 值为（　　　）。

　　A. 1Ω　　　　　　　B. 2Ω　　　　　　　C. 3Ω　　　　　　　D. 4Ω

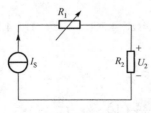

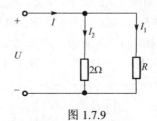

图 1.7.8　　　　　　　　　　　　　　图 1.7.9

9. 电路如图 1.7.10 所示，已知 U_S=2V，I_S=2A，电流 I 为（　　　）。

　　A. 2A　　　　　　　B. −2A　　　　　　　C. −4A　　　　　　　D. 4 A

10. 电路如图 1.7.11 所示，开路电压 U_{AB} 为（　　　）。

　　A. 9V　　　　　　　B. 11V　　　　　　　C. −11V　　　　　　　D. −9V

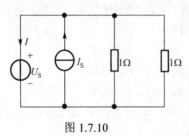

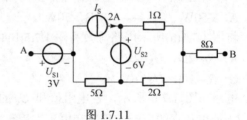

图 1.7.10　　　　　　　　　　　　　　图 1.7.11

11. 电路如图 1.7.12 所示，已知 U_S=15V，当 I_S、U_S 共同作用时，U_{AB}=12V。那么当电流源 I_S 单独作用时，电压 U_{AB} 应为（   ）。

    A．18V   B．9V   C．–6V   D．6V

12. 电路如图 1.7.13 所示，电压 U 和电流 I 的关系式为（   ）。

    A．$U=25-I$ B．$U=25+I$ C．$U=-25-I$ D．$U=-25+I$

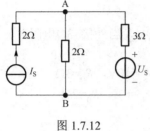 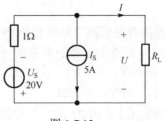

图 1.7.12   图 1.7.13

13. 电路如图 1.7.14 所示，已知 U_S=15V，I_S=5A，R_1=2Ω。当 U_S 单独作用时，R_1 上消耗的电功率为 18W。当 U_S 和 I_S 两个电源共同作用时，电阻 R_1 消耗的电功率为（   ）。

    A．72W   B．36W   C．0W   D．18W

14. 电路如图 1.7.15 所示，A 点的电位 V_A 为（   ）。

    A．–1V   B．–2V   C．2V   D．6V

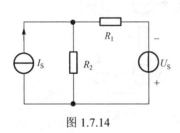 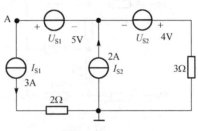

图 1.7.14   图 1.7.15

15. 电路如图 1.7.16 所示，A 点的电位 V_A 为（   ）。

    A．–2V   B．–4V   C．2V   D．4V

16. 电路如图 1.7.17 所示，图 1.7.17(b)是图 1.7.17(a)所示电路的戴维南等效电压源。已知图(b)中 U_S=6V，则图(a)中电压源 U_{S2} 的值应为（   ）。

    A．10V   B．6V

    C．条件不足，不能确定   D．2V

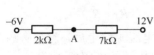 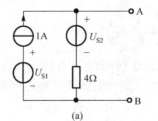 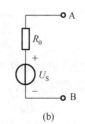

图 1.7.16   图 1.7.17

17. 把图 1.7.18(a)所示的电路改为图 1.7.18(b)的电路，其负载电流 I_1 和 I_2 将（   ）。

    A．增大   B．不变   C．减小   D．不确定

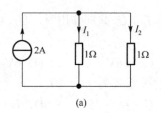 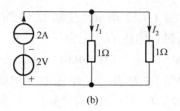

(a)   (b)

图 1.7.18

18. 实验测得某有源二端线性网络的开路电压为 10V。当外接 3Ω电阻时，其端电压为 6V，则该网络的等效电压源的参数为（ ）。

  A. U_S=6V，R_0=3Ω   B. U_S=10V，R_0=3Ω

  C. U_S=10V，R_0=2Ω   D. U_S=6V，R_0=2Ω

19. 电路如图 1.7.19 所示，等效电阻 R_{ab} 为（ ）。

  A. 19Ω   B. 18Ω   C. 16Ω   D. 22Ω

20. 电路如图 1.7.20 所示，利用戴维南定理等效为电压源，则其中 U_S 和 R_0 的值分别为（ ）。

  A. R_0=6Ω，U_S=18V   B. R_0=2Ω，U_S=30V

  C. R_0=2Ω，U_S=18V   D. R_0=6Ω，U_S=30V

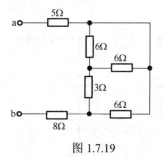   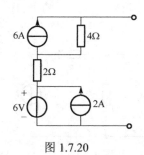

图 1.7.19   图 1.7.20

21. 电路如图 1.7.21 所示，节点电压公式为（ ）。

  A. $U = \dfrac{I_S + \dfrac{U_S}{R_3}}{\dfrac{1}{R_1} + \dfrac{1}{R_3}}$ B. $U = \dfrac{I_S + \dfrac{U_S}{R_3}}{\dfrac{1}{R_1} + \dfrac{1}{R_2} + \dfrac{1}{R_3}}$

  C. $U = \dfrac{-I_S + \dfrac{U_S}{R_3}}{\dfrac{1}{R_1} + \dfrac{1}{R_2} + \dfrac{1}{R_3}}$ D. $U = \dfrac{-I_S + \dfrac{U_S}{R_3}}{\dfrac{1}{R_1} + \dfrac{1}{R_3}}$

22. 电路如图 1.7.22 所示，A、B 间电压为 12V，将电流源移走后，测得有源二端线性网络的开路电压 U_{AB}=8V，则该有源二端线性网络的等效电压源的内阻值为（ ）。

  A. 4Ω   B. 2Ω   C. 1Ω   D. 3Ω

23. 电路如图 1.7.23 所示，已知 U_{S1}=100V，U_{S2}=80V，R_2=2Ω，I=4A，I_2=2A，则 R_1 的值为（ ）。

  A. 8Ω   B. 16Ω   C. 12Ω   D. 24Ω

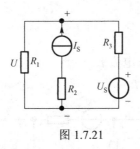

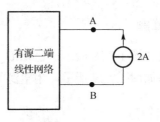

图 1.7.21   图 1.7.22

24．电路如图 1.7.24 所示，已知 I_S=2A，U_S=4V。当开关 S 闭合后，流过开关 S 的电流 I 为（   ）。

  A．1.6A   B．－1.6A   C．0   D．2A

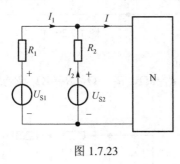

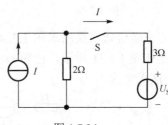

图 1.7.23   图 1.7.24

25．电路如图 1.7.25 所示，I_{S1}、I_{S2} 和 U_S 均为正值，且 $I_{S2} > I_{S1}$，则发出功率的电源是（   ）。

  A．电压源 U_S B．电流源 I_{S2}

  C．电流源 I_{S1} D．电流源 I_{S2} 和电压源 U_S

26．电路如图 1.7.26 所示，已知 U_S=4V，R_1=10Ω，R_2=30Ω，R_3=60Ω，R_4=20Ω。a、b 两端电压 U 的值为（   ）。

  A．3V   B．2V   C．－1V   D．－2V

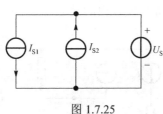

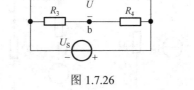

图 1.7.25   图 1.7.26

27．把图 1.7.27(a)所示的电路改为图 1.7.27(b)所示电路，其负载电流 I_1 和 I_2 将（   ）。

  A．增大   B．不变   C．减小   D．不确定

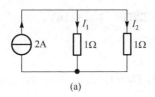

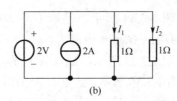

     (a)   (b)

图 1.7.27

1.7.3　计算题

1. 电路如图 1.7.28 所示，已知 $U_S = 5V$，$I_1 = 1A$。求电流 I_2。

2. 电路如图 1.7.29 所示，用电源等效变换法求电流 I。

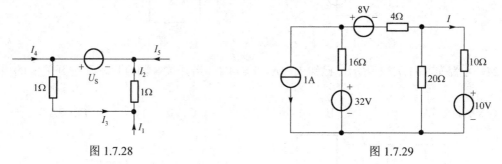

图 1.7.28　　　　　　　　　　　　图 1.7.29

3. 试用电源等效变换法求图 1.7.30 中的电压 U_{AB}。

4. 电路如图 1.7.31 所示，已知 $U_S = 2V$，$I_S = 1A$，$R_1 = 8\Omega$，$R_2 = 6\Omega$，$R_3 = 4\Omega$，$R_4 = 3\Omega$，用电源等效变换法求电流 I。

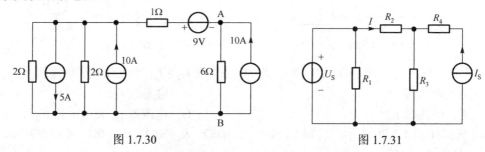

图 1.7.30　　　　　　　　　　　　图 1.7.31

5. 电路如图 1.7.32 所示，用支路电流法求各未知支路电流。

6. 电路如图 1.7.33 所示，已知 $U_{S1} = 38V$，$U_{S2} = 12V$，$I_{S1} = 2A$，$I_{S2} = 1A$，$R_1 = 6\Omega$，$R_2 = 4\Omega$。用支路电流法求各支路电流，并计算出各理想电源吸收或发出的功率。

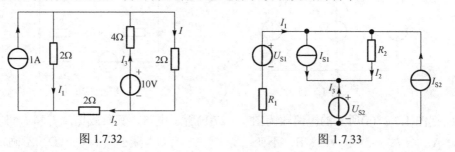

图 1.7.32　　　　　　　　　　　　图 1.7.33

7. 电路如图 1.7.34 所示，已知 $U_{S1} = 224V$，$U_{S2} = 220V$，$U_{S3} = 216V$，$R_1 = R_2 = R_3 = 50\Omega$。用节点电压法计算电压 $U_{N'N}$ 和电流 I_1。

8. 电路如图 1.7.35 所示，试求 A 点的电位 V_A。

9. 电路如图 1.7.36 所示，已知 $U_{S1} = 10V$，$U_{S2} = 30V$，$U_{S3} = 18V$，$I_S = 5A$，$R_1 = R_2 = 6\Omega$，$R_3 = 12\Omega$。用节点电压法计算电压 U_{AB} 和各未知支路电流。

10. 电路如图 1.7.37 所示，已知 $I_S = 1mA$，$R_1 = 5k\Omega$，$R_2 = R_3 = 10k\Omega$，求 A 点的电位及电流 I_1、I_2。

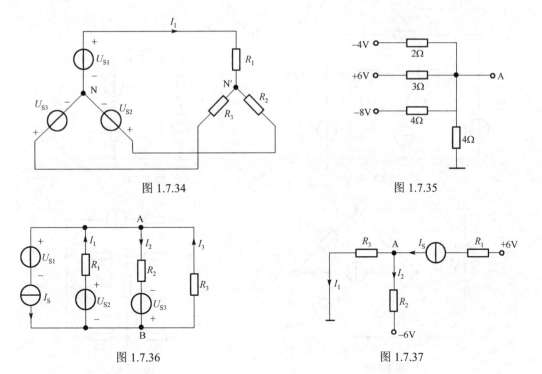

图 1.7.34

图 1.7.35

图 1.7.36

图 1.7.37

11. 电路如图 1.7.38 所示，已知 U_S=16V，I_S=4A，R=1Ω，R_1=R_4=2Ω，R_2=R_3=3Ω。试用叠加原理求电压 U_{AB} 和 U。

12. 电路如图 1.7.39 所示，已知 U_S=2V，I_S=4A，R_1=R_2=R_3=1Ω。试用叠加原理求 U 和 I，并说明哪个元件是电源。

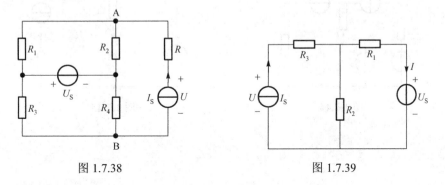

图 1.7.38

图 1.7.39

13. 电路如图 1.7.40 所示，已知 I_S=10A，R_2=R_3，当 S 断开时，I_1=2A，I_2=I_3=4A，利用叠加原理求 S 闭合后的电流 I_1、I_2 和 I_3。

14. 电路如图 1.7.41 所示，R_1=8Ω，R_2=5Ω，R_3=8Ω，R_4=6Ω，R_5=12Ω。用戴维南定理求电流 I_3。

15. 电路如图 1.7.42 所示，U_{S1}=20V，I_S=10A，R_1=6Ω，R_2=4Ω，R_3=4Ω，R_4=6Ω。试用戴维南定理求 R_4 上的电压 U。

16. 电路如图 1.7.43 所示，试用戴维南定理求支路 ab 的电流 I。

17. 电路如图 1.7.44 所示，已知 I = 1A，试求电阻 R 的值。

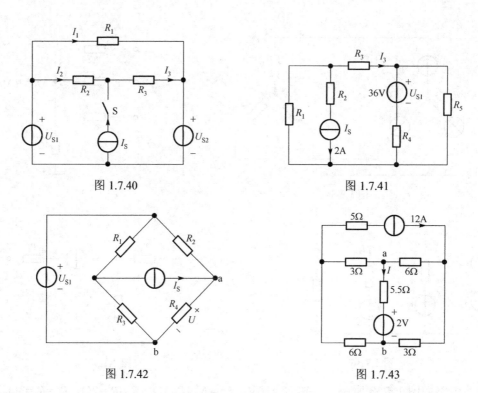

图 1.7.40

图 1.7.41

图 1.7.42

图 1.7.43

18. 电路如图 1.7.45 所示，已知 U_S=36V，I_S=3A，R_1=3Ω，R_2=6Ω，R_3=4Ω。求 A、B 两点之间的开路电压 U_0。若用一导线将 A、B 间连接起来，用戴维南定理求该导线中的电流 I_{AB}。

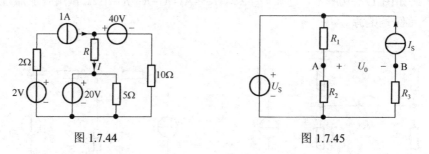

图 1.7.44

图 1.7.45

第2章 单相交流电路

本章讲述单相正弦稳态交流电路的基本概念、相量表示法、相量分析与计算方法，以及交流电路的能量转换与功率问题；从单一参数的交流电路到多种元件串并联的交流电路，主要讨论电路中的电压和电流的大小与相位关系；引入复阻抗的概念，讨论电路的功率与功率因数的问题，并简要介绍串联谐振与并联谐振电路的条件与特征。

大小和方向都随时间按正弦规律变化的电流、电压和电动势等物理量，统称为正弦交流电量，简称为正弦量。由于正弦函数的和、差及微分、积分的结果仍属于正弦函数，因此由正弦交流电源作用的电路中各部分的电压和电流都是正弦量。正弦交流电路简称为交流电路。

与直流电相比，正弦交流电的产生、传输、大小的变换和使用都有许多优越性，所以交流电在现代工农业生产及日常生活中有着广泛的应用。

对正弦交流电路的分析具有十分重要的理论和实用意义，因此，本章内容是电工技术中很重要的一个部分。掌握好本章讨论的基本理论和基本分析方法是非常必要的，它是进一步学习变压器、交流电机、电气及电子技术的理论基础。

2.1 正弦交流电的基本概念

正弦电流、电压和电动势是按照正弦规律周期性变化的，正弦量的瞬时值可用三角函数式（或称为瞬时值表达式）表示，如正弦电流 i 的三角函数式为

$$i = I_m \sin(\omega t + \psi) \tag{2.1.1}$$

该正弦电流对应的波形图（或称为正弦波形）如图 2.1.1 所示。由波形图可见，正弦量的特征表现在变化的快慢、大小和初始位置三个方面，而它们分别由频率（或周期）、幅值（或有效值）和初相位来描述。通常称频率、幅值和初相位为确定弦量的三要素。

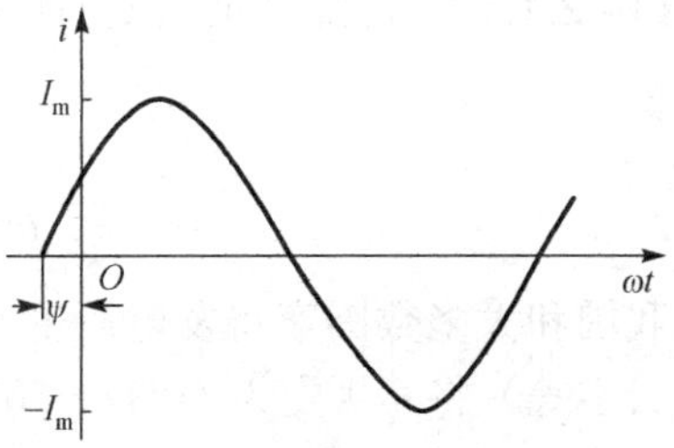

2.1.1 正弦量的参考方向

前面我们讨论直流电路时，必须首先给定电路中

图 2.1.1 正弦交流电流的波形

各电压和电流的参考方向，否则无法列写方程。在交流电路的分析中，正弦电压和电流的方向是周期性变化的，交流电路中给定的各电压、电流的参考方向代表正半周时的方向。在如图 2.1.2 所示的电路中，负载为纯电阻，电压 u 和电流 i 采用关联方向，即电压 u 和电流 i 的参考方向相同。在正弦波形的正半周时段中，电压和电流瞬时值都为正值，电路中实际方向与参考方向相同；而在负半周时段中，电压和电流都为负值，故其实际方向与参考方向相反。图中虚线箭头代表电流的实际方向；"⊕"、"⊖"代表电压的实际方向（极性）。

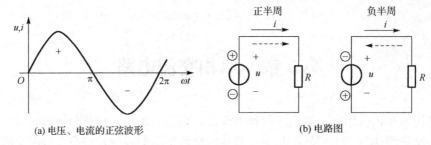

(a) 电压、电流的正弦波形　　　　　　(b) 电路图

图 2.1.2　电压与电流的参考方向

2.1.2　正弦量的三要素

1. 频率与周期

正弦函数是周期函数，通常将正弦量交变一次所需要的时间称为周期，用 T 表示，单位为秒（s），如图 2.1.3 所示。正弦量每秒内交变次数称为频率，用 f 表示，单位为赫兹（Hz）。由此可知频率和周期互为倒数，即

$$f = \frac{1}{T} \quad \text{或} \quad T = \frac{1}{f} \qquad (2.1.2)$$

正弦量变化的快慢除了用频率和周期表示外，还可以用角频率 ω 表示，其单位为弧度/秒（rad/s）。因为一个周期内经历了 2π rad，所以角频率为

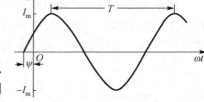

图 2.1.3　正弦量的三要素

$$\omega = \frac{2\pi}{T} = 2\pi f \qquad (2.1.3)$$

可见角频率 ω 与频率 f 成正比，与周期 T 成反比。

【例 2.1.1】 已知某正弦量的周期 $T=0.02\text{s}$，试求其频率 f 和角频率 ω 各为多少?

解：
$$f = \frac{1}{T} = \frac{1}{0.02} = 50\text{Hz}$$

$$\omega = 2\pi f = 100\pi = 314\text{rad/s}$$

我国和大多数国家将发电厂生产的交流电的频率都规定为 50Hz，也有少数国家（如美国、日本等）将其规定为 60Hz。50Hz 的频率作为我国电力系统和工业用电的标准频率，习惯上称为工频。

除工频外，在其他技术领域里还用着各种不同的频率。例如，高速电动机的频率范围为 150~2000Hz，收音机中波段的频率为 530~1600Hz，短波段的频率为 2.3~23MHz，移动通信的频率为 900MHz 和 1800MHz，人的听觉系统能感觉到的频率通常称为声频或低频，其范围是 20Hz~20kHz 等。

2. 幅值与有效值

正弦量在任一瞬间的值称为瞬时值。电流、电压和电动势的瞬时值分别用小写字母 i、u 和 e 表示。最大的瞬时值称为最大值或幅值，如图 2.1.3 所示。幅值用加注下标 m 的大写字母表示，如 I_m、U_m 和 E_m 分别表示电流、电压和电动势的幅值。

幅值虽然能够反映出交流电量的大小，但仅是一个特定瞬间的数值，不便于反映电压和电流做功的效果。因此，正弦量的大小通常用其有效值来计量。交流量的有效值是由它的热效应来定义的。以电流为例，如图 2.1.4 所示，若某一周期电流 i（正弦或非正弦周期的）和某一直流电流 I，分别流经两个阻值相等的电阻 R 时，如果在相同的时间（如在正弦电流 i 的一个周期 T）内，它们分别在各自的电阻上产生的热量相等（或称热效应相等），

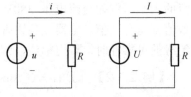

图 2.1.4　正弦交流电流的有效值

则该周期电流 i 的有效值在数值上就等于这个直流电流 I 的大小。也就是说，周期电流的有效值就是和它在相同的时间内热效应相当的直流电流的值。

根据上述定义，可得

$$\int_0^T Ri^2 \mathrm{d}t = RI^2 T$$

由此可得出求周期电流的有效值的一般公式为

$$I = \sqrt{\frac{1}{T} \int_0^T i^2 \mathrm{d}t} \tag{2.1.4}$$

可见，周期电流的有效值，就是这个电流的瞬时值的平方值在一个周期内平均后的平方根值，所以有效值又称为均方根值。式（2.1.4）适用于周期性变化的正弦（或非正弦）量，但不能用于非周期量。

对于某正弦交流电流来说，若 $i = I_\mathrm{m} \sin(\omega t + \psi)$，则其有效值为

$$
\begin{aligned}
I &= \sqrt{\frac{1}{T} \int_0^T I_\mathrm{m}^2 \sin^2(\omega t + \psi) \mathrm{d}t} = \sqrt{\frac{I_\mathrm{m}^2}{T} \int_0^T \frac{1 - \cos 2(\omega t + \psi)}{2} \mathrm{d}t} \\
&= I_\mathrm{m} \sqrt{\frac{1}{2T} \left[\int_0^T \mathrm{d}t - \int_0^T \cos 2(\omega t + \psi) \mathrm{d}t \right]} \\
&= I_\mathrm{m} \sqrt{\frac{1}{2T}(T - 0)} \\
&= \frac{I_\mathrm{m}}{\sqrt{2}} = 0.707 I_\mathrm{m}
\end{aligned}
\tag{2.1.5}
$$

从图 2.1.4 可知，若周期电流 i 是由作用于电阻 R 两端的周期电压 u 引起的，则由式（2.1.4）就可推得周期电压的有效值

$$U = \sqrt{\frac{1}{T} \int_0^T u^2 \mathrm{d}t}$$

若电压 u 是正弦量，即 $u = U_\mathrm{m} \sin(\omega t + \psi)$，则

$$U = \frac{U_\mathrm{m}}{\sqrt{2}} = 0.707 U_\mathrm{m} \tag{2.1.6}$$

同理，正弦电动势的有效值与最大值的关系为

$$E = \frac{E_\mathrm{m}}{\sqrt{2}} = 0.707 E_\mathrm{m} \tag{2.1.7}$$

正弦量的有效值用大写字母表示，与表示直流的字母一样。工程上常说的交流电压和电流的大小，例如交流电压 380V、220V，都是指其有效值。一般交流电压表和电流表测量的数值都是有效值。电器设备铭牌上的电压、电流值也是有效值。但在计算电路元件耐压值和绝缘的可靠性时，要用幅值，即最大值。

【例 2.1.2】 已知 $u = U_m \sin(\omega t + \psi)$，$U = 220\text{V}$，$\psi = -\dfrac{\pi}{2}$，$f = 50\text{Hz}$，试求该电压 u 的幅值 U_m、角频率 ω 以及 $t = 0.025\text{s}$ 时的瞬时值。

解：电压的幅值 $U_m = \sqrt{2}U = 310\text{V}$，角频率 $\omega = 2\pi f = 100\pi \text{ rad/s}$

当 $t = 0.025\text{s}$ 时，瞬时值

$$u = U_m \sin(2\pi f t + \psi) = 310 \sin\left(\frac{100\pi}{40} - \frac{\pi}{2}\right)$$

$$= 310 \sin 2\pi = 0\text{V}$$

3．相位与初相位

通常将式（2.1.1）正弦交流电瞬时值函数中的 $\omega t + \psi$ 称为正弦量的相位角，简称相位。它反映出正弦量随时间变化的进程，对于每一个确定的时刻，都有相应的相位和瞬时值。

$t = 0$ 时刻的相位称为初相位或初相角。正弦量的初相位为 ψ。

图 2.1.5 所示波形图表示的 3 个电流的三角函数式及初相位分别为

$$i_1 = I_m \sin(\omega t + \psi_1)，\quad \psi_1 = 0；$$

$$i_2 = I_m \sin(\omega t + \psi_2)，\quad \psi_2 > 0；$$

$$i_3 = I_m \sin(\omega t + \psi_3)，\quad \psi_3 < 0；$$

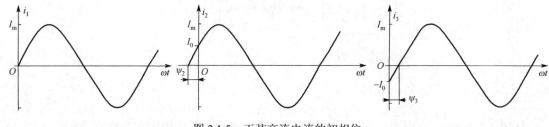

图 2.1.5　正弦交流电流的初相位

2.1.3　同频率正弦量的相位差

在同一个正弦交流电路中，电流和电压都是同频率的正弦量，但它们的初相位不一定相同。图 2.1.6 所示是同一电路中的某电压和电流的波形图，它们的初相位不同，但任何时刻它们的相位差值都是固定不变的，或者说选取不同的时刻作为计时的起点时，两者的初相位会随之改变，但是它们的相位之差是不变的。图 2.1.6 中的电压和电流的三角函数式分别为

$$u = U_m \sin(\omega t + \psi_1)$$

$$i = I_m \sin(\omega t + \psi_2)$$

它们的相位差值为

$$\varphi = (\omega t + \psi_1) - (\omega t + \psi_2) = \psi_1 - \psi_2$$

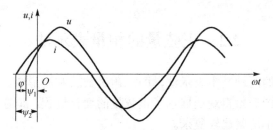

图 2.1.6　正弦电压和电流的初相位不相等

由此可见，两个同频率正弦量的相位差（或相位角差）是两个正弦量的初相位之差。对于两个不同频率的正弦量，因为不同时刻会有不同相位差，所以不具有可比性。

由图 2.1.6 可知，电压的初相位为 ψ_1，电流的初相位为 ψ_2，两者都大于 0，且 $\psi_2 > \psi_1$，故两者的相位差 $\varphi = \psi_1 - \psi_2 < 0$，在同一个周期内，电流比电压先达到峰值，称电流超前电压 $|\varphi|$ 角，或者说电压比电流滞后 $|\varphi|$ 角，也称 u 与 i 不同相。

在图 2.1.7 中，u_1 与 u_2 的相位差为 0，称 u_1 与 u_2 同相；而 i 与 u_1、u_2 的相位差都为 180°，称 i 与 u_1、u_2 反相。

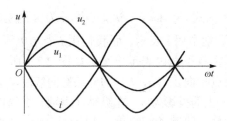

图 2.1.7　正弦量的同相与反相

【例 2.1.3】　已知 $u = 220\sqrt{2}\sin(\omega t + 53°)\text{V}$，$i = 3\sqrt{2}\sin(\omega t - 37°)\text{A}$，求它们的相位差，并说明它们的相位关系，即哪个超前或者哪个滞后？

解： 电压 u 的初相位 $\psi_u = 53°$，电流的初相位 $\psi_i = -37°$，则电压与电流的相位差为 $\varphi = \psi_u - \psi_i = 53° - (-37°) = 90°$。

$\varphi > 0$，表明电压超前电流 90°，或电流滞后电压为 90°，称 u 与 i 正交。

练习与思考

2.1.1　已知 $u = 220\sqrt{2}\sin\left(\omega t - \dfrac{\pi}{4}\right)\text{V}$，试分别求下列各条件下电压的瞬时值：

① $f = 1000\text{Hz}$，$t = 0.375\text{ms}$；　② $\omega t = \dfrac{4\pi}{5}\text{rad}$；　③ $\omega t = 90°$；　④ $t = \dfrac{7}{8}T$。

2.1.2　已知 $u_1 = 20\sin(3140t - 60°)\text{V}$，$u_2 = 8\sqrt{2}\sin(3140t + 45°)\text{V}$，试求 u_1 与 u_2 的相位差，并画出它们的波形图，判断谁超前、谁滞后？

2.1.3　若 $i_1 = 15\sin(200\pi t + 45°)\text{A}$，$i_2 = 20\sin(250\pi t - 30°)\text{A}$，则说 i_1 超前 i_2 为 75°，是否正确？

2.1.4　已知某正弦电压在 $t = 0$ 时为 100V，其初相位为 45°，它的有效值是多少？

2.2 正弦量的相量表示法

前面讲述了正弦量的两种基本表示法，即三角函数式和波形图。三角函数式便于求出正弦量的瞬时值，而波形图形象直观地展示了正弦量的变化过程。但在进行正弦交流电路的分析运算时，用这两种表示法就比较复杂。

本节介绍正弦量的新的表示方法，即相量式与相量图，它能将正弦量的三角函数运算变换成代数运算，也简化了交流电路（特别是复杂交流电路）的分析计算。相量的理论基础是复数，相量表示法就是利用复数来表示正弦交流量的一种方法。

2.2.1 复数及其运算

复数有复数式和向量图两种表示方法，其复数式又分代数式（直角坐标式）、三角式、指数式和极坐标式四种，四种形式之间可以相互转换。

1. 复数式与向量图

复数 A 的代数式（直角坐标式）为 $A=a+\mathrm{j}b$，其中，a 为 A 的实部，b 为 A 的虚部，$\mathrm{j}=\sqrt{-1}$，称为虚数单位（虚数单位在数学中用 i 表示，而我们用 i 表示电流了，故改用 j 来表示）。A 也可以在复平面内表示出来，如图 2.2.1 所示。在复平面内 A 表示从坐标原点指向点（a，b）的一条有向线段，又叫向量。向量 A 在横轴（实轴）上的投影为 a，在纵轴（虚轴）上的投影为 b；A 与横轴的夹角为 ψ，称为向量 A 的辐角；A 的长度 r 称为 A 的模。由图 2.2.1 可知

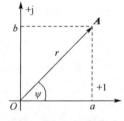

图 2.2.1 复数的表示

$$r=\sqrt{a^2+b^2}, \quad a=r\cos\psi, \quad b=r\sin\psi, \quad \psi=\arctan\frac{b}{a}$$

因此，有

$$A=a+\mathrm{j}b=r\cos\psi+\mathrm{j}r\sin\psi=r(\cos\psi+\mathrm{j}\sin\psi) \tag{2.2.1}$$

根据欧拉公式

$$\mathrm{e}^{\mathrm{j}\psi}=\cos\psi+\mathrm{j}\sin\psi$$

复数 A 可写成指数式

$$A=r\mathrm{e}^{\mathrm{j}\psi} \tag{2.2.2}$$

电工技术中常将复数的指数式写成更简洁的极坐标式

$$A=r\underline{/\psi} \tag{2.2.3}$$

【例 2.2.1】 求下列复数的代数形式：（1）$A=10\underline{/150°}$；（2）$B=5\underline{/-53°}$。

解：（1）$A=10\underline{/150°}=10\cos150°+\mathrm{j}10\sin150°=-8.66+\mathrm{j}5$；

（2）$B=5\underline{/-53°}=5\cos(-53°)+\mathrm{j}5\sin(-53°)=3-\mathrm{j}4$。

【例 2.2.2】 试将下列复数转换为极坐标式：（1）$A=5+\mathrm{j}5$；（2）$B=-3+\mathrm{j}4$。

解：（1）$r=\sqrt{5^2+5^2}=\sqrt{50}=5\sqrt{2}$，$\psi=\arctan\frac{5}{5}=45°$，$A=5+\mathrm{j}5=5\sqrt{2}\underline{/45°}$

（2）
$$r = \sqrt{(-3)^2 + 4^2} = 5$$

$$\psi = \arctan \frac{4}{-3} = 127°$$

$$B = -3 + j4 = 5\underline{/127°}$$

2. 复数的运算

（1）加减运算

复数的加减运算必须用其代数式，运算时实部与实部相加减，虚部与虚部相加减。例如 $A_1 = a_1 + jb_1$，$A_2 = a_2 + jb_2$，则有

$$A_1 \pm A_2 = (a_1 \pm a_2) + j(b_1 \pm b_2) \tag{2.2.4}$$

复数的加减运算也可以在复平面上进行，利用平行四边形（或三角形）法则，如图 2.2.2 所示。

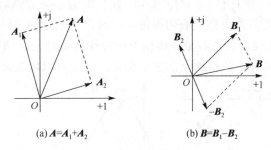

(a) $A = A_1 + A_2$　　　　　(b) $B = B_1 - B_2$

图 2.2.2　平行四边形求和法则

（2）乘除运算

复数的乘除运算用复数的指数式或极坐标式，极坐标式写起来比较简便，故通常都用极坐标式。两个复数相乘时，模相乘，辐角相加；两个复数相除时，模相除，辐角相减。如 $A_1 = r_1 e^{j\psi_1} = r_1\underline{/\psi_1}$，$A_2 = r_2 e^{j\psi_2} = r_2\underline{/\psi_2}$，则有

$$A_1 \cdot A_2 = (r_1\underline{/\psi_1})(r_2\underline{/\psi_2}) = r_1 r_2 \underline{/\psi_1 + \psi_2} \tag{2.2.5}$$

$$\frac{A_1}{A_2} = \frac{r_1\underline{/\psi_1}}{r_2\underline{/\psi_2}} = \frac{r_1}{r_2}\underline{/(\psi_1 - \psi_2)} \tag{2.2.6}$$

【例 2.2.3】 已知 $A = 10\underline{/-60°}$，$B = 8.66 + j5$，求 $A+B$、$A-B$、AB 和 $\dfrac{A}{B}$。

解：$A = 10\underline{/-60°} = 5 - j8.66$　　　　$B = 8.66 + j5 = 10\underline{/30°}$

$A + B = (5 - j8.66) + (8.66 + j5) = 13.66 - j3.66 = 10\sqrt{2}\ \underline{/-15°}$

$A - B = (5 - j8.66) - (8.66 + j5) = -3.66 - j13.66 = 10\sqrt{2}\ \underline{/-105°}$

$AB = 10\underline{/-60°} \cdot 10\underline{/30°} = 100\underline{/-30°}$

$\dfrac{A}{B} = \dfrac{10\ \underline{/-60°}}{10\underline{/30°}} = 1\underline{/-90°} = -j$

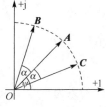

（3）向量的超前与滞后

若 $A = r e^{j\psi}$，用 $e^{j\alpha}$ 或 $e^{-j\alpha}$ 分别与之相乘，得到 $B = A e^{j\alpha} = r e^{j\psi} e^{j\alpha} = r e^{j(\psi + \alpha)}$，$C = A e^{-j\alpha} = r e^{j\psi} e^{-j\alpha} = r e^{j(\psi - \alpha)}$，三个向量的关系如图 2.2.3 所示（假设 $\alpha > 0$）。

图 2.2.3　向量的超前与滞后

一个向量 A 乘以 $e^{j\alpha}$ 得到一个新的向量 B，其长度（模）不会改变，辐角增大为（$\psi+\alpha$），相当于将向量 A 向前（逆时针方向）转动 α 角。向量 B 比向量 A 超前 α 角度。

同理，一个向量 A 乘以 $e^{-j\alpha}$，相当于将向量 A 向后（顺时针方向）转动 α 角，得到的向量 C 滞后 A 的角度为 α。

若 $\alpha=90°$，则利用欧拉公式有

$$e^{j90} = \cos 90° + \sin 90° = +j = 1\underline{/90°}, \quad e^{-j90} = \cos(-90°) + \sin(-90°) = -j = 1\underline{/-90°}$$

任一向量乘以+j 就是将其向前（逆时针）转 90°；而乘以–j 就是将其向后（顺时针）转 90°。因此 j 被称为旋转 90° 因子（或旋转算子）。

2.2.2　正弦量的相量表示法

如前所述，频率、幅值和初相位是一个正弦量的三个要素。图 2.2.4 中旋转着的有向线段 A（向量）与正弦量的特征具有一一对应关系：其长度为正弦量的幅值 I_m；其起始位置（$t=0$ 时刻的位置）与实轴的夹角为正弦量的初相角 ψ；且以正弦量的角频率 ω 为角速度沿逆时针方向不停地旋转。该有向线段任意时刻在虚轴上的投影就是对应时刻正弦量的瞬时值。可见，这一旋转着的有向线段具有正弦量的全部三个特征，因此可以用来表示正弦量。

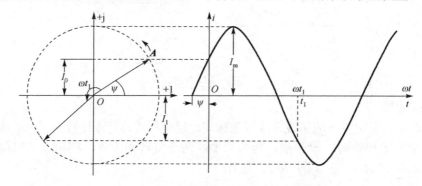

图 2.2.4　正弦量的瞬时波形图与相量

在同一个正弦交流电路中，电动势、电压和电流均为同频率的正弦量，即频率是已知或确定不变的，可以不必考虑，用幅值（或有效值）和初相位两个要素就可以确定一个正弦量。所以我们用起始位置的有向线段 A 表示正弦量。为了与一般的向量（复数）区别开，我们把表示正弦量的向量称为相量，符号用大写字母上加"$\cdot$"（读作阿克生）表示。如正弦电流

$$i = I_m \sin(\omega t + \psi) = \sqrt{2} I(\omega t + \psi)$$

其幅值相量为

$$\dot{I}_m = I_m\underline{/\psi} = I_m(\cos\psi + j\sin\psi) \tag{2.2.7}$$

有效值相量为

$$\dot{I} = I\underline{/\psi} = I(\cos\psi + j\sin\psi) \tag{2.2.8}$$

两者的关系为

$$\dot{I}_m = \sqrt{2}\dot{I} \quad \text{或} \quad \dot{I} = \frac{1}{\sqrt{2}}\dot{I}_m$$

同理，电压和电动势也有对应的相量形式和符号 $\dot{U}$、$\dot{E}$（或者 $\dot{U}_{\mathrm{m}}$、$\dot{E}_{\mathrm{m}}$）。

注意，相量仅用来表示正弦量，其本身并不等于正弦量。即瞬时值符号 i 与相量 $\dot{I}$ 不能划等号，同样相量 $\dot{I}$ 与其有效值 I 也不相等。通常我们关注的是正弦量的有效值，而不关注瞬时值，故最常用的相量形式是有效值相量。另外，只有正弦周期量才能用相量表示，相量不能表示非正弦周期量。

【例2.2.4】 已知 $i_1 =70.7\sin(\omega t-45°)$A，$i_2=141\sin(\omega t+60°)$A，试求：（1）$i_1$ 和 i_2 的有效值相量式；（2）两电流之和 $i(t)= i_1+ i_2$；（3）在同一坐标系内画出 i_1、i_2 和 i 的相量图。

解：（1）
$$\dot{I}_1 = \frac{70.7}{\sqrt{2}}\underline{/-45°} = 50\underline{/-45°} = 35.35 - \mathrm{j}35.35\,\mathrm{A}$$

$$\dot{I}_2 = \frac{141}{\sqrt{2}}\underline{/60°} = 100\underline{/60°} = 50 + \mathrm{j}86.6\,\mathrm{A}$$

（2）
$$\dot{I}_1 + \dot{I}_2 = 35.35 + 50 + \mathrm{j}(86.6 - 35.35)$$
$$= 85.35 + \mathrm{j}51.25 = 99.55\underline{/31°}\,\mathrm{A}$$

$$i(t) = 99.55\sqrt{2}\sin(\omega t + 31°)\,\mathrm{A}$$

（3）相量图如图 2.2.5 所示。

利用相量图中的三角形的边角关系，通过余弦定理（或正弦定理）也可分别求出 $\dot{I}$ 的大小和辐角。例如，由

$$I^2 = I_1^2 + I_2^2 - 2I_1I_2\cos(180° - 105°)$$

可求出有效值 I，再通过

$$I_1^2 = I^2 + I_2^2 - 2II_2\cos\alpha$$

先求出 α 角，$60° - \alpha$ 便是 $\dot{I}$ 的辐角，即 i 的初相位。

同频率正弦量（电压与电流）的相量可以画在同一复平面上，称为相量图，如图 2.2.5 所示。在实际画相量图时，可以不画出纵轴（虚轴），而实轴（水平轴）是各相量初相位的起始参考点，任何相量图都不可缺少。注意，在同一相量图中，所有的电压（或所有的电流）相量都必须使用同样的比例尺，而电压与电流的比例尺可以不一样，这样才能清晰地表示出各电压、各电流的相对大小和相对相位关系。在相量图中，可以利用平行四边形或三角形法则求两个相量的和与差。

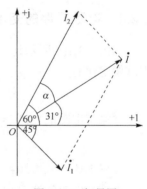

图 2.2.5 相量图

特别强调符号约定：小写字母 u、i、e 表示瞬时值，对应三角函数式与波形图；大写字母 U、I、E 表示正弦量的有效值（即大小）；带点的大写字母 $\dot{U}$、$\dot{I}$、$\dot{E}$ 表示有效值相量，不仅表明了正弦量的有效值的大小，还表明了其初相位；$\dot{U}_{\mathrm{m}}$、$\dot{I}_{\mathrm{m}}$、$\dot{E}_{\mathrm{m}}$ 表示正弦量的幅值相量；U_{m}、I_{m}、E_{m} 仅表示幅值。以上符号应严格区分开来。

练习与思考

2.2.1 已知两复数 $A =1+\mathrm{j}1$ 和 $B =-1-\mathrm{j}1$，试求 $A + B$、$A - B$、AB、A/B。

2.2.2 若 $i = 10\sin(314t +45°)$A，$u = 220\sqrt{2}\sin(314t -70°)$V，试写出代表这些正弦量的有效值相量。

2.2.3 不同频率的几个正弦量能否用相量画在同一个相量图中？为什么？

2.2.4 正弦交流电压的有效值为 220V，初相角 $\psi = -60°$，下列各式是否正确？

（1）$u = 220\sin(314t - 60°)\text{V}$ （2）$U = 220\underline{/-60°}\,\text{V}$ （3）$\dot{U} = 220e^{j60}\text{V}$

（4）$u = 220\sqrt{2}\sin(314t - 60°) = 220\sqrt{2}\underline{/-60°}$

（5）$u = 220\sqrt{2}\sin(314t - 60°)\text{V}$ （6）$\dot{U}_{\mathrm{m}} = 220\sqrt{2}\underline{/-60°}\,\text{V}$

2.2.5 若同频率正弦电流 $i_1(t)$ 及 $i_2(t)$ 的有效值分别为 I_1、I_2，$i_1(t) + i_2(t)$ 的有效值为 I，请问在什么条件下，下列关系式成立？

（1）$I_1 + I_2 = I$ （2）$I_1 - I_2 = I$ （3）$I_1^2 - I_2^2 = I^2$

2.3　单一参数的正弦交流电路

正弦交流电路的分析就是确定电路中各电压与电流之间的大小及相位关系，并讨论电路中能量的转换、功率的计算以及功率因数的提高。

最简单的交流电路是由单一参数元件如电阻、电感、电容组成的电路，其他较复杂的交流电路不过是由这些单一参数的元件组合而成的。所以首先分析单一参数正弦交流电路中电压与电流关系及功率关系。

2.3.1　电阻元件的交流电路

如图 2.3.1(a)所示是一个线性电阻元件的交流电路，电压 u 与电流 i 的参考方向相同，根据欧姆定律有

$$u = Ri$$

设流过电阻的电流 $i = I_{\mathrm{m}}\sin\omega t$，则有

$$u = Ri = R\,I_{\mathrm{m}}\sin\omega t = U_{\mathrm{m}}\sin\omega t \tag{2.3.1}$$

比较上述两式可知，在电阻元件的交流电路中，电压和电流是同相的（相位差为 $\varphi = 0$）。表示电压与电流的波形如图 2.3.1(b)所示。

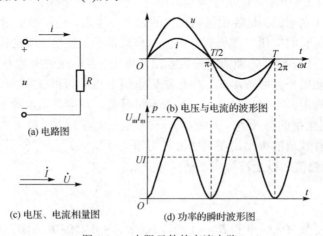

(a) 电路图

(b) 电压与电流的波形图

(c) 电压、电流相量图

(d) 功率的瞬时波形图

图 2.3.1　电阻元件的交流电路

在式（2.3.1）中

$$U_m = RI_m \quad \text{或} \quad \frac{U_m}{I_m} = \frac{U}{I} = R \tag{2.3.2}$$

由此可见，在电阻元件交流电路中，电压、电流的幅值（或有效值）的比值就是电阻 R。

如果将电压与电流的关系用相量来表示，则为

$$\frac{\dot{U}}{\dot{I}} = \frac{U\underline{/0°}}{I\underline{/0°}} = \frac{U}{I}\underline{/0°} = R \quad \text{或} \quad \dot{U} = R\dot{I} \tag{2.3.3}$$

上式为相量形式的欧姆定律。电压和电流的相量图如图 2.3.1(c)所示。

知道了电压和电流的关系，就可以讨论功率与能量的问题了。电路在任一瞬间吸收或释放出的功率称为瞬时功率，用小写字母 p 表示。它由瞬时电压与电流的乘积来决定，即

$$p = ui = U_m \sin\omega t \cdot I_m \sin\omega t = \frac{U_m I_m}{2}(1 - \cos 2\omega t) = UI(1 - \cos 2\omega t) \tag{2.3.4}$$

由式（2.3.4）可知，p 由两部分组成，第一部分是 UI，第二部分是幅值为 UI 并以 2ω 的角频率随时间而变化的交变量 $-UI\cos 2\omega t$。p 的变化曲线如图 2.3.1(d)所示。由于电压和电流同相位，因此瞬时功率恒为正值，即 $p \geq 0$，这表明电阻元件总是吸收功率，是耗能元件。

由于瞬时功率是随时间变化的，在工程计算和测量中常用平均功率来衡量电器设备消耗交流电能的速率，平均功率是瞬时功率在一个周期内的平均值，用大写字母 "P" 表示。电阻电路的平均功率为

$$P = \frac{1}{2\pi}\int_0^{2\pi} p\,\mathrm{d}\omega t = \frac{1}{2\pi}\int_0^{2\pi} UI(1 - \cos 2\omega t)\mathrm{d}\omega t = UI = I^2 R = \frac{U^2}{R} \tag{2.3.5}$$

它与直流电路中电阻消耗功率的公式在形式上是完全一样的。由于平均功率是电阻实际消耗的功率，因此又称为有功功率。

电阻在一段时间 t 内消耗的电能用 "W" 表示，即

$$W = Pt \tag{2.3.6}$$

在国际单位制中，功率的单位用瓦表示，若时间 t 用秒表示，则功的单位为焦耳（J）。工程上，常用千瓦时（kW·h）作为消耗电能的单位。1 千瓦时又称为 1 度电。

【例 2.3.1】 电路如图 2.3.1(a)所示，绕线式电阻 $R=1\mathrm{k\Omega}$，外加电压 $u = 220\sqrt{2}\sin(314t + 60°)\mathrm{V}$，试求通过电阻的电流 i 为多少？电阻消耗的功率为多少？如保持电压幅值不变，而电源频率改变为 200Hz，这时电流和功率各将变为多少？

解：
$$I = \frac{U}{R} = \frac{220}{1\times 10^3}\mathrm{A} = 220\mathrm{mA}$$

$$i = 220\sqrt{2}\sin(314t + 60°)\mathrm{mA}$$

$$P = I^2 R = (220\times 10^{-3})^2 \times 1\times 10^3 = 48.4\mathrm{W}$$

若电源频率改变为 200Hz，因为电阻值的大小与频率无关，所以电压幅值保持不变时，电流和功率都不会变化。

2.3.2 电感元件的交流电路

图 2.3.2(a)所示是一个线性电感元件的交流电路，当电压 u、电流 i 和电动势 e_L 的参考方

向如图所示时，有

$$u = -e_L = L\frac{di}{dt}$$

设电感中的电流为

$$i = I_m \sin \omega t$$

则电感两端的电压为

$$u = L\frac{di}{dt} = L\frac{d(I_m \sin \omega t)}{dt} = \omega L I_m \cos \omega t = \omega L I_m \sin(\omega t + 90°) = U_m \sin(\omega t + 90°) \quad （2.3.7）$$

可见，在电感元件电路中，电压与电流是同频率的正弦量，但电压超前电流90°。电压、电流的波形如图2.3.2(b)所示。

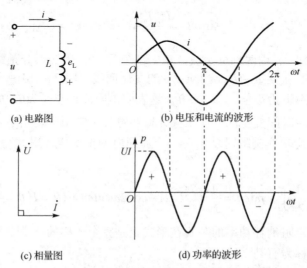

(a) 电路图   (b) 电压和电流的波形

(c) 相量图   (d) 功率的波形

图 2.3.2   电感元件的交流电路

在式（2.3.7）中，$U_m = \omega L I_m$，即

$$\frac{U_m}{I_m} = \frac{U}{I} = \omega L = X_L \quad （2.3.8）$$

在电感元件电路中，电压与电流的幅值（或有效值）之比为 ωL，显然 ωL 的单位为是欧（Ω）。ωL 对交流电流起阻碍作用，故称为感抗，用 X_L 表示。

由 $X_L = \omega L = 2\pi f L$ 可知，感抗 X_L 与频率 f 成正比，即频率越高感抗越大，对交流电流的阻碍作用就越大，感抗与频率以及电流的关系如图2.3.3所示。而对直流电流而言，因为频率 $f = 0$，$X_L = 0$，故电感在直流电路中相当于短路。

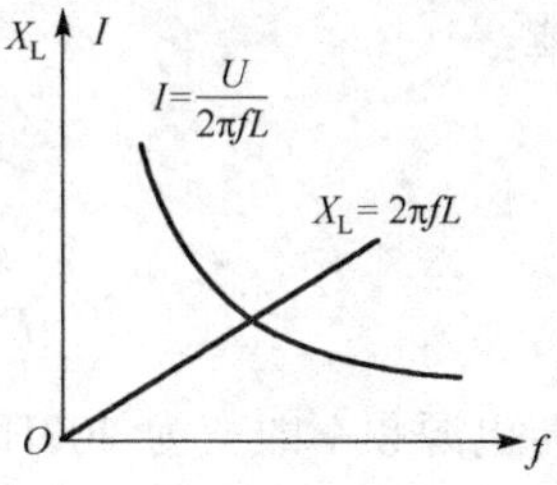

若用相量表示电压与电流，则有

$$\dot{I} = I\underline{/0°}, \quad \dot{U} = U\underline{/90°}$$

$$\frac{\dot{U}}{\dot{I}} = \frac{U}{I}\underline{/90°} = \omega L\underline{/90°} = jX_L$$

图 2.3.3   感抗、电流与频率的关系

或

$$\dot{U} = jX_L \cdot \dot{I} = j\omega L\dot{I} \quad （2.3.9）$$

上式表明，电感的电压与电流的相量关系也具有欧姆定律形式，电压 $\dot{U}$ 比电流 $\dot{I}$ 超前 $90°$。电压、电流的相量图如图 2.3.2(c)所示。

依据电压和电流的变化规律和相互关系，便可找出瞬时功率的变化规律，即

$$p = ui = U_{\mathrm{m}}I_{\mathrm{m}}\sin\omega t \cdot \sin(\omega t + 90°) = U_{\mathrm{m}}I_{\mathrm{m}}\sin\omega t \cdot \cos\omega t$$

$$= \frac{1}{2}U_{\mathrm{m}}I_{\mathrm{m}}\sin 2\omega t = UI \sin 2\omega t \qquad (2.3.10)$$

可见，瞬时功率 p 也是一个幅值为 UI、角频率为 2ω 的正弦量，其波形如图 2.3.2(d)所示。从图中可以看出，在电压或电流的第一个和第三个 1/4 周期内，瞬时功率 p 为正值，即电感从电源吸取电能，并转换成为磁场能量而储存起来。在第二个和第四个 1/4 周期内，p 为负值，此时电感将储存的磁场能量转换为电能送还给电网。如此往复循环，电感吸收的能量一定等于释放出的能量，因为整个能量的转化过程中都没有能量的损耗。

在电感元件电路中，平均功率

$$P = \frac{1}{T}\int_0^T p\mathrm{d}t = \frac{1}{T}\int_0^T UI \sin 2\omega t \mathrm{d}t = 0$$

上式进一步说明了在纯电感元件的电路中没有能量的损耗，只存在电感元件和电源之间的能量互换，因此电感被称为储能元件。为了衡量电感与电源交换能量的规模，人们定义了无功功率，用 Q_{L} 来表示，规定电感无功功率的大小等于瞬时功率的幅值，即

$$Q_{\mathrm{L}} = UI = I^2 X_{\mathrm{L}} = \frac{U^2}{X_{\mathrm{L}}} \qquad (2.3.11)$$

无功功率的单位为乏（Var）或千乏（kVar）。储能元件不消耗能量，有功功率等于零。

【例 2.3.2】 有一线圈，其电感 L=70 mH，电阻可忽略不计，接到 $u = 220\sqrt{2}\sin 314t$ (V) 的正弦电压上，求：（1）线圈的感抗 X_{L}；（2）流过线圈的电流 i；（3）无功功率 Q_{L}；(4)若线圈上电压的大小保持不变，频率变为 5kHz 时，电流为多少？

解：（1） $\qquad\qquad X_{\mathrm{L}} = \omega L = 314 \times 70 \times 10^{-3}\Omega = 22\Omega$

（2）由于 $\dot{U} = U\underline{/0°} = 220\underline{/0°}\mathrm{V}$，有

$$\dot{I} = \frac{\dot{U}}{\mathrm{j}X_{\mathrm{L}}} = \frac{220\underline{/0°}}{\mathrm{j}22} = -\mathrm{j}10 = 10\underline{/-90°}\,\mathrm{A}$$

因此 $\qquad\qquad\qquad i = 10\sqrt{2}\sin(314t - 90°)\mathrm{A}$

（3） $Q_{\mathrm{L}} = I^2 X_{\mathrm{L}} = 10^2 \times 22 = 2200\,\mathrm{Var}$

（4）当 f = 5kHz 时， $X_{\mathrm{L}} = 2\pi f L = 2 \times 3.14 \times 5000 \times 70 \times 10^{-3} = 2200\Omega$

$$I = U/X_{\mathrm{L}} = 220/2200 = 0.1\mathrm{A}$$

可见，在电源电压有效值一定时，频率越高感抗越大，则通过电感的电流有效值越小。

2.3.3 电容元件的交流电路

图 2.3.4(a)是线性电容的交流电路，为了与前面介绍的电阻、电感电路进行比较，设电容两端外加的电源电压为参考正弦量，$u = U_{\mathrm{m}}\sin\left(\omega t - \dfrac{\pi}{2}\right)$，则电流

$$i = C\frac{\mathrm{d}u}{\mathrm{d}t} = \omega C U_\mathrm{m}\cos\left(\omega t - \frac{\pi}{2}\right) = \omega C U_\mathrm{m}\sin\omega t = I_\mathrm{m}\sin\omega t \qquad (2.3.12)$$

可见，在电容元件电路中，电流与电压为同频率的正弦量，但电压滞后电流 90°。电压与电流的波形如图 2.3.4(b)所示。

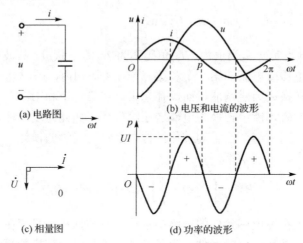

(a) 电路图   (b) 电压和电流的波形

(c) 相量图   (d) 功率的波形

图 2.3.4   电容元件的交流电路

在式（2.3.12）中，$I_\mathrm{m} = \omega C U_\mathrm{m}$，即

$$\frac{U_\mathrm{m}}{I_\mathrm{m}} = \frac{U}{I} = \frac{1}{\omega C} = X_\mathrm{C} \qquad (2.3.13)$$

由此可见，在电容元件的交流电路中，电压、电流的幅值或有效值之比为 $\dfrac{1}{\omega C}$，称为容抗，容抗的单位也是欧（Ω）。由 $X_\mathrm{C} = \dfrac{1}{\omega C} = \dfrac{1}{2\pi f C}$ 可知，容抗 X_C 与频率 f 成反比。频率越高，容抗就越小。在直流电路中，因为 $f = 0$，容抗 $X_\mathrm{C} = \infty$，即相当于开路。电容的容抗与频率的关系如图 2.3.5 所示。

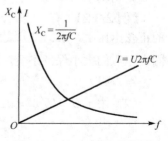

图 2.3.5 X_C、I 与 f 的关系

如果用相量表示上述电压和电流之间的关系，则有

$$\dot{U} = U\underline{/-90°}, \qquad \dot{I} = I\underline{/0°} \qquad \frac{\dot{U}}{\dot{I}} = \frac{U}{I}\underline{/-90°} = \frac{1}{\omega C\underline{/90°}} = \frac{1}{\mathrm{j}\omega C} = -\mathrm{j}X_\mathrm{C}$$

或

$$\dot{U} = -\mathrm{j}X_\mathrm{C}\dot{I} = -\mathrm{j}\frac{1}{\omega C}\dot{I} = \frac{1}{\mathrm{j}\omega C}\dot{I} \qquad (2.3.14)$$

式（2.3.14）即为电容上电压和电流关系的相量形式，相量图如图 2.3.4(c)所示。

下面讨论电容电路中的功率问题。电容电路的瞬时功率为

$$p = ui = U_\mathrm{m}\sin(\omega t - 90°)\cdot I_\mathrm{m}\sin\omega t = -U_\mathrm{m}I_\mathrm{m}\sin\omega t\cos\omega t$$
$$= \frac{-U_\mathrm{m}I_\mathrm{m}}{2}\sin 2\omega t = -UI\sin 2\omega t \qquad (2.3.15)$$

电容元件的瞬时功率也是一个以 UI 为幅值，以 2ω 为角频率，随时间变化的正弦量，如

图 2.3.4(d)所示。从图 2.3.4(d)可以看出，在第一个和第三个 1/4 周期内，因为电压 u 和电流 i 的实际方向相反，电容放电，所以瞬时功率 $p<0$；在第二个和第四个 1/4 周期内，u 和 i 的实际方向相同，电容充电，因此 $p>0$。电容充电时储存能量，电能转化为电场能，而在放电过程中电容释放能量，将储存的电场能量转换成电能还给电网。

电容电路的平均功率为

$$P_{\mathrm{C}} = \frac{1}{T}\int_0^T p\mathrm{d}t = \frac{1}{T}\int_0^T UI\sin 2\omega t\mathrm{d}t = 0 \qquad (2.3.16)$$

说明电容元件和电感元件一样是不消耗能量的，它与外电路之间只发生能量的互换，而这个互换能量的规模则由无功功率来度量，用 Q_{C} 来表示，同样等于瞬时功率 p 的幅值。即

$$Q_{\mathrm{C}} = -UI = -I^2 X_{\mathrm{C}} = -\frac{U^2}{X_{\mathrm{C}}} \qquad (2.3.17)$$

电容性无功功率取负值，电感性无功功率取正值，以示区别。

【例 2.3.3】 已知电源电压 $u = 220\sqrt{2}\sin(100t-45°)\mathrm{V}$，将电容值 $C=100\,\mu\mathrm{F}$ 的电容接到电源上。试求通过电容元件的电流 i_{C} 和无功功率 Q_{C}。如果保持电源电压的大小不变，而角频率变为 100krad/s，则电流将为多少？

解： 给定的电源电压 $\dot{U} = 220\underline{/-45°}\mathrm{V}$，

$$X_{\mathrm{C}} = \frac{1}{\omega C} = \frac{1}{100\times 100\times 10^{-6}} = 100\Omega$$

则

$$\dot{I}_{\mathrm{C}} = \frac{\dot{U}}{-\mathrm{j}X_{\mathrm{C}}} = \frac{220\underline{/-45°}}{-\mathrm{j}100} = 2.2\underline{/45°}\mathrm{A}$$

由此可得

$$i_{\mathrm{C}} = 2.2\sqrt{2}\sin(100t+45°)\mathrm{A}$$

$$Q_{\mathrm{C}} = -I^2 X_{\mathrm{C}} = -2.2^2\times 100 = -484\mathrm{Var}$$

当 $\omega=100$krad/s 时

$$\dot{I}_{\mathrm{C}} = \mathrm{j}\omega C\dot{U} = \mathrm{j}100\times 10^3\times 100\times 10^{-6}\times 220\underline{/-45°} = 2.2\underline{/45°}\mathrm{kA}$$

为了使读者便于比较和加深理解，现将电阻、电感和电容三个元件在正弦交流电路中的性质分别总结如下（见表 2.3.1）。

表 2.3.1 电阻、电感和电容单一元件在正弦稳态电路中的作用和性质

电路元件		R	L	C
物理特征		电能转变成热能的特征	表明磁场能存在的特征	表明电场能存在的特征
特征方程		$U = Ri$	$u = L\dfrac{\mathrm{d}i}{\mathrm{d}t}$	$i = C\dfrac{\mathrm{d}u}{\mathrm{d}t}$
电压与电流	大小关系	$U = IR$	$U = IX_{\mathrm{L}}$ $X_{\mathrm{L}} = \omega L = 2\pi fL$	$U = IX_{\mathrm{C}}$ $X_{\mathrm{C}} = \dfrac{1}{\omega C} = \dfrac{1}{2\pi fC}$
	相位关系	u、i 同相 $\varphi = \psi_u - \psi_i = 0$	u 超前 i 90° $\varphi = \psi_u - \psi_i = 90°$	u 滞后 i 90° $\varphi = \psi_u - \psi_i = -90°$
	相量式	$\dot{U} = R\dot{I}$	$\dot{U} = \mathrm{j}X_{\mathrm{L}}\dot{I}$	$\dot{U} = -\mathrm{j}X_{\mathrm{C}}\dot{I}$
	相量图			

电路元件		R	L	C
功率	有功功率	$P=UI=I^2R=U^2/R$	0	0
	无功功率	0	$Q_L=UI=I^2X_L=U^2/X_L$	$Q_C=-UI=-I^2X_C=-U^2/X_C$
能量转换的特点		耗能元件 将电能转换成热能消耗掉	储能（磁能）元件 仅与外电路交换能量，不耗能	储能（电场能）元件 仅与外电路交换能量，不耗能
与频率的关系		R 的大小与频率无关	$X_L=2\omega fL \propto f$ 直流时电感相当于短路	$X_C=1/2\pi fC \propto 1/f$ 直流时电容相当于开路

练习与思考

2.3.1 在单一元件的正弦交流电路中，其电压和电流的参考方向相同，试判断下列各式是否正确。

（1）$i=\dfrac{u}{R}$ （2）$\dot{U}=R\dot{I}$ （3）$I=\dfrac{U}{R}$ （4）$u=iX_L$

（5）$u=L\dfrac{\mathrm{d}i}{\mathrm{d}t}$ （6）$\dot{I}=-\mathrm{j}\dfrac{U}{\omega L}$ （7）$I=\dfrac{U}{\omega L}$ （8）$\dfrac{\dot{U}}{\dot{I}}=X_L$

（9）$i=\dfrac{u}{X_C}$ （10）$I=U\omega C$ （11）$\dot{U}=\dot{I}\dfrac{1}{\mathrm{j}\omega C}$ （12）$\dfrac{\dot{U}}{\dot{I}}=-\mathrm{j}\omega C$

2.3.2 如果电压的有效值不变，而电源频率增大一倍，则在电感电路中，线圈中的电流如何变化？电容电路中，电容的电流如何变化？

2.4 一般正弦交流电路

2.4.1 电阻、电感、电容元件串联的正弦交流电路

实际的正弦交流电路往往是由几种单一参数的元件组合而成的，本节讨论由单一参数元件串联组成的交流电路。在交流电路的复数分析方法中，电压、电流及电动势这些正弦量均采用相量表示，电阻用 R 表示，电感要用复感抗 $\mathrm{j}X_L$ 来描述，电容要用复容抗 $-\mathrm{j}X_C$ 来描述，这种电路称为相量模型。

如图 2.4.1 所示，对于任一交流负载，其端电压相量与电流相量的比值（电压、电流的参考方向一致）定义为该负载的复阻抗，简称阻抗，并用 Z 来表示：

$$Z=\frac{\dot{U}}{\dot{I}} \tag{2.4.1}$$

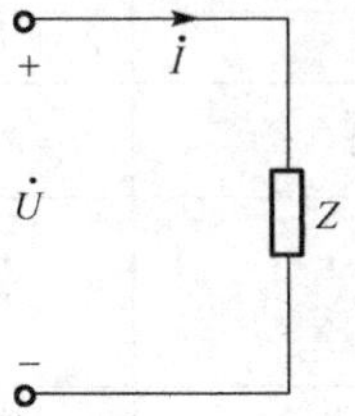

若交流负载分别是单一的电阻、电感、电容元件，则对应的复阻抗分别为

图 2.4.1 正弦交流电路的相量模型

$$Z_R=R，\quad Z_L=\mathrm{j}\omega L=\mathrm{j}X_L，\quad Z_C=-\mathrm{j}\frac{1}{\omega C}=-\mathrm{j}X_C$$

R、L 和 C 三个元件串联的交流电路是一个典型的电路，各电压与电流的参考方向如图 2.4.2 所示。

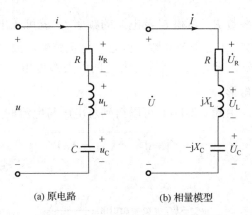

(a) 原电路　　　　　(b) 相量模型

图 2.4.2　R、L 和 C 串联的交流电路

对于串联型电路而言，为方便起见，一般设电流为参考正弦量，即

$$i = I_\mathrm{m} \sin \omega t$$

根据 KVL 有

$$u = u_\mathrm{R} + u_\mathrm{L} + u_\mathrm{C} \tag{2.4.2}$$

由于各元件中的电压与总电压 u 均为同频率的正弦电压，故上式可用相量表示，即

$$
\begin{aligned}
\dot{U} &= \dot{U}_\mathrm{R} + \dot{U}_\mathrm{L} + \dot{U}_\mathrm{C} \\
&= R\dot{I} + \mathrm{j}X_\mathrm{L}\dot{I} - \mathrm{j}X_\mathrm{C}\dot{I} \\
&= [R + \mathrm{j}(X_\mathrm{L} - X_\mathrm{C})]\dot{I}
\end{aligned} \tag{2.4.3}
$$

所以 RLC 串联电路的复阻抗为

$$Z = \frac{\dot{U}}{\dot{I}} = R + \mathrm{j}(X_\mathrm{L} - X_\mathrm{C}) = R + \mathrm{j}X = |Z|\ \underline{/\varphi} \tag{2.4.4}$$

式中，$X = X_\mathrm{L} - X_\mathrm{C}$，称为电路的电抗。复阻抗的大小（即阻抗的模）为

$$|Z| = \sqrt{R^2 + X^2} = \sqrt{R^2 + (X_\mathrm{L} - X_\mathrm{C})^2} = \sqrt{R^2 + \left(\omega L - \frac{1}{\omega C}\right)^2} \tag{2.4.5}$$

阻抗角为

$$\varphi = \arctan \frac{X}{R} = \arctan \frac{X_\mathrm{L} - X_\mathrm{C}}{R} = \arctan \frac{\omega L - \dfrac{1}{\omega C}}{R} \tag{2.4.6}$$

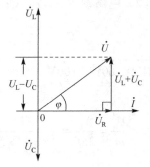

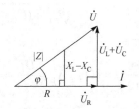

图 2.4.3　R、L 和 C 串联电路的相量图　　　图 2.4.4　阻抗三角形与电压三角形关系

只要知道了电路元件参数 R、L 和 C 及电源的频率 f，就可求出复阻抗的大小 $|Z|$ 以及阻抗角 φ，从而得到复阻抗 Z。Z 是一个复数，但它不是正弦量，故 Z 上不能加点"·"。

由于 $Z = R + \mathrm{j}X = |Z|\underline{/\varphi}$，$R$、$X$ 和 $|Z|$ 三者之间的关系可用一个直角三角形来表示，这个三角形通常称为阻抗三角形。

根据复数的运算规则，由式（2.4.4）可以得到总电压与电流的大小关系

$$\frac{U}{I} = |Z| = \sqrt{R^2 + (X_\mathrm{L} - X_\mathrm{C})^2} \tag{2.4.7}$$

电压与电流的相位差为

$$\psi_u - \psi_i = \varphi = \arctan\frac{X_\mathrm{L} - X_\mathrm{C}}{R} \tag{2.4.8}$$

可见电压与电流有效值之比等于复阻抗的模，而电压电流的相位差等于复阻抗的阻抗角。

以电流为参考相量（$\dot{I} = I\underline{/0}$），画出电路中电流、各元件电压及总电压的相量图，如图 2.4.3 所示。图中 $\dot{U}_\mathrm{R}$ 与 $\dot{I}$ 同相，$\dot{U}_\mathrm{L}$ 超前 $\dot{I}$ 90°，$\dot{U}_\mathrm{C}$ 滞后 $\dot{I}$ 90°，$\dot{U}$、$\dot{U}_\mathrm{R}$ 与 $\dot{U}_\mathrm{L} + \dot{U}_\mathrm{C}$ 构成一个直角三角形，称作电压三角形。电压三角形与阻抗三角形是相似三角形，如图 2.4.4 所示，但是阻抗三角形只是数值关系，而电压三角形是相量关系。利用电压三角形和阻抗三角形及它们之间的关系（电压三角形的各边长均除以电流 I 得到阻抗三角形），常可使计算简便。

下面讨论电路的性质。当 $X_\mathrm{L} > X_\mathrm{C}$ 时，阻抗角 $\varphi > 0$，则电路为感性，感性电路中电压超前于电流。当 $X_\mathrm{L} < X_\mathrm{C}$ 时，阻抗角 $\varphi < 0$，电路为容性，容性电路中电压滞后于电流。当 $X_\mathrm{L} = X_\mathrm{C}$ 时，$\varphi = 0$，电路为纯电阻性，电路中电压与电流刚好同相，此时形成串联谐振，谐振的问题将在后面讨论。

【例 2.4.1】 在 R、L 和 C 串联的电路中，已知：（1）$\dot{U} = 20\underline{/-30°}\mathrm{V}$，$Z = 50\underline{/-20°}\Omega$；（2）$\dot{U} = 20\underline{/30°}\mathrm{V}$，$Z = 50\underline{/20°}\Omega$。试求电路中的电流 $\dot{I}$，并说明电路的性质。

解：（1）
$$\dot{I} = \frac{\dot{U}}{Z} = \frac{220\underline{/-30°}}{50\underline{/-20°}} = 4.4\underline{/-10°}\mathrm{A}$$

$\varphi = -20° < 0$，电压滞后电流 20°，故为容性电路。

（2）
$$\dot{I} = \frac{\dot{U}}{Z} = \frac{220\underline{/30°}}{50\underline{/20°}} = 4.4\underline{/10°}\mathrm{A}$$

$\varphi = 20° > 0$，电压超前电流 20°，故为感性电路。

【例 2.4.2】 在图 2.4.2 所示的 R、L、C 串联电路中，已知 $I = 10\ \mathrm{A}$，$U_\mathrm{R} = 80\ \mathrm{V}$，$U_\mathrm{L} = 120\ \mathrm{V}$，$U_\mathrm{C} = 60\mathrm{V}$。设电源频率 $f = 50\mathrm{Hz}$，求：（1）总电压 U；（2）电路参数 R、L、C；（3）总电压与电流的相位差。

解：（1）总电压 U 为
$$U = \sqrt{U_\mathrm{R}^2 + (U_\mathrm{L} - U_\mathrm{C})^2} = \sqrt{80^2 + (120 - 60)^2} = 100\mathrm{V}$$

（2）电路参数
$$R = \frac{U_\mathrm{R}}{I} = \frac{80}{10}\Omega = 8\Omega，\quad X_\mathrm{L} = \frac{U_\mathrm{L}}{I} = \frac{120}{10}\Omega = 12\Omega，\quad L = \frac{X_\mathrm{L}}{\omega} = \frac{X_\mathrm{L}}{2\pi f} = \frac{12}{2 \times 3.14 \times 50} = 38\mathrm{mH}$$

$$X_C = \frac{U_C}{I} = \frac{60}{10}\Omega = 6\Omega \ , \quad C = \frac{1}{\omega X_C} = \frac{1}{2 \times 3.14 \times 50 \times 6} = 531\mu F$$

（3）总电压与电流的相位差为

$$\varphi = \arctan\frac{U_L - U_C}{U_R} = \arctan\frac{X_L - X_C}{R} = \arctan\frac{12-6}{8} = 36.9°$$

2.4.2　复阻抗的串联

图 2.4.5(a)所示是两个复阻抗串联的交流电路，当外加电压为 $\dot{U}$ 时，电路中的电流为 $\dot{I}$ 。两个串联的复阻抗 Z_1、Z_2 可以用一个等效复阻抗 Z 来代替，如图 2.4.5(b)所示。图 2.4.5(a)与图 2.4.5(b)中电路的电压 $\dot{U}$ 、电流 $\dot{I}$ 相同，由图 2.4.5(a)可得

$$\dot{U} = \dot{U}_1 + \dot{U}_2 = \dot{I}Z_1 + \dot{I}Z_2 = \dot{I}(Z_1 + Z_2)$$

由图 2.4.5(b)可得

$$\dot{U} = \dot{I}Z$$

比较以上两式可得

$$Z = Z_1 + Z_2 \qquad\qquad (2.4.9)$$

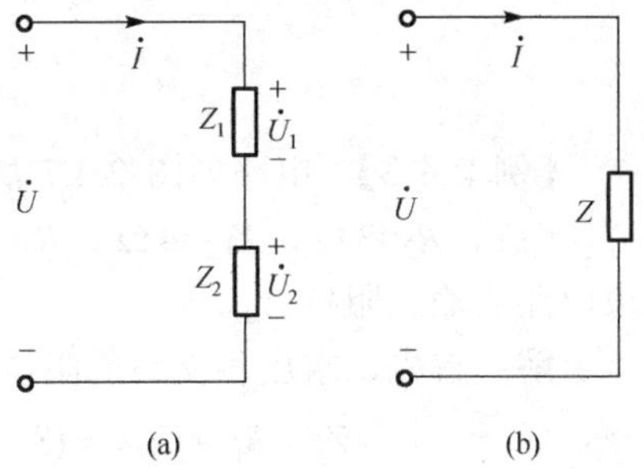

图 2.4.5　阻抗的串联及其等效电路

可见串联电路的等效复阻抗等于各串联复阻抗之和。k 个复阻抗串联的等效阻抗表达式为

$$Z = \sum Z_k = \sum R_k + \mathrm{j}\sum X_k = |Z| \underline{/\varphi}$$

其中，

$$|Z| = \sqrt{\left(\sum R_k\right)^2 + \left(\sum X_k\right)^2}$$

$$\varphi = \arctan\frac{\sum X_k}{\sum R_k} \qquad\qquad (2.4.10)$$

必须按照复数规则运算。在图 2.4.5 所示的复阻抗串联的电路中，一般情况下，$U \neq U_1 + U_2$，同样也有 $|Z| \neq |Z_1| + |Z_2|$。

对于图 2.4.5(a)，复阻抗的分压公式为

$$\dot{U}_1 = \frac{Z_1}{Z_1 + Z_2}\dot{U} \ , \qquad \dot{U}_2 = \frac{Z_2}{Z_1 + Z_2}\dot{U} \qquad\qquad (2.4.11)$$

2.4.3　复阻抗的并联

正弦交流电路也有并联结构，如图2.4.6(a)所示的是两个负载阻抗并联的交流电路。与复阻抗的串联一样，两个并联的复阻抗 Z_1、Z_2 也可以用一个等效复阻抗 Z 来代替，如图 2.4.6(b)所示。由 KCL 有

$$\dot{I} = \dot{I}_1 + \dot{I}_2 = \frac{\dot{U}}{Z_1} + \frac{\dot{U}}{Z_2} = \dot{U}\left(\frac{1}{Z_1} + \frac{1}{Z_2}\right)$$

由图 2.4.6(b)有 $\qquad\qquad i = \dfrac{\dot{U}}{Z}$

比较以上两式有 $\qquad \dfrac{1}{Z} = \dfrac{1}{Z_1} + \dfrac{1}{Z_2} \qquad (2.4.12)$

或 $\qquad\qquad Z = \dfrac{Z_1 Z_2}{Z_1 + Z_2} \qquad (2.4.13)$

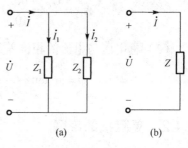

图 2.4.6　阻抗的并联及其等效电路

一般情况下，$I \neq I_1 + I_2$，所以 $\dfrac{1}{|Z|} \neq \dfrac{1}{|Z_1|} + \dfrac{1}{|Z_2|}$。

两个复阻抗 Z_1、Z_2 并联的交流电路相应的分流公式为

$$i_1 = \frac{Z_2}{Z_1 + Z_2} i \qquad i_2 = \frac{Z_1}{Z_1 + Z_2} i$$

【例 2.4.3】　电路如图 2.4.7 所示。已知 $R_1 = 8\,\Omega$，$X_{C1} = 6\,\Omega$，$R_2 = 3\,\Omega$，$X_{L2} = 4\,\Omega$，$R_3 = 5\,\Omega$，$X_{L3} = 10\,\Omega$。试求电路的输入阻抗 Z_{ab}。

解：首先，求出各支路的阻抗

$$Z_1 = R_1 - jX_{C1} = (8 - j6)\Omega$$

$$Z_2 = R_2 + jX_{L2} = (3 + j4)\Omega$$

$$Z_3 = R_3 + jX_{L3} = (5 + j10)\Omega$$

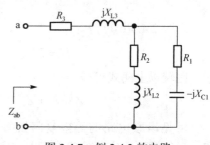

图 2.4.7　例 2.4.3 的电路

利用阻抗的串、并联关系可得输入阻抗为

$$Z_{ab} = Z_3 + \frac{Z_1 Z_2}{Z_1 + Z_2} = 5 + j10 + \frac{(8-j6)(3+j4)}{(8-j6)+(3+j4)} = 5 + j10 + 4 + j2 = 9 + j12\,\Omega$$

【例 2.4.4】　在图 2.4.8 所示的并联电路中，$Z_1 = 10\,\Omega$，$Z_2 = j8\,\Omega$，$Z_3 = -j15\,\Omega$，$U = 120$V，$f = 50$Hz。试求：（1）$\dot{I}_1$、$\dot{I}_2$、$\dot{I}_3$ 及 $\dot{I}$；（2）写出 i_1、i_2、i_3 及 i 的瞬时值表达式。

解：（1）并联电路一般以电压为参考，令 $\dot{U} = 120\underline{/0^\circ}$V，则

$$\dot{I}_1 = \frac{\dot{U}}{Z_1} = \frac{120\underline{/0^\circ}}{10}\text{A} = 12\underline{/0^\circ}\text{A}$$

$$\dot{I}_2 = \frac{\dot{U}}{Z_2} = \frac{120\underline{/0^\circ}}{j8}\text{A} = 15\underline{/-90^\circ}\text{A}$$

$$\dot{I}_3 = \frac{\dot{U}}{Z_3} = \frac{120\underline{/0^\circ}}{-j15}\text{A} = 8\underline{/90^\circ}\text{A}$$

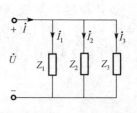

图 2.4.8　例 2.4.4 的电路图

$$\dot{I} = \dot{I}_1 + \dot{I}_2 + \dot{I}_3 = 12\underline{/0^\circ} - j15 + j8 = 12 - j7 = 13.9\underline{/-30.2^\circ}\text{A}$$

（2）当 $f = 50$Hz，即 $\omega = 2\pi f = 314$rad/s 时，各电流的瞬时值表达式为

$$i_1 = 12\sqrt{2}\sin 314t\,\text{A}$$

$$i_2 = 15\sqrt{2}\sin(314t - 90^\circ)\text{A}$$

$$i_3 = 8\sqrt{2}\sin(314t + 90°)\text{A}$$

$$i = 13.9\sqrt{2}\sin(314t - 30.2°)\text{A}$$

练习与思考

2.4.1 RL 和 RC 串联交流电路，若电流与各个电压的参考方向相同，则下列各式是否正确？

$$u = u_R + u_L, \quad i = \frac{u}{\sqrt{R^2 + X_L^2}}, \quad I = \frac{U}{R + X_L}, \quad \dot{U}_L = \frac{j\omega L}{R + j\omega L}\dot{U}, \quad U = U_R + U_L$$

$$\dot{U} = \dot{U}_R + \dot{U}_C, \quad I = \frac{U}{\sqrt{R^2 - X_C^2}}, \quad i = \frac{u}{R - jX_C}, \quad \dot{I} = \frac{\dot{U}}{R - j1/(\omega C)}, \quad U^2 = U_R^2 + U_C^2$$

2.4.2 下面问题中求电流 i 的运算过程是否正确？

设 $u = 100\sin(314t + 30°)\text{V}$，$Z = 10\underline{/75°}\,\Omega$

则电流 $i = \dfrac{100\sin(314t + 30°)}{10\underline{/75°}} = 10\sin(314t - 45°)\text{A}$

2.4.3 两阻抗串联时，在什么情况下 $|Z| = |Z_1| + |Z_2|$？

2.4.4 在 RLC 串联交流电路中，总电压是否总大于各个分电压 U_R、U_L 和 U_C？

2.4.5 两阻抗并联时，在什么情况下 $\dfrac{1}{|Z|} = \dfrac{1}{|Z_1|} + \dfrac{1}{|Z_2|}$？

2.4.6 在并联交流电路中，总电流是否一定大于支路电流？

2.5 正弦交流电路中的谐振

在含有电感、电容元件的电路中，如果调节电源的频率或电路的参数使电路的总电压与总电流同相位，整个电路呈现纯电阻性，这种现象称为电路中的谐振。按发生谐振时电路中线圈与电容的关系，谐振现象可分为串联谐振和并联谐振。下面分别讨论这两种谐振的条件和特征。

2.5.1 串联交流电路的谐振

1. 串联谐振条件

R、L、C 串联电路如图 2.4.2 所示。电压 u 和电流 i 的相位差为

$$\varphi = \arctan\frac{X_L - X_C}{R}$$

当 $\qquad\qquad X_L = X_C \quad 或 \quad 2\pi f L = \dfrac{1}{2\pi f C}$ \hfill (2.5.1)

时，有 $\varphi = 0$，此时电路的端电压 $\dot{U}$ 与电流 $\dot{I}$ 同相，$Z = R + j(X_L - X_C) = R$，整个电路呈现电

阻性，这种现象称为串联谐振。式（2.5.1）是发生串联谐振的条件，并由此得出谐振（角）频率为

$$f_0 = \frac{1}{2\pi\sqrt{LC}} \quad 或 \quad \omega_0 = \frac{1}{\sqrt{LC}} \tag{2.5.2}$$

可见谐振频率 f_0（ω_0）仅与 L、C 有关，当电源频率与电路参数 L 和 C 满足上式关系时，电路发生谐振。因此可以通过调节电源频率 f 或改变电路参数 L、C 来使电路发生谐振。

2. 串联谐振的特征

（1）谐振时电路的阻抗最小，电流最大

电路谐振时，$X_L - X_C = 0$，则电路中阻抗的模 $|Z| = \sqrt{R^2 + (X_L - X_C)^2} = R$，其值最小。

电路谐振时，若外加电压 U 一定，则电路中的电流达到最大值，即

$$I = I_0 = \frac{U}{R}$$

电路中电流的大小 $I = \dfrac{U}{|Z|} = \dfrac{U}{\sqrt{R^2 + (X_L - X_C)^2}}$，阻抗的模与电流等参数随频率 f 变化的关系曲线如图 2.5.1 所示。

（2）电路中电感（电容）电压是电源电压的 Q 倍

R、L 和 C 串联电路发生谐振时的相量图如图 2.5.2 所示，由于 $X_L = X_C$，于是电感电压 $\dot{U}_L$ 与电容电压 $\dot{U}_C$ 的大小相等，方向相反，互相抵消，外加电压

$$\dot{U} = \dot{U}_R + \dot{U}_L + \dot{U}_C = \dot{U}_R$$

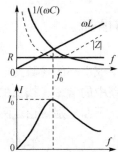
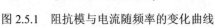
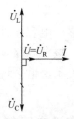

图 2.5.1　阻抗模与电流随频率的变化曲线　　　图 2.5.2　串联谐振电路的相量图

虽然电感电压 U_L 和电容电压 U_C 对整个电路不起作用，但是它们的单独作用不可忽视。为了描述串联谐振电路中 U_L 或 U_C 与总电压 U 之间的大小关系，引入了品质因数（简称 Q 值）。串联谐振电路的品质因数定义为

$$Q = \frac{U_L}{U} = \frac{U_C}{U} = \frac{\omega_0 L}{R} = \frac{1}{\omega_0 CR} \tag{2.5.3}$$

当 $\omega_0 L = \dfrac{1}{\omega_0 C} > R$，即 $X_L = X_C > R$ 时，U_L 和 U_C 都高于电源电压 U。为此，串联谐振也称为电压谐振。在实际电路中，过高的电压可能击穿线圈和电容器的绝缘，也可能损坏其

他元器件，故在电力系统一般要避免发生串联谐振，而在无线电设备中则常常利用串联谐振从电容或电感两端获得较高的电压。

【例 2.5.1】 已知某一线圈电阻 $R=16\Omega$、电感 $L=0.3\text{mH}$，将它与一个双联可变电容器 $C=(30\sim300)\text{pF}$ 串联。试求：（1）这一串联回路的谐振频率范围是多少？（2）如果外加信号电压 $U=2\mu\text{V}$，谐振频率为 873kHz，求该信号在回路中产生的电流，此时在线圈（或电容）两端能得到多大电压？

解：（1）由谐振频率的公式有

$$f_1 = \frac{1}{2\pi\sqrt{LC}} = \frac{1}{2\times3.14\sqrt{0.3\times10^{-3}\times30\times10^{-12}}} = 1678\text{kHz}$$

$$f_2 = \frac{1}{2\pi\sqrt{LC}} = \frac{1}{2\times3.14\sqrt{0.3\times10^{-3}\times300\times10^{-12}}} = 530\text{kHz}$$

（2）谐振电流

$$I_0 = \frac{U}{R} = \frac{2\mu\text{V}}{16\Omega} = 0.125\mu\text{A}$$

$$\begin{aligned}
U_L = U_C &= X_L \times I_0 = 2\pi f_0 L \times I_0 \\
&= 2\times3.14\times873\times10^3\times0.3\times10^{-3}\times0.125 \\
&= 205.6\mu\text{V}
\end{aligned}$$

对应的品质因数

$$Q = \frac{U_L}{U_R} = \frac{205.6}{2} = 102.8$$

2.5.2 并联交流电路的谐振

图 2.5.3 所示为具有电阻 R 和电感 L 的线圈与电容 C 组成的并联电路。当电源的频率达到某一频率时，电路的总电流 i 与端电压 u 会同相，电路就会产生谐振，称为并联谐振。

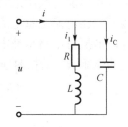

图 2.5.3 线圈与电容的并联电路

1．并联谐振的条件

由 KCL 定理得

$$\dot{I} = \dot{I}_1 + \dot{I}_C = \frac{\dot{U}}{R+\text{j}\omega L} + \text{j}\omega C\dot{U} = \dot{U}\left[\frac{R-\text{j}\omega L}{(R+\text{j}\omega L)(R-\text{j}\omega L)} + \text{j}\omega C\right]$$

$$= \dot{U}\left[\frac{R}{R^2+\omega^2L^2} + \text{j}\left(\omega C - \frac{\omega L}{R^2+\omega^2L^2}\right)\right] \tag{2.5.4}$$

当电路发生谐振时，$\dot{U}$ 与 $\dot{I}$ 同相，式（2.5.4）中的虚部为零，即

$$\omega_0 C = \frac{\omega_0 L}{R^2+\omega_0^2 L^2} \tag{2.5.5}$$

所以

$$\omega_0 = \frac{1}{\sqrt{LC}}\sqrt{1-\frac{CR^2}{L}}\ ,\quad f_0 = \frac{1}{2\pi\sqrt{LC}}\sqrt{1-\frac{CR^2}{L}} \tag{2.5.6}$$

通常谐振电路线圈的电阻 R 很小，即 $\omega_0 L \gg R$，由式（2.5.5）得

$$\omega_0 \approx \frac{1}{\sqrt{LC}} \quad \text{或} \quad f_0 \approx \frac{1}{2\pi\sqrt{LC}} \tag{2.5.7}$$

可见，如果 $R \ll \omega_0 L$，忽略电阻 R 后，并联谐振频率公式与串联谐振公式相同。

2. 并联谐振的特征

（1）谐振时电路的阻抗最大，电流最小

由式（2.5.4）可知，电路谐振时的阻抗最大，此时最大阻抗为

$$Z_0 = \frac{\dot{U}}{\dot{I}} = \frac{R^2 + \omega_0^2 L^2}{R} \tag{2.5.8}$$

当 $\omega_0 L \gg R$，则 $Z_0 \approx \dfrac{\omega_0^2 L^2}{R}$，将 $\omega_0 \approx \dfrac{1}{\sqrt{LC}}$ 代入得

$$Z_0 = \frac{L}{RC} \tag{2.5.9}$$

若电源电压 U 一定，则谐振时的总电流最小，为

$$I = I_0 = \frac{U}{Z_0} = \frac{U}{\dfrac{L}{RC}} = \frac{RC}{L} \cdot U$$

阻抗和电流与频率之间的关系如图 2.5.4 所示。

（2）支路电流是总电流的 Q 倍

并联谐振时电路呈纯电阻性，电源电压 $\dot{U}$ 与总电流 $\dot{I}$ 同相，相量图如图 2.5.5 所示。若忽略线圈的电阻 R，谐振时线圈支路的电流与电容支路的电流分别为

$$I_L = \frac{U}{\sqrt{R^2 + (\omega_0 L)^2}} \approx \frac{U}{\omega_0 L}$$

$$I_C = \frac{U}{\dfrac{1}{\omega_0 C}}$$

支路电流与总电流之比称为并联谐振电路的品质因数：

$$Q = \frac{I_L}{I_0} = \frac{I_C}{I_0} = \frac{1}{\omega_0 CR} = \frac{\omega_0 L}{R} \tag{2.5.10}$$

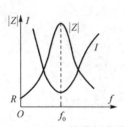

图 2.5.4 $|Z|$ 和 I 的谐振曲线

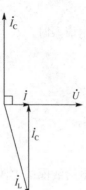

图 2.5.5 并联谐振电路的相量图

可见电感或电容支路的电流近似相等，但是比总电流大许多倍，为此，并联谐振又称为电流谐振。

【例2.5.2】电路如图2.5.6所示，已知$R_1=R_2=R_3=10\,\Omega$，$X_{L1}=X_{C1}=30\,\Omega$，$X_{L2}=X_{C2}=X_{C3}=20\,\Omega$，外加电压$u=220\sqrt{2}\sin\omega t(\text{V})$。试求电路中的电流$\dot{I}_1$、$\dot{I}_2$、$\dot{I}_3$和$\dot{I}$，以及电压$u_{L2}$和$u_{C2}$。

解： 由$X_{L1}=X_{C1}$可知A、B之间的并联电路处于谐振状态，L_1与C_1的作用完全抵消，电路呈现纯电阻R_1；又B、C之间的LC支路中$X_{L2}=X_{C2}$，满足串联谐振的条件，故等效电路为一根导线。因此，B、C之间的R_3X_{C3}支路被短路。

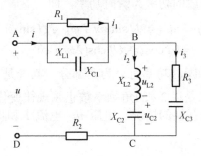

图2.5.6　例题2.5.2的电路图

综上所述，电路可等效为R_1与R_2的串联，电流

$$\dot{I}=\dot{I}_1=\dot{I}_2=\frac{\dot{U}}{R_1+R_2}=\frac{220\underline{/0^\circ}}{20}=11\underline{/0^\circ}\text{A}$$

$$\dot{I}_3=0$$

电压

$$\dot{U}_{L2}=\text{j}X_{L2}\cdot\dot{I}=\text{j}20\times11\underline{/0^\circ}=\text{j}220\text{V}$$

$$\dot{U}_{C2}=-\text{j}X_{C2}\cdot\dot{I}=-\text{j}20\times11\underline{/0^\circ}=-\text{j}220\text{V}$$

得

$$u_{L2}=220\sqrt{2}\sin(\omega t+90^\circ)\text{V}，\quad u_{C2}=220\sqrt{2}\sin(\omega t-90^\circ)\text{V}$$

练习与思考

2.5.1　串联电路的$R=50\,\Omega$，$L=0.25\text{mH}$，$C=100\text{pF}$，试求谐振频率f_0、品质因数Q以及阻抗$|Z_0|$。

2.5.2　RLC串联电路在谐振频率f_0处电路呈现电阻性，当$f>f_0$时电路呈现什么性质？当$f<f_0$时电路又呈现什么性质？

2.6　正弦交流电路的功率

2.3节中讨论过单一参数电路的功率情况，这里以RLC串联电路为例，讨论一般正弦交流电路中的功率及功率因数问题。

2.6.1　正弦交流电路的功率

如图2.6.1所示电路，由R、L、C串联组成的无源二端网络可以用等复阻抗Z来描述，则有

$$Z = R + \mathrm{j}X = |Z| \underline{/\varphi}$$

式中，R、X、$|Z|$ 构成阻抗三角形，其中 $|Z|$ 与 R 的夹角为阻抗角 φ。

设电流 $i = \sqrt{2}I \sin \omega t$，则电源电压

$$u = \sqrt{2}U \cdot \sin(\omega t + \varphi)$$

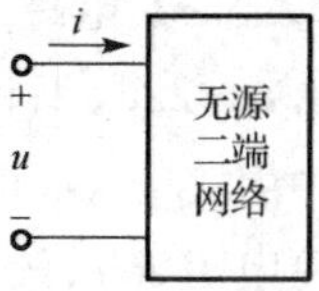

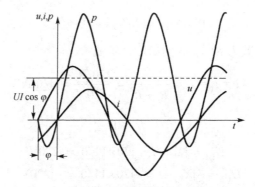

图 2.6.1　无源二端网络的功率

1. 瞬时功率

电路在任一瞬间吸收或释放的功率为瞬时功率，即

$$
\begin{aligned}
p &= ui = \sqrt{2}U \sin(\omega t + \varphi) \cdot \sqrt{2}I \sin \omega t \\
&= UI \cos \varphi - UI \cos(2\omega t + \varphi)
\end{aligned}
\tag{2.6.1}
$$

式（2.6.1）表明，交流电路的瞬时功率可分为两部分，其一是恒定部分 $UI \cos \varphi$，它是耗能元件电阻所消耗的功率；其二是以 2ω 的角频率按正弦规律变化的交流分量，它反映了储能元件与电源之间进行能量往返互换的情况。电压 u、电流 i 和瞬时功率 p 随时间变化的曲线如图 2.6.2 所示。

图 2.6.2　电压、电流和瞬时功率波形图

2. 有功功率

瞬时功率 p 的平均值就是电路的有功功率，即

$$P = \frac{1}{T}\int_0^T p\,\mathrm{d}t = \frac{1}{T}\int_0^T [UI \cos \varphi - UI \cos(2\omega t + \varphi)]\mathrm{d}t = UI \cos \varphi \tag{2.6.2}$$

式中，$\cos \varphi$ 称为电路的功率因数，阻抗角 φ 又称为功率因数角。

根据前面讨论的单一参数元件的功率情况，电感、电容均不消耗电能，只有纯电阻才消耗电能，所以依据能量守恒定理，电源输出的有功功率应等于各电阻元件上所消耗的功率之和，即

$$P = \sum_{i=1}^{n} P_i$$

对 RLC 串联电路，由电压三角形知

$$U \cos \varphi = U_{\mathrm{R}}$$

则
$$P = UI\cos\varphi = U_{\text{R}}I = I^2R = \frac{U_{\text{R}}^2}{R} \tag{2.6.3}$$

3. 无功功率

在正弦交流电路中，无功功率是储能元件（电感或电容）进行能量交换的瞬时功率的最大值。以 2.4 节中的 RLC 串联电路为例，电路中感性的无功功率 $Q_{\text{L}} = U_{\text{L}}I = I^2X_{\text{L}}$，容性的无功功率 $Q_{\text{C}} = -U_{\text{C}}I = -I^2X_{\text{C}}$，参考电压三角形，则总的无功功率为

$$Q = Q_{\text{L}} + Q_{\text{C}} = U_{\text{L}}I - U_{\text{C}}I = (U_{\text{L}} - U_{\text{C}})I = UI\sin\varphi \tag{2.6.4}$$

由上式可知，当电感与电容共存于一个交流电路时，感性的无功功率与容性的无功功率可以相互补偿，差值才是电源所需提供的。还是以 RLC 串联电路为例，因为电感电压 u_{L} 与电容电压 u_{C} 反相，所以它们的瞬时功率 $p_{\text{L}} = u_{\text{L}} \times i$ 与 $p_{\text{C}} = u_{\text{C}} \times i$ 的瞬时极性也是相反的。当电感吸收电能时，电容正释放电能，反之，当电容吸收电能时，电感正释放电能，二者能互相补偿，因此它们与电源之间进行能量交换的最大瞬时值（即总的无功功率 Q）就减小了。若电路中有多个电容或电感，则

$$Q = \sum_{i=1}^{n} Q_i$$

式中，电感的无功功率前面取正号，电容的无功功率前取负号。

4. 视在功率

在交流电路中，电压与电流有效值的乘积一般大于平均功率，在工程上把电压、电流有效值之积定义为视在功率，用 S 表示，即

$$S = UI$$

视在功率的单位是伏安（VA）或千伏安（kVA），以区别于有功功率及无功功率。

交流电器设备在使用中受到其额定电压 U_{N} 与额定电流 I_{N} 的限制，单相变压器的额定容量大小就是用额定电压与额定电流乘积表示的，即 $S_{\text{N}} = U_{\text{N}}I_{\text{N}}$。定义了视在功率后，有功功率与无功功率又可表示为

$$P = UI\cos\varphi = S\cos\varphi$$

$$Q = UI\sin\varphi = S\sin\varphi$$

因此则视在功率还可以表示为

$$S = \sqrt{P^2 + Q^2} = \sqrt{\left(\sum P_i\right)^2 + \left(\sum Q_i\right)^2} \tag{2.6.5}$$

可以看出，视在功率 S、有功功率 P 和无功功率 Q 三者的关系可用一个直角三角形表示，称为功率三角形，它与电压三角形及阻抗三角形相似，如图 2.6.3 所示。

值得注意的是，视在功率不守恒，即一般情况下 $S \neq S_1 + S_2 + \cdots + S_n$。

【例 2.6.1】 在图 2.6.4 所示电路中，已知电源电压 U=12V，ω=2000rad/s，$R_1 = 2\Omega$，$R_2 = 1\Omega$，L=1.5mH，C=250μF。求：（1）电流 I、I_1；（2）电路中总的有功功率、无功功率与视在功率。

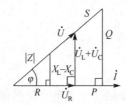

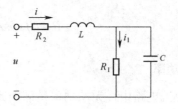

图 2.6.3 阻抗、电压和功率三角形　　　　图 2.6.4　例题 2.6.1 图

解：（1）设电压 $\dot{U} = 12\underline{/0^\circ}\text{V}$，当 $\omega=2000\text{rad/s}$ 时

$$X_\text{L} = \omega L = 2000 \times 1.5 \times 10^{-3} = 3\,\Omega$$

$$X_\text{C} = \frac{1}{\omega C} = \frac{1}{2000 \times 250 \times 10^{-6}} = 2\,\Omega$$

$$Z_1 = \frac{R_1(-jX_\text{C})}{R_1 - jX_\text{C}} = \frac{-j4}{2 - j2} = 1 - j\,\Omega$$

$$Z = R_2 + jX_\text{L} + Z_1 = 1 + j3 + 1 - j = 2 + 2j = 2\sqrt{2}\underline{/45^\circ}\,\Omega$$

$$\dot{I} = \frac{\dot{U}}{Z} = \frac{12\underline{/0^\circ}}{2\sqrt{2}\underline{/45^\circ}} = 3\sqrt{2}\underline{/-45^\circ}\,\text{A}$$

$$\dot{U}_\text{C} = \dot{I} \times Z_1 = 3\sqrt{2}\underline{/-45^\circ} \times (1 - j) = 6\underline{/-90^\circ}\,\text{V}$$

$$\dot{I}_1 = \frac{\dot{U}_\text{C}}{R_1} = \frac{6\underline{/-90^\circ}}{2} = 3\underline{/-90^\circ}\,\text{A}$$

则　　　　　　　　　　　　$I = 3\sqrt{2}\,\text{A} \qquad I_1 = 3\text{A}$

（2）　　　　　　$P = UI\cos\varphi = 12 \times 3\sqrt{2} \times \cos 45^\circ = 36\,\text{W}$

或者　　　　　$P = I^2 \times R_2 + I_1^2 \times R_1 = (3\sqrt{2})^2 \times 1 + 3^2 \times 2 = 36\,\text{W}$

$$Q = UI\sin\varphi = 12 \times 3\sqrt{2} \times \sin 45^\circ = 36\,\text{Var}$$

或者　　　$Q = Q_\text{L} + Q_\text{C} = I^2 X_\text{L} - \frac{U_\text{C}^2}{X_\text{C}} = (3\sqrt{2})^2 \times 3 - \frac{6^2}{2} = 36\text{Var}$

$$S = UI = 12 \times 3\sqrt{2} = 36\sqrt{2}\,\text{VA}$$

或者　　　　　　$S = \sqrt{P^2 + Q^2} = \sqrt{36^2 + 36^2} = 36\sqrt{2}\,\text{VA}$

【例 2.6.2】　电路如图 2.6.5 所示，已知 $R_1=R_2=X_{L1}=X_{L2}=X_\text{C}=100\Omega$，$\dot{U} = 200\underline{/45^\circ}\text{V}$。试求：（1）电路总的复阻抗 Z；（2）各支路电流 $\dot{I}_1$、$\dot{I}_2$、$\dot{I}_3$ 及电压 $\dot{U}_1$、$\dot{U}_2$；（3）电路的有功功率 P、无功功率 Q 及视在功率 S；（4）画出电压和电流的相量图。

解：（1）并联部分的复阻抗

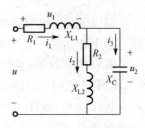

图 2.6.5　例 2.6.2 图

$$Z_{23} = \frac{(R_2 + jX_{L2}) \times (-jX_C)}{R_2 + jX_{L2} - jX_C} = \frac{(100 + j100) \times (-j100)}{100 + j100 - j100}$$

$$= 100\sqrt{2}\underline{/-45°} = 100 - j100\,\Omega$$

总的复阻抗 $Z = (R_1 + jX_{L1}) + Z_{23} = (100 + j100) + (100 - j100) = 200\underline{/0°}\,\Omega$，即为纯电阻。

（2）
$$\dot{I}_1 = \frac{\dot{U}}{Z} = \frac{200\underline{/45°}}{200} = 1\underline{/45°}\,\text{A}$$

$$\dot{U}_1 = (R_1 + jX_{L1})\dot{I}_1 = (100 + j100) \cdot 1\underline{/45°} = j100\sqrt{2}\,\text{V}$$

$$\dot{U}_2 = \dot{U} - \dot{U}_1 = 200\underline{/45°} - j100\sqrt{2} = 100\sqrt{2} + j100\sqrt{2} - j100\sqrt{2} = 100\sqrt{2}\underline{/0°}\,\text{V}$$

$$\dot{I}_2 = \frac{\dot{U}_2}{R_2 + jX_2} = \frac{100\sqrt{2}}{100 + j100} = 1\underline{/-45°}\,\text{A} \qquad \dot{I}_3 = \frac{\dot{U}_2}{-jX_C} = \frac{100\sqrt{2}}{-j100} = j\sqrt{2}\,\text{A}$$

（3）
$$P = UI_1\cos\varphi = UI_1\cos0° = 200\,\text{W}$$

$$Q = UI_1\sin\varphi = 0$$

$$S = UI_1 = 200\,\text{VA}$$

或者

$$P = P_{R_1} + P_{R_2} = R_1 I_1^2 + R_2 I_2^2 = 100 \times 1^2 + 100 \times 1^2 = 200\,\text{W}$$

$$Q = Q_{L_1} + Q_{L_2} + Q_C = X_{L_1} I_1^2 + X_{L_2} I_2^2 - X_C I_3^2 = 100 \times 1^2 + 100 \times 1^2 - 100 \times (\sqrt{2})^2 = 0$$

$$S = \sqrt{P^2 + Q^2} = 200\,\text{VA}$$

（4）相量图如图 2.6.6 所示。

2.6.2 功率因数的提高

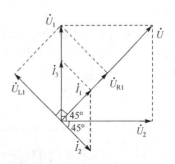

图 2.6.6　例 2.6.2 的相量图

由前述可知，交流电路的有功功率（即平均功率）P 不仅与电压和电流的有效值有关，还与电压、电流的相位差角（阻抗角）φ 有关。负载获得的有功功率 $P = UI\cos\varphi$，其中 $\cos\varphi$ 就是功率因数，φ 取决于负载阻抗的性质。

1. 提高功率因数的意义

在纯电阻负载的交流电路中，电压与电流同相位，即阻抗角 $\varphi = 0$，功率因数 $\cos\varphi = 1$，则 $P=S$、$Q=0$，表明交流电源发出的电能全部作为有功功率被充分利用；而对其他感性或容性负载而言，其功率因数均小于 1，电源发出的电能只有部分作为有功功率被利用，而有一部分要被作为无功功率，用于电网和负载之间来回交换。

如果负载的功率因数比较低，会产生以下问题。

（1）影响发电设备的利用率

由于 $P = U_N I_N \cos\varphi$，在额定电压与额定电流的限制下，功率因数越低，有功功率越小，相应的无功功率就越大，电源发出的电能不能充分利用。例如容量为 $S_N=100\text{kVA}$ 的发电机，当功率因数 $\cos\varphi = 1$ 时，能输出最大的有功功率 $P=S_N=100\text{kW}$，电源设备得到充分利用。如果负载的功率因数 $\cos\varphi = 0.6$，则发电机输出的有功功率 $P=S_N\cos\varphi = 60\text{kW}$，利用率很低。

（2）增加输电线路和发电机绕组的功率损耗

输电线路上的电流为 $I = \dfrac{P}{U\cos\varphi}$，在 P、U 一定的情况下，功率因数 $\cos\varphi$ 越低，I 就越大。若用 r 表示供电线路和发电机绕阻的总等效电阻，则供电线路与发电机绕组的功率损耗为

$$\Delta P = I^2 r = \left(\frac{P}{U\cos\varphi}\right)^2 r = \left(\frac{P^2}{U^2} \cdot r\right)\frac{1}{\cos^2\varphi}$$

由上式可知，功率损耗和功率因数 $\cos\varphi$ 的平方成反比，即功率因数 $\cos\varphi$ 越低，电路功率损耗越大，则输电效率就越低。而功率损耗大，也意味着供电线路与发电机绕组发热大，从而缩短这些设备的使用寿命。

总之，提高电网的功率因数能带来显著的经济效益，对发展国民经济、建设节约型的社会有着特别重要的意义。提高整个供、配电系统（电网）的功率因数，既能使电源设备得到充分的利用，又能节约大量电能。

2．提高功率因数的方法

供电线路功率因数下降的根本原因是供电线路中接有大量的感性负载。例如，工业生产中大量使用的异步电动机是感性负载，其功率因数约为 0.8，轻载时更低；照明负荷中普遍应用的日光灯也是感性负载，功率因数只有 0.4 左右；冶金系统常用的高频、中频及工频感应炉，电焊变压器等负载的功率因数都是较低的。按照供用电规则，高压用电的工业企业的平均功率因数应为 0.95 以上，而低压用电户单位的功率因数为不低于 0.9。由功率三角形可知

$$\cos\varphi = \frac{P}{S} = \frac{P}{\sqrt{P^2 + Q^2}} \tag{2.6.6}$$

提高功率因数的方法是设法减小电路中总的无功功率 Q。前面论述过，感性的无功功率与容性的无功功率可以互相补偿，因此可以在感性负载两端并联大小合适的电容器，如图 2.6.7(a) 所示。由于并接电容器后感性负载两端的电压 u 没有变化，因此感性负载本身的电流、功率因数 $\cos\varphi_1$、有功功率、无功功率等都不会变化，即其工作状态不受影响[见图 2.6.7(b)]。

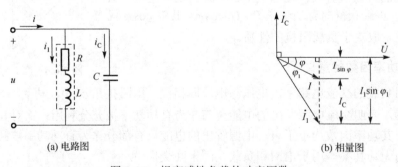

(a) 电路图　　　　　　　　(b) 相量图

图 2.6.7　提高感性负载的功率因数

如相量图 2.6.7(b)所示，感性负载并联电容器 C 后，如果并联电容器 C 的大小合适，会使电路的阻抗角减小，$|\varphi| < |\varphi_1|$，从而功率因数提高了，同时电路的总电流也减小了，$I < I_1$。并联电容后，电路总的无功功率 $Q = Q_L + Q_C$，因此无功功率 Q 减小了，实际上由电容提供了一部分感性负载所需的无功功率。

如果要求电路的功率因数从 $\cos\varphi_1$ 提高到 $\cos\varphi$，需并联多大容量的电容呢？下面推导并联电容 C 的大小的一般公式。由于电容元件不消耗电能，所以电容并接前后电路的有功功率不变，即 $P=UI_1\cos\varphi_1=UI\cos\varphi$，由图 2.6.7(b)可知

$$I_C=I_1\sin\varphi_1-I\sin\varphi=\left(\frac{P}{U\cos\varphi_1}\right)\sin\varphi_1-\left(\frac{P}{U\cos\varphi}\right)\sin\varphi=\frac{P}{U}(\tan\varphi_1-\tan\varphi)$$

而

$$I_C=\frac{U}{X_C}=\omega CU$$

所以

$$C=\frac{P}{\omega U^2}(\tan\varphi_1-\tan\varphi) \tag{2.6.7}$$

式（2.6.7）中，若有功功率 P 的单位用瓦（W），角频率 ω 的单位用弧度/秒（rad/s），电压 U 的单位用伏（V）时，则得到电容量的单位是法（F）。

【例 2.6.3】 图 2.6.8 所示电路外加交流电源电压 U=220V，频率 $f=50$Hz，当开关 S 断开时，电路的功率因数 $\cos\varphi_1$=0.5；若将开关 S 合上，测得电路的有功功率 $P=2$kW，功率因数 $\cos\varphi$=0.866，且为感性电路。试求：（1）并联电容前后供电线路的电流；（2）电路的参数 R、L、C；（3）画出开关 S 合上后各电压与电流的相量图。

解：（1）求并联电容前后供电线路的电流

并联 C 之前

$$I_1=\frac{P}{U\cos\varphi_1}=\frac{2000}{220\times0.5}=18.2\text{A}$$

并联 C 之后

$$I=\frac{P}{U\cos\varphi}=\frac{2000}{220\times0.866}=10.5\text{A}$$

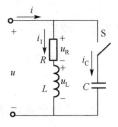

图 2.6.8　例 2.6.3 的图

可见并联 C 后总电流减小了。

（2）求电路参数 R、L、C

因为有功功率就是电阻消耗的功率，所以

$$R=\frac{P}{I_1^2}=\frac{2000}{18.2^2}=6\Omega$$

对于感性支路，有

$$|Z|=\frac{U}{I_1}=\frac{220}{18.2}=12\ \Omega$$

$$X_L=\sqrt{|Z|^2-R^2}=\sqrt{12^2-6^2}=10.4\Omega$$

$$L=\frac{X_L}{2\pi f}=\frac{10.4}{2\times3.14\times50}=0.033\text{H}=33\text{mH}$$

$\cos\varphi_1$=0.5 时，$\varphi_1=60°$，$\cos\varphi$=0.866 时，$\varphi=30°$。由式（2.6.7）得

$$C=\frac{P}{\omega U^2}(\tan\varphi_1-\tan\varphi)=\frac{2000}{314\times220^2}(\tan60°-\tan30°)=0.000152\text{F}=152\mu\text{F}$$

（3）作电压电流相量图

并联电路，以电压 $\dot{U}$ 为参考相量，则 $\dot{I}_1 = I_1\underline{/-60°}\,\text{A}$，$\dot{I}_\text{C}$ 超前 $\dot{U}$ 90°，电流 $\dot{I} = \dot{I}_1 + \dot{I}_\text{C}$，电压 $\dot{U} = \dot{U}_\text{R} + \dot{U}_\text{L}$，相量图如图 2.6.9 所示。

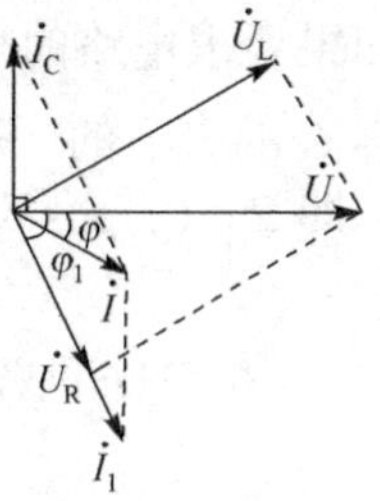

图 2.6.9 例 2.6.3 的相量图

练习与思考

2.6.1 RLC 串联交流电路的功率因数 $\cos\varphi$ 是否一定小于 1？

2.6.2 若同一电路的两条支路的视在功率分别是 S_1、S_2，总视在功率为 S。在什么情况下，$S = S_1 + S_2$？

2.6.3 与电感性负载串联大小合适的电容器能使整体电路等效为纯电阻，即可以使等效电路的功率因数为 1。能用这种方法提高实际线路的功率因数吗？

2.6.4 在瞬时功率波形图中，满足什么条件时，一个周期内瞬时功率 $P<0$ 的部分（面积）可大于 $P>0$ 的部分？

2.6.5 并联电容器后，功率因数得到提高，线路电流减小了，此时电度表是否会走得慢一些（省电）吗？

2.7 习　　题

2.7.1 填空题

1．已知交流电压 $u = 50\sin(314t + 23°)\,\text{V}$，则该交流电压的有效值 $U=$_____，周期 $T=$_____。

2．已知交流电压 $u = 200\sin(500t - 30°)\,\text{V}$，当 $t = 0\,\text{s}$ 时，电压 $u =$_____；当 $t = \dfrac{T}{2}$ 时，电压 $u =$_____。

3．已知两个正弦交流电流 $i_1 = 17\sin(314t - 30°)\,\text{A}$，$i_2 = 23\sin(314t + 90°)\,\text{A}$，则 i_1 和 i_2 的相位差为_____，在相位关系上，i_1_____i_2。

4．把下列正弦量的时间函数用相量表示。

（1） $u = 100\sin 314t\,\text{V}$，$\dot{U} =$_____；

（2） $i = -0.5\sin(314t - 60°)\,\text{A}$，$\dot{I}_\text{m} =$_____。

5．某正弦交流电流的相量形式 $\dot{I} = (4 + \text{j}3)\,\text{A}$，其极坐标相量形式为_____，若频率为 50Hz，则该正弦电流的瞬时值可写作_____。

6．正弦交流电路如图 2.7.1 所示，已知 u_1=220$\sqrt{2}\sin 314t\,\text{V}$，$u_2$=220$\sqrt{2}\sin(314t-120°)\text{V}$，则相量 $\dot{U}_\text{a} =$_____，$\dot{U}_\text{b} =$_____。

7．正弦电路如图 2.7.2 所示，已知：$i = 5\sqrt{2}\sin(\omega t + 45°)\,\text{A}$，$i_1 = 5\sqrt{2}\sin(\omega t - 45°)\,\text{A}$，则电流 i_2 的初相角 φ 为_____，$I_\text{2m} =$_____A。

8．在纯电感正弦交流电路中，若电源频率增大一倍，则感抗将变_____。而在纯电容正弦交流电路中，若电源频率增大一倍，则容抗将变_____。

9．在正弦交流电路中，已知流过纯电感元件的电流 I=5A，两端电压 $u = 20\sqrt{2}\sin 314t\,\text{V}$，则感抗 $X_\text{L} =$_____，电感 $L=$_____。

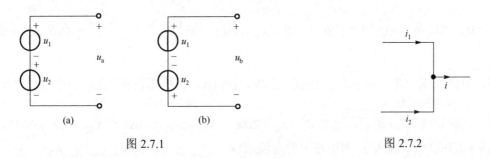

图 2.7.1   图 2.7.2

10．在纯电容正弦交流电路中，已知电容两端电压 $U=100V$，流过电容的电流 $i=10\sqrt{2}\sin 314t$ V，则容抗 $X_C=$_____，电容量 $C=$_____。

11．在电感元件的交流电路中，已知电压的初相角为 30°，则电流的初相角为_____；在电容元件的交流电路中，已知电流的初相角为 60°，则电压的初相角为_____。

12．电路如图 2.7.3 所示，V1 和 V 的读数分别为 3V、5V，方框中的元件为单一参数的元件。当 V2 的读数为 4V 时，方框中的元件为_____；当 V2 的读数为 8V 时，方框中的元件为_____。

13．正弦交流电路如图 2.7.4 所示，已知 $U_1=40V$，$U_2=60V$，$U_3=30V$，则总电压 $U=$_____V，电路呈_____性。

14．正弦电路如图 2.7.5 所示，已知相量 $\dot{U}=20\sqrt{2}\underline{/45^\circ}$ V，$\dot{I}=4\underline{/0^\circ}$ A，电感电压有效值 $U_L=20V$，则电感电压的相量 $\dot{U}_L=$_____，阻抗 $Z=$_____。

15．正弦交流电路如图 2.7.6 所示，若角频率 $\omega=0$rad/s，则电路的总复阻抗 $Z_{ab}=$_____；若角频率 $\omega=2$rad/s，则电路的总复阻抗 $Z_{ab}=$_____。

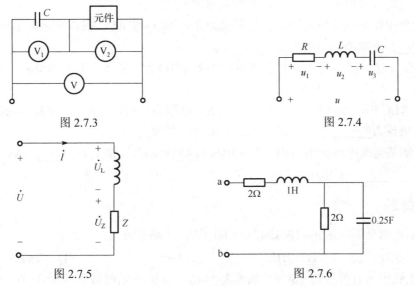

图 2.7.3   图 2.7.4

图 2.7.5   图 2.7.6

16．已知复阻抗 $Z_1=4+j2\,\Omega$，$Z_2=4-j2\,\Omega$，则两者的串联等效阻抗 $Z_1+Z_2=$_____，并联等效阻抗 $Z_1//Z_2=$_____。

17．在 RL 并联交流电路中，已知外加正弦电源电压有效值 $U=100\,V$，总电流 $I=5A$，电阻所在的支路的电流 $I_R=4A$，则电感所在的支路的电流 $I_L=$_____，输入端等效阻抗 Z 的大小为_____。

18. RC 并联电路如图 2.7.7 所示，$R = X_C = 10\Omega$，则 $\dfrac{\dot{U}}{\dot{I}} =$ _____，$\dot{I}_C$ 超前 $\dot{I}$ 的角度 φ 应为_____。

19. 电路如图 2.7.8 所示，已知 $U = 220\text{V}$，$I = 11\text{A}$，且电压 $\dot{U}$ 超前电流 $\dot{I}$ 53.1°，则电阻 $R =$ _____，感抗 $X_L =$ _____。

20. 电路如图 2.7.9 所示，已知 $R_1 = R_2 = 22\Omega$，$X_{L1} = X_{C1} = 10\Omega$，$X_{L2} = X_{C2} = 20\Omega$，外加电压 $u = 220\sqrt{2}\sin 314t \text{ V}$，则电路中的电流 $I_1 =$ _____A；$I_2 =$ _____A。

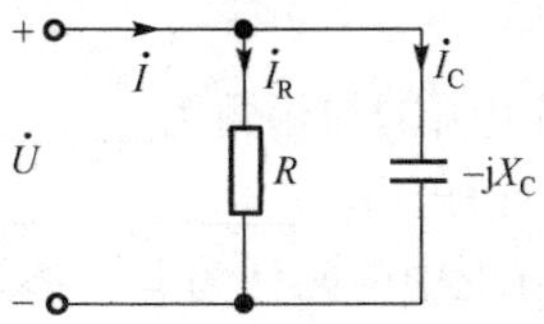

图 2.7.7 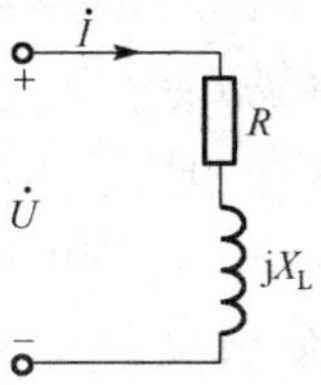   图 2.7.8 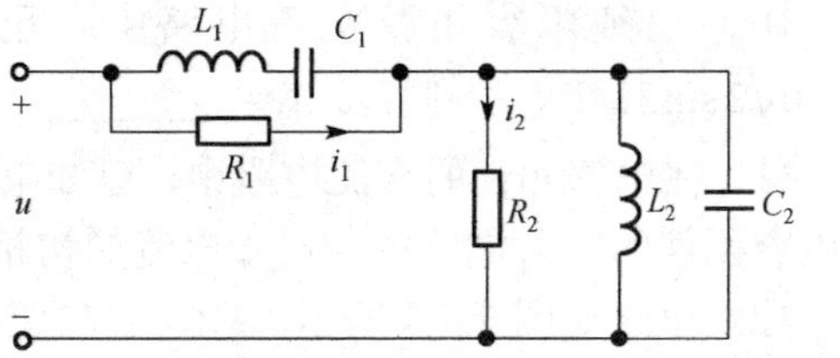   图 2.7.9

21. 在 RLC 串联谐振电路的谐振角频率为 ω_0，电路中电源信号的角频率为 ω。当 $\omega = \omega_0$ 时，电路呈阻性，发生串联谐振。当 $\omega > \omega_0$ 时，电路呈_____性；当 $\omega < \omega_0$ 时，电路呈_____性。

22. RLC 串联电路发生谐振时，电路的总阻抗 Z 最_____，此时电路呈现纯_____性。

23. 能量转换过程不可逆的电路功率常称为_____功率；能量转换过程可逆的电路功率称为_____功率；这两部分功率的总和称为视在功率。

24. 在 R、L 串联的正弦交流电路中，$R = 4\Omega$，$X_L = 3\Omega$，电路的无功功率 $Q = 300\text{Var}$，则电路中的电流有效值 $I =$ _____，有功功率 $P =$ _____。

25. 一个 RL 串联交流电路，其复阻抗为 $Z = (4\sqrt{3} + \text{j}4)\Omega$，则该电路电压与电流的相位差为_____，电路的功率因数为_____。

26. 在某正弦交流电路中，若负载视在功率为 5kVA，无功功率为 3kVar，则其有功功率 P 为_____，功率因数 $\cos\varphi =$ _____。

27. 在 RLC 串联电路中，已知电流为 5A，电阻为 30Ω，感抗为 40Ω，容抗为 80Ω，那么电路的阻抗模为_____，电路中吸收的无功功率为_____。

28. 已知某交流电路的电压相量 $\dot{U} = 100\sqrt{2}\underline{/45°}\text{ V}$，电流相量 $\dot{I} = 5\underline{/-45°}\text{A}$，则电路的有功功率 $P =$ _____，无功功率 $Q =$ _____。

2.7.2 选择题

1. 已知正弦交流电压 $u = 100\sin(2\pi t + 60°)\text{V}$，其频率为（   ）。

 A. 50Hz   B. 2Hz   C. 1Hz   D. 2π Hz

2. 某正弦电压有效值为 380V，频率为 50Hz，计时开始时数值等于 380V，其瞬时值表达式为（   ）

 A. $u = 380\sin 314t \text{ V}$ B. $u = 380\sqrt{2}\sin(314t + 45°)\text{V}$

 C. $u = 380\sin(314t + 90°)\text{V}$ D. $u = 380\sqrt{2}\sin(314t)\text{V}$

3. 已知 $i_1 = 10\sin(314t + 90°)\text{A}$，$i_2 = 10\sin(628t + 30°)\text{A}$，则（   ）

 A. i_1 超前 i_2 60°   B. i_1 滞后 i_2 60°

C．i_1 滞后 i_2 30°

D．相位差无法判断

4．白炽灯的额定工作电压为 220V，它允许承受的最大电压为（　　）

A．220V

B．311V

C．380V

D．$u(t) = 220\sqrt{2}\sin 314$V

5．已知向量 $A = -1 + \text{j}$，则其辐角为（　　）

A．$\dfrac{\pi}{4}$

B．$-\dfrac{\pi}{4}$

C．$\dfrac{3\pi}{4}$

D．$-\dfrac{3\pi}{4}$

6．已知正弦交流电压的有效值 U=220V，初相角 $\varphi = 30°$，下列各式中正确的是（　　）。

A．$\dot{U} = 220\text{e}^{\text{j}30°}$V

B．$U = 220\underline{/30°}$V

C．$u = 220\sin(2\omega t + 30°)$V

D．$u = 220\sqrt{2}\underline{/30°}$V

7．在电容元件的正弦交流电路中，电压有效值不变，当频率增大时，电路中的电流将（　　）。

A．增大

B．减小

C．不变

D．无法确定

8．已知某纯电感的感抗为 20Ω，其两端的电压为 $u = 10\sin(\omega t + 30°)$V，则通过它的电流瞬时值为（　　）A。

A．$i = 0.5\sin(2\omega t - 30°)$

B．$i = 0.5\sin(\omega t + 60°)$

C．$i = 0.5\sin(\omega t - 60°)$

D．$i = 0.5\sin(2\omega t + 60°)$

9．若电路中某单一参数元件的端电压为 $u = 5\sin(314t + 35°)$V，电流 $i = 2\sin(314t + 125°)$A，u、i 为关联方向，则该元件是（　　）。

A．电阻

B．电感

C．电容

D．电源

10．在交流电的相量法中，下列参数中不能称为相量的是（　　）。

A．$\dot{U}$

B．$\dot{I}$

C．$\dot{E}$

D．Z

11．已知某交流电路的复阻抗为 $Z = 3 - \text{j}4\ \Omega$，则该电路的性质是（　　）。

A．电容性

B．电感性

C．电阻性

D．组合性

12．图 2.7.10 所示为正弦交流电 u、i 的相量图，若 $\dot{I} = 10\underline{/-15°}$，而 U=190V，则可知 u=（　　）。

A．$190\sin(\omega t + 15°)$V

B．$190\sin(\omega t - 30°)$V

C．$190\sqrt{2}\sin(\omega t + 15°)$V

D．$190\sqrt{2}\sin(\omega t - 30°)$V

13．电路如图 2.7.11 所示，已知 $R = X_{\text{L}}$，输入 $u_i = 220\sqrt{2}\sin\omega t$ V，则输出 u_o 为（　　）。

A．$110\sqrt{2}\sin(\omega t + 45°)$V

B．$110\sqrt{2}\sin(\omega t - 45°)$V

C．$220\sin(\omega t - 45°)$V

D．$220\sin(\omega t + 45°)$V

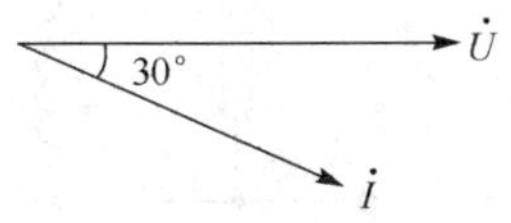

图 2.7.10

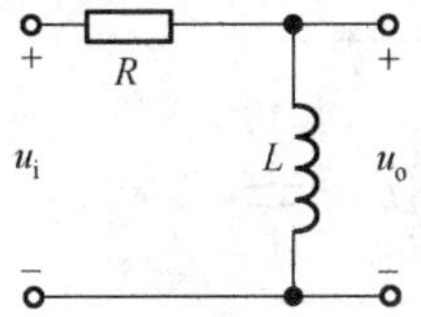

图 2.7.11

14．R、L、C 串联的正弦交流电路相量图如图 2.7.12 所示，取 $\dot{I}$ 为参考相量，电压电流为关联方向，当 $X_C > X_L$ 时，相量图为图（　　）。

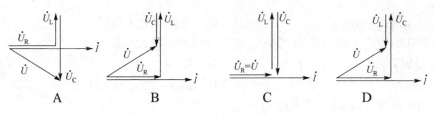

图 2.7.12

15. 正弦交流电路如图 2.7.13 所示，若 $u_S = 10\sin(2t + 30°)\text{V}$，$R = 2\Omega$，$L = 1\text{H}$，则在正弦稳态时，电流 i 的初相位角为（　　）。

    A．$75°$ B．$-15°$ C．$15°$ D．$-75°$

16. 在图 2.7.14 所示正弦交流电路中，$\dot{U}$ 超前 $\dot{I}$ 的角度 φ 为（　　）

    A．$\varphi = \arctan\dfrac{-1}{\omega CR}$ B．$\varphi = -\arctan\omega CR$

    C．$\varphi = \arctan\dfrac{R}{\omega C}$ D．$\varphi = \arctan\dfrac{\omega C}{-R}$

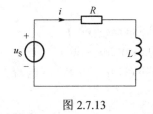

图 2.7.13

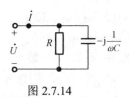

图 2.7.14

17. 在图 2.7.15 所示正弦交流电路中，已知电流 i 的有效值为 5A，i_1 的有效值为 3A，则 i_2 的有效值 =（　　）。

    A．8A   B．4A   C．2A   D．1A

18. 电路如图 2.7.16 所示。如果开关 S 断开与闭合两种情况下电路中电流的大小不变，则电路中感抗 X_L 与容抗 X_C 应满足什么关系？（　　）

    A．$X_L = X_C$ B．$X_L = 2X_C$ C．$X_L = 0.5X_C$ D．$X_L = 4X_C$

19. 在图 2.7.17 所示的 R、L、C 并联正弦交流电路中，各支路电流有效值 $I_1 = I_2 = I_3 = 20\text{A}$，当电压频率减小一倍而保持其有效值不变时，各电流有效值应变为（　　）。

    A．$I_1 = 40\text{A}$，$I_2 = 40\text{A}$，$I_3 = 40\text{A}$ B．$I_1 = 40\text{A}$，$I_2 = 10\text{A}$，$I_3 = 20\text{A}$
    C．$I_1 = 20\text{A}$，$I_2 = 10\text{A}$，$I_3 = 40\text{A}$ D．$I_1 = 20\text{A}$，$I_2 = 40\text{A}$，$I_3 = 10\text{A}$

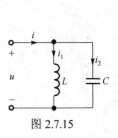

图 2.7.15

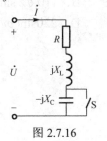

图 2.7.16

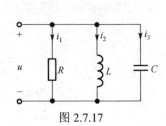

图 2.7.17

20. 在 R、L、C 串联的正弦交流电路中，当端电压与电流同相时，频率与参数的关系满足（　　）。

A．$\omega^2 LC=1$ B．$\omega L^2 C^2 =1$ C．$\omega LC=1$ D．$\omega =L^2 C$

21．图 2.7.18 所示的 RLC 串联电路，若复阻抗 $Z=10\underline{/0°}\ \Omega$，则正弦信号源 u 的角频率为（   ）。

  A．$100\,\text{rad/s}$ B．$1000\,\text{rad/s}$ C．$10^4\,\text{rad/s}$ D．$10^6\,\text{rad/s}$

22．如图 2.7.19 所示的电路正处于谐振状态，闭合开关 S 后，电流表读数（   ）。

  A．变大   B．变小   C．不变   D．不确定

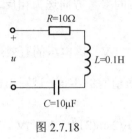
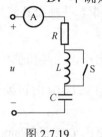

图 2.7.18   图 2.7.19

23．RLC 串联电路处于谐振状态，若电感 L 变为原来的 $\dfrac{1}{2}$，要使电路保持在原频率下的串联谐振，则电容应为原来的（   ）倍。

  A．$\dfrac{1}{4}$ B．$\dfrac{1}{2}$ C．2   D．4

24．在图 2.7.20 所示的正弦电路中，$R=X_C=5\Omega$，$U_{AB}=U_{BC}$，且电路处于谐振状态，则复阻抗 Z 为（   ）。

  A．$(2.5+\text{j}2.5)\Omega$ B．$(2.5-\text{j}2.5)\Omega$ C．$5\underline{/45°}\Omega$ D．$0°\Omega$

25．在图 2.7.21 所示正弦交流电路中，已知 $\dot{U}=100\underline{/-30°}\,\text{V}$，$Z=20\underline{/-60°}$，则其无功功率 Q 等于（   ）。

  A．$500\,\text{Var}$ B．$-250\,\text{Var}$ C．$-433\,\text{Var}$ D．$433\,\text{Var}$

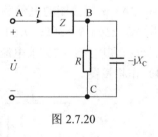
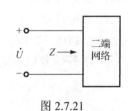

图 2.7.20   图 2.7.21

26．在额定工作时，40 瓦日光灯与 40 瓦白炽灯比较，所需视在功率（   ）。

  A．日光灯比白炽灯多   B．日光灯比白炽灯少

  C．两者相同   D．没法比较，白炽灯不需要视在功率

27．某电路元件中，按关联方向两端电压 $u=220\sqrt{2}\sin 314t\,\text{V}$，电流 $i=10\sqrt{2}\sin(314t-90°)\text{A}$，则此元件的无功功率 Q 为（   ）。

  A．-4400W B．-2200Var C．2200Var D．4400W

28．采用并联电容的方式提高供电电路的功率因数，下列说法正确的是（   ）。

  A．减少了用电设备中无用的无功功率

B. 减少了用电设备的有功功率，提高了电源设备的容量

C. 可以节省电能

D. 可提高电源设备的利用率并减小输电线路中的功率损耗

2.7.3 计算题

1. 已知正弦电流 $i=10\sin(314t-30°)\text{mA}$，试指出它的频率、周期、角频率、幅值、有效值及初相位各为多少？并画出其波形图。如果将电流的参考方向选为相反，其频率、有效值及初相位有无改变？

2. 有一正弦电压，当其相位角为 $\dfrac{\pi}{6}$ 时，其值为 20V，该电压的有效值是多少？若此电压的周期为 1ms，且在 $t=0\text{s}$ 时正处于由正值过渡到负值时的零值，试写出此电压的瞬时值表达式及其相量 $\dot{U}$。

3. 已知正弦电压 $u_1=100\sqrt{2}\sin(314t)\text{V}$，$u_2=100\sqrt{2}\sin(314t+120°)\text{V}$，试求：

（1）写出两个电压相量式，并画出相量图，说明它们的超前滞后关系；

（2）用相量法计算 $\dot{U}_{12}=\dot{U}_1-\dot{U}_2$，在相量图上画出 $\dot{U}_{12}$，并写出 u_{12} 的三角函数表达式。

4. 纯电感的正弦电路如图 2.7.22 所示，已知 $L=\dfrac{10}{\pi}\text{H}$，$f=50\text{Hz}$。

（1）当 $i_\text{L}=0.02\sqrt{2}\sin(\omega t-40°)\text{A}$ 时，求电压 u_L。

（2）当 $\dot{U}_\text{L}=27\underline{/36°}\text{ V}$ 时，求 $\dot{I}_\text{L}$，并画出相量图。

5. 纯电容交流电路如图 2.7.23 所示，已知 $C=\dfrac{50}{\pi}\text{μF}$，$f=50\text{Hz}$。

（1）当 $u_\text{C}=50\sqrt{2}\sin(\omega t-20°)\text{ V}$ 时，求电流 i_C。

（2）当 $\dot{I}_\text{C}=0.2\underline{/60°}\text{ A}$ 时，求 $\dot{U}_\text{C}$，并画出相量图。

6. 有一线圈，接在电压为 48V 的直流电源上，测得电流为 8A。然后再将这个线圈改接到电压为 120V、50Hz 的交流电源上，测得的电流为 12A。试问线圈的电阻及电感各为多少？

7. R、L、C 元件串联的交流电路如图 2.7.24 所示，已知 $R=30\Omega$、$L=127\text{mH}$、$C=40\text{μF}$、电源电压 $u=220\sqrt{2}\sin(314t+37°)\text{V}$。（1）求感抗、容抗和阻抗；（2）求电流的有效值 I 与瞬时值 i 的表达式；（3）求各部分电压的有效值；（4）作相量图。

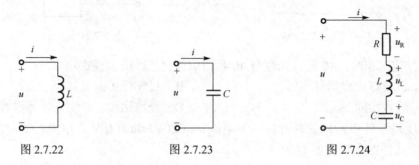

图 2.7.22   图 2.7.23   图 2.7.24

8. 由 R、L、C 组成的电路如图 2.7.25 所示，已知 $R=X_\text{L}=X_\text{C}$，求四种电路中电表读数之间的关系。

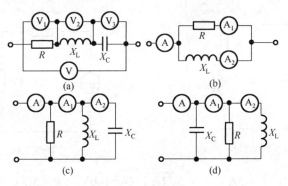

图 2.7.25

9. 电路如图 2.7.26 所示，已知电流相量 $\dot{I}_2 = 5\underline{/0°}$ A，$\dot{U}_2 = 20\sqrt{3}\underline{/60°}$V，$X_L = X_C = 4\Omega$。求电压 $\dot{U}$，电流 $\dot{I}_L$、$\dot{I}$ 及阻抗 Z_2。

10. 电路如图 2.7.27 所示。已知 $Z_1 = Z_2 = 100\underline{/45°}\Omega$，$\dot{I}_2$ 超前 $\dot{I}_1$ 90°，若电压 $\dot{U} = 100\underline{/0°}$V，试求电流 $\dot{I}_1$、$\dot{I}_2$ 及容抗 X_C 的值。

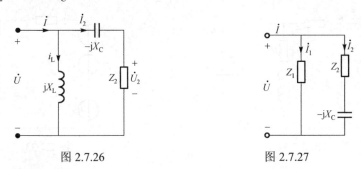

图 2.7.26   图 2.7.27

11. 正弦交流电路如图 2.7.28 所示，已知 $X_C = 50\Omega$，$X_L = 100\Omega$，$R = 100\Omega$，电流 $\dot{I} = 2\underline{/0°}$ A，求电阻上的电流 $\dot{I}_R$ 和总电压 $\dot{U}$。

12. 电路如图 2.7.29 所示，$u_s = 220\sqrt{2}\sin\omega t$ V，$R_1 = 50\Omega$，$R_2 = 100\Omega$，$X_L = 200\Omega$，$X_C = 400\Omega$，求电流 i、i_1、i_2。

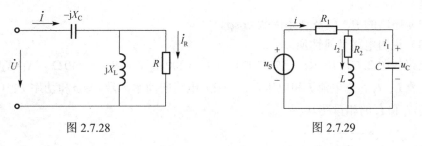

图 2.7.28   图 2.7.29

13. 电路如图 2.7.30 所示，已知 $R = 5\Omega$，$L = 5$mH，$u = 50\sqrt{2}\sin 1000t$ V，若开关 S 断开和接通时电流表的读数不变，试求电容 C 的值。

14. 在图 2.7.31 所示电路中，$R = 2\Omega$，$Z_1 = 2 + j2\Omega$，$Z_2 = 2 - j2\Omega$，$\dot{I} = 10\underline{/60°}$A。求 $\dot{I}_1$、$\dot{I}_2$ 和 $\dot{U}$。

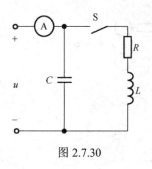

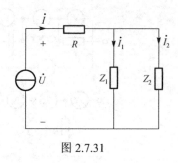

图 2.7.30   图 2.7.31

15. 在图 2.7.32 中，$I_1 = 5\text{A}$，$I_2 = 5\sqrt{2}\text{A}$，$U = 100\text{V}$，$R = 5\Omega$，$X_L = R_2$，计算 I、X_C、X_L 和 R_2。

16. 某收音机调谐等效电路如图 2.7.33 所示，已知天线线圈的等效电阻 $R = 20\Omega$，电感 $L = 250\mu\text{H}$，作用于天线的各种频率信号的有效值均为 $10\mu\text{V}$。求：（1）当可变电容 $C = 150\text{pF}$ 时，可收到哪个频率的广播？此信号下的 I、U_C 的值是多少？（2）若 R、L、C 不变，当频率 $f = 640\text{kHz}$ 的信号作用时，电路的电流 I 及 U_C 又为多少？

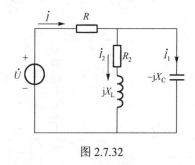

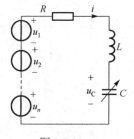

图 2.7.32   图 2.7.33

17. 在两个单一参数元件串联的电路中，已知 $u = 220\sqrt{2}\sin(314t + 45°)$，$i = 5\sqrt{2}\sin(314t - 15°)$。求此两元件的参数值，写出这两个元件上电压的瞬时值表达式，并求电路的功率因数及输入的有功功率和无功功率。

18. 正弦交流电路如图 2.7.34 所示，电压 $\dot{U} = 220\underline{/0°}$ V，$Z_1 = 12.32 + \text{j}18\Omega$，$Z_2 = 5 - \text{j}8\Omega$。

求：（1）$\dot{U}_1$、$\dot{U}_2$；

（2）电路的 P、Q 及功率因数 $\cos\varphi$。

（3）说明电路呈何性质。

19. 电路如图 2.7.35 所示，已知外加电压 $\dot{U} = 200\underline{/0°}\text{V}$，$R_1 = R_2 = 40\Omega$，$X_1 = X_2 = 30\Omega$。试求：（1）电流 $\dot{I}_1$、$\dot{I}_2$、总电流 $\dot{I}$ 和电压 $\dot{U}_{ab}$；（2）电路的功率因数 $\cos\varphi$ 和功率 P；（3）画出含 $\dot{U}$、$\dot{U}_{ab}$、$\dot{I}$、$\dot{I}_1$ 和 $\dot{I}_2$ 的相量图。

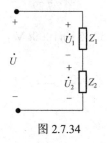

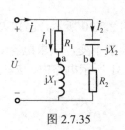

图 2.7.34   图 2.7.35

20. 日光灯等效电路如图 2.7.36 所示，已知外加电压 $U=220V$，点燃后测得灯管两端的电压 $U_1=58V$，整流器两端的电压为 $U_2=205V$，整流器消耗的功率为 4W，电路中的电流为 0.35A。试求：（1）灯管的等效电阻 R 及其消耗的功率；（2）整流器的等效电阻 R_x 和电感 L；（3）电路消耗的功率和功率因数。

21. 电路如图 2.7.37 所示，已知 $R=R_1=R_2=10\Omega$，$L=31.8mH$，$C=318\mu F$，$f=50Hz$，若 $U=40V$，试求：（1）并联支路端电压 U_{ab}、电流 I、I_1、I_2；（2）电路的 P、Q、S 及功率因数 $\cos\varphi$。

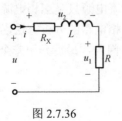

图 2.7.36

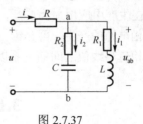

图 2.7.37

22. 电路如图 2.7.38 所示，已知 $R=50\Omega$，$X_L=40\Omega$，$X_C=100$，$\dot{I}_R=4\underline{/0°}A$。试求：（1）总电流 $\dot{I}$；（2）电路的功率 P 及功率因数 $\cos\varphi$；（3）画出电流和电压的相量图。

23. RL 串联电路如图 2.7.39 所示，当外加电压为 $U=220V$，$f=50Hz$ 时，消耗的功率 $P=42W$，$I=0.4A$。试求：（1）电路中的电阻 R 和感抗 X_L；（2）功率因数 $\cos\varphi$；（3）欲将功率因数提高到 $\cos\varphi=0.9$ 时，应并接多大的电容 C；（4）若并联 4.75μF 的电容器，功率因数是多少？

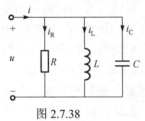

图 2.7.38

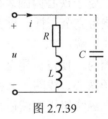

图 2.7.39

第3章 三相电路

电能的产生、传输与分配一般都采用三相交流电，由三相交流电源供电的电路称为三相电路，三相电路在生产中应用最为广泛，前面所介绍的单相交流电源只是三相电源中的一相。本章首先介绍三相电源的产生，再介绍三相负载连接方式及三相电路的分析方法，着重讨论三相电压和电流的相值与线值之间的关系以及三相电路的功率等问题，最后介绍安全用电的知识。

3.1 三 相 电 源

3.1.1 三相电源的产生与表示

三相正弦交流电源（简称三相电源）一般由三相交流发电机产生。图 3.1.1 所示是发三相交流电机原理图。发电机主要由定子和转子两部分构成。

定子又称电枢，包括机座、定子铁心、定子绕组等几部分。定子铁心多由硅钢片叠成并固定在机座里，定子铁心内圆表面冲有均匀分布的槽，用以放置相同的三相绕组 A-X、B-Y 和 C-Z，每相绕组完全一样，称为三相对称绕组。如图 3.1.1(b)所示。称 A、B、C 分别为三相绕组的首（头）端，X、Y、Z 分别为末（尾）端。每相绕组的首端边与尾端边分别放置在不同磁极下的槽内，使得首尾互差 180°，三相绕组的相与相之间互差 120°。

转子由转子铁心、线圈（又称励磁绕组）、电刷、滑环、转轴等组成，如图 3.1.1(a)所示。转子铁心上的励磁绕组用直流励磁，使转子铁心磁化，形成磁极。选择合适的极面形状和励磁绕组的分布，可使转子铁心与定子铁心间隙中的磁感应强度能按正弦规律分布。

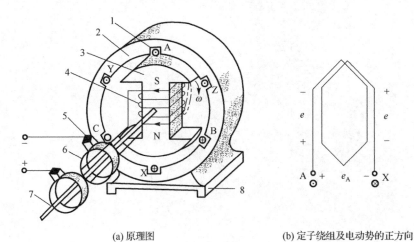

(a) 原理图　　　　　　　　　　(b) 定子绕组及电动势的正方向

1-定子绕组；2-定子铁芯；3-转子铁芯；4-励磁绕组；5-电刷；6-滑环；7-轴；8-机座

图 3.1.1　三相交流发电机

转子是由原动机驱动的，若按顺时针方向以 ω 角速度匀速旋转，则各相绕组都要被磁力线切割，在各相绕组中，感生频率相同、幅值相等、相位互差 120° 的三相正弦电动势 e_A、e_B 和 e_C，就是三相对称电源。

设各相绕组中感生电动势的正方向由末端指向首端，如图 3.1.1(b) 所示。若以 A 相绕组中的感生电动势 e_A 为参考正弦量，则三相电动势瞬时表达式为

$$\begin{cases} e_A = E_m \sin \omega t \\ e_B = E_m \sin(\omega t - 120°) \\ e_C = E_m \sin(\omega t + 120°) \end{cases} \tag{3.1.1}$$

相量表达式为

$$\begin{cases} \dot{E}_A = E \underline{/0°} = E \\ \dot{E}_B = E \underline{/-120°} \\ \dot{E}_C = E \underline{/120°} \end{cases} \tag{3.1.2}$$

三相对称电动势的波形图和相量图如图 3.1.2 所示。

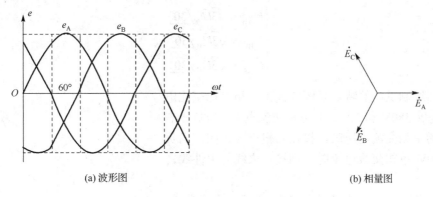

(a) 波形图   (b) 相量图

图 3.1.2 三相对称电动势（顺序）

显然，三相对称电动势的瞬时值或相量之和为零，即

$$e_A + e_B + e_C = 0 , \quad \dot{E}_A + \dot{E}_B + \dot{E}_C = 0 \tag{3.1.3}$$

通常把三相电动势的正幅值出现的顺序称为相序，在图 3.1.2(a) 中，三相电动势的相序是 A→B→C→A，称为顺（正）序。当三相电动势的相序为 A→C→B→A 时，称为逆（负）序。通常，三相电动势均采用顺序。

3.1.2 三相电源的星形连接

三相电源的星形连接如图 3.1.3 所示。将发电机三相绕组的末端（X、Y、Z）连接在一起，称为电源的中性点或零点，用 O 表示。从中性点引出的导线，称为电源的中性线或零线。从三相绕组的首端（A、B、C）分别引出的三根导线称为相线或端线，俗称火线。输配电系统中常用黄、绿、红三种颜色表示 A、B、C 三相的相线，用黑色表示中性线。电源为星形连接时，若引出四根导线，称为三相四线制，用 Y_0 表示。

在图 3.1.3 中，火线与中性线之间的电压称为相电压，分别记作 $\dot{U}_A$、$\dot{U}_B$、$\dot{U}_C$，火线与火线之间的电压称为线电压，分别记作 $\dot{U}_{AB}$、$\dot{U}_{BC}$、$\dot{U}_{CA}$。从图 3.1.3 中各电压的参考方向可得

线电压与相电压的关系为

$$\begin{cases} \dot{U}_{AB} = \dot{U}_A - \dot{U}_B \\ \dot{U}_{BC} = \dot{U}_B - \dot{U}_C \\ \dot{U}_{CA} = \dot{U}_C - \dot{U}_A \end{cases} \tag{3.1.4}$$

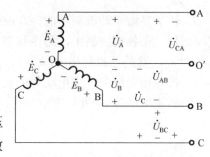

图 3.1.3　三相电源的星形连接电路

若以 $\dot{U}_A$ 为参考相量，可根据式（3.1.4）画出各相电压和线电压的相量图，如图 3.1.4 所示。线电压与相电压的数值关系可从图中的等腰三角形得出，即

$$U_{AB} = 2U_A \cos\varphi = \sqrt{3}U_A$$

若用 U_L、U_P 分别表示线电压和相电压的大小，则有

$$U_L = \sqrt{3}U_P \tag{3.1.5}$$

从图 3.1.4 中可以看出：线电压 $\dot{U}_{AB}$、$\dot{U}_{BC}$、$\dot{U}_{CA}$ 也是对称三相电压，它们分别比相电压 $\dot{U}_A$、$\dot{U}_B$、$\dot{U}_C$ 超前 30°，即

$$\begin{cases} \dot{U}_{AB} = \sqrt{3}\dot{U}_A \underline{/30°} \\ \dot{U}_{BC} = \sqrt{3}\dot{U}_B \underline{/30°} \\ \dot{U}_{CA} = \sqrt{3}\dot{U}_C \underline{/30°} \end{cases} \tag{3.1.6}$$

三相四线制供电的特点是既能提供三相对称交流电压，又可提供 380V 和 220V 的单相交流电压。当负载需要 380V 的单相交流电压时，接在两根火线之间；当负载需要 220V 单相交流电压时，则接在火线与中性线之间即可。

三相电源除了常用的星形连接外，还有△连接方式。

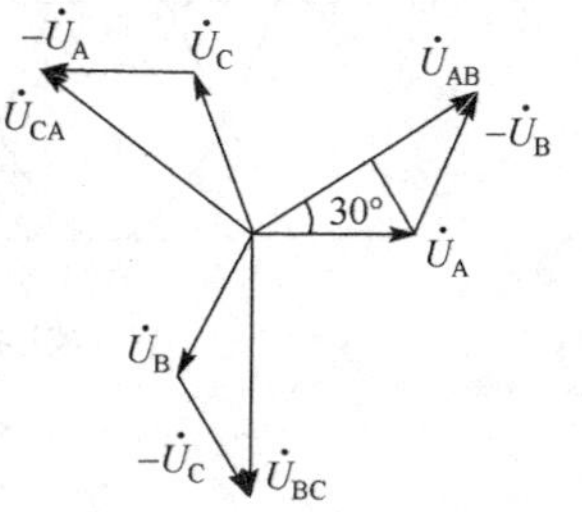

练习与思考

图 3.1.4　电源星形接法时的电压相量图

3.1.1　三相对称电源星形连接，当相电压 $u_A = 220\sqrt{2}\sin(\omega t + 30°)\text{V}$ 时，线电压 u_{BC} 为多少？

3.1.2　三相对称电源的相电压 $u_A = 220\sqrt{2}\sin\omega t(\text{V})$，若错将 A、Y、Z 连接在一起作为中点，则输出相电压及线电压各为多少？并画出它们的相量图。

3.1.3　三相对称电源的绕组也可以接成三角形，即依正相序将一相绕组的末端与另一相绕组的首端依次连接，形成一个闭合回路，再从三个连接点引出三条输电线，试画出三相电源三角形连接图。试问：（1）三角形回路中的电流为多少？（2）线电压与相电压有何关系？

3.2　三相负载的连接

负载接入电源的总原则应该是对应所需要的额定电压。三相负载有星形（Y）和三角形（△）两种连接方式。每种连接方式又分为对称负载和不对称负载。本节重点对负载星形连接的三相四线制电路和三角形连接电路进行分析。

3.2.1 三相负载的星形连接

负载星形连接电路如图 3.2.1 所示。每相负载的阻抗分别为 Z_A、Z_B、Z_C，它们的一端分别接至电源的三根火线上，另一端则连在一起接至电源的中性线上。通常把流经负载的电流称为相电流，每根火线中的电流称为线电流，星形接法时线电流与相电流是同一电流。此外，流过中性线的电流称为中性线电流。按图 3.2.1 中电压、电流的参考方向，有

$$\dot{I}_A = \frac{\dot{U}_A}{Z_A}, \ \dot{I}_B = \frac{\dot{U}_B}{Z_B}, \ \dot{I}_C = \frac{\dot{U}_C}{Z_C} \tag{3.2.1}$$

$$\dot{I}_O = \dot{I}_A + \dot{I}_B + \dot{I}_C \tag{3.2.2}$$

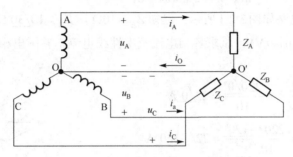

图 3.2.1　负载星形连接的三相四线制电路

若以 $\dot{U}_A$ 为参考相量，设三相负载为感性的，负载阻抗角分别为 φ_A、φ_B、φ_C，则各电压、电流的相量图如图 3.2.2 所示。

若三相负载也对称，即三相负载的大小相等、阻抗角也相等，$Z_A = Z_B = Z_C = |Z| \underline{/\varphi}$，则三相电流也一定对称。相量图如图 3.2.3 所示。因此，三相电路的分析计算可化作单相处理，即只要分析计算一相，其余两相就可以直接写出：

$$\dot{I}_A = \frac{\dot{U}_A}{Z_A}$$

$$\dot{I}_B = \dot{I}_A \underline{/-120^\circ}$$

$$\dot{I}_C = \dot{I}_A \underline{/120^\circ}$$

由于三相电流对称，所以中性线上没有电流，即

$$\dot{I}_O = \dot{I}_A + \dot{I}_B + \dot{I}_C = 0$$

既然中性线上没有电流，因此中性线可以省去。所以，对称负载星形连接可采用三相三线制电路，三相电动机就是最常见的三相三线制对称三相负载，在生产上应用极为广泛。

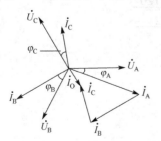

图 3.2.2　负载星形连接时电压与电流的相量图

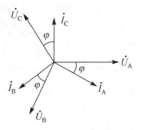

图 3.2.3　对称负载星形连接时电压与电流的相量图

【例 3.2.1】 有一对称三相负载作星形连接，已知线电压 $u_{AB} = 380\sqrt{2}\sin(\omega t + 30°)\text{V}$，负载 $Z = 30 + j40\Omega$，试求相电流 i_A、i_B、i_C。

解：
$$\dot{U}_A = \frac{\dot{U}_{AB}}{\sqrt{3}}\underline{/-30°} = \frac{380\underline{/30°}}{\sqrt{3}}\underline{/-30°}\text{V} = 220\underline{/0°}\text{V}$$

$$\dot{I}_A = \frac{\dot{U}_A}{Z} = \frac{220\underline{/0°}}{30 + j40\Omega} = \frac{220\underline{/0°}}{50\underline{/53°}} = 4.4\underline{/-53°}\text{A}$$

$$i_A = 4.4\sqrt{2}\sin(\omega t - 53°)\text{A}$$

因相电流对称，所以 $\quad i_B = 4.4\sqrt{2}\sin(\omega t - 173°)\text{A}$

$$i_C = 4.4\sqrt{2}\sin(\omega t + 67°)\text{ A}$$

【例 3.2.2】三相电路如图 3.2.1 所示。已知 $Z_A = 10\Omega$，$Z_B = 10\underline{/30°}\Omega$，$Z_C = 10\underline{/-30°}\Omega$，设相电压 $u_A = 220\sqrt{2}\sin\omega t(\text{V})$。试求各相电流及中性线电流，并画出相量图。

解：
$$\dot{I}_A = \frac{\dot{U}_A}{Z_A} = \frac{220\underline{/0°}}{10} = 22\underline{/0°}\text{A}$$

$$\dot{I}_B = \frac{\dot{U}_B}{Z_B} = \frac{220\underline{/-120°}}{10\underline{/30°}} = 22\underline{/-150°}\text{A}$$

$$\dot{I}_C = \frac{\dot{U}_C}{Z_C} = \frac{220\underline{/120°}}{10\underline{/-30°}} = 22\underline{/150°}\text{A}$$

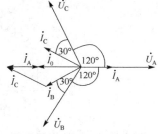

图 3.2.4　例 3.2.2 的相量图

$$\dot{I}_O = \dot{I}_A + \dot{I}_B + \dot{I}_C = 22 + 22\underline{/-150°} + 22\underline{/150°} = -22(\sqrt{3} - 1)\text{A} = -16.1\text{A}$$

相量图如图 3.2.4 所示。

【例 3.2.3】三相电路如图 3.2.5 所示。已知 $Z_A = 11\underline{/0°}\Omega$，$Z_B = Z_C = 22\underline{/0°}\Omega$，设相电压 $u_A = 220\sqrt{2}\sin\omega t(\text{V})$。试求各相电流并画出相量图。

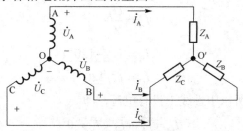

图 3.2.5　例 3.2.3 的电路图

解：
$$\dot{U}_{O'O} = \frac{\dfrac{220}{11} + \dfrac{220\underline{/-120°}}{22} + \dfrac{220\underline{/120°}}{22}}{\dfrac{1}{11} + \dfrac{1}{22} + \dfrac{1}{22}}$$

$$= \frac{20 + 10\underline{/-120°} + 10\underline{/120°}}{\dfrac{2}{11}}$$

$$= 10 \times \frac{11}{2} = 55\underline{/0°}\text{ V}$$

$$\dot{U}'_A = \dot{U}_A - \dot{U}_{0'0} = 220 - 55 = 165\underline{/0^\circ}\text{V}$$

$$\dot{U}'_B = \dot{U}_B - \dot{U}_{0'0} = 220\underline{/-120} - 55^\circ = 252\underline{/-131^\circ}\text{V}$$

$$\dot{U}'_C = \dot{U}_C - \dot{U}_{0'0} = 220\underline{/120} - 55^\circ = 252\underline{/131^\circ}\text{V}$$

$$\dot{I}_A = \frac{\dot{U}'_A}{Z_A} = \frac{165\underline{/0^\circ}}{11} = 15\underline{/0^\circ}\text{A}$$

$$\dot{I}_B = \frac{\dot{U}'_B}{Z_B} = \frac{252\underline{/-131^\circ}}{22} = 11.45\underline{/-131^\circ}\text{A}$$

$$\dot{I}_C = \frac{\dot{U}'_C}{Z_C} = \frac{252\underline{/131^\circ}}{22} = 11.45\underline{/131^\circ}\text{A}$$

相量图如图 3.2.6 所示。

由上述讨论可知，中性线的作用在于使星形连接不对称负载的相电压对称。若中性线断开，则会导致有的相电压高于负载额定值，有的相电压低于负载额定值，各相负载都不能正常工作。所以干线上的中线不允许接开关或者熔断器。

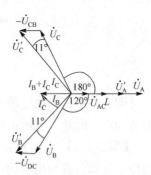

图 3.2.6 例 3.2.3 的相量图

3.2.2 三相负载的三角形连接

负载三角形连接的电路如图 3.2.7 所示，每相负载阻抗分别为 Z_{AB}、Z_{BC} 和 Z_{CA}，线电压为 $\dot{U}_{AB}$、$\dot{U}_{BC}$ 和 $\dot{U}_{CA}$，相电流为 $\dot{I}_{AB}$、$\dot{I}_{BC}$ 和 $\dot{I}_{CA}$，它们的正方向如图中所示。由于每相负载都接在两根火线之间，因此各相负载的相电压就是电源的线电压。

各相电流分别为

$$\dot{I}_{AB} = \frac{\dot{U}_{AB}}{Z_{AB}}\,, \quad \dot{I}_{BC} = \frac{\dot{U}_{BC}}{Z_{BC}}\,, \quad \dot{I}_{CA} = \frac{\dot{U}_{CA}}{Z_{CA}} \qquad (3.2.3)$$

根据 KCL 可写出线电流 $\dot{I}_A$、$\dot{I}_B$ 和 $\dot{I}_C$ 与相电流的关系式，即

$$\begin{cases} \dot{I}_A = \dot{I}_{AB} - \dot{I}_{CA} \\ \dot{I}_B = \dot{I}_{BC} - \dot{I}_{AB} \\ \dot{I}_C = \dot{I}_{CA} - \dot{I}_{BC} \end{cases} \qquad (3.2.4)$$

若负载对称，即

$$Z_{AB} = Z_{BC} = Z_{CA} = Z = |Z|\underline{/\varphi}$$

则负载的相电流对称，若设 $\dot{U}_{AB} = U_{AB}\underline{/30^\circ}$，对称相负载阻抗角为 φ，则有

$$\begin{cases} \dot{I}_{AB} = \dfrac{\dot{U}_{AB}}{Z_{AB}} \\ \dot{I}_{BC} = \dot{I}_{AB}\underline{/-120^\circ} \\ \dot{I}_{CA} = \dot{I}_{AB}\underline{/+120^\circ} \end{cases} \qquad (3.2.5)$$

可画出相量图如图 3.2.8 所示。

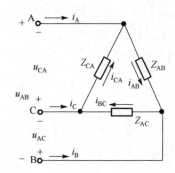 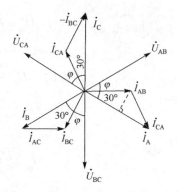

图 3.2.7　负载三角形连接的三相电路　　　图 3.2.8　对称负载三角形连接的电压与电流的相量图

从相量图 3.2.8 中不难看出，负载三角形接法电路中线电流与相电流的关系为

$$\begin{cases} \dot{I}_A = \sqrt{3}\dot{I}_{AB}\underline{/-30°} \\ \dot{I}_B = \sqrt{3}\dot{I}_{BC}\underline{/-30°} \\ \dot{I}_C = \sqrt{3}\dot{I}_{CA}\underline{/-30°} \end{cases} \tag{3.2.6}$$

即在大小上，线电流是相电流的 $\sqrt{3}$ 倍（即 $I_L = \sqrt{3}I_P$）；在相位上，线电流滞后相应的相电流 30°。因此三个线电流也是对称的。

【例 3.2.4】　在对称负载三角形连接的三相电路中，已知其线电流 $\dot{I}_A = 30\underline{/30°}A$。试求其他线电流和负载相电流的相量式。

解：线电流

$$\dot{I}_B = \dot{I}_A\underline{/-120°} = -j30A$$

$$\dot{I}_C = \dot{I}_A\underline{/120°} = 30\underline{/150°}A$$

相电流

$$\dot{I}_{AB} = \frac{\dot{I}_A}{\sqrt{3}}\underline{/30°} = \frac{30\underline{/30°}}{\sqrt{3}}\underline{/30°} = 10\sqrt{3}\underline{/60°}A$$

$$\dot{I}_{BC} = \dot{I}_{AB}\underline{/-120°} = 10\sqrt{3}\underline{/-60°}A$$

$$\dot{I}_{CA} = \dot{I}_{AB}\underline{/120°} = 10\sqrt{3}\underline{/180°} = -10\sqrt{3}A$$

【例 3.2.5】　三相交流电路如图 3.2.9 所示，已知 $U_L = 380V$，$Z_{AB} = R = 10\Omega$，$Z_{BC} = jX_L = j10\Omega$，$Z_{CA} = -jX_C = -j10\Omega$。试求其相电流 $\dot{I}_{AB}$、$\dot{I}_{BC}$、$\dot{I}_{CA}$ 和线电流 $\dot{I}_A$、$\dot{I}_B$、$\dot{I}_C$，并画出相量图。

解：设 $\dot{U}_{AB} = 380\underline{/0°}V$，则相电流为

$$\dot{I}_{AB} = \frac{\dot{U}_{AB}}{R} = \frac{380\underline{/0°}}{10} = 38\underline{/0°}A$$

$$\dot{I}_{BC} = \frac{\dot{U}_{BC}}{jX_L} = \frac{380\underline{/-120°}}{j10} = 38\underline{/150°}A$$

$$\dot{I}_{CA} = \frac{\dot{U}_{CA}}{-jX_C} = \frac{380\underline{/120°}}{-j10} = 38\underline{/-150°}\text{A}$$

线电流为

$$\dot{I}_A = \dot{I}_{AB} - \dot{I}_{CA} = 38 - 38\underline{/-150°} = 73.4\underline{/15°}\text{A}$$

$$\dot{I}_B = \dot{I}_{BC} - \dot{I}_{AB} = 73.4\underline{/165°}\text{A}$$

$$\dot{I}_C = \dot{I}_{CA} - \dot{I}_{BC} = 38\underline{/-90°}\text{A}$$

相量图如图 3.2.10 所示。

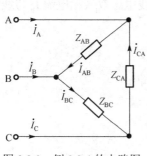

图 3.2.9　例 3.2.4 的电路图

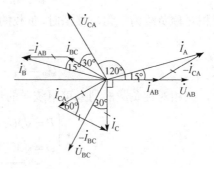

图 3.2.10　例 3.2.4 的相量图

练习与思考

3.2.1　星形接法的三相四线制电路中，中性线有何作用？在什么情况下星形接法的三相电路中可以不要中线？

3.2.2　在三相电路中，对称负载星连接时各线电压与相电压之间有什么关系？对称负载三角形连接时各线电流与相电流是什么关系？

3.2.3　三相对称负载每相负载的额定电压为 220V，若电源线电压为 380V，负载应如何连接？若电源的线电压为 220V，负载应如何连接？

3.3　三相电路的功率

无论电路如何连接，三相电路的有功功率 P 为各相有功功率之和；无功功率 Q 为各相无功功率的代数和，即

$$P = P_A + P_B + P_C = U_A I_A \cos\varphi_A + U_B I_B \cos\varphi_B + U_C I_C \cos\varphi_C \tag{3.3.1}$$

$$Q = Q_A + Q_B + Q_C = U_A I_A \sin\varphi_A + U_B I_B \sin\varphi_B + U_C I_C \sin\varphi_C \tag{3.3.2}$$

式中，U_A、U_B、U_C 为各相相电压的有效值；I_A、I_B、I_C 为各相相电流的有效值；φ_A、φ_B、φ_C 为各相相电压比相电流超前的相位差角，即各相负载的阻抗角。

三相电路的总视在功率一般不等于各相视在功率之和，通常用下式计算：

$$S = \sqrt{P^2 + Q^2} \tag{3.3.3}$$

如果三相负载是对称的，则各相的有功功率及无功功率相等，因此

$$\begin{cases} P = 3U_A I_A \cos\varphi_A = 3U_P I_P \cos\varphi \\ Q = 3U_A I_A \sin\varphi_A = 3U_P I_P \sin\varphi \\ S = \sqrt{P_2 + Q_2} = 3U_P I_P \end{cases} \quad (3.3.4)$$

由于三相电路的线电压、线电流较容易测量，因此在计算对称负载三相总功率时，通常采用线电压及线电流来表示。

当三相对称负载为星形接法时，负载的相电压 U_P 与线电压 U_L、相电流 I_P 与线电流 I_L 的关系为

$$U_P = U_L / \sqrt{3} , \quad I_P = I_L$$

当三相对称负载为三角形接法时，负载的相电压 U_P 与线电压 U_L、相电流 I_P 与线电流 I_L 的关系为

$$U_P = U_L , \quad I_P = I_L / \sqrt{3}$$

因此，三相对称负载的功率可用统一的形式来表示，即

$$\begin{cases} P = \sqrt{3} U_L I_L \cos\varphi \\ Q = \sqrt{3} U_L I_L \sin\varphi \\ S = \sqrt{P^2 + Q^2} = \sqrt{3} U_L I_L \end{cases} \quad (3.3.5)$$

【例 3.3.1】 三相对称电源 U_L=380V，接有两组对称负载如图 3.3.1 所示。△形连接的负载 Z_1=10Ω，Y 形连接的负载 Z_2=4–j3Ω，试求线电流 $\dot{I}_A$ 及电路总的有功功率 P、无功功率 Q 和视在功率 S。

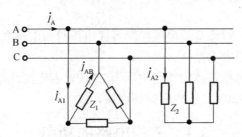

图 3.3.1 例 3.3.1 的电路图

解：设线电压 $\dot{U}_{AB} = 380\underline{/0°}\text{V}$，则 A 相电压为

$$\dot{U}_A = 220\underline{/-30°}\text{V}$$

由图中电压、电流的参考方向可得

$$\dot{I}_{A2} = \frac{\dot{U}_A}{Z_2} = \frac{220\underline{/-30°}}{4 - \text{j}3} = 44\underline{/7°}\text{A}$$

$$\dot{I}_{AB} = \frac{\dot{U}_{AB}}{Z_1} = \frac{380}{10} = 38\underline{/0°}\text{A}$$

$$\dot{I}_{A1} = \sqrt{3}\dot{I}_{AB}\underline{/-30°} = 38\sqrt{3}\underline{/-30°}\text{A}$$

$$\dot{I}_A = \dot{I}_{A1} + \dot{I}_{A2} = 38\sqrt{3}\,\underline{/-30^\circ} + 44\,\underline{/7^\circ} = 104.4\,\underline{/-15.35^\circ}\,A$$

相电压与等效相电流的相位差为

$$\varphi = -30^\circ - (-15.35^\circ) = -14.65^\circ$$

因此

$$P = 3U_A I_A \cos 14.65^\circ = 66.6\,kW$$

$$Q = 3U_A I_A \sin(-14.65) = -17.4\,kVar$$

$$S = 3U_A I_A = 68.8\,kVA$$

由于三相对称负载 $Z_1 = 10\,\underline{/0^\circ}\,\Omega$，$Z_2 = 4 - j3 = 5\,\underline{/37^\circ}\,\Omega$，三相功率也可按下式计算：

$$P = \sqrt{3}U_{AB}I_{A1}\cos\varphi_1 + \sqrt{3}U_{AB}I_{A2}\cos\varphi_2$$
$$= \sqrt{3}\times 380\times 38\sqrt{3}\times\cos 0^\circ + \sqrt{3}\times 380\times 44\cos 37^\circ = 66.6\,kW$$

$$Q = \sqrt{3}U_{AB}I_{A1}\sin\varphi_1 + \sqrt{3}U_{AB}I_{A2}\sin\varphi_2$$
$$= \sqrt{3}\times 380\times 38\sqrt{3}\times\sin 0^\circ + \sqrt{3}\times 380\times 44\sin(-37^\circ) = -17.4\,kVar$$

$$S = \sqrt{P + Q^2} = \sqrt{66.55^2 + 17.4^2} = 68.7\,kVA$$

练习与思考

3.3.1　三相不对称负载电路的视在功率用公式 $S = S_A + S_B + S_C$ 计算，是否正确？

3.3.2　某三相对称负载在线电压为 220V 时，连接成△形；当线电压为 380V 时，负载连接成 Y 形。两种情况下负载的相电压、相电流及功率都不变。其线电压与线电流也一样吗？

3.4　安　全　用　电

电能已经广泛地应用于工业、农业、国防、科学技术，以及人们的日常生活之中。电能的使用大大地提高了人类的生产力，若违反了用电的客观规律，就可能导致触电、火灾、爆炸等事故，危及人民生命和财产。因此，要学习基本的安全用电知识，加强劳动保护的教育，并从思想上给予足够的重视，避免不必要的人身伤亡和财产损失。

3.4.1　电流对人体的危害

由于不慎接触带电体，导致电流通过人体，使人体受到各种不同的伤害，通常把这种现象称为触电。根据人体外部组织及内部器官的损伤程度，把触电分为电伤与电击两种。电伤是指电流的热效应对人体外部造成的伤害。如电弧对人的皮肤和眼睛的灼伤。电击是指电流通过人体，使内部器官组织受到损伤，若受害人不能及时摆脱带电体，则会导致死亡。严重的触电事故往往两种伤害同时存在。绝大多数触电事故是由电击造成的，所以通常所说的触电一般指电击。

电击导致人体受伤害的程度与人体电阻、通过人体电流的大小与频率、触电时间的长短、电流通过人体的部位、电压的高低等诸多因素有关。

1．人体电阻

人体阻抗的大小与皮肤的健康、干燥、洁净程度、是否完好等诸多因素有关。阻抗值高者可达 100kΩ 以上，低者只有数百欧姆，一般人体阻抗约为 1kΩ。人体呈现偏电容性的阻抗。为了简单起见，常把人体阻抗表示成纯电阻，我们用 R_r 表示。

2．电流的大小与持续时间

研究结果表明，一般人体遭遇频率为 50Hz 的电击时，能承受的能量极限为

$$W = I \times t = 50\text{mA} \cdot \text{s}$$

式中，I 为通过人体的电流，单位为毫安（mA），t 为电流连续通过人体的时间，单位为秒（s）。即人体触电的电流与时间的累积效应超过 50mA·s 时就会危及生命。

通常说 36V 以下的电压是安全电压，是因为 $36\text{V}/R_r = 36\text{V}/1\text{k}\Omega = 36\text{mA} < 50\text{mA}$。这只是对一般情况而言，对不同人、不同环境绝不能一概而论。如在潮湿环境下，安全电压要降低，通常可定为 24V 或更低。

显然，电流通过人体的时间越长，对人体危害越大，因此一旦发生触电事故，首先要迅速切断电源，或采取其他措施使触电者及时脱离带电体，终止电流对人体的继续伤害，然后加以救治。

3．电流的频率

由于电流的集肤现象，高频交流电流通过人体时，总是从人体皮肤表面通过，不会通过心脏和神经中枢，不会致命。20～200Hz 的交流电对人体伤害最大，其中又以 50Hz 最为甚。

此外，触电对人体造成的伤害程度还与人的体重、电流通过人体的不同部位，以及人体与带电体接触的面积等因素有关。

3.4.2 触电方式

常见的触电形式有单线触电、双线触电及跨步电压触电等，下面分别介绍。

1．单相触电

图 3.4.1 为三相四线制低压（相电压为 220V）供电系统，电源中性点接地。人体碰触某一相裸露的相线时导致单相触电，即电流经人体、鞋、大地和接地系统构成回路。图中 R 是电源相线对大地的绝缘电阻（实为容性），一般都比人体电阻大得多，可以看成开路；接地系统的等效电阻很小，一般为几欧以下；若地下水位较高，土壤潮湿，呈现的电阻也很小，都可忽略。因此人体承受的电压是相电压，通过人体的电流为

$$I = \frac{U}{R_r + R_X}$$

式中，I 为通过人体的电流，R_r 为人体电阻，R_X 为鞋的等效电阻，U 是相电压。单相触电的危险很大，其对人的危害程度主要取决于鞋的绝缘性能。

图 3.4.2 为电源中性点不接地系统中的单线触电示意图。人体碰触某一相裸露的相线时，剩余两相线对大地的两个绝缘电阻 R 与大地、人体构成电流回路。同样，被触相的对地绝缘电阻 R 与人体电阻 R_r 并联，可以忽略。其等效电路如图 3.4.3 所示，则人体承受的电压、通

过人体的电流可按不对称无中线结构电路的分析方法得到，为

$$U_r = \frac{4R_r U_P}{3R_r + R}; \quad I_r = \frac{4U_P}{3R_r + R} \approx \frac{3U_P}{3R_r + R}$$

显然，人体承受的电压低于相电压 U_P，通过人体的电流比中性线接地时小，故与同样相电压中性线接地的供电系统比较，危险性较小，但也足以使人致命。

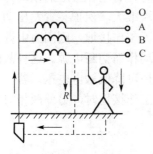 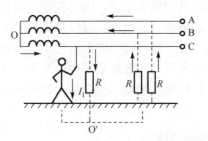

图 3.4.1　中性点接地的单线触电　　　　图 3.4.2　中性点不接地的单相触电

2．双相触电

人体的两处同时接触两相带电体，如图 3.4.4 所示，电流从一相通过人体流入另一相，构成一个闭合回路，这种触电方式称为双相触电。双相触电时人体承受线电压，而且没有任何绝缘防护，这种触电方式最危险。若按低压供电系统考虑，设线电压为 380V，人体电阻设为 1kΩ，则通过人体的电流高达 380mA，这样大的电流通过人体瞬间就能使人致命。

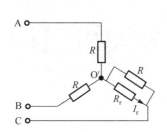 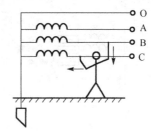

图 3.4.3　图 3.4.2 的等效电路　　　　　　图 3.4.4　双相触电

3．跨步电压触电

输电线断线，且与大地接触，有大量电流流入大地，因而在电线着地点周围的大地上产生了电位差，当人接近电线着地点时，两脚之间承受了跨步电压。

跨步电压大小与跨步距及人离电线着地点距离、流入地下电流大小等因素有关。一般情况下，在距离 10kV 高压线着地点 20m 以外、线电压为 380V 的火线着地点 5m 以外是基本安全的。若误入危险区，有触电感觉，首先要冷静，双脚并拢或单脚着地，弄清电流入地点的大概方位，然后朝远离电流入地点的方向双脚并跳或单脚跳离，避免触电。

3.4.3　接地和接零

各种电气设备由于绝缘层年久老化，过高的电压可能直接击穿绝缘层；机械磨损或接线端松脱等原因都可能使电源火线与设备金属外壳碰触，导致金属外壳带电，引起电气设备损

坏或人身触电事故。为了防止这类事故的发生，最常用的也是最简便易行的措施就是接地与接零。下面分别介绍。

1. 工作接地

为了电力系统的正常运行和安全而设置的接地,即电源中性点的接地通常称为工作接地,如图 3.4.5 所示。当供电系统出现故障,如一相火线接地时,有工作接地的系统,电源经大和工作接地系统构成短路,因为接地电阻很小,故短路电流很大,保护装置发出动作,可以及时切断故障设备的电源,以保护系统及人身的安全。若无工作接地,则因为中性点对地的绝缘电阻很大,短路线中的电流很小,不足以使保护装置动作而切断电源。这种故障可能较长时间不被发现,导致触电事故的发生。同时,有工作接地可降低触电电压。若一相对地短路,无工作接地,则使另外两相对地的电压为线电压;有工作接地时,另外两相对地的电压为相电压。

2. 保护接地

在电源中性点不接地的三相三线制供电系统中,常将用电设备的金属外壳通过接地装置连接到大地,称为保护接地。如图 3.4.6 所示,低压供电系统中要求接地电阻 $R_0 \leq 4\Omega$,且越小越好。在该系统中,若电动机的绕组与其外壳间由于绝缘老化或碰触等原因造成短路时,本来应该不带电的电机外壳带电了,常称漏电。若无保护接地,则人体当触及漏电的外壳的触电方式与中性线不接地单相触电相同。若有保护接地,当人体触及漏电的外壳时,因人体电阻 R_r 远大于接地电阻 R_0,则电流主要从接地装置旁路流入大地,基本不进入人体,能够有效保障人身安全。

图 3.4.5　工作接地　　　　　　　　　　图 3.4.6　保护接地

3. 保护接零

在中性线接地的三相四线制中,将电气设备的金属外壳接到中性线上,如图 3.4.7 所示,这种保护措施称为保护接零。若无保护接零,当人体接触漏电金属外壳时,会导致如同中性线接地的单相触电。有了保护接零,当金属外壳漏电时,当漏电相电压被保护接零及中性线短路,短路电流很大,迅速将这一相中的熔丝熔断,从而起到保护作用。即使有人体触及漏电的金属外壳,因为人体电阻要比接零保护线的电阻要大得多,所以通过人体的电流是很微弱的。

对于保护接地和保护接零,在这里要特别强调几点:

(1)在中性线接地的三相四线制系统中,不允许同时出现保护接地与保护接零。如图 3.4.8 所示,若保护接地的电动机 b 出现 C 相碰壳,则 C 相电动势被工作接地与保护接地的两个接地等效电阻分压,这两个电阻通过大地串联,工作接地电阻两端的分压就是中性点(即保护接零电动机 a 的外壳)对地的电压,若有人碰触电动机 a 的外壳,则有触电危险。

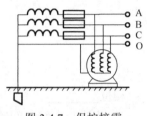

图 3.4.7 保护接零

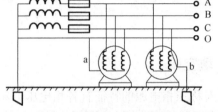

图 3.4.8 保护接零与保护接地不能共存

（2）在中性线不接地系统中，不能采用保护接零。因为，若出现中线断开，且火线碰到电气设备的金属外壳，当有人触及设备外壳时会导致中性线不接地的单相触电事故。

（3）保护接地要按一定的距离多处重复接地。多个接地电阻并联使总体等效接地电阻减小，出现火线碰触设备外壳时，外壳对地的电压可减小很多。如果出现零线断开，多处重复接地能保证外壳的良好接地不受影响。

（4）在中性线接地的三相四线制系统中，由于负载通常不对称，中性线中往往有电流，中性线对地的电压不等于零，因此有保护接零时，外壳对地的电压就不等于零。为了保证有保护接零时，设备外壳对地的电压为零，目前的供电系统大多采用三相五线制，即一根工作零线和一根保护接零线，如图 3.4.9 所示。一根从工作接零线引出，其上接有保护接零、多处重复接地，不接负载，其中一般无电流；不接熔断器和开关，不允许断开；由于仅用于保护，因此通常称为保护零线。另一根也从工作接零线引出，也可从其中间段引出，接有负载，当负载不对称时，其中有电流。为了维修或更换用电设备的安全起见，工作接零线上可接开关，如图 3.4.9 中的单相负载 c，工作接零线并接有熔断器，当此单相负载出现短路故障时，有两个熔断器，可提高快速熔断的可靠性。此单相负载的金属外壳接保护零线，当此负载出现故障导致外壳带电时，由于保护接地的作用，保证外壳对地经保护零线和工作接地系统短路，外壳对地的电压达最低，且短路电流会使故障相的熔断器快速熔断，从而切除电源，消除触电事故。

一般带金属外壳的家用电器（如手电钻、电冰箱、洗衣机、电风扇等）都用单相电源，应有接零保护措施，可采用如图 3.4.9 中的单相负载 c 的接法连接。要用三眼插头、插座连接，其中三眼插座的接法如图 3.4.10 所示。有人把工作零线与保护零线短接起来接到工作零线上，这种做法是错误的，不安全。

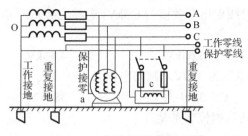

图 3.4.9 三相五线制供电系统

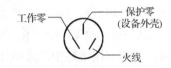

图 3.4.10 三眼（单相）插座的用法

练习与思考

3.4.1 导致触电事故发生的主要原因有哪些？

3.4.2 在同一供电系统中，能否同时采用保护接地与保护接零两种保护措施？为什么？

3.4.3 居民家中灯的开关为什么只控制火线？

3.5 习 题

3.5.1 填空题

1. 对称三相电源的特征有各相电压、频率大小_____；相位_____。

2. 在三相供电系统中，两根相线之间的电压称称为_____；相线与中线之间的电压称为_____。

3. 若星形连接的对称三相电源 $\dot{U}_A = U\underline{/0°}$ V，则线电压 $\dot{U}_{BC} =$ _____；$\dot{U}_{AB}$ _____。

4. 若对称负载是三角形连接的，线电流 $\dot{I}_A = I\underline{/0°}$ A，则相电流 $\dot{I}_{BC} =$ _____；$\dot{I}_{CA} =$ _____。

5. 在不对称三相星形连接的电路中，中线上不允许加_____和_____。

6. 三相星形连接的负载的电压是_____，线电流_____相电流。

7. 三角形接法的对称负载，负载电压_____，线电流_____相电流。

8. 对称三相电路中 $P = \sqrt{3}U_L I_L \cos\varphi$，式中 φ 是_____与_____的相位差。

9. 对称三相电路的平均功率为 P，线电压为 U_L，线电流为 I_L，则视在功率 $S =$ _____，功率因数 $\cos\varphi=$ _____。

10. 触电电压为某一数值时，人体电阻越小，通过人体的电流越_____，触电危害性越_____。

11. 在中性线接地的三相四线制系统中，将电气设备的金属外壳接到中性线上的保护措施称为_____；在电源中性点不接地的三相三线制系统中，把电气设备的金属外壳通过接地装置接地的保护措施称为_____。

12. 工作接地电阻一般小于_____；防雷保护接地电阻一般小于_____。

3.5.2 选择题

1. 在三相四线制供电系统中，电源线电压与相电压的相位关系为（　　）。
   A. 线电压滞后于对应相电压 120°　　　　B. 线电压超前于对应相电压 120°
   C. 线电压滞后于对应相电压 30°　　　　　D. 线电压超前于对应相电压 30°

2. 某三相交流电源的三个电动势接成星形时线电压有效值为 6.3kV，若将它接成三角形，则线电压有效值为（　　）。
   A. 6.3kV　　　　B. 10.9kV　　　　C. 3.64kV　　　　D. 4.46kV

3. 当三相对称交流电源接成星形时，若线电压为 380V，则相电压为（　　）。
   A. $380\sqrt{3}$ V　　B. $380\sqrt{2}$ V　　C. $380/\sqrt{3}$ V　　D. 380V

4. 对称三相电路中，线电压 $\dot{U}_{AB}$ 与 $\dot{U}_{CB}$ 之间的相位关系是（　　）。
   A. $\dot{U}_{AB}$ 超前 $\dot{U}_{CB}$ 60°　　　　　　B. $\dot{U}_{AB}$ 落后 $\dot{U}_{CB}$ 60°
   C. $\dot{U}_{AB}$ 超前 $\dot{U}_{CB}$ 120°　　　　　D. $\dot{U}_{AB}$ 落后 $\dot{U}_{CB}$ 120°

5. 对称三相负载星形连接，电源线电压为 380V，负载电阻为 38Ω，则各线电流为（　　）。
   A. 10A　　　　B. 17.3A　　　　C. 5.77A　　　　D. 8.66A

6. 对称三相负载三角形连接，电源线电压为 380V，负载电阻为 38Ω，则各线电流为（　　）。
   A. 10A　　　　B. 17.3A　　　　C. 5.77A　　　　D. 8.66A

7. 某对称星形三相电路中，线电压为 380V，线电流为 5A，各线电压分别与对应线电流同相位，则三相总功率 P 为（　　　）

    A．3300W   B．2850W   C．1900W   D．1100W

8. 负载为三角形连接的三相电路，若每相负载的有功功率为 30W，则三相有功功率为（　　　）。

    A．0   B．$30\sqrt{3}$ W   C．90W   D．$90\sqrt{3}$ W

9. 三角形接法的三相对称电阻负载原来接于线电压为 220V 的三相交流电源上，后改成星形接法接于线电压为 380V 的三相电源上，设 $I_{\triangle 1}$ 为三相负载三角形接法接于线电压为 220V 的三相交流电源时的线电流，I_{Y1} 为三相负载星形接法接于线电压为 380V 的三相交流电源时的线电流。则该三相负载在这两种情况下的线电流的比值为 $I_{\triangle 1}/I_{Y1}=$（　　　）。

    A．0.6   B．0.7   C．1.4   D．1.7

10. 某三角形连接的纯电容负载接于三相对称电源上，已知各相容抗 $X_c=6\Omega$，线电流为 10A，则三相视在功率为（　　　）。

    A．600W   B．600VA   C．1800W   D．1800VA

11. 对称三相三线制电路如图 3.5.1 所示，线电压 $U_L=380$ V，若因故障 B 相断路（相当于 S 打开），则电压表读数（有效值）为（　　　）。

    A．0V   B．190V   C．220V   D．380V

12. 对称负载三角形连接的三相电路如图 3.5.2 所示，原先电流表指示为 $\sqrt{3}$A（有效值），后因故障一相断开（相当于 S 打开），则电流表的读数为（　　　）。

    A．3A   B．$\sqrt{3}$A   C．$0.5\sqrt{3}$A   D．1A

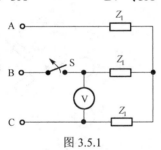 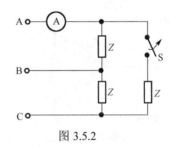

图 3.5.1   图 3.5.2

3.5.3　计算题

1. 有一星形连接的三相感性负载，每相的电阻 $R=80\Omega$、感抗 $X_L=60\Omega$，对称电源，设线电压为 $u_{AB}=380\sqrt{2}\sin(\omega t+30°)$V，试求各电流相量式。

2. 负载星形连接，有中线，其线电压、线电流的相量关系如图 3.5.3 所示。已知 $\dot{U}_{AB}=220\sqrt{3}\underline{/0°}$V，各相电流的大小为 10A。试求：（1）各相电流 i_A、i_B、i_C 及中线电流 i_0 的瞬时值表达式。（2）三相负载复阻抗 Z_A、Z_B、Z_C 各为多少？并说明其性质？

3. 在三相四线制电路中，已知线电压 $U_L=380$V，星接法的三相阻抗的大小均为 10Ω，A 相为电阻，B 相为电感，C 相为电容。试求各相电流及中线电流并画出电压与电流的相量图。

4. 电路如图 3.5.4 所示。已知 $R=22\Omega$，$U_L=380$V。试求图中各电流并画出它们的相量图。

5. 对称感性负载为三角形连接。已知线电压 $U_L=380$V，每相负载电阻 $R=6\Omega$，感抗 $X_L=8\Omega$，试求各相电流 i_{AB}、i_{BC}、i_{CA} 及线电流 i_A、i_B、i_C 的瞬时值表达式。

6. 在对称负载三角形连接的三相电路中，已知频率为50Hz的电源线电压 U_L=380V，相电流为10A，负载相电压超前相电流30°。试求相负载阻抗的参数。

7. 三相电路如图 3.5.5 所示，已知电源的线电压 U_L=380V，负载电阻 R=22Ω。试求图中各电流并画出其相量图。

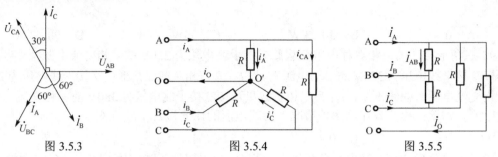

图 3.5.3　　　　　　　图 3.5.4　　　　　　　图 3.5.5

8. 负载三角形连接的三相电路如图 3.5.6 所示，已知对称电源线电压 U_L = 380V，相负载 $Z_{AB}=R=10\,\Omega$，$Z_{BC}=jX_L=j10\,\Omega$，$Z_{CA}=-jX_C=-j10\,\Omega$。试求各相电流 i_{AB}、i_{BC}、i_{CA} 及线电流 i_A、i_B、i_C 的相量表达式，并画出含各电流的相量图。

9. 在三相四线制电路中，已知线电压 U_L=380V，三相阻抗为 $Z_A=Z_B=Z_C=R=22\,\Omega$。试分别求下列情况中各相电流及中线电流：① 电路正常工作；② 中线断开；③ A 相断开；④ A 相与中线同时断开。

10. 三相电路如图 3.5.7 所示。当开关 S_1、S_2 都闭合时，对称负载为三角形连接，各电流表的读数都是 10A。试求下列情况中各电流表的读数：① S_1 闭合、S_2 断开；② S_1 断开，S_2 闭合；③ S_1、S_2 都断开。

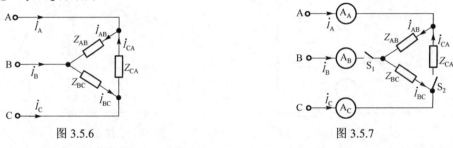

图 3.5.6　　　　　　　　　　　　图 3.5.7

11. 对称三相电路如图 3.5.8 所示。已知线电压 U_L=380V，星形连接的负载阻抗 Z_1=4+j3 Ω，三角形连接的负载阻抗 Z_2=10 Ω。试求供电线上的电流 i_A 以及全部负载的有功功率、无功功率和视在功率。

12. 三相对称电路如图 3.5.9 所示。已知电源线电压 U_L =380V，负载 $Z = 50\underline{/30°}\,\Omega$。试求电流表和功率表的读数。

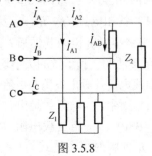

图 3.5.8

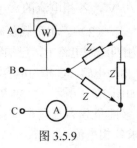

图 3.5.9

第4章 暂 态 电 路

本章将分别分析由电容、电感组成的动态电路。不同于电阻元件，这两种元件能够储存和提供能量，但又有别于电源元件。并且这两种元件的电压-电流关系均与时间有关，因此又称之为动态元件，由它们组成的电路称为动态电路。

4.1 电路的暂态及换路定理

4.1.1 电路的暂态

在直流电路中，电压和电流等物理量是不随时间变化的恒定量，电路的这些工作状态称为稳定状态，简称稳态。如果电路的结构或元件的参数发生变化（例如电路的接通、断开、改接，以及参数、电源发生突变），引起电路的工作状态的变化，我们把电路状态的这些改变统称为换路。

换路使得原来的工作状态被破坏，而新的工作状态有待建立。对动态电路而言，由于电路中包含电容或电感等储能元件，而能量不能突变，所以电路从一个稳定状态过渡到另一个新的稳定状态往往需要一定的时间，电路在这段时间内所发生的物理过程称为电路的过渡过程。与稳态相对应，电路在过渡过程中所处的状态称为暂态。

可见电路的暂态开始于换路后的瞬间，一般认为是 $t=0$ 时刻。但又由于在 $t=0$ 时刻，电路中的某些电压电流会发生突变，所以又将 $t=0$ 时刻分成两个极短时刻：0_- 和 0_+。其中，$f(0_-)$ 表示 $f(t)$ 从左边趋于零的极限，$f(0_+)$ 表示 $f(t)$ 从右边趋于零的极限。显然，若 $f(t)$ 在 $t=0$ 处连续，则 $f(0_-)=f(0_+)$；若 $f(t)$ 在 $t=0$ 处不连续，则 $f(0_-) \neq f(0_+)$。

若假设在 $t=0$ 时刻电路发生换路，则 $t=0_-$ 表示换路发生前的终了瞬间，$t=0_+$ 表示换路后的瞬间，也即电路暂态开始的瞬间。

4.1.2 换路定理

若电容电流在换路瞬间为有限值（大部分电路均可满足这一条件），则由于电容中的电场能量不能突变，在换路瞬间电容两端的电压不能跃变。也即对于线性电容元件，在换路瞬间有

$$u_C(0_+) = u_C(0_-) \tag{4.1.1}$$

对于一个在 $t=0$ 时刻电压为 $u_C(0_-)=U_0$ 的电容，在换路瞬间电容电压不能跃变，有 $u_C(0_+)=u_C(0_-)=U_0$，可见在换路的瞬间电容可视为一个电压值为 U_0 的电压源。

若电感电压在换路瞬间为有限值（大部分电路均可满足这一条件），则由于电感中的磁场能量不能突变，在换路瞬间电感中的电流不能突变。也即对于线性电感元件，在换路瞬间有

$$i_L(0_+) = i_L(0_-) \tag{4.1.2}$$

对于一个在 $t=0_-$ 时刻电流 $i_L(0_-)=I=I_0$ 的电感，在换路瞬间电感电流不能跃变，有

$i_L(0_+) = i_L(0_-) = I_0$，可见在换路的瞬间电感可视为一个电流值为 I_0 的电流源。

如式（4.1.1）和式（4.1.2）所表述的，换路瞬间（从 0_- 到 0_+）电容元件上的电压和电感元件中的电流不能跃变，称为换路定理。需要注意的是，电阻上的电压电流、电容上的电流和电感上的电压通常在换路瞬间都会发生跃变，即它们在 0_- 和 0_+ 的值都不相等。

4.1.3 电路初始值分析

电路中各电压和电流在 $t = 0_+$ 时的值称为动态电路暂态过程的初始值（或初始条件）。若 $f(0_+) = f(0_-)$，则称为独立初始值；若 $f(0_+) \neq f(0_-)$，则称为非独立初始值。显然，在所有电容电路中，只有 $u_C(0_+)$ 是独立初始值；在所有电感电路中，只有 $i_L(0_+)$ 是独立初始值。

独立初始值的确定：

在 $t = 0_-$ 的电路中计算。由于 $t = 0_-$ 指的是换路发生前的瞬间，所以 $t = 0_-$ 时的电路处于直流稳态。而我们易知在直流稳态电路中，电容相当于开路，电感相当于短路。所以由 $t = 0_-$ 的等效电路求出 $u_C(0_-)$ 和 $i_L(0_-)$；再根据换路定理，即可确定 $u_C(0_+)$ 和 $i_L(0_+)$。

非独立初始值的确定，需经过以下步骤：

① 由 $t = 0_-$ 的等效电路求出 $u_C(0_-)$ 和 $i_L(0_-)$；

② 根据换路定理，即可确定 $u_C(0_+)$ 和 $i_L(0_+)$；

③ 在 $t = 0_+$ 的等效电路中确定电路中其他电压和电流的初始值。

【例 4.1.1】 电路如图 4.1.1 所示，换路前电路处于稳态，试求图示电路中各个电压和电流的初始值。

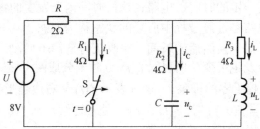

图 4.1.1 例 4.1.1 电路图

解：（1）由 $t = 0_-$ 时的电路求 $u_C(0_-)$ 和 $i_L(0_-)$：

换路前电路已处于稳态：电容元件视为开路，电感元件视为短路。如图 4.1.2 所示，由 $t = 0_-$ 时的等效电路可求得

$$i_L(0_-) = \frac{R_1}{R_1 + R_3} \times \frac{U}{R + \dfrac{R_1 R_3}{R_1 + R_3}} = \frac{1}{2} \times \frac{8}{2 + 2} = 1\text{A}$$

$$u_C(0_-) = R_3 \times i_L(0_-) = 4 \times 1 = 4\text{V}$$

根据换路定理有：$i_L(0_+) = i_L(0_-) = 1\text{A}$，$u_C(0_+) = u_C(0_-) = 4\text{V}$

（2）画出 $t = 0_+$ 时的等效电路[电容用电压源 $u_C(0_+)$ 替代，电感用电流源 $i_L(0_+)$ 替代]，如图 4.1.3 所示，由 $t = 0_+$ 时的电路求 $i_C(0_+)$、$u_L(0_+)$：

由图 4.1.3 可列出 $\qquad U = R \times i(0_+) + R_2 \times i_C(0_+) + u_C(0_+)$

$$i(0_+) = i_C(0_+) + i_L(0_+)$$

代入数据，得
$$8 = 2i(0_+) + 4i_C(0_+) + 4$$

$$i(0_+) = i_C(0_+) + 1$$

解之得
$$i_C(0_+) = \frac{1}{3}\text{A}, \quad u_L(0_+) = R_2 \times i_C(0_+) + u_C(0_+) - R_3 \times i_L(0_+) = \frac{4}{3}\text{V}$$

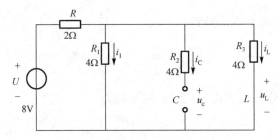

图 4.1.2 $t = 0_-$ 时的等效电路图

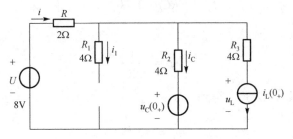

图 4.1.3 $t = 0_+$ 时的等效电路图

练习与思考

4.1.1 一个电路有可能出现过渡过程的两个必备条件是什么？

4.1.2 为什么要将换路时刻细分成两个瞬间？简述这两个瞬间的含义？

4.1.3 如何确定电路的初始值？

4.2 RC 电路的暂态分析

动态电路的暂态过程的分析方法：根据 KCL、KVL 建立电压或电流的以时间为自变量的常微分方程，通过求解该方程得出电路中的各电压或电流（也称之为电路的响应），该方法称为经典法。因为在整个暂态过程中电路中的电压和电流都是随时间变化的函数，所以这种分析是时域分析。

4.2.1 RC 电路的零输入响应

在图 4.2.1 所示的 RC 串联电路中，电源电压为 U_0，开关 S 置于位置 2 已很长时间，因此电路处于稳定状态，电容两端电压为 U_0。假设在 $t = 0$ 时开关 S 从位置 2 合到位置 1，也即换路后电路没有外加输入电源。此时，由于电容已储有能量，于是电容通过电阻 R 开始放电，直到全部放完，电路才进入到下一个稳定状态。因此对该电路的暂态分析即为研究电容的放电规律，并将该电路称为零输入响应电路。

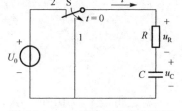

图 4.2.1　RC 零输入响应电路图

$t=0$ 时开关由位置 2 合到位置 1 上，对换路后（$t \geqslant 0_+$）电路，根据 KVL 得

$$u_R + u_C = 0 \qquad (4.2.1)$$

将 $u_R = Ri$ 及 $i = C\dfrac{\mathrm{d}u_C}{\mathrm{d}t}$ 代入上式，得到

$$RC\frac{\mathrm{d}u_C}{\mathrm{d}t} + u_C = 0 \qquad (4.2.2)$$

这是一个线性齐次常微分方程，式（4.2.2）的通解为

$$u_C = A\mathrm{e}^{pt} \qquad (4.2.3)$$

将其代入式（4.2.2）得出该微分方程的特征根方程为

$$RCp + 1 = 0 \qquad (4.2.4)$$

解特征根得到

$$p = -\frac{1}{RC} \qquad (4.2.5)$$

将解出的特征根代入式（4.2.3），得到

$$u_C = A\mathrm{e}^{-\frac{1}{RC}t} \qquad (4.2.6)$$

根据换路定则，$u_C(0_+) = u_C(0_-) = U_0$，可求得积分常数 $A = U_0$。

因此可得出微分方程式（4.2.2）的解为

$$u_C(t) = u_C(0_+)\mathrm{e}^{-\frac{1}{RC}t} = U_0\mathrm{e}^{-\frac{1}{RC}t} \qquad (4.2.7)$$

电路中的电流为

$$i = C\frac{\mathrm{d}u_C}{\mathrm{d}t} = -\frac{U_0}{R}\mathrm{e}^{-\frac{1}{RC}t} \qquad (4.2.8)$$

电阻上的电压为

$$u_R = -u_C = -U_0\mathrm{e}^{-\frac{1}{RC}t} \qquad (4.2.9)$$

从以上表达式可以看出，电压 u_R、u_C 及电流 i 都是按同样的指数规律衰减的，衰减的快慢取决于指数函数中 RC 的大小。可见，衰减的快慢仅取决于电路的结构和元件的参数。我们用 τ 来表示乘积 RC，称其为电容电阻电路的时间常数，单位为秒（s）。引入 τ 后，电容电压 u_C 和电流 i 可以分别表示为

$$u_C(t) = U_0\mathrm{e}^{-\frac{1}{\tau}t} \qquad i = -\frac{U_0}{R}\mathrm{e}^{-\frac{t}{\tau}} \qquad (4.2.10)$$

它们的变化曲线如图 4.2.2 所示。τ 的大小反映了电路过渡过程的进展速度，时间常数 τ 越大，u_C 衰减（即电容放电）得越慢。因为在一定的初始电压 U_0 下，电容 C 越大，则储存的电荷越多，而电阻 R 越大，则放电的电流越小，这都促使放电变慢。因此改变 R 或 C 的数值，也就是改变电路的时间常数，就可以改变电路过渡过程的进展速度。

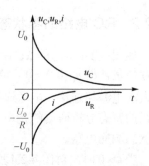

图 4.2.2　u_C、u_R、i 变化曲线图

当 $t = \tau$ 时，$u_C(t) = U_0 \mathrm{e}^{-1} = 0.368 U_0$。可见，换路后经过一个 τ 的时间，u_C 衰减为初始值的 36.8%，因此可以从这个方面确定 τ 的值。进一步可计算出 $u_C(2\tau) = 0.1353 U_0$，$u_C(3\tau) = 0.05 U_0$，$u_C(4\tau) = 0.0183 U_0$，$u_C(5\tau) = 0.0067 U_0$。可见，从 $t = 0$ 开始经过 3～5 个时间常数后，就可以认为响应基本衰减到零了，即电路的暂态过程基本结束，电路进入下一个稳定状态。但从理论上讲，电路只有经过 $t = \infty$ 的时间才能达到稳定。

【例 4.2.1】 电路如图 4.2.3(a)所示，电路中开关 S 原来处于位置 1，且电路已达稳态。$t = 0$ 时开关由位置 1 转向位置 2，已知 $U_S = 48\text{V}$，$R_1 = 2\Omega$，$R_2 = 6\Omega$，$R_3 = 1.6\Omega$，$R_4 = 4\Omega$，$C = 25\mu\text{F}$。试求 $t > 0$ 时的电压 u_C 以及电流 i_C、i_1 和 i_2。

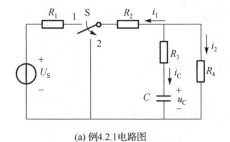

(a) 例4.2.1电路图　　　　　　(b) $t > 0$ 时的电路图

图 4.2.3

解：在 $t = 0_-$ 时

$$u_C(0_-) = \frac{R_4}{R_1 + R_2 + R_4} \times U_S = \frac{4}{2+6+4} \times 48 = 16\text{V}，\quad u_C(0_+) = u_C(0_-) = 16\text{V}$$

$t > 0$ 时的电路如图 4.2.3(b)所示，电容通过电阻 R_2、R_3、R_4 放电，设等效电阻为 R'，有

$$R' = \frac{R_2 \times R_4}{R_2 + R_4} + R_3 = \frac{6 \times 4}{6 + 4} + 1.6 = 4\Omega，\quad \tau = R'C = 4 \times 25 \times 10^{-6} = 0.1 \times 10^{-3}\text{s}$$

$$u_C = u_C(0_+)\,\mathrm{e}^{-\frac{t}{\tau}} = 16\mathrm{e}^{-1 \times 10^4 t}\text{V}，\quad i_C = C\frac{\mathrm{d}u_C}{\mathrm{d}t} = -4\mathrm{e}^{-1 \times 10^4 t}\text{A}$$

$$i_1 = -\frac{R_4}{R_2 + R_4} \times i_C = -\frac{4}{6 + 4} \times i_C = 1.6\,\mathrm{e}^{-1 \times 10^4 t}\text{A}$$

$$i_2 = -\frac{R_2}{R_2 + R_4} \times i_C = -\frac{6}{6 + 4} \times i_C = 2.4\,\mathrm{e}^{-1 \times 10^4 t}\text{A}$$

4.2.2 RC 电路的零状态响应

如图 4.2.4 所示的 RC 串联电路,开关 S 闭合前电容 C 未
储存能量,即 $u_C(0_-)=0$。$t=0$ 时开关 S 闭合,RC 串联电路
与直流电源相连接,电源通过电阻 R 对电容 C 充电。因此该
电路的暂态分析研究的是电容的充电过程,将该电路称为 RC
零状态响应电路。

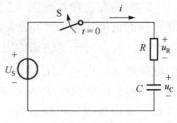

图 4.2.4 RC 零状态响应电路图

当 $t>0$ 时,对图 4.2.4 所示电路应用 KVL,有

$$u_R + u_C = u_S \tag{4.2.11}$$

将 $u_R = Ri$ 和 $i = C\dfrac{\mathrm{d}u_C}{\mathrm{d}t}$ 代入上述方程,得到电路的微分方程

$$RC\frac{\mathrm{d}u_C}{\mathrm{d}t} + u_C = U_S \tag{4.2.12}$$

此方程为一阶线性非齐次方程,用数学方法求解此方程。先将变量分离,得到

$$\frac{RC\mathrm{d}u_C}{U_S - u_C} = \mathrm{d}t \tag{4.2.13}$$

直接对两边积分,得到

$$-RC\ln(U_S - u_C) = t + k \tag{4.2.14}$$

将初始条件 $u_C(0_-)=0$ 代入上式,计算 k 得

$$k = -RC\ln U_S \tag{4.2.15}$$

从而可得

$$-RC\big[\ln(U_S - u_C) - \ln U_S\big] = t \tag{4.2.16}$$

也即

$$-RC\ln\frac{U_S - u_C}{U_S} = t \tag{4.2.17}$$

整理得

$$\frac{U_S - u_C}{U_S} = \mathrm{e}^{-\frac{t}{RC}} \tag{4.2.18}$$

因此,解得 u_C 为

$$u_C = U_S - U_S\mathrm{e}^{-\frac{t}{RC}} \tag{4.2.19}$$

可见,方程的解由两部分组成,即非齐次方程的特解 $u_C' = U_S$ 和对应的齐次方程的通解
$u_C'' = -U_S\mathrm{e}^{-\frac{t}{RC}}$。其中,通解部分是指数函数,随着时间的增加最终会衰减到零,因此又称其
为自由响应(或暂态响应)。特解部分是一个常数项,正是 $t=\infty$ 时 u_C 对应的值。而当 $t=\infty$ 时,
电容充电结束,电路进入下一个稳定状态。这个稳态值就是由原电路中的电源贡献的,所以
又称其为受迫响应(或稳态响应)。经上述分析可看出,自由响应最终必衰减为零,电路最终
必然表现为受迫响应。

与零输入响应类似,暂态过程变化的快慢依然由时间常数 $\tau = \dfrac{1}{RC}$ 决定。

$$u_C = U_S - U_S e^{-\frac{t}{\tau}} \tag{4.2.20}$$

电流为
$$i = C\frac{\mathrm{d}u_C}{\mathrm{d}t} = \frac{U_S}{R}e^{-\frac{t}{\tau}} \tag{4.2.21}$$

电阻电压为
$$u_R = U_S e^{-\frac{t}{\tau}} \tag{4.2.22}$$

它们的变化曲线如图 4.2.5 所示。当 $t=\tau$ 时，$u_C(t) = U_S - U_S e^{-1} = 0.632 U_S$。可见，换路后经过时间 τ，u_C 从零上升到稳态的 63.2%，因此还可以从这个方面确定 τ 的值。同样地，从时刻零开始经过 3~5 个时间常数后，就可以认为充电基本完成，电路的暂态过程基本结束，电路进入下一个稳定状态。

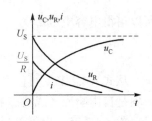

图 4.2.5　u_C、u_R、i 变化曲线图

【例 4.2.2】 在图 4.2.6 所示电路中，$t = 0$ 时开关 S 闭合，已知 $U_S = 200V$，$R_1 = R_2 = 100\Omega$，$R_3 = 50\Omega$，$C = 2\mu F$。试求 $t \geqslant 0$ 时的电压 u_C 和电流 i_C。

解：在 $t > 0$ 时，应用戴维南定理将换路后从电容两端看入的电路转化为等效电路，如图 4.2.7 所示。其中等效电源的电压与内阻分别为

$$U_{OC} = \frac{R_2}{R_1 + R_2} \times U_S = \frac{100}{100+100} \times 200 = 100V，\quad R_0 = R_3 + \frac{R_1 \times R_2}{R_1 + R_2} = 50 + \frac{100 \times 100}{100 + 100} = 100\Omega$$

电路的时间常数为
$$\tau = R_0 C = 100 \times 2 \times 10^{-6} = 0.2 \times 10^{-3}\,\mathrm{s}$$

所以，电容两端的电压和电流为

$$u_C = U_{OC}\left(1 - e^{-\frac{t}{\tau}}\right) = 100\left(1 - e^{-5 \times 10^3 t}\right)V，\quad i_C = C\frac{\mathrm{d}u_C}{\mathrm{d}t} = e^{-5 \times 10^3 t}\,A$$

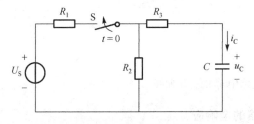

图 4.2.6　例 4.2.2 电路图

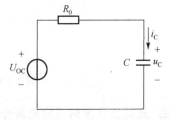

图 4.2.7　$t > 0$ 时的等效电路图

4.2.3　RC 电路的全响应

1. RC 电路的全响应

如图 4.2.8 所示的 RC 串联电路中，开关 S 合在位置 2 上已经很久，所以 $U_C(0_-) = U_0$。$t=0$ 时开关 S 合到位置 1 上。可见，换路前电容元件已经储存能量，而换路后电路中有电源 U_S 存在，此时电路中的响应为电容的初始储能和电源激励共同作用的结果，因此该电路称为 RC 全响应电路。换路后的电路中，电容有可能充电也有可能放电，将取决于电容电压初始值和最终值的大小。

对换路后的电路应用 KVL 可得

$$RC\frac{\mathrm{d}u_\mathrm{C}}{\mathrm{d}t}+u_\mathrm{C}=U_\mathrm{S} \qquad （4.2.23）$$

该式与式（4.2.12）完全类似，故有相同的解的形式。二者唯一的区别在于初始值不同。该电路中，

$$u_\mathrm{C}(0_+)=u_\mathrm{C}(0_-)=U_0 \qquad （4.2.24）$$

所以可得电容电压 u_C 为

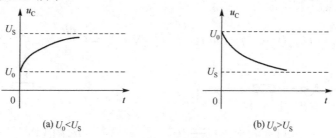

图 4.2.8　RC 全响应电路图

$$u_\mathrm{C}=U_\mathrm{S}+(U_0-U_\mathrm{S}\mathrm{e}^{-\frac{t}{RC}})=U_\mathrm{S}+(U_0-U_\mathrm{S}\mathrm{e}^{-\frac{t}{\tau}}) \qquad （4.2.25）$$

从式（4.2.25）可以看出，右边第一项为受迫响应（或稳态响应），与外加电源相关；第二项是自由响应（或瞬态响应），随时间的增长按指数规律逐渐衰减为零。

式（4.2.25）也可改写为

$$u_\mathrm{C}=U_0\mathrm{e}^{-\frac{t}{\tau}}+(U_\mathrm{S}-U_\mathrm{S}\mathrm{e}^{-\frac{t}{\tau}}) \qquad （4.2.26）$$

其中右边第一项为零输入响应，电容从初始值 U_0 开始的放电过程；第二项为零状态响应，电容从零充电到最终值 U_S 的过程。所以全响应还可以表示为零输入响应 + 零状态响应。可见，零输入响应和零状态响应分别是全响应在稳态值为零或初始值为零的两个特例而已。

进一步分析可知，若 $U_0<U_\mathrm{S}$，则 RC 全响应电路表现为电容从初始值 U_0 充电到最终值 U_S 的过程；若 $U_0>U_\mathrm{S}$，则 RC 全响应电路表现为电容从初始值 U_0 放电到最终值 U_S 的过程，对应的变化波形如图 4.2.9 所示。

(a) $U_0<U_\mathrm{S}$　　　　　(b) $U_0>U_\mathrm{S}$

图 4.2.9　RC 全响应电路中 u_C 的变化曲线图

2．三要素法求解直流电源作用下一阶电路的全响应

经过前面的分析可知，一阶电路的全响应总是由初始值、特解和时间常数三个要素决定的。在直流电源作用下，特解一般取电路达到新的稳态的解，也即 $t=\infty$ 时的值。因此直流电源作用下一阶电路的全响应 $f(t)$ 可写为

$$f(t)=f(\infty)+\left[f(0_+)-f(\infty)\right]\mathrm{e}^{-\frac{t}{\tau}} \qquad （4.2.27）$$

式中，$f(t)$ 是待求响应，$f(0_+)$ 是待求响应的初始值，$f(\infty)$ 是待求响应的稳态值，τ 是电路的时间常数。只要知道 $f(0_+)$、$f(\infty)$ 和 τ 这三个要素就可以根据式（4.2.24）直接写出直流电源作用下一阶电路的全响应，这种分析方法称为三要素法。

【例 4.2.3】 S 闭合前电路已处于稳态，$t=0$ 时合上开关 S，$I_\mathrm{S}=9\mathrm{mA}$，$R_1=6\mathrm{k\Omega}$，$R_2=3\mathrm{k\Omega}$，$C=2\mu\mathrm{F}$，试求 $t>0$ 时电容电压 u_C 和电流 i_C。

解：用三要素法求解 u_C。

（1）确定初始值 $u_C(0_+)$：

由 $t=0_-$ 电路可求得 　　 $u_C(0_-) = I_S \times R_1 = 9 \times 10^{-3} \times 6 \times 10^3 = 54\text{ V}$

由换路定理有：　　　　　　　　　　 $u_C(0_+) = u_C(0_-) = 54\text{ V}$

（2）确定稳态值 $u_C(\infty)$：

先对换路后的从电容两端看入的二端电路做戴维南等效，有

$$U_{OC} = I_S \times \frac{R_1 \times R_2}{R_1 + R_2} = 9 \times 10^{-3} \times \frac{6 \times 3}{6 + 3} \times 10^3 = 18\text{ V}$$

$$R_0 = \frac{R_1 \times R_2}{R_1 + R_2} = \frac{6 \times 3}{6 + 3} \times 10^3 = 2\text{k}\Omega$$

$t > 0$ 时的等效电路如图 4.2.11 所示，可知 $u_C(\infty) = U_{OC} = 18\text{V}$。

（3）求时间常数 τ：

$$\tau = R_0 C = 2 \times 10^3 \times 2 \times 10^{-6} = 4 \times 10^{-3}\text{s}$$

（4）将三要素代入表达式：

$$u_C = u_C(\infty) + [u_C(0_+) - u_C(\infty)]\,\mathrm{e}^{-\frac{t}{\tau}} = 18 + (54 - 18)\mathrm{e}^{-\frac{t}{4 \times 10^{-3}}} = 18 + 36\mathrm{e}^{-250t}\text{ V}$$

$$i_C = C\frac{\mathrm{d}u_C}{\mathrm{d}t} = -0.018\mathrm{e}^{-250t}\text{ A}$$

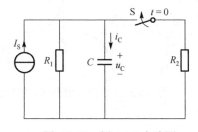　　　　　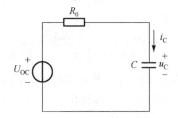

　图 4.2.10　例 4.2.3 电路图　　　　　　图 4.2.11　$t > 0$ 时的等效电路图

练习与思考

4.2.1　简述零输入响应电路、零状态响应电路及全响应电路的特点。

4.2.2　简述时间常数的含义；简述如何改变电路的时间常数，以及时间常数变化对电路过渡过程的影响。

4.2.3　思考时间常数中等效电阻如何获得。

4.3　微分电路和积分电路

在脉冲数字电路中，矩形脉冲电压如图 4.3.1 所示，U_S 称为脉冲幅度，t_p 称为脉冲宽度。这种波形的电压作用于 RC 串联电路，如果选取不同的时间常数，则输入电压与输出电压之间就会构成特定的（微分或积分）关系。

4.3.1 微分电路

图 4.3.2 所示是 RC 微分电路，输入电压 u_i 为矩形脉冲电压，输出 u_o 为电阻 R 两端的电压。当 $0 < t < t_P$ 时，$u_i = U_S$，开始对电容元件充电。根据对 RC 串联电路暂态响应的分析，我们知道输出电压为

$$u_o = U_S e^{-\frac{t}{\tau}} \qquad 0 < t < t_P \qquad （4.3.1）$$

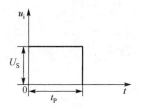

图 4.3.1 矩形脉冲电压波形图

图 4.3.2 RC 微分电路图

当时间常数 $\tau \ll t_P$ 时，相对于 t_P 而言，电容 C 充电很快，电容 C 两端电压 u_C 迅速增加到 U_S。与此同时，输出电压 u_o 由 U_S 很快衰减到零，这样在输出端得到一个正尖脉冲，如图 4.3.3 所示。

当 $t > t_P$ 时，矩形电压消失，$u_i = 0$，电源相当于短路，具有初始电压 U_S 的电容经过电阻 R 很快放电，输出电压为

$$u_o = -U_S e^{\frac{t-t_P}{\tau}} \qquad t > t_P \qquad （4.3.2）$$

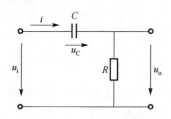

图 4.3.3 RC 微分电路输出电压波形图

在输出端得到一个负尖脉冲。因此输入周期性矩形脉冲，输出的是周期性的正、负尖脉冲。

当 $\tau \ll t_P$ 时，有

$$u_i = u_C + u_o \approx u_C \qquad （4.3.3）$$

$$u_o = Ri = RC\frac{\mathrm{d}u_C}{\mathrm{d}t} \approx RC\frac{\mathrm{d}u_i}{\mathrm{d}t} \qquad （4.3.4）$$

即输出电压与输入电压的微分成正比，因此，称该电路为微分电路。

所以，RC 微分电路必须满足两个条件：

（1）$\tau \ll t_P$；（2）输出电压从电阻两端取输出。

在脉冲电路中，常应用微分电路把矩形脉冲变换为尖脉冲，作为触发器的触发信号，也常用来触发晶闸管，用途十分广泛。

4.3.2 积分电路

把微分电路中的 R 和 C 的位置对调一下，并取大一些的 R、C，使得电路的时间常数 τ 较大，这样的电路就是积分电路。在 $0 < t < t_P$ 时，RC 串联电路与直流电压源 U_S 相接，电源通过电阻 R 对电容 C 充电，电路的输出为

$$u_o = u_C = U_S\left(1 - e^{-\frac{t}{\tau}}\right) \qquad 0 < t < t_P \tag{4.3.5}$$

由于 τ 较大，充放电过程进行的很慢，如果输入是一个周期性的矩形脉冲，则在输出端得到一个锯齿波电压。时间常数 τ 越大，充放电速度越慢，所得锯齿波电压的线性也就越好。

由于充放电过程进行得很慢，u_C 一直很小，即 $u_C \ll u_R$，有

$$u_i = u_C + u_R \approx Ri \tag{4.3.6}$$

所以，

$$u_o = u_C = \frac{1}{C}\int i\,\mathrm{d}t \approx \frac{1}{RC}\int u_i\,\mathrm{d}t \tag{4.3.7}$$

该式表明，输出电压 u_o 与输入电压 u_i 的积分近似成正比，因此这种电路称为积分电路。必须注意，RC 积分电路必须满足两个条件：
（1）$\tau \gg t_P$；（2）输出电压从电容两端输出。

在脉冲电路中，可应用积分电路把矩形脉冲变换为锯齿波电压，作扫描等用。

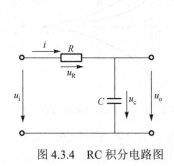

图 4.3.4　RC 积分电路图

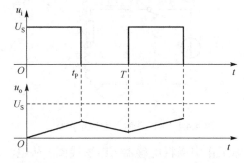

图 4.3.5　RC 积分电路输出电压波形图

4.4　RL 电路的过渡过程

4.4.1　RL 电路的零输入响应

如图 4.4.1 所示，换路前开关 S 在位置 2，电路已处于稳定状态，电感上有初始能量，初始电流为 $i(0_-) = \dfrac{U_0}{R}$。在 $t=0$ 时将开关从位置 2 合于位置 1，使电路脱离电源。在电感内部储能的作用下，电感中的电流从初始值 $i(0_+) = i(0_-) = \dfrac{U_0}{R}$ 开始，逐渐衰减到零。所以，此电路为 RL 零输入响应电路。

仿照 RC 零输入响应电路的求解方法，对图 4.4.1 所示电路换路后的电路根据 KVL 得

$$Ri + L\frac{\mathrm{d}i}{\mathrm{d}t} = 0 \tag{4.4.1}$$

参照式（4.2.6），可知其通解为

$$i = i(0_+)e^{-\frac{R}{L}t} = \frac{U_0}{R}e^{-\frac{R}{L}t} \tag{4.4.2}$$

电阻和电感上的电压分别为

$$u_R = Ri = U_0 e^{-\frac{R}{L}t} \qquad\qquad (4.4.3)$$

$$u_L = L\frac{di}{dt} = -U_0 e^{-\frac{R}{L}t} \qquad\qquad (4.4.4)$$

与 RC 电路类似，$\dfrac{L}{R}$ 称为 RL 电路的时间常数，用 τ 表示。则上述各式可写为

$$i = \frac{U_0}{R} e^{-\frac{t}{\tau}} \qquad u_R = U_0 e^{-\frac{t}{\tau}} \qquad u_L = -U_0 e^{-\frac{t}{\tau}} \qquad (4.4.5)$$

时间常数 τ 越小，暂态过程进行得越快。因为 L 越小，阻碍电流变化的作用也就越小；R 越大，在同样的电压下电流的稳态值或暂态分量的初始值 $\dfrac{U_0}{R}$ 越小。

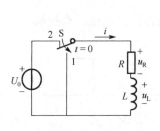

图 4.4.1　RL 零输入响应电路图

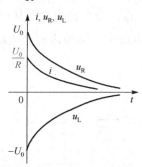

图 4.4.2　i、u_R、u_L 变化曲线图

实际工作中当将电感器（电感线圈）从电源断开时，由于电流要在极短的时间内降为零，电流的变化率很大，致使电感两端产生很高的感应电压。这个感应电压将使开关触点之间的空气击穿而产生电弧，开关触点因此被烧坏。为防止此类事故发生，通常在将线圈从电源断开的同时将线圈短路，给电感线圈提供放电回路。此外，在一般情况下，在线圈与电源断开之前，应将与线圈并联的测量仪表预先与电路断开。

4.4.2　RL 电路的零状态响应

如图 4.4.3 所示的 RL 串联电路，假设换路前电感上没有初始能量，即 $i(0_-) = 0$。在 $t=0$ 时将开关 S 合上，电感元件在外部激励的作用下，电感的电流从零开始逐渐增长至稳态值 $\dfrac{U_S}{R}$，变化的快慢由 RL 电路的时间常数 $\tau = \dfrac{L}{R}$ 决定。可以明显看出，此电路研究的是 RL 电路的零状态响应。

可以用三要素法对此电路进行求解：

$$\text{因为 } i(0_+) = 0 , \qquad i(\infty) = \frac{U_S}{R} , \qquad \tau = \frac{L}{R}$$

所以由三要素公式 $f(t) = f(\infty) + \left[f(0_+) - f(\infty)\right]e^{-\frac{t}{\tau}}$ 得到

$$i(t) = \frac{U_S}{R} - \frac{U_S}{R} e^{-\frac{R}{L}t} \qquad\qquad (4.4.5)$$

再回到原电路中，可进一步得出

$$u_R = Ri = U_S - U_S e^{-\frac{R}{L}t} \qquad (4.4.6)$$

$$u_L = L\frac{di}{dt} = U_S e^{-\frac{R}{L}t} \qquad (4.4.7)$$

可见电感电流与电容电压的变化规律相同，都是按照指数规律由初始值增加到稳态值。电感电压在换路瞬间发生突变，由零跳变至 U_S，然后再按指数规律逐渐衰减到零。过渡过程进行的快慢，同样取决于电路的时间常数 $\tau = \dfrac{L}{R}$。

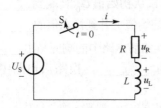

图 4.4.3　RL 零状态响应电路图

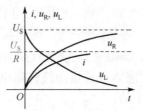

图 4.4.4　i、u_R、u_L 变化曲线图

4.4.3　RL 电路的全响应

如图 4.4.5 所示的 RL 串联电路，$i(0_-) = \dfrac{U_0}{R}$，$t = 0$ 时将开关转向位置 1，因为电路中存在电源 U_S，所以该电路为 RL 全响应电路。

同样用三要素法对此电路进行求解：
由图 4.4.5 可得

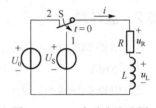

图 4.4.5　RL 全响应电路图

$$i(0_+) = \frac{U_0}{R} \qquad i(\infty) = \frac{U_S}{R} \qquad \tau = \frac{L}{R}$$

所以，电流 $i(t)$ 的表达式为

$$i(t) = \frac{U_S}{R} + \left(\frac{U_0}{R} - \frac{U_S}{R}\right)e^{-\frac{R}{L}t} \qquad (4.4.8)$$

练习与思考

4.4.1　将电感线圈与电源断开时，电感两端为什么会出现很大的电压？实际中，应如何正确操作。

4.4.2　简述电感电路的时间常数表达式与电容电路的时间常数表达式的区别。

4.5　习　　题

4.5.1　填空题

1. 一般情况下，电感上的_____不能跃变，电容上的_____不能跃变。

2．动态电路发生换路后，从原来的稳定状态转变为另一稳定状态的过程称为_____过程。

3．若在 $t=0$ 时刻电路发生换路，则 $t=0_-$ 表示_____， $t=0_+$ 表示_____。

4．换路定理指的是_____和_____。

5．直流电路处于稳态时，电容做_____处理，电感做_____处理。

6．RC 一阶电路的时间常数 $\tau=$_____， RL 一阶电路的时间常数 $\tau=$_____。

7．一阶 RC 电路中，若 C 不变， R 增大，则该电路的过渡过程变_____；若 R 不变， C 减小，该电路的过渡过程变_____。

8．一阶 RL 电路中，若想缩短该电路的过渡过程，则需_____ R（ L 不变），或者_____ L（ R 不变）。

9．在 RC 一阶零输入响应下，时间常数的意义是 u_C 从初始值 U_0 衰减到_____ U_0 的时间；在 RC 一阶零状态响应下，时间常数的意义是 u_C 从初始值上升到稳态值的_____倍的时间。

10．零输入响应是指在换路后电路中无_____，换路后电路中的响应是由_____产生的。

11．零状态响应是指在换路前电路的初始储能为_____，换路后电路中的响应是由_____产生的。

12．某电路的全响应 $i_L(t)=2+10\mathrm{e}^{-10t}\mathrm{A}$ ，则该电路的时间常数 $\tau=$_____s ， i_L 的初始值 $i_L(0_+)=$_____A。

13．一阶电路的全响应等于零状态响应与_____的叠加，三要素公式为_____。

4.5.2 选择题

1．电路如图 4.5.1 所示，开关在 $t=0$ 时闭合，若已知 $u_C(0_-)=0$ ，则 $i_C(0_+)$ 为（　　）。

A．5mA　　　　　B．10mA　　　　　C．7.5mA　　　　　D．0mA

2．电路如图 4.5.2 所示，开关在 $t=0$ 时合到位置 2 上， $i_C(0_+)$ 为（　　）。

A．0mA　　　　　B．1.5mA　　　　　C．-1.5mA　　　　　D．10mA

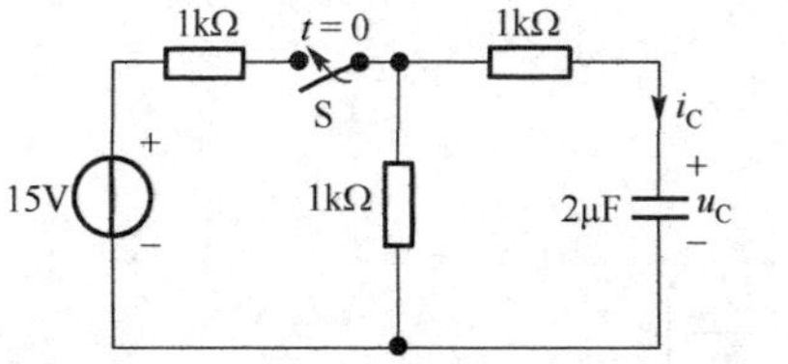

图 4.5.1 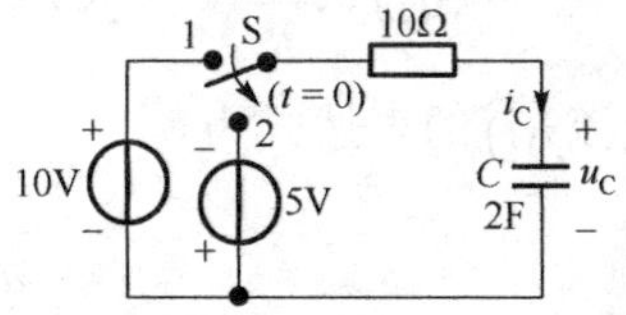　　　　　　　　　　　　　　图 4.5.2

3．电路如图 4.5.3 所示，已知电容初始电压 $u_C(0_-)=10\mathrm{V}$ ，电感初始电流 $i_L(0_-)=0$ ， $C=0.2\mathrm{F}$ ， $L=0.5\mathrm{H}$ ， $R_1=30\Omega$ ， $R_2=20\Omega$ 。 $t=0$ 时开关 S 接通，则 $i_R(0_+)=$（　　）。

A．0A　　　　　B．0.1A　　　　　C．0.2A　　　　　D．1/3A

4．电路如图 4.5.4 所示，已知 $i_S=2\mathrm{A}$ ， $L=1\mathrm{H}$ ， $R_1=20\Omega$, $R_2=R_3=10\Omega$ 。开关 S 打开之前电路稳定， $t=0$ 时 S 打开，则 $u(0_+)=$（　　）。

A．0　　　　　B．20V　　　　　C．40/3V　　　　　D．40V

5．电路如图 4.5.5 所示，开关 S 在 $t=0$ 时合到位置 2 上， $u_L(0_+)$ 为（　　）。

A．0　　　　　B．5V　　　　　C．10V　　　　　D．-5V

6．电路如图 4.5.6 所示， $t=0$ 时开关 S 闭合，电容电压的初始值 $u_C(0_+)=$（　　）。

A. −2V   B. 2V   C. 6V   D. 8V

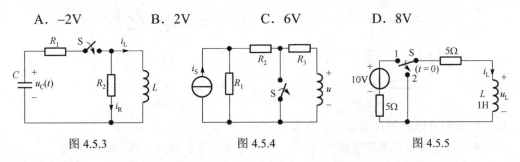

图 4.5.3   图 4.5.4   图 4.5.5

7. 电路如图 4.5.7 所示，开关 S 闭合之前电路稳定，$t=0$ 时 S 闭合，则 $u_R(0_+)=$（   ）。

    A. 0V   B. 10V   C. −20V   D. 20V

8. 电路如图 4.5.8 所示，原处于稳态，$t=0$ 时开关 S 打开，u_S 为直流电压源，则电路的初始储能（   ）。

    A. 在 C 中   B. 在 L 中   C. 在 L 和 C 中   D. 在 R 和 C 中

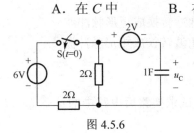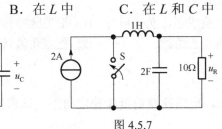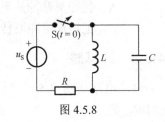

图 4.5.6   图 4.5.7   图 4.5.8

9. RL 串联电路与电压为 8V 的恒压源接通，如图 4.5.9(a)所示。在 $t=0$ 瞬间将开关 S 闭合，当电阻分别为 10Ω、20Ω、30Ω、50Ω 时所得到的 4 条 $u_L(t)$ 曲线如图 4.5.9(b)所示。其中 10Ω 电阻所对应的曲线是（   ）。

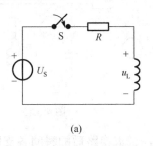

(a)   (b)

图 4.5.9

10. 电路如图 4.5.10 所示，$u_S=20V$，$C=100\mu F$，$R_1=R_2=10k\Omega$。换路前电路已于处稳态，开关 S 在 $t=0$ 时刻打开，则 $t\geq 0$ 时的电容电压 $u(t)=$（   ）。

    A. $20e^{-t}$ V   B. $10e^{-2t}$V   C. $10e^{-t}$V   D. $20e^{-2t}$V。

11. 电路如图 4.5.11 所示，开关 S 在位置 1 已久，$t=0$ 时合向位置 2，则换路后的 $i(t)=$（   ）。

    A. $2e^{-4t}$A   B. $2e^{-\frac{t}{8}}$A   C. $2e^{-8t}$A   D. $10e^{-4t}$A

12. 已知某一阶电路换路后电容电压的稳态值为 10V，初始值为 5V，时间常数为 2s，则电容电压为（   ）。

    A. $10-5e^{-0.5t}$V   B. $10-5e^{-2t}$V

    C. $10+5e^{-2t}$V   D. $10+5e^{-0.5t}$V

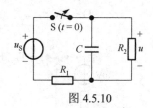

图 4.5.10

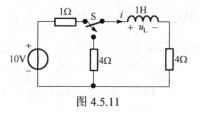

图 4.5.11

13. 构成积分电路的时间常数 τ 要（　　）。

    A. 与输入矩形脉冲宽度相等　　　　　B. 远小于输入矩形脉冲宽度

    C. 远大于输入矩形脉冲宽度　　　　　D. 随意取值

14. 对微分电路的时间常数的要求是（　　）。

    A. 等于输入矩形脉冲宽度　　　　　　B. 远小于输入矩形脉冲宽度

    C. 远大于输入矩形脉冲宽度　　　　　D. 无要求，可以任意取值

15. 微分电路具有以下作用（　　）。

    A. 把矩形脉冲波形转换成正、负尖脉冲　B. 把尖脉冲转换成矩形脉冲波

    C. 把矩形脉冲波转换成三角波　　　　D. 把三角波转换成矩形脉冲波

4.5.3　计算题

1. 电路如图 4.5.12 所示，电路换路前处于稳定状态，试求换路后电路中的 u_C、i_C、i 的初始值。

2. 电路如图 4.5.13 所示，开关 S 闭合前电路已处于稳态，试确定 S 闭合后电压 u_C、u_L 和电流 i_C、i_L、i_1 的初始值。

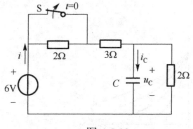

图 4.5.12

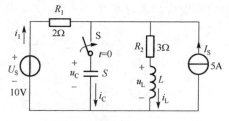

图 4.5.13

3. 电路如图 4.5.14 所示，换路前已处于稳态，试求换路后的瞬间各支路中的电流和各元件上的电压。已知 U_S =16V，R_1 =20kΩ，R_2 =60kΩ，$R_3 = R_4$ =30kΩ，C =1μF，L =1.5mH。

4. 在图 4.5.15 中，开关闭合已经很久，在 $t = 0$ 时开关 S 打开，求 $i_L(0_+)$ 和 $u_L(0_+)$。

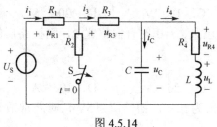

图 4.5.14

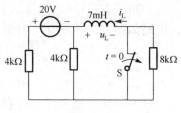

图 4.5.15

5. 电路如图 4.5.16 所示，开关 S 接在 a 点已久，$t = 0$ 时开关接在 b 点，试求 $t \geq 0$ 时的电容电压 u_C。

6. 稳态电路如图 4.5.17 所示，$t=0$ 时开关 S 合向位置 2，求 $t \geq 0$ 时的电容电压 u_C 和 i。

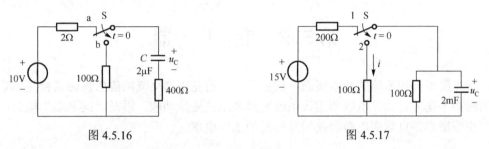

图 4.5.16　　　　　　　　　　图 4.5.17

7. 电路如图 4.5.18 所示，开关 S 打开前电路已处于稳态。$t=0$ 开关 S 打开，求 $t \geq 0$ 时的 $i_L(t)$、$u_L(t)$ 和电压源发出的功率。

8. 电路如图 4.5.19 所示，电路处于稳态，已知：$R_1 = R_4 = 300\Omega$，$R_2 = R_3 = 600\Omega$，$C = 0.01\text{F}$，$U_S = 12\text{V}$，$t=0$ 时将开关 S 闭合。求 S 闭合后的 $u_C(t)$。

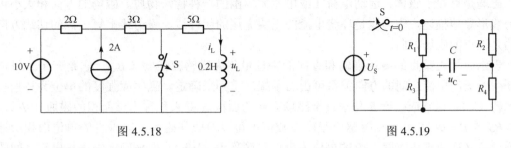

图 4.5.18　　　　　　　　　　图 4.5.19

9. 电路如图 4.5.20 所示，电路已处于稳定状态，试用三要素法求 S 闭合后的 u_C 及 i_C。

10. 电路如图 4.5.21 所示，电路已处于稳定状态，试用三要素法求 S 闭合后的 i_L、i_1、i_2。

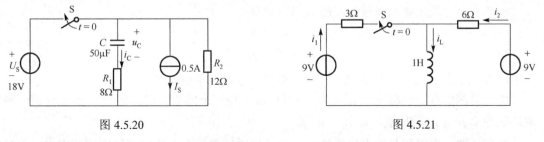

图 4.5.20　　　　　　　　　　图 4.5.21

11. 电路如图 4.5.22 所示，求 $t \geq 0$ 时的 u 和 i。已知换路前电路已处于稳定状态。

12. 电路如图 4.5.23 所示，已知 $U_{S1} = 10\text{V}$，$U_{S2} = 5\text{V}$，$R_1 = R_2 = 4\text{k}\Omega$，$R_3 = 2\text{k}\Omega$，$C = 100\mu\text{F}$，开关 S 位于 a 时电路已处于稳定状态，位置当开关 S 由位置 a 转向位置 b 后的 u_C。

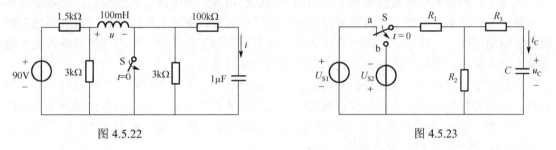

图 4.5.22　　　　　　　　　　图 4.5.23

第5章 变 压 器

本章先简要介绍磁路的基本概念；然后重点分析变压器交流励磁的恒磁通特性，负载运行时的磁势平衡方程式，电压变换、电流变换和阻抗变换功能，以及"同名端"概念；最后简述三相变压器、自耦变压器和仪用互感器的工作原理。

5.1 磁路与磁路的欧姆定律

5.1.1 磁路及磁性材料的磁性能

磁场是存在于磁体、运动电荷（或电流）周围的一种特殊物质。磁场的方向和大小可用磁力线形象地描述，磁力线是环绕电流的无头无尾的闭合线，磁力线上每一点的切线方向表示的是该点的磁场方向。

表示磁场内某点的磁场强弱和方向的物理量称为磁感应强度（B），它是一个矢量，它与产生磁场的电流之间的方向关系可由右手螺旋定则来确定。磁感应强度的单位为特斯拉，简称特（T）。磁感应强度 B 与垂直于磁场方向的面积 S 的乘积称为该面积的磁通（Φ），即 $\Phi = BS$ 或 $B = \Phi / S$，可见磁感应强度在数值上可以看成与磁场方向垂直的单位面积所通过的磁通，又称为磁通密度。Φ 的单位为韦伯，简称韦（Wb）。用来确定磁场与电流之间的关系的物理量是磁场强度（H），它是计算磁场时所引用的一个物理量，也是矢量，其单位为安培每米，简称安培米（A/m）。产生磁通的电流称为励磁电流，其单位为安培，简称安（A）。

磁导率 μ 是表示磁场媒质导磁能力的物理量：

$$\mu = \frac{B}{H} \tag{5.1.1}$$

式中，H 为磁场强度，单位为 A/m；B 为磁感应强度，单位为 T。

由实验测出真空的磁导率 $\mu_0 = 4\pi \times 10^{-7}$ H/m，是一个常数。相对磁导率 μ_r 是任何一种物质的磁导率 μ 与 μ_0 的比值，即 $\mu_r = \mu / \mu_0$。

在变压器、电机和其他电磁器件中，为了把磁场聚集在人为限定的空间范围内，并且能用较小的励磁电流建立起足够强的磁场，常用高磁导率材料做成一定形状的铁心，使磁通的绝大部分经过铁心而形成一个闭合的通路，这种磁通的路径称为磁路。

图 5.1.1 所示为变压器的磁路，它由闭合的铁心构成。当电流通入线圈后，磁路中将产生磁通。有许多电磁器件工作时必须设置不大的工作气隙，图 5.1.2 表示 E 形电磁铁处于释放位置时的磁路，在闭合的磁路中除铁心外，还有不大的工作气隙。采用直流励磁方式的磁路称为直流磁路；采用交流励磁方式的磁路则称为交流磁路。

在物理学中已学过，磁性材料是指铁、钴、镍及其合金等电工材料。磁性材料具有高导磁性、磁饱和性和磁滞性等磁性能，这是因为它们在外磁场的激励下，具有被强烈磁化的特性。磁性材料中，磁感应强度 B（或磁通 Φ）与磁场强度 H（或励磁电流 I）的关系曲线 $B = f(H)$，或 $\Phi = f(I)$，称为磁化曲线。

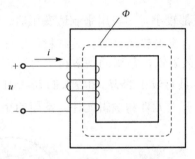

图 5.1.1 变压器的磁路

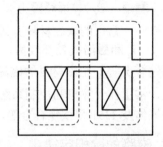

图 5.1.2 E 形电磁铁的磁路

在直流励磁下，磁性材料的磁化曲线 $B-H$ 或 $\Phi-I$ 如图 5.1.3 所示。磁化曲线上任意一点 B 与 H 之比称为磁导率 μ。

根据磁化曲线上各点的 B 和 H 的数值可画出 $\mu-H$ 曲线。为方便比较起见，图 5.1.3 中同时画出了在相同励磁条件下磁路媒质为非磁性材料的 μ_0-H 和 B_0-H 曲线。不难看出，磁性材料的导磁能力远超过非磁性材料，其倍数高达几百、几千，甚至上万。正是磁性材料的高导磁性能，使得它们在电工和电子技术等领域中获得了广泛的应用。

由图 5.1.3 所示曲线可知，磁性材料的磁化特性还呈现磁饱和特性，即 B（或 Φ）不会随 H（或 I）的增加而无限增大，表现为起始段近似呈线性快速增长；饱和段则增长缓慢，出现磁饱和现象。整条磁化曲线不是一条直线，表明磁性材料的 $B-H$（或 $\phi-I$）关系呈现非线性，也即 μ 不是一个常数，其间有一个最大值 μ_m。

交流励磁时磁性材料的 $B-H$ 曲线是一条封闭曲线，称为磁滞回线，如图 5.1.4 所示。由图可见，当 H 由 $+H_m$ 减小时，B 并不沿原始磁化曲线减小，而是沿其上部的另一条曲线减小；当 H 减小到零时，B 并不减小到零，这表明铁心中仍存在剩磁，将 B_r 称为剩磁感应强度；若要去掉剩磁，应施加反向磁场强度 $-H_c$，称为矫顽磁力。这种在磁性材料中出现的 B（或 Φ）的变化总要滞后 H（或 I）的变化的特性称为磁滞性。

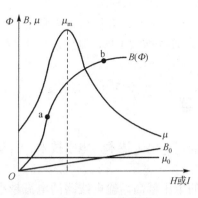

图 5.1.3 磁化曲线

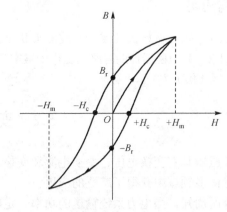

图 5.1.4 磁滞回线

磁性材料的磁滞现象使其在交变磁化的过程中，由于其内部磁分子反复变向，相互"摩擦"而产生功率损耗，这种损耗称为磁滞损耗。交变磁化一周在单位体积内的磁滞损耗与磁滞回线的面积成正比。

根据磁滞特性，磁性材料可分为软磁材料、硬磁材料和矩磁材料的，软磁材料的磁滞回线较窄，剩磁（B_r）、矫顽磁力（H_c）和磁滞损耗都较小，一般用来制造变压器、电机及电器等的铁心；常用的软磁材料有铸铁、硅钢、坡莫合金及铁氧体等。硬磁材料的磁滞回线较宽，B_r、H_c和磁滞损耗都较大，通常用来制造永久磁铁，常用的硬磁材料有炭钢、钴钢及铁镍铝钴合金等。矩磁材料的磁滞回线接近矩形，具有较小的H_c和较大的B_r，具有良好的稳定性，常用作计算机和控制系统中的记忆元件、开关元件和逻辑元件；常用的矩磁材料有镁锰铁氧体及1J51型铁镍合金等。

5.1.2　磁路的欧姆定律

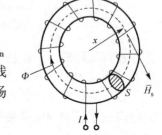

磁路的欧姆定律用来确定磁路的磁通 $\varPhi$、磁动势 F 和磁阻 R_m 之间的关系。以图 5.1.5 所示环形铁心磁路为例，设环形铁心上的线圈是密绕的，并且绕得很均匀，从而使得沿铁心中心线产生的磁场各处大小相等，并且磁场强度的方向和铁心中心线的方向一致。

根据全电流定律，有

图 5.1.5　环形铁心磁路

$$\oint \overline{H}d\overline{l} = \sum I, \qquad IN = Hl = \frac{B}{\mu}l = \frac{l}{\mu S}\varPhi$$

变换成
$$\varPhi = \frac{IN}{l/\mu S} = \frac{F}{R_m} \qquad\qquad (5.1.2)$$

式中，$F = IN$ 称为磁动势，由它产生磁通 $\varPhi$。$R_m = l/\mu S$ 称为磁阻，是表示磁路对磁通具有阻碍作用的物理量。其中 l 为磁路的平均长度，图 5.1.5 中 $l = 2\pi x$，其中 x 为中心磁路的半径，S 为磁路的截面积，μ 为磁路媒质的磁导率。

式（5.1.2）在形式上与电路的欧姆定律相似，称为磁路的欧姆定律，它对分析电磁器件的磁路、磁路和电路之间的相互关系及运行特性等都具有极大意义。

练习与思考

5.1.1　磁性材料按其磁滞回线的形状不同，可分为哪几类？各有什么特点和用途？

5.1.2　某电磁器件的磁路已工作于磁饱和状态，设磁通 $\varPhi$ 增大 1 倍，则励磁电流 I 增大＿＿（1 倍，≥1 倍）？

5.2　变　压　器

变压器具有变换电压、变换电流和变换阻抗的功能，在电工技术、电子技术、自动控制系统等诸多领域中获得了广泛的应用。

众所周知，当电力系统输送的功率一定时，输送的电压越高，输电线路的电流越小，这不仅可以减小输电导线的截面积，降低线路投资费用，同时还可以减少输电线路的功率损耗。目前我国跨区域大电网已有采用 500kV 的超高压输电线路。从安全用电和制造成本考虑，这样高的电压既不能由发电机直接产生，更不允许让用户直接使用。实际上，从发电厂到用户电能的发、输、配电的整个过程中，是需要经过多次变压的，电力变压器是电力系统中不可缺少的重要设备。

5.2.1 变压器的基本结构

不同类型的变压器，尽管它们在具体结构、外形、体积和重量上有很大的差异，但是它们的基本结构都是相同的，主要由铁心和绕组两部分构成。

普通双绕组变压器的结构形式有心式和壳式两种。图 5.2.1 是心式单相和三相变压器的结构示意图，其绕组环绕着铁心柱，是应用最多的一种结构形式。图 5.2.2 是壳式单相变压器的结构示意图，其绕组被铁心所包围，仅用于小功率的单相变压器和特殊用途的变压器。

铁心是变压器磁路的主体部分，通常由表面涂有漆膜、厚度为 0.35mm 或 0.5mm 的硅钢片冲压成一定形状后叠装而成，担负着变压器一次侧（原边、初级）及二次侧（副边、次级）的电磁耦合任务。

绕组是变压器电路的主体部分，担负着输入和输出电能的任务。把变压器与电源相接的一侧称为"一次侧"，相应绕组称为一次绕组（或初级绕组），其电磁量用下标数字 1 表示；而与负载相接的一侧称为"二次侧"，相应绕组称为二次绕组，其电磁量用下标数字 2 表示。通常一次、二次绕组的匝数不相等，线径也不相同，匝数多的电压较高，称为高压绕组；匝数少的电压较低，称为低压绕组。为了加强绕组之间的磁耦合作用，一次、二次绕组同心地套在一铁心柱上的绕组结构，称为同心式绕组。为了有利于处理绕组和铁心之间的绝缘，通常将低压绕组安放在靠近铁心的内层，而高压绕组则套在低压绕组外面，如图 5.2.1 所示。同心式绕组是变压器中最常用的一种绕组结构。

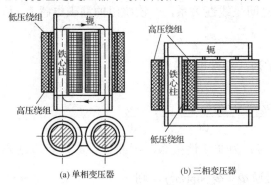
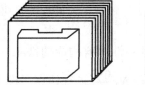

图 5.2.1　心式单相和三相变压器结构示意图　　　　图 5.2.2 壳式单相变压器结构示意图

变压器工作时绕组和铁心中要分别产生铜耗和铁耗，致使它们发热，为了防止变压器因过热损坏绝缘，变压器必须采用一定的冷却方式和散热装置。小容量变压器采用空气自冷，即依靠空气的自然对流和热辐射把铁心和绕组的热量直接散发到周围空气中。容量较大的变压器采用油浸自冷，即把变压器的铁心和绕组全部浸没在盛满变压器油的金属油箱中，热量通过油的自然对流循环传给箱壁和散热管而散发到周围的空气中。容量更大的变压器则采用油浸风冷，即在油箱外再装风扇强迫通风冷却；或采用油泵强迫油循环冷却，迫使变压器油通过置于空气或冷却水中的蛇形散热管循环，强化冷却效果；或采用循环水内冷，即变压器绕组由空心导线绕成，内通强迫循环冷却水强化冷却效果。

5.2.2 变压器的工作原理

1. 变压器的空载运行

变压器的一次绕组上施加额定电压、二次绕组开路（不接负载）的情况称为空载运行。

图 5.2.3 是普通双绕组单相变压器空载运行的示意图，为了分析方便，把一次、二次绕组分别画在两个铁心柱上。

当一次绕组上施加交流电压 u_1 时，一次绕组中将通过空载电流 i_0。磁动势 $i_0 N_1$ 产生的交变磁通的绝大部分通过铁心而闭合，称为主磁通 Φ，它同时穿过一次、二次绕组，并分别产生主磁电动势 e_1 和 e_2；另有很少的一部分磁通经过空气而闭合，称为漏磁通 $\Phi_{\sigma1}$，它仅穿过一次绕组，并在一次绕组中产生漏磁电动势 $e_{\sigma1}$。此外，i_0 在一次绕组电阻 R_1 上要产生电压降 u_{R_1}：二次绕组开路，二次侧开路电压 u_{20} 等于 e_2。各电磁量的正方向如图 5.2.3 中箭头所示，其中磁通与电流、电动势与磁通的正方向应符合右手螺旋定则。空载运行时的电磁关系如图 5.2.4 所示。

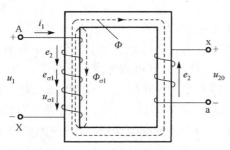

图 5.2.3　变压器的空载运行示意图

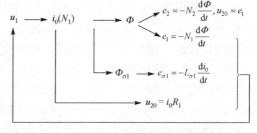

图 5.2.4　空载运行时的电磁关系

漏磁通 $\Phi_{\sigma1}$ 主要经过空气，所以 $\Phi_{\sigma1}$ 与 i_0 之间呈线性关系，一次绕组的漏磁电感 $L_{\sigma1}$ 和漏磁电动势 $e_{\sigma1}$ 为

$$L_{\sigma1} = \frac{N_1 \Phi_{\sigma1}}{i_0} = 常数（线性电感）$$

$$e_{\sigma1} = -N_1 \frac{\mathrm{d}\Phi_{\sigma1}}{\mathrm{d}t} = -\frac{\mathrm{d}(N_1 \Phi_{\sigma1})}{\mathrm{d}t} = -\frac{\mathrm{d}(L_{\sigma1} i_0)}{\mathrm{d}t} = -L_{\sigma1} \frac{\mathrm{d}i_0}{\mathrm{d}t}$$

主磁通 Φ 通过磁性材料构成的铁心，且与 i_0 为非线性关系，因此 e_1、e_2 只能通过公式 $e_1 = -N_1 \frac{\mathrm{d}\Phi}{\mathrm{d}t}$ 和 $e_2 = -N_2 \frac{\mathrm{d}\Phi}{\mathrm{d}t}$ 进行计算。设主磁通 $\Phi = \Phi_{\mathrm{m}} \sin(\omega t)$，则

$$e_1 = -N_1 \frac{\mathrm{d}\Phi}{\mathrm{d}t} = -N_1 \frac{\mathrm{d}\Phi_{\mathrm{m}} \sin \omega t}{\mathrm{d}t} = -N_1 \omega \Phi_{\mathrm{m}} \cos(\omega t)$$
$$= 2\pi f N_1 \Phi_{\mathrm{m}} \sin(\omega t - 90°) = E_{\mathrm{m1}} \sin(\omega t - 90°)$$

式中，$E_{\mathrm{m1}} = 2\pi f N_1 \Phi_{\mathrm{m}}$ 为 e_1 的最大值，其有效值为

$$E_1 = E_{\mathrm{m1}} / \sqrt{2} = 2\pi f N_1 \Phi_{\mathrm{m}} / \sqrt{2} \approx 4.44 f N_1 \Phi_{\mathrm{m}} \tag{5.2.1}$$

同理

$$e_2 = 2\pi f N_2 \Phi_{\mathrm{m}} \sin(\omega t - 90°) = E_{\mathrm{m2}} \sin(\omega t - 90°)$$

$$E_2 = E_{\mathrm{m2}} / \sqrt{2} \approx 4.44 f N_2 \Phi_{\mathrm{m}} \tag{5.2.2}$$

根据 KVL 定律，列出一次绕组电压方程式

$$e_1 + e_{\sigma1} = i_0 R_1 - u_1$$

则
$$u_1 = i_0 R_1 + (-e_{\sigma 1}) + (-e_1) = i_0 R_1 + L_{\sigma 1} \frac{di_0}{dt} + (-e_1)$$

通过正弦等值变换，上式各量可视为正弦量，于是上式可用相量表示为

$$\dot{U}_1 = \dot{I}_0 R_1 + j\dot{I}_0 \omega L_{\sigma 1} + (-\dot{E}_1) = \dot{I}_0 Z_1 + (-\dot{E}_1) \qquad (5.2.3)$$

式中，$Z_1 = R_1 + j\omega L_{\sigma 1} = R_1 + jX_1$ 为一次绕组漏阻抗，而 $X_1 = \omega L_{\sigma 1}$ 为一次绕组的漏磁感抗。$\dot{I}_0 Z_1$ 为一次绕组阻抗压降。

式（5.2.3）表明，一次绕组外加电压 $\dot{U}_1$ 被三个电压分量，即 $\dot{U}_{R_1}$、$\dot{U}_{X_1}$ 和 $-\dot{E}_1$ 所平衡。由于变压器的 I_0 很小，只占其额定电流的百分之几，此外其 $|Z_1|$ 值也很小。因此 $|\dot{I}_0 Z_1|$ 值很小，与 $|-\dot{E}_1|$ 相比可以忽略不计，于是有

$$\dot{U}_1 \approx -\dot{E}_1$$

其有效值

$$U_1 \approx E_1 = 4.44 f N_1 \Phi_{\mathrm{m}} \qquad (5.2.4)$$

式（5.2.4）表明，当 $\dot{U}_1$、f、N_1 一定时，主磁通的最大值 Φ_{m} 基本保持不变，与磁路的磁阻无关，该特性称为交流励磁磁路恒磁通特性。它不仅是分析变压器工作原理的一个十分重要的概念，也是分析交流电磁铁、交流电动机等交流电磁器件的重要概念。

变压器二次绕组电路的电压方程式为

$$u_{20} = e_2 \quad 或 \quad \dot{U}_{20} \approx \dot{E}_2$$

其有效值

$$U_{20} \approx E_2 = 4.44 f N_2 \Phi_{\mathrm{m}} \qquad (5.2.5)$$

式（5.2.4）和式（5.2.5）中：f 为电源频率，单位为赫兹（Hz）；Φ_{m} 为铁心中的主磁通最大值，单位为韦伯（Wb）；N_1 和 N_2 分别为一次、二次绕组的匝数；U_1 为电源的电压，单位为伏特（V）。

必须指出，尽管 $\dot{E}_1$ 和 $\dot{E}_2$ 都是由交变的主磁通产生的，但它们的作用是不同的。$\dot{E}_1$ 主要用来平衡一次侧电压，在一次侧回路中相当于一个反电动势。$\dot{E}_2$ 则在二次侧回路中起向负载提供电能的作用，实质上是一个电源电动势。

由式（5.2.4）和式（5.2.5）可得出

$$\frac{U_1}{U_{20}} = \frac{E_1}{E_2} = \frac{N_1}{N_2} = K \qquad (5.2.6)$$

式（5.2.6）表明，变压器空载时，一次、二次绕组的电压比等于其匝数比，K 称为变压比。当 $N_1 \neq N_2$ 时，变压器便能将某一数值的交流电压变换成同频率的另一数值的交流电压，这就是变压器的电压变换作用。

【例 5.2.1】 有一铁心线圈，试分析铁心中的磁感应强度、线圈中的电流和铜耗在下列几种情况下将如何变化。

（1）直流励磁：铁心截面积加倍，线圈的电阻和匝数以及电源电压保持不变。

（2）交流励磁：铁心截面积加倍，线圈的电阻和匝数以及电源电压和频率保持不变。

（3）交流励磁：频率和电源电压的大小减半。

解：（1）$I = U / R$，$\Delta P_{Cu} = I^2 R$，则电流和铜耗不变。而 $R_m = l / \mu S$，$\Phi = NI / R_m$，$B = \Phi / S$，所以当 S 加倍时，R_m 减半；NI 不变，Φ 加倍；Φ 和 S 都加倍，所以 B 不变。

（2）因为 $U \approx 4.44 f N \Phi_m = 4.44 f N B_m S$，当 S 加倍，U、N 和 f 不变时，B_m 减半，但 Φ_m 不变。F_m（或 I）$\propto R_m$，所以当 S 加倍时，R_m 减半，I 也减半，铜耗（$I^2 R$）则减小到原来的 1/4。

（3）因为 $U \approx 4.44 f N \Phi_m = 4.44 f N B_m S$，当 f 和 U 均减半时，Φ_m 和 B_m 不变；I 也不变；所以铜耗（$I^2 R$）也将不变。

2．变压器的负载运行

变压器的一次绕组上施加额定电压、二次绕组接负载 Z_L 的工作情况称为负载运行。其电路和电、磁量及其正方向如图 5.2.5 所示。注意，此时一次侧电流已不再是空载电流 i_0，而是一个与二次侧电流 i_2 有关的电流 i_1。负载运行时的电磁关系如图 5.2.6 所示。

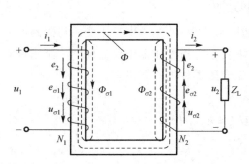
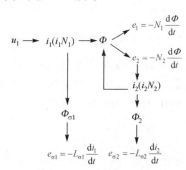

图 5.2.5　变压器的负载运行　　　　图 5.2.6　负载运行时的电磁关系

负载运行时一次侧电路的电压方程式与空载时的式（5.2.3）相似，为

$$\dot{U}_1 = \dot{I}_1(R_1 + jX_1) + (-\dot{E}_1) = \dot{I}_1 Z_1 + (-\dot{E}_1)$$

一次绕组的漏阻抗 Z_1 很小，其阻抗压降 $\dot{I}_1 Z_1$ 比 $\dot{E}_1$ 小得多，可以忽略不计，因此有 $\dot{U}_1 \approx -\dot{E}_1$，而有效值 $U_1 \approx E_1 = 4.44 f N_1 \Phi_m$。

分析表明，运行中的变压器的 $\dot{U}_1$ 主要被 $\dot{E}_1$ 所平衡。当 $\dot{U}_1$、f 和 N_1 不变时，从空载到负载，铁心中主磁通的最大值 Φ_m 基本上保持不变，即具有恒磁通特性。

在变压器的二次侧电路，除由主磁通在二次绕组中产生的主磁电动势 $\dot{E}_2$（作电源电动势）外，还有由漏磁通 $\Phi_{\sigma 2}$ 在二次绕组中产生的漏磁电动势 $\dot{E}_{\sigma 2} = -j\dot{I}_2 \omega L_{\sigma 2}$，其中 $L_{\sigma 2}$ 为二次绕组漏磁电感，$X_2 = \omega L_{\sigma 2}$ 为二次绕组的漏磁感抗；电流 $\dot{I}_2$ 流过二次绕组电阻 R_2 产生的电压降为 $\dot{I}_2 R_2$；变压器二次绕组的端电压 $\dot{U}_2$ 就是输送给二次侧的负载电压。列二次侧电路的 **KVL** 电压方程式为

$$e_2 + e_{\sigma 2} = i_2 R_2 + u_2, \quad u_2 = e_2 - i_2 R_2 + e_{\sigma 2}$$

相量式为

$$\begin{aligned}
\dot{U}_2 &= \dot{E}_2 - \dot{I}_2 R_2 + \dot{E}_{\sigma 2} = \dot{E}_2 - \dot{I}_2 R_2 - j\dot{I}_2 X_2 \\
&= \dot{E}_2 - \dot{I}_2 (R_2 + jX_2) = \dot{E}_2 - \dot{I}_2 Z_2
\end{aligned} \tag{5.2.7}$$

式中，$Z_2 = R_2 + jX_2 = R_2 + j\omega L_{\sigma 2}$ 为二次绕组的漏阻抗，$\dot{I}_2 Z_2$ 为二次绕组的阻抗压降。变压器二次绕组输出电压等于二次绕组电动势 $\dot{E}_2$ 与二次绕组内部的阻抗压降 $\dot{I}_2 Z_2$ 之差。

若忽略一次、二次绕组的漏阻抗压降，则仍有 $U_1 / U_2 \approx E_1 / E_2 = K$。

下面分析变压器负载运行时，一次侧电流 i_1 和二次侧电流 i_2 之间的关系。变压器运行的恒磁通特性，说明变压器负载运行时产生主磁通 $\varPhi$ 的磁动势 $\dot{F}$ 与空载时产生主磁通 $\varPhi$ 的磁动势 $\dot{F}_0$ 应相等。空载时磁动势 $\dot{F}_0 = \dot{I}_0 N_1$；有负载时一次、二次绕组中分别流过电流 $\dot{I}_1$ 和 $\dot{I}_2$，则主磁通是由两个磁动势 $\dot{I}_1 N_1$ 和 $\dot{I}_2 N_2$ 共同产生的，其合成磁动势为 $\dot{F} = \dot{F}_1 + \dot{F}_2 = \dot{I}_1 N_1 + \dot{I}_2 N_2$。根据 $\dot{F} = \dot{F}_0$，有

$$\dot{I}_1 N_1 + \dot{I}_2 N_2 = \dot{I}_0 N_1 \qquad (5.2.8)$$

式（5.2.8）为变压器负载运行时的磁动势平衡方程式，是变压器另一个重要的基本关系式。整理后可得

$$\dot{I}_1 = \dot{I}_0 + \left(-\frac{N_2}{N_1} \dot{I}_2 \right) = \dot{I}_0 + \left(-\frac{1}{K} \dot{I}_2 \right) = \dot{I}_0 + \dot{I}_1' \qquad (5.2.9)$$

式（5.2.9）表明，变压器负载运行时一次侧电流 $\dot{I}_1$ 由两部分组成：一部分为空载电流 $\dot{I}_0$，称为 $\dot{I}_1$ 的励磁分量；另一部分为 $\dot{I}_1' = -\dot{I}_2 / K$，它是由负载电流引起的，且随着 $\dot{I}_2$ 的变化而变化，称为 $\dot{I}_1$ 的负载分量。

如前所述，变压器正常运行时，其励磁电流 $\dot{I}_0$ 仅占额定电流的百分之几，因此变压器带额定负载时可以认为

$$\dot{I}_1 = \dot{I}_1' = -\frac{1}{K} \dot{I}_2 \qquad (5.2.10)$$

其有效值为

$$I_1 \approx \dot{I}_1' = \frac{1}{K} I_2 = \frac{N_2}{N_1} I_2 \qquad (5.2.11)$$

式（5.2.11）表明，在额定负载下，变压器一次、二次绕组电流的有效值之比近似与它们的匝数成反比。显然，变压器具有电流变换作用。

式（5.2.10）中的负号说明：电流 $\dot{I}_1$ 和 $\dot{I}_2$ 的相位几乎相差180°，即磁动势 $\dot{I}_1 N_1$ 和 $\dot{I}_2 N_2$ 是反相的，表明二次绕组的磁动势 $\dot{I}_2 N_2$ 对主磁通有祛磁作用。因此，变压器负载运行时，为了补偿 $\dot{I}_2 N_2$ 的祛磁效应，其一次侧电流将自动增加一个负载分量 $\dot{I}_1'$，以维持负载时主磁通最大值 ϕ_{m} 与空载时基本相同。

3. 变压器的阻抗变换作用

在电子线路中，常利用变压器的阻抗变换功能来达到阻抗匹配的目的。

在图 5.2.7(a)中，负载阻抗 Z_{L} 接在变压器二次侧，而虚线框内的部分可以用一个等效的阻抗 Z_{L}' 来代替，如图 5.2.7(b)所示。所谓等效，就是在电源相同的情况下，电源输入到图5.2.7(a)和图 5.2.7(b)电路的电压、电流和功率保持不变。为简化分析，设变压器为理想变压器，即忽略变压器一次、二次绕组的漏阻抗 Z_1、Z_2，以及励磁电流 I_0 和损耗（数值认为零），而效率等于 100%。虽然理想变压器在实际中并不存在，但性能良好的铁心变压器的特性与理想变压器相接近。

对于图 5.2.7(a)，根据式（5.2.6）和式（5.2.11）可得

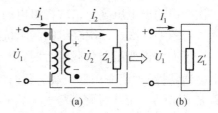

$$\frac{U_1}{I_1} = \frac{\dfrac{N_1}{N_2}U_2}{\dfrac{N_2}{N_1}I_2} = \left(\frac{N_1}{N_2}\right)^2 \frac{U_2}{I_2} = K^2|Z_L|$$

由图 5.2.7(b)可得 $\qquad \dfrac{U_1}{I_1} = |Z_L'|$

图 5.2.7 变压器的阻抗变换作用

根据等效原理和条件可得

$$|Z_L'| = (N_1/N_2)^2|Z_L| = K^2|Z_L| \tag{5.2.12}$$

式（5.2.12）表明，接于变压器二次侧的阻抗 $|Z_L|$，对一次侧电源而言，相当于接上等效阻抗为 $K^2|Z_L|$ 的负载，这就是变压器的阻抗变换作用。

【例 5.2.2】 在图 5.2.8 中，交流信号源的 $E = 120\text{V}$，内阻 $R_0 = 800\Omega$，负载电阻 $R_L = 8\Omega$。（1）要求折算到一次侧的等效电阻 $R_L' = R_0$，试求变压器的变比和信号源输出的功率。（2）当将负载直接与信号源连接时，信号源输出多大功率?

解：（1）变压器的变比应为

$$K = \frac{N_1}{N_2} = \sqrt{\frac{R_L'}{R_L}} = \sqrt{\frac{800}{8}} = 10$$

信号源输出功率为

$$P = \left(\frac{E}{R_0 + R_L'}\right)^2 R_L' = \left(\frac{120}{800 + 800}\right)^2 \times 800 = 4.5\text{W}$$

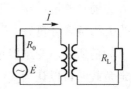

图 5.2.8 例 5.2.2 的图

（2）当将负载直接接在信号源上时，

$$P = \left(\frac{120}{800 + 8}\right)^2 \times 8 = 0.176\text{W}$$

5.2.3 变压器的外特性、损耗和效率

1. 外特性

由于变压器一次、二次绕组都具有电阻和漏磁感抗，根据一次、二次绕组电路图及相应电压平衡方程式可知，当一次绕组外加电压 U_1 保持不变，负载 Z_L 变化时，二次侧电流或功率因数改变，将导致一次、二次绕组的漏阻抗压降发生变化，使变压器二次侧输出电压 U_2 也随之发化。

当 U_1 为额定值不变，负载功率因数为常数时，$U_2 = f(I_2)$ 的关系曲线称为变压器的外特性，如图 5.2.9 所示。特性曲线表明，变压器二次侧电压随负载的增加而下降；对于相同的负载电流，感性负载的功率因数越低，二次侧电压下降越多。

变压器带负载后二次侧电压下降的程度用电压调整率 $\Delta U\%$ 表示。电压调整率 $\Delta U\%$ 的定义如下：一次侧为额定电压，负载功率因数为额定功率因数时，二次侧空载电压 U_{20} 与额定负载下二次侧电压 U_{2N} 之差相对空载电压 U_{20} 的百分值，即

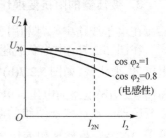

图 5.2.9 变压器的外特性曲线

$$\Delta U\% = \frac{U_{20} - U_{2N}}{U_{20}} \times 100\% \qquad (5.2.13)$$

普通变压器绕组的漏阻抗很小，因此 $\Delta U\%$ 值不大。通常，电力变压器的电压调整率约为 3%～5%。

2. 损耗和效率

变压器在传递能量的过程中自身会产生铜耗和铁耗两种损耗。铜耗是电流 I_1、I_2 分别在一次、二次绕组电阻上产生的损耗，它要随负载电流的变化而变化，故又称为可变损耗。

铁耗包括磁滞损耗（前面已介绍）和涡流损耗。涡流是交变主磁通 Φ 在铁心中产生的电流，这种电流在垂直磁通方向的平面内环绕磁力线成漩涡状流动，如图 5.2.10 所示。交流励磁变压器的铁心采用表面涂有绝缘漆膜的硅钢片，且按顺主磁通的方向叠装，就是为了降低铁心中的铁耗。硅钢属软磁材料，磁滞损耗小；掺入少量的硅增加了铁心的电阻率；采用片状叠装增加了涡流路径长度，可减小涡流损耗。可以证明，铁耗近似与铁心中磁感应强度的最大值 B_m 的平方成正比，故设计和制造变压器时，其铁心磁感应强度的额定最大值 B_{mN} 不宜选得过大；器件实际运行时铁心中的 B_m 值不允许长时间超出额定值 B_{mN} 过多，否则器件铁心将因铁耗增加过多而过热，并损坏线圈。对运行中的变压器而言，因其 Φ_m 或 B_m 基本不变，铁耗也基本不变，因此铁耗又称为不变损耗。

变压器输出功率 P_2 和输入功率 P_1 之比称为变压器的效率，通常用百分数表示：

$$\eta = \frac{P_2}{P_1} \times 100\% = \frac{P_2}{P_2 + \Delta P_{Cu} + \Delta P_{Fe}} \times 100\% \qquad (5.2.14)$$

图 5.2.11 为变压器的效率曲线 $\eta = f(P_2)$。由图可见，效率随输出功率变化而变化，并有一最大值。由于电力变压器不可能一直处于满载运行状态，设计时通常使最大效率出现在额定负载的 50%～60% 附近。

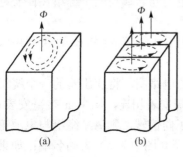

图 5.2.10　涡流

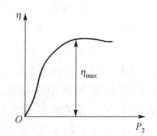

图 5.2.11　变压器的效率曲线

由于变压器没有转动部分，因此其效率是较高的，η 值一般在 95% 以上，大型变压器的 η 值可达 98%～99%。

5.2.4　变压器绕组的极性

要正确使用变压器，还必须了解绕组的同名端（或称同极性端）的概念。绕组同名端是绕组与绕组之间、绕组与其他电气元件之间正确连接的依据，并可用来分析一次、二次绕组之间电压的相位关系。在变压器绕组接线及电子技术的放大电路、振荡电路、脉冲输出电路等的接线与分析中，都要用到同名端的概念。

绕组的极性是指绕组在任意瞬时两端产生的感应电动势的瞬时极性，它总是从绕组的相对瞬时电位的低电位端（用符号"–"表示）指向高电位端（用符号"+"表示）。两个磁耦合作用联系起来的绕组，例如变压器的一次、二次绕组，当某一瞬时一次绕组某一端的瞬时电位相对于一次绕组的另一端为正时，二次绕组必定有一个对应的端子，其瞬时电位相对于二次绕组的另一端也为正。把一次、二次绕组电位的瞬时极性相同的端点称为同极性端，又称为同名端。绕组的同名端可以用符号"●"标记，以便识别。

为了便于分析，把变压器的二次绕组 ax 与一次绕组 AX 画在同一铁心柱上，如图 5.2.12(a) 所示。由图可知，两个绕组在铁心柱上的绕向是相同的，当磁通 Φ 的变化使绕组中产生感应电动势时，A 与 a 或 X 与 x 端子的相对瞬时电位的极性必然相同。例如，设某一瞬时磁通 Φ 按图中正方向正向增大，根据楞次定律可以判别两绕组中感应电动势 e_1、e_2 的极性（或方向），如图 5.2.12(a)中箭头所示。此时，AX 绕组端子的瞬时电位极性为 A+、X–，ax 绕组则为 a+、x–。反之，设某一瞬时磁通 Φ 按图中正方向减小，采用同样的分析方法可得 AX 绕组此时为 A–、X+，而 ax 绕组为 a–、x+。可见，A 与 a 或 X 与 x 端子的相对瞬时电位的极性始终相同，A 与 a 或 X 与 x 为同名端，用标记符号"●"表示。图 5.2.13 所示为变压器绕组极性的表示方法。

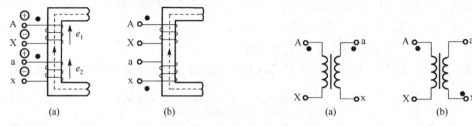

图 5.2.12　绕组极性与绕组绕向的关系　　图 5.2.13　变压器绕组极性的表示

如果二次绕组和一次绕组在铁心柱上的绕向相反，如图 5.2.12(b)所示，则用同样的方法可以判别 A 与 x 或 X 与 a 是同名端。可见，变压器绕组的同名端与两个绕组在铁心柱上的绕向有关，已知绕组的绕向很容易判别绕组的同名端。

已制成的变压器、互感器等，通常都无法从外观上看出绕组的绕向，如果使用时需要知道其同名端，可通过实验方法测定同名端。

图 5.2.14 是采用直流感应法测定变压器绕组极性的电路图。将变压器的一个绕组（图中为 AX）通过开关 S 与电池相连，另一个绕组与直流毫安表相连，图中 a 接毫安表正端，x 接毫安表的负端。开关 S 接通瞬间，如果毫安表指针正向偏转，则 AX 绕组与电池正极相连的端子（图中为 A）和 ax 绕组与毫安表正极相连的端子（图中为 a）为同名端；如果毫安表指针反偏，则 A 和 x 为同名端。这是因为开关 S 接通的瞬间，AX 绕组中将流过一个从 A 流向 X 的正向增长的电流 i_1，根据楞次定律，AX 绕组中将产生由 X 指向 A 的感应电动势 e_1。如果 a 与 A 是同名端，则 ax 绕组中的感应电动势 e_2 的方向应由 x 指向 a，如图中 e_2 实线箭头所示，故毫安表指针正向偏转。如果 x 与 A 是同名端，则 e_2 的方向如图中 e_2 虚线箭头所示，故毫安表指针反向偏转。图中 R 为限流电阻。

用交流感应法测定变压器绕组极性的电路如图 5.2.15 所示。用导线将 AX 和 ax 两个绕组中的任一对端子（图中为 X 和 x）连在一起，在其中一个绕组（图中为 AX）的两端加一个较低的便于测量的交流电压。用交流电压表分别测量绕组 AX、ax 两端以及 A 与 a 两端的电压值，分别设为 U_1、U_2 和 U_3。如测量结果为 $U_3 = |U_1 - U_2|$，则用导线连接的一对端子 X 和

x 是同名端。如果测量结果为 $U_3 = |U_1 + U_2|$，则用导线连接的一对端子 X 与 x 为异名端。测定原理读者可依据同名端概念自行分析。

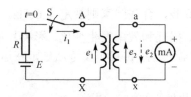
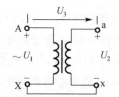

图 5.2.14　变压器绕组极性的测定——直流感应法　　图 5.2.15　变压器绕组极性的测定——交流感应法

5.2.5　变压器的额定值

使用任何电气设备或元器件时，其工作电压、电流、功率等都是有一定限额的。例如，流过变压器一次、二次绕组的电流不能无限增大，否则将造成绕组导线及其绝缘的过热损坏；施加到一次绕组的电压也不能无限升高，否则将产生一次、二次绕组之间、绕组匝之间或绕组与铁心之间的绝缘击穿事故，造成变压器损坏，甚至危及人身安全。为确保电气产品安全、可靠、经济、合理地运行，生产厂家为用户提供其在给定的工作条件下能正常运行而规定的允许工作数据，称为额定值。它们通常标注在电气产品的铭牌和使用说明书上，并用下标 N 表示，如额定电压 U_N、额定电流 I_N、额定功率 P_N 等。

用户使用电气设备时，应以其额定值为依据。对大多数用电设备（特别是电阻性的），如白炽灯、荧光灯、电阻炉等，只要在额定电压下使用，其电流和功率都达到额定值，即处于满载（或额定）工作状态。对发电机、变压器、电动机等电气设备，施加额定电压后，其电流和功率一般并不等于额定值，只有电流也达到额定值时才处于满载工作状态；小于额定值时处于轻载状态，超过额定值时处于过载状态。显然，使用电气设备时，通常应令其满载运行；轻载运行不仅降低其利用率，有些电气设备还无法正常工作，例如工作电压过低，白炽灯不能正常发光，而荧光灯根本无法起辉；长期过载运行是不允许的，它不仅缩短电气设备的使用寿命，严重时将造成其损坏。

变压器的额定值常标注在铭牌上或书写在使用说明书中。主要有：

（1）额定电压。额定电压是根据变压器的绝缘强度和允许温升而规定的电压值，以伏（V）或千伏（kV）为单位。变压器的额定电压有一次侧额定电压 U_{1N} 和二次侧额定电压 U_{2N}。U_{1N} 指一次侧应加的电源电压，U_{2N} 指一次侧加上 U_{1N} 时二次绕组的空载电压。应注意，三相变压器一次侧和二次侧的额定电压都是指其线电压。

使用变压器时，不允许超过其额定电压。

（2）额定电流。额定电流是根据变压器允许温升而规定的电流值，以安（A）或千安（kA）为单位。变压器的额定电流有一次侧额定电流 I_{1N} 和二次侧额定电流 I_{2N}。同样应注意，三相变压器中 I_{1N} 和 I_{2N} 都是指其线电流。

使用变压器时，不要超过其额定电流值。变压器长期过负荷运行将缩短其使用寿命。

（3）额定容量。变压器额定容量是指其二次侧的额定视在功率 S_N，以伏安（VA）或千伏安（kVA）为单位。额定容量反映了变压器传递电功率的能力。S_N 和 U_{2N}、I_{2N} 之间的关系，对单相变压器为

$$S_N = U_{2N}I_{2N} \qquad\qquad (5.2.15)$$

对于三相变压器为

$$S_N = \sqrt{3} U_{2N} I_{2N} \tag{5.2.16}$$

（4）额定频率 f_N。我国规定标准工频频率为 50Hz，有些国家则规定为 60Hz，使用时应注意。改变使用频率会导致变压器的某些电磁参数、损耗和效率发生变化，影响其正常工作。

（5）额定温升 τ_N。变压器的额定温升是以环境温度为+40℃作参考，规定在运行中允许变压器的温度超出参考环境温度的最大温升。

此外，变压器铭牌上还标明其他一些额定值，此处不再一一列举。

【例 5.2.3】 某单相变压器额定容量 $S_N = 5$kVA，一次侧额定电压 $U_{1N} = 220$V，二次侧额定电压 $U_{2N} = 36$V，求一次、二次侧额定电流。

解：二次侧额定电流

$$I_{2N} = \frac{S_N}{U_{2N}} = \frac{5000}{36} = 138.9A$$

由于 $U_{2N} \approx U_{1N} / K$，$I_{2N} \approx K I_{1N}$，所以 $U_{2N} I_{2N} \approx U_{1N} I_{1N}$，变压器额定容量 S_N 也可以近似用 U_{1N} 和 I_{1N} 的乘积表示，即 $S_N \approx U_{1N} I_{1N}$，故一次侧额定电流为

$$I_{1N} = \frac{S_N}{U_{1N}} = \frac{5000}{220} = 22.7A$$

【例 5.2.4】 一台三相油浸自冷式铝线变压器，其 $S_N = 100$kVA，$U_{1N} = 10$kV，$U_{2N} = 0.4$kV，试求一次、二次绕组的额定电流 I_{1N}、I_{2N}。

解：一次绕组的额定电流

$$I_{1N} = \frac{S_N}{\sqrt{3} U_{1N}} = \frac{100 \times 10^3}{\sqrt{3} \times 10 \times 10^3} = 5.77A$$

二次绕组的额定电流

$$I_{2N} = \frac{S_N}{\sqrt{3} U_{2N}} = \frac{100 \times 10^3}{\sqrt{3} \times 0.4 \times 10^3} = 144A$$

5.2.6 三相变压器

三相电力变压器广泛应用于电力系统输、配电的三相电压变换。三相整流电路、三相电炉设备等也采用三相变压器进行三相电压的变换。

三相变压器的原理结构如图 5.2.16 所示，它有三个铁心柱，每一相的高、低压绕组同套装在一个铁心柱上构成一相，三相绕组的结构是相同的，即对称的。为了识别绕组的接线端子，三相高压绕组的首端和末端分别用大写字母 A、B、C和 X、Y、Z 标示：三相低压绕组的首端和末端分别用小写字母 a、b、c 和 x、y、z 标示。

三相变压器的高压绕组和低压绕组均可以连成星形或三角形，星形接法用符号"Y"表示，三角形接法用符号"△"表示，若星形接法的中性点引出中线时，用符号"Y_0"表示。

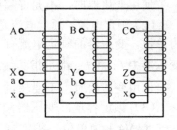

图 5.2.16　三相变压器的
原理结构

因此，三相变压器可能有 Y/Y、Y/△、△/△、△/Y 四种基本接法，符号中的分子表示高压绕组的接法，分母表示低压绕组的接法。当绕组接成星形时，每相绕组的相电流等于线电流，相电压只有线电压的 $1/\sqrt{3}$ 倍，相电压较低有利于降低绕组绝缘强度的要求，因此变压器高压侧多采用"Y"接法。当绕组接成三角形时，每相绕组的相电压等于线电压，但相电流只有线电流的 $1/\sqrt{3}$ 倍。这样，在输送相同的线电流时，可以减小绕组导线的截面积，故"△"接法多用于变压器低压侧(低压侧电流大)。目前我国生产的三相电力变压器，通常采用 Y/Y_0、$Y/△$ 和 $Y_0/△$ 三种接法。三相变压器绕组的接法通常标在其铭牌上。

三相变压器一次、二次侧线电压的比值不仅与一次、二次侧绕组每相的匝数比有关，而且与一次、二次绕组的连接方式有关。

当一次、二次侧三相绕组均为星形连接时，

$$\frac{U_{L1}}{U_{L2}} = \frac{\sqrt{3}U_{P1}}{\sqrt{3}U_{P2}} = \frac{U_{P1}}{U_{P2}} = \frac{N_1}{N_2} = K \tag{5.2.17}$$

当一次侧三相绕组为星形连接，二次侧三相绕组为三角形连接时，

$$\frac{U_{L1}}{U_{L2}} = \frac{\sqrt{3}U_{P1}}{U_{P2}} = \sqrt{3}\frac{U_{P1}}{U_{P2}} = \sqrt{3}\frac{N_1}{N_2} = \sqrt{3}K \tag{5.2.18}$$

以上两式中，U_{L1}、U_{L2} 分别为一次、二次侧绕组的线电压，U_{P1}、U_{P2} 则分别为一次、二次侧绕组的相电压。

5.2.7 特殊用途变压器

1. 自耦变压器

前面介绍的普通变压器的一次、二次绕组是彼此绝缘的，没有直接的电气联系，有利于一次、二次侧的电气绝缘或隔离。图 5.2.17 是单相自耦变压器的原理结构图和简化电路图，其结构特点是只具有一个绕组。因此一次、二次绕组之间不仅有磁的耦合作用，而且存在直接的电气联系。

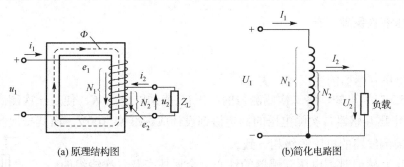

(a) 原理结构图　　　　　　(b) 简化电路图

图 5.2.17　单相自耦变压器的原理结构图和简化电路图

自耦变压器的工作原理与普通变压器相同，其电压变换和电流变换关系式仍为

$$\frac{U_1}{U_2} \approx \frac{E_1}{E_2} = \frac{N_1}{N_2} = K \tag{5.2.19}$$

和

$$\frac{I_1}{I_2} \approx \frac{N_2}{N_1} = \frac{1}{K} \tag{5.2.20}$$

式中，K 为自耦变压器的变压比。

由于高、低压绕组存在直接的电气联系，因此存在将高压侧电压引入低压侧的危险隐患，危及低压侧的负载设备和操作人员的人身安全。变比 K 越大，这个问题就越严重。因此，自耦变压器仅用于变压比不大的场合，一般约为 1.5～2.0。

实验室中使用的调压器是一种利用滑动触头来连续改变二次绕组匝数，从而可连续调节二次侧输出电压的自耦变压器，其外形和电路原理图如图 5.2.18 所示。使用调压器时，应注意使一次、二次侧的公共点 C 接单相电源零线，以免 C 点接火线后，将火线电位始终引入变压器副侧，危及操作人员的安全。此外，一次、二次侧不能对调使用，因为电源加在滑动触头侧时，当滑动触头 P 位于 B 点以下时，由于 N_1 减小将会使磁路进入磁饱和状态，磁路磁通增大，励磁电流增加更多（理由请读者自行分析）；若触头 P 滑动到 C 点，将造成电源短路。

三相自耦变压器通常接成星形，如图 5.2.19 所示。它在三相笼形异步电动机的降压起动设备中获得了应用。

自耦变压器还可以用于高压电网电力变压器。

 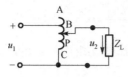

图 5.2.18　调压器的外形和电路原理图

图 5.2.19　三相自耦变压器

2. 电压互感器

电压互感器常用来扩大电压测量范围。图 5.2.20 是电压互感器的接线图，其一次绕组（匝数多）并接于被测高压线路，电压表、功率表的电压线圈等负载并接于二次绕组（匝数少）两端。

根据电压变换原理，有

$$U_1 = KU_2 \qquad (5.2.21)$$

式中，K 为电压互感器的变压比，$K > 1$。

由式（5.2.21）可知，将二次侧测得的电压 U_2 值乘以变比 K，便是一次侧高压侧的电压值 U_1。通常电压互感器二次侧电压的额定值都设计成标准值 100V，而其一次侧的额定电压值应选得与被测线路的电压等级相一致。

使用电压互感器时，电压互感器的铁心、金属外壳及二次绕组的一端都必须可靠接地。因为当一次、二次绕组之间的绝缘损坏时，二次侧将出现高电压，若不接地，则危及运行人员的安全。此外，要防止电压互感器二次侧发生短路事故，以免极大的短路电流烧坏绕组。电压互感器的一次、二次侧一般都装有熔断器用于短路保护。

图 5.2.20　电压互感器

3. 电流互感器

电流互感器常用来扩大电流测量范围。图 5.2.21 是电流互感器的原理结构图和电气接线图，其一次绕组的匝数极少（即 N_1 很小），有的则直接将被测回路导线作一次绕组。一次绕组串接在被测主线路中，流过主线路电流 I_1；电流表、功率表的电流线圈等负载总是串联后接于二次绕组两端，整个闭合的二次侧回路流过同一电流 I_2。二次绕组的匝数很多（即 N_2 很大）。

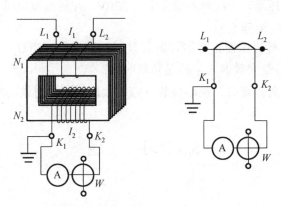

图 5.2.21　电流互感器的构造原理图及电气接线图

根据变压器变流原理，有

$$\frac{I_1}{I_2} = \frac{N_2}{N_1} = \frac{1}{K}$$

和

$$I_1 = \frac{1}{K} I_2 = K_i I_2 \qquad (5.2.22)$$

式中，K_i 称为电流互感器的变流比。$K_i = \dfrac{N_2}{N_1} > 1$。

由式（5.2.22）可知，将二次侧测得的电流 I_2 的值乘以变流比 K_i，便是一次侧被测主线路的电流值 I_1。

通常电流互感器二次绕组的额定电流值设计成标准值 5A，其一次绕组的额定电流值应选得与主线路的最大工作电流值相适应。

为了安全，使用电流互感器时，其铁心和二次绕组一端必须可靠接地，以防止因绕组绝缘损坏，一次侧高电压侵入二次侧给工作人员带来危险。此外，决不允许其二次侧开路。因为电流互感器正常工作时，流过一次绕组的电流 I_1 就是主线路中的负载电流，它与流过二次绕组的电流 I_2 几乎无关，这一点与前面介绍的普通变压器不一样。正常工作时磁路的工作磁通由原二次绕组的合成磁势（$\dot{I}_1 N_1 + \dot{I}_2 N_2$）产生，因为磁动势 $\dot{I}_1 N_1$ 和 $\dot{I}_2 N_2$ 是相互抵消的，故合成磁势和主磁通值都较小。如果二次侧开路，则 $\dot{I}_2$ 和 $\dot{I}_2 N_2$ 都变为零，此时合成磁势变为 $\dot{I}_1 N_1$。而 $\dot{I}_1$ 仍是主线路的负载电流，$\dot{I}_1$ 保持不变，显然 $\dot{I}_1 N_1 \gg (\dot{I}_1 N_1 + \dot{I}_2 N_2)$，将使铁心中的主磁通较正常工作时的额定值大许多倍，结果使铁耗巨增，铁心和绕组过热；同时使匝数很多的二次绕组两端感应出达数百伏甚至上千伏的高电压，危及绕组绝缘和工作人员的安全。

练习与思考

5.2.1 变压器能否用来变换直流电压？如果将变压器误接到与它额定电压相同的直流电源上，会产生什么后果？为什么？

5.2.2 有一空载变压器，一次侧加额定电压 220V，并测得原电阻 $R_1 = 10\Omega$，试问一次侧空载电流是否等于 22A？为什么？

5.2.3 如何正确理解变压器正常运行时具有恒磁通特性？当 U_1、N_1、f 保持不变时，试问变压器铁心中的 Φ_m 是空载时大，还是负载时大？

5.2.4 有一台变压器修理后，铁心叠装气隙增大，试问这对铁心的磁阻、磁通及线圈的励磁电流有何影响？

5.3 习 题

5.3.1 填空题

1. 磁路的欧姆定律是磁路的磁通等于_____与_____之比。

2. 直流铁心线圈，若线圈匝数 N 增加一倍，则磁通 Φ 将_____，磁感应强度 B 将_____。

3. 交流铁心线圈，若线圈匝数 N 增大，则磁通 Φ 将_____，磁感应强度 B 将_____。

4. 交流铁心线圈，若铁心截面积 S 增大，则磁通 Φ 将_____，磁感应强度 B 将_____。

5. 交流铁心线圈，如果励磁电压和频率均减半，则铜耗 P_{Cu} 将_____，铁耗 P_{Fe} 将_____。

6. 变压器的铁耗包含_____损耗和_____损耗，它们与电源的电压和频率有关。

7. 变压器空载实验中测得的损耗即是变压器的_____损耗；变压器短路实验中测得的损耗即是变压器的满载时的_____损耗。

8. 变压器空载运行时，电源输入的功率等于_____损耗。变压器负载运行时的主磁通是由一次绕组和二次绕组的_____共同产生的。

9. 单相变压器的额定容量为 50VA，额定电压为 220V/36V，则 $I_{1N}=$_____，$I_{2N}=$_____。

10. 三相变压器的额定容量为 800kVA，额定电压为 6000/400V，副边（低压边）带电阻电感性负载额定运行时，副边电压为_____，副边电流为_____。

11. 变压器的铭牌容量是用_____功率表示的。变压器的电压调整率 $\Delta U\%$ 越_____越好。

5.3.2 选择题

1. 一个铁心线圈接在直流电压不变的电源上，当铁心的横截面积变大而磁路的平均长度不变时，励磁电流将（ ）。

    A. 增大   B. 减小   C. 不变   D. 不确定

2. 一个铁心线圈接在交流电压不变的电源上，当铁心的横截面积变大而磁路的平均长度不变时，则励磁电流将（ ）。

A．增大 　　　B．减小 　　　C．不变 　　　D．不确定

3．交流铁心线圈，如果励磁电压不变而频率减半，则铜耗 P_{Cu} 将（　　）。

A．增大 　　　B．减小 　　　C．不变 　　　D．不确定

4．两个直流铁心线圈除了铁心截面积不同（$S_1 = 2S_2$）以外，其他参数都相同，若两者的磁感应强度相等，则两线圈的电流 I_1 和 I_2 的关系为（　　）。

A．$I_1 = 2I_2$ 　　　B．$I_1 = I_2$ 　　　C．$I_1 = 0.5I_2$ 　　　D．不确定

5．两个交流铁心线圈除了匝数不同（$N_1 = 2N_2$）以外，其他参数都相同，若将这两个线圈接在同一交流电源上，则它们的电流 I_1 和 I_2 的关系为（　　）。

A．$I_1 > I_2$ 　　　B．$I_1 < I_2$ 　　　C．$I_1 = I_2$ 　　　D．不确定

6．两个完全相同的交流铁心线圈，分别工作在电压相同而频率不同（$f_1 > f_2$）的两电源下，此时线圈的磁通 Φ_1 和 Φ_2 关系是（　　）。

A．$\Phi_1 > \Phi_2$ 　　　B．$\Phi_1 < \Phi_2$ 　　　C．$\Phi_1 = \Phi_2$ 　　　D．不确定

7．两个完全相同的交流铁心线圈分别工作在电压相同而频率不同（$f_1 > f_2$）的两电源下，此时线圈的电流 I_1 和 I_2 的关系是（　　）。

A．$I_1 > I_2$ 　　　B．$I_1 < I_2$ 　　　C．$I_1 = I_2$ 　　　D．不确定

8．交流铁心线圈中的功率损耗来源于（　　）。

A．漏磁通 　　　　　　　　　B．铁心的磁导率 μ

C．铜耗和铁耗 　　　　　　　D．不确定

9．输出变压器一次侧匝数为 N_1，二次绕组有匝数为 N_2 和 N_3 的两个抽头。将 16Ω 的负载接 N_2 抽头，或将 4Ω 的负载接 N_3 抽头，它们换算到一次侧的阻抗相等，均能达到阻抗匹配，则 $N_2 : N_3$ 应为（　　）。

A．4:1 　　　B．1:1 　　　C．1:2 　　　D．2:1

10．一台额定容量为 $100\ kVA$ 的变压器，其额定视在功率应该（　　）。

A．等于100kVA 　　　　　　B．大于100kVA

C．小于100kVA 　　　　　　D．等于 $100\sqrt{2}kVA$

11．一变压器，负载是纯电阻，忽略变压器的漏磁损耗，输入功率 P_1，输出功率 P_2，有（　　）

A．$P_1 > P_2$ 　　　B．$P_1 < P_2$ 　　　C．$P_1 = P_2$ 　　　D．$P_1 \geqslant P_2$

12．一个负载 R_L 经理想变压器接到信号源上，已知信号源的内阻 $R_0 = 800\Omega$，变压器的电压比 $K = 10$，若该负载折算到一次侧的阻值 R_L' 正好与 R_0 达到阻抗匹配，则负载 R_L 为（　　）。

A．800Ω 　　　B．0.8Ω 　　　C．10Ω 　　　D．8Ω

13．一个 $R_L = 8\Omega$ 的负载，经理想变压器接到信号源上。信号源的内阻 $R_0 = 800\Omega$，变压器一次绕组的匝数 $N_1 = 1000$ 匝，若要通过阻抗匹配使负载得到最大功率，则变压器二次绕组的匝数 N_2 应为（　　）。

A．200 匝 　　　B．1000 匝 　　　C．500 匝 　　　D．100 匝

5.3.3　计算题

1．铸钢制成的均匀螺线环如图 5.3.1 所示，已知其截面积 $S = 2cm^2$，平均长度 $l = 40cm$，

线圈匝数 $N = 800$ 匝，要求磁通 $\Phi = 2 \times 10^{-4} \text{Wb}$，铸钢材料的 $B - H$ 曲线数据如下表所示。求线圈中的电流 I。

B/T	0.5	0.6	0.7	0.8	0.9	1.0	1.2	1.3	1.4
H/N·m^{-1}	380	420	550	680	800	920	1280	1570	2080

2．如图 5.3.2 所示，输出变压器的二次绕组有中间抽头，以便接 8Ω 或 3.5Ω 的扬声器，两者都能达到阻抗匹配，试求二次绕组匝数比 $N_2 : N_3$。

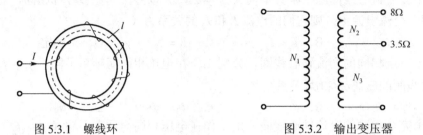

图 5.3.1　螺线环　　　　　　　　　图 5.3.2　输出变压器

3．一台容量 $S_N = 20\text{kVA}$ 的照明变压器，它的电压为 6600V / 220V，问它能够正常供应 220V、40W 的白炽灯多少盏？能供给 $\cos\varphi = 0.6$、电压 220V、功率 40W 的荧光灯多少盏？

4．某单相照明变压器，容量为 10 kVA，电压为 3300V/220V，今欲在二次侧接上 60W、220V 的白炽灯，如果变压器在额定情况下运行。求：（1）这种电灯可接多少盏？（2）一次、二次绕组的额定电流。

5．有一个电动式扬声器的电阻 $R = 3.2\Omega$，信号源的内电阻 $R_0 = 10\text{k}\Omega$，为了使扬声器获得最大的功率，匹配的变压器的电压比应是多少？

6．某三相变压器，一次绕组每相匝数 N_1=2080 匝，二次绕组每相匝数 N_2=80 匝，如果一次绕组端加线电压 U_1=6000V。求：（1）在 Y/Y$_0$ 连接时，二次绕组端的线电压和相电压；（2）在 Y/Δ 连接时，二次绕组端的线电压和相电压。

第6章 电 动 机

电动机是将电能转换为机械能的一种能量转换设备，可分为直流电动机和交流电动机两种。交流电动机又可分为同步电动机和异步电动机两种。同步电动机的转速恒定，功率因数可以调节；异步电动机的转速随负载的增加而稍有降低。直流电动机的启动与调速性能好，但结构复杂、价格高、维修难。本节以三相异步电动机为重点，介绍它的工作原理、机械特性和使用方法。

异步电动机的种类很多，但基本运转原理是相同的，都是依靠旋转磁场和转子电流之间的相互作用工作的。正常工作时，转子转速与定子电流合成磁场的转速之间总有一定的差异，故统称为异步电动机。从使用角度上看，三相异步电动机使用最广泛，多用于金属切削机床、起重运输机械、中小型鼓风机和水泵等各种生产机械设备上，单相异步电动机在家用电器产品中应用较多。

笼形异步电动机与其他类型电动机相比，具有结构简单、坚固耐用、工作可靠、维护方便、价格低廉等优点。因此广泛应用在工业和农业的现代化生产及日常生活中。但是它的缺点是功率因数较低，调速性能差（特别是大范围内调速），启动特性也较差。在要求调速范围较宽、平滑无级的生产机械中，便使用直流电动机或其他类型的电动机。不过，由于近年来电子技术的迅猛发展，用可控硅管组成的变频电源装置使异步电动机的调速问题得到了较好的解决。据初步统计，全国电动机容量中有85%以上是异步电动机。

6.1　三相异步电动机的基本结构

三相异步电动机按转子结构形式的不同分为笼形和绕线形两种。图 6.1.1 为一台笼形异步电动机的外形与构造图。异步电动机由两个基本部分组成：固定部分——定子，转动部分——转子。定子和转子之间有一很窄的气隙。支承转子的端盖用螺栓固定在定子外面的机壳上。

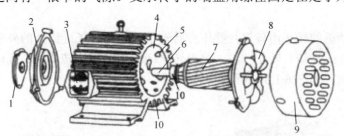

1-轴承盖；2-端盖；3-接线盒；4-定子铁心；5-定子绕组；
6-转轴；7-转子；8-风扇；9-罩壳；10-机座

图 6.1.1　三相笼形异步电动机的外形与构造

6.1.1　定子

定子是电动机的静止部分。它由机座（外壳）、定子铁心和定子绕组三部分组成。机座由铸铁或铸钢制成，作为安装定子铁心的支架。定子铁心的内圆周上有均匀分布的槽，用于嵌放定子绕组。为了减少磁滞涡流损耗，定子铁心通常用 0.5mm 相互绝缘的硅钢片压叠成圆筒状，定子铁心是磁路的一部分，嵌放在定子铁心槽中的定子绕组是定子电路部分，它由彼此独立的线圈（又称绕组）构成三相绕组，通以三相交流电后能产生合成旋转磁场。

图 6.1.2 绘出了一个只有 12 个槽的简单定子平面展开示意图。其中的编号与导线编号相对应。D_1、D_2、D_3 为每相绕组首端，D_4、D_5、D_6 为每相绕组末端（或以 A—X、B—Y、C—Z 标记）。通常将它们接在机座的接线盒中。

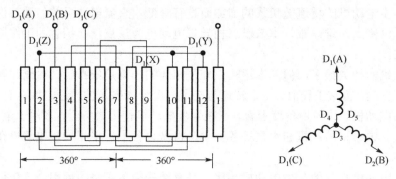

图 6.1.2　定子绕组平面展开示意图（图中角度为电角度）

三相定子绕组可以接成星形，也可以接成三角形，需根据供电电压而定。当电网电压为 380V，电动机定子各相绕组的额定电压为 220V 时，定子绕组必须接成星形，如图 6.1.3 所示。若电动机定子各相绕组的额定电压为 380V 时，定子绕组必须接成三角形，如图 6.1.4 所示。

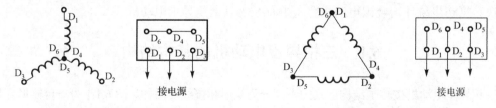

图 6.1.3　定子绕组的星形接法　　　　图 6.1.4　定子绕组的三角形接法

6.1.2　转子

三相异步电动机的转子由硅钢片叠压在转轴上组成，转子硅钢片的外表面冲成均匀分布的槽，槽内嵌放（或浇铸）转子绕组。笼形转子绕组由嵌放在转子铁心线槽内的裸导体（用铜条或铸铝）组成，如图 6.1.5(a)所示。

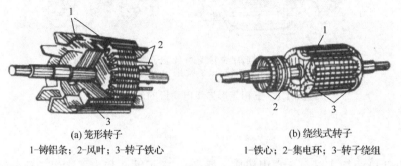

(a) 笼形转子　　　　　　　　　　(b) 绕线式转子
1-铸铝条；2-风叶；3-转子铁心　　　1-铁心；2-集电环；3-转子绕组

图 6.1..5　笼形电动机的转子

转子导体的两端分别焊接在两个导体端环上，形成一个短路回路。转子绕组貌似鼠笼，故称为笼形转子。为简化制造工艺和节省铜材料，目前大多数中小型笼形电动机转子通常用熔化的铝浇铸而成。浇铸的同时也把转子端环、冷却电动机的扇叶一起用铝铸成。

绕线式转子的结构如图 6.1.5(b)所示。

练习与思考

6.1.1　三相异步电动机的定子绕组和转子绕组在电动机的转动过程中各起什么作用？

6.1.2　三相异步电动机的定子铁心和转子铁心为什么要用硅钢片叠成？定子和转子之间的气隙为什么要做得很小？

6.2　三相异步电动机的工作原理

异步电动机是利用定子绕组中三相电流产生的旋转磁场与转子内的感应电流之间的相互作用而工作的。

6.2.1　旋转磁场的产生

为简化分析，设电动机每相绕组只有一个线圈，三相绕组的三个线圈 A—X、B—Y、C—Z 完全相同，且 A、B、C 定为首端，X、Y、Z 定为末端，三相绕组彼此在空间相差120°电角度，如图 6.2.1 所示。三相绕组接成星形，X、Y、Z 接在一起，A、B、C 接到三相电源上，构成了对称三相交流电路。三相定子绕组中流过三相对称电流。以 A 相电流为参考量，瞬时值表达式为

$$i_A = I_m \sin(\omega t)$$
$$i_B = I_m \sin(\omega t - 120°)$$
$$i_C = I_m \sin(\omega t + 120°)$$

其波形如图 6.2.2 所示。

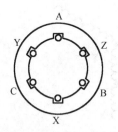

图 6.2.1　定子绕组示意图

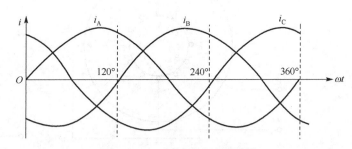

图 6.2.2　三相对称电流波形图

现在选择几个瞬时来分析三相电流产生的合成磁场。首先选定电流的正方向为首端指向末端，即首端进（用 ⊗ 表示），末端出（用 ⊙ 表示）。电流为正值说明电流的实际方向与正方向一致，电流的实际方向从首端流向末端。电流为负值说明电流的实际方向与正方向相反，电流的实际方向从末端流向首端。若 $i_A > 0$，实际电流为 A⊗ → X⊙；若 $i_A < 0$，实际电流为 X⊗ → A⊙。根据右手螺旋定则可确定合成磁场的磁极。如图 6.2.3 所示，在 $p=1$ 和 $p=2$ 时，图(a)、(b)、(c)、(d)分别对应的 i_A 为 0°、120°、240°、360° 时刻的电流流向及形成的磁场方向。发出磁力线的极称为 N 极，而汇聚磁力线的极称为 S 极。根据上述条件，参照图 6.2.3

分析可得，定子绕组中三相对称电流不断变化，它所产生的合成磁场在空间不断旋转。每相绕组一个线圈，产生两极（磁极对数 $p=1$）旋转磁场。电流变化360°，合成磁场旋转一周。

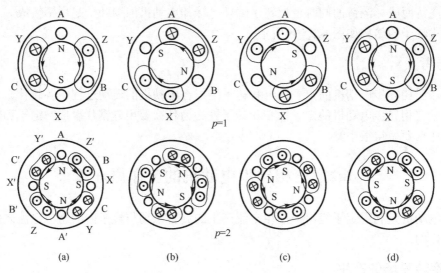

图 6.2.3　旋转磁场的形成

如果每相绕组是由两个线圈串联组成的，定子绕组布置如图 6.2.4 所示。用上述同样方法分析得出：每相绕组为两个线圈，所产生的合成磁场是一个四极（磁极对数 $p=2$）旋转磁场。电流变化360°，合成磁场转半周，如图 6.2.3 所示。以此类推，当旋转磁场具有 p 对磁极时，可推导出旋转磁场的转速为

$$n_1 = \frac{60f}{p} \, \text{r/min} \qquad (6.2.1)$$

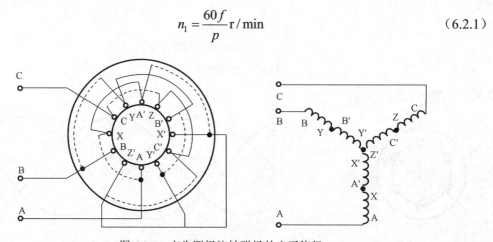

图 6.2.4　产生四极旋转磁场的定子绕组

旋转磁场的转速 n_1 又称为同步转速，它由电源的频率 f 与磁极对数 p 所决定，而磁极对数 p 由三相绕组结构而定。由式（6.2.1）可知三相异步电动机的磁极对数越多，旋转磁场转速越慢，但所用线圈及铁心都要加大，电动机体积和尺寸也要加大，所以对 p 有一定的限制。我国工业交流电频率是 50Hz，对某一个电动机，磁极对数 p 是固定的，因此 n_1 也是不变的。表 6.2.1 列出了不同磁极对数时的 n_1 值。

表 6.2.1　不同磁极对数时的同步转速

磁极对数 p	1	2	3	4	5	6
n_1 / (r/ min)	3000	1500	100	750	600	500

从图 6.2.3 可看出，通入三相绕组中的电流的相序是 A—B—C，旋转磁场的转向由 A 相→B 相→C 相，旋转磁场的旋转方向和通入三相绕组中的电流的相序是一致的。如果要使旋转磁场向相反方向旋转，只需要将电动机的三根电源线中的任意两根对调，重新接在三相电源上，三相定子电流的相序就改变了，旋转磁场的方向也改变了。

6.2.2　工作原理

图 6.2.5 是异步电动机的工作原理示意图。当定子绕组通上三相对称电流后，产生的合成磁场是两极旋转磁场，并以 n_1 速度按顺时针方向旋转，与静止的转子之间就有相对运动，转子导线因切割磁力线而产生感应电动势。由于旋转磁场是顺时针旋转，相当于转子导线以逆时针切割磁力线，用右手定则确定转子上半部分导线中感应电动势的方向是从里向外出来

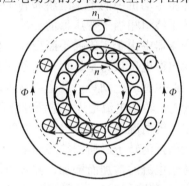

的"⊙"，转子下半部分导线中感应电动势的方向是从外向里进去的"⊗"。因为转子是一个闭合回路，在感应电动势的作用下，转子内有电流，假定转子电流与感应电动势是同相的，转子电流与旋转磁场相互作用产生电磁力，电磁力的方向由左手定则确定。电磁力对转轴形成电磁力矩，在电磁力矩的作用下，电动机顺着旋转磁场方向转起来。

电动机转速 n 总是小于旋转磁场的转速 n_1（即同步转速）。只有这样定子和转子之间才有相对运动，才能在转子回路中产生感应电动势和感应电流，从而形成电磁转矩。由于 $n \neq n_1$，所以称为异步。异步电动机又称为感应电动机，

图 6.2.5　异步电动机工作原理

因为它的转子电流是由电磁感应产生的。我们所讨论的笼形电动机就是三相异步感应电动机。

转子转速 n 与旋转磁场转速 n_1 的相差程度常用转差率 s 表示：

$$s = \frac{n_1 - n}{n_1} \times 100\% \qquad (6.2.2)$$

转差率是异步电动机的重要参数之一。通常异步电动机在额定运转时，转差率一般均在 2%～6%之间。当电动机启动时，$n = 0$，$s = 1$；转子转速 n 等于同步转速 n_1 时（实际不可能），$n = n_1$，$s = 0$；转差率的变化范围为 $0 < s \leqslant 1$。电动机同步转速 n_1 和转子转速 n 越接近，转差率 s 越小。

【例 6.2.1】为什么说三相异步电动机在运行状态下的转速 n 永远小于旋转磁场的转速 n_1。

解：如果电动机转速与旋转磁场转速相等，两者之间就没有相对运动，转子导体就不会切割磁力线，则转子电动势、转子电流及电磁转矩都不存在，转子也就不可能继续以 n 的转速转动。所以转子转速与旋转磁场转速之间必须有差别，即 $n < n_1$，这也是"异步"电动机名称的由来。

【例 6.2.2】一台三相异步电动机，已知它的转子额定转速为 1430r/min，电源频率 $f = 50\text{Hz}$，求：（1）电动机同步转速 n_1；（2）磁极对数 p；（3）额定转差率 s_N。

解：（1）转子额定转速略低于同步转速，$n = 1430 \text{r/min}$，则 $n_1 = 1500 \text{r/min}$。

（2）根据 $n_1 = 60f / p$，磁极对数 $p = 60f / n_1 = 60 \times 50 / 1500 = 2$。

（3）$s_N = (n_1 - n_N) / n_1 = 4.67\%$。

练习与思考

6.2.1 异步电动机的转差率有何意义？在什么情况下，（1）$s = 1$；（2）$s = 0$；（3）$0 < s < 1$；（4）$s < 0$；（5）$s > 1$？

6.3 三相异步电动机的电磁转矩

6.3.1 异步电动机与变压器的比较分析

异步电动机与变压器有许多相似之处。变压器中的一次、二次绕组与同一主磁通相交链，异步电动机中的定子绕组和转子绕组与同一旋转磁通相交链。因此异步电动机的定子绕组和转子绕组相当于变压器的一次、二次绕组，异步电动机的旋转磁场相当于变压器的主磁通。变压器中由于主磁通不断变化，使得在一次绕组中产生感应电动势，此电动势与一次绕组所加电源电压认为是近似平衡的。异步电动机中由于旋转磁场在空间不断旋转，在定子绕组中也产生感应电动势，此电动势也近似地和定子绕组所加电源电压平衡。当异步电动机负载增加时，转子电流增大，它所建立的磁场对旋转磁场有影响（祛磁作用）。在电源电压、频率为定值的情况下，旋转磁通（每极磁通）应基本不变。与变压器相似，此时定子电流必须增大，从而抵消转子磁通的祛磁影响，以保持旋转磁场的磁通不变。异步电动机定子绕组中电流随转子电流的增加而增加，异步电动机中的能量是以旋转磁通为媒介的，通过电磁感应形式，由定子传递到转子。转子从旋转磁场中获得能量，除很少一部分转换为热损耗外，其余均转换为转子输出的机械功。

异步电动机与变压器也有不相同之处。变压器是静止的，而异步电动机是旋转的。变压器中磁路是无气隙的，而异步电动机中定子、转子之间有一个小的气隙，故变压器的空载电流比异步电动机的空载电流小得多。变压器中一次、二次绕组的频率是相同的，而异步电动机中定子绕组和转子绕组电流频率往往是不同的，转子电流的频率是随转子转速的改变而改变的。

6.3.2 异步电动机的电磁转矩

根据异步电动机的工作原理可知：旋转磁场与转子电流 I_2 相互作用产生电磁力矩。旋转磁场的大小以每极磁通 Φ（磁通最大值）来衡量。电磁转矩 T 正比于 Φ 的大小。由于转子绕组中有电阻、电感，转子电流应滞后感应电动势 φ_2 角度（分析时认为感应电动势与转子电流同相）。电磁转矩衡量电动机做功的能力，准确地说，电磁转矩应是旋转磁场磁通 Φ 与转子电流的有功分量 $I_2 \cos \varphi_2$ 相互作用而产生的，即电磁转矩 T 正比于 $I_2 \cos \varphi_2$。所以电磁转矩的表达式如下：

$$T = K_T \Phi I_2 \cos \varphi_2 \tag{6.3.1}$$

式中，K_T 为转矩系数，与电动机结构有关。

1. 定子电路分析

当电动机接上三相电源，在定子绕组中产生旋转磁场时，它以同步转速 n_1 在空间旋转，同时与定子绕组和转子绕组交链。由于定子绕组是静止的，在定子电路产生的感应电动势频率就是电源频率。与变压器一次侧电路分析相似，感应电动势的有效值为

$$E_1 = K_1 \times 4.44 f_1 N_1 \Phi \tag{6.3.2}$$

式中，K_1 为定子绕组系数，是考虑定子绕组在空间位置不同而引入的系数；Φ 为旋转磁场的每极磁通；n_1 为定子绕组匝数；f_1 为定子感应电动势频率，也等于电源频率 f。

由于定子绕组阻抗压降 $I_1 |Z_1|$ 比电源电压 U_1 小得多，可忽略不计，因此有

$$U_1 \approx E_1 = K_1 \times 4.44 f_1 N_1 \Phi$$

$$\Phi = \frac{U_1}{K_1 \times 4.44 f_1 N_1} \tag{6.3.3}$$

由上式可知，当电源电压、频率不变时，Φ 值基本不变。

2. 转子电路分析

（1）转子静止时。电动机接通电源瞬间 $n = 0$，$s = 1$，旋转磁场以同步转速 $n_1 = 60 f_1 / p$ 切割转子，转子感应电动势（电流）的频率为

$$f_{20} = f_1 = \frac{p n_1}{60} \tag{6.3.4}$$

转子感应电动势为 $\qquad E_{20} = K_2 \times 4.44 f_1 N_2 \Phi \tag{6.3.5}$

式中，K_2 为转子绕组系数。

转子漏磁感抗为 $\qquad X_{20} = 2\pi f_1 L_2 \tag{6.3.6}$

式中，L_2 为转子自感系数。

转子电流为

$$I_{20} = \frac{E_{20}}{\sqrt{R_2^2 + X_{20}^2}} \tag{6.3.7}$$

式中，R_2 为转子电路电阻。

转子电路功率因数为

$$\cos \varphi_{20} = \frac{R_2}{|Z_2|} = \frac{R_2}{\sqrt{R_2^2 + X_{20}^2}} \tag{6.3.8}$$

（2）转子以转速 n 转动时，旋转磁场此时以 $\Delta n = n_1 - n$ 的速度切割转子，故转子电路中感应电动势（电流）的频率 f_2 为

$$f_2 = \frac{p(n_1 - n)}{60} = \frac{n_1 - n}{n_1} \cdot \frac{p n_1}{60} = s f_1 \tag{6.3.9}$$

转子感应电动势为 $\quad E_2 = K_2 \times 4.44 f_2 N_2 \Phi = K_2 \times 4.44 s f_1 N_2 \Phi = s E_{20} \tag{6.3.10}$

转子漏磁感抗 $\qquad X_2 = 2\pi f_2 L_2 = 2\pi s f_1 L_2 = s X_{20} \tag{6.3.11}$

转子电流为
$$I_2 = \frac{E_2}{\sqrt{R_2^2 + X_2^2}} = \frac{sE_{20}}{\sqrt{R_2^2 + (sX_{20})^2}} \qquad (6.3.12)$$

转子功率因数为
$$\cos\varphi_2 = \frac{R_2}{\sqrt{R_2^2 + (sX_{20})^2}} \qquad (6.3.13)$$

由上述分析可知：异步电动机运行过程中，其物理量参数均是转差率 s 的函数。图 6.3.1 所示是转子电流 I_2 及功率因数 $\cos\varphi_2$ 与转差率 s 的关系曲线。转子启动时（$s=1$，$n=0$）转子电流很大，转子电路功率因数 $\cos\varphi_2$ 却很低。随着电动机转速升高（s 下降），I_2 变小，$\cos\varphi_2$ 增加很快。当 $s=0$，$n=n_1$（称为理想空载情况），由于相对转速 $\Delta n = 0$，故 $I_2 = 0$，此时 $\cos\varphi_2 = 1$。将式（6.3.3）、式（6.3.12）、式（6.3.13）代入式（6.3.1）中，得

$$T = K_M' \Phi \frac{sE_{20}}{\sqrt{R_2^2 + (sX_{20})^2}} \cdot \frac{R_2}{\sqrt{R_2^2 + (sX_{20})^2}}$$

因为 $\Phi \propto U_1$[见式（6.3.3）]及 $E_{20} \propto \Phi$[见式（6.3.5）]，所以

$$T = K_M \frac{U_1^2 s R_2}{R_2^2 + (sX_{20})^2} = f(s) \qquad (6.3.14)$$

上式更为明确地表示了电动机电磁转矩与电源电压、转差率（或转速）等外部条件及电路参数 R_2、X_{20} 之间的关系。

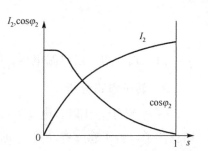

图 6.3.1 转子电流 I_2 及功率因数 $\cos\varphi_2$ 与转差率 s 的关系曲线

3. 转矩特性 $T = f(s)$

转矩特性是指电动机电磁转矩与转差率的关系曲线。当电源电压 U_1 和频率 f_1 恒定，R_2、X_{20} 均为常数时，电磁转矩仅是转差率的函数，参见式（6.3.14）。转矩特性如图 6.3.2 所示。这条曲线可通过图 6.3.1 与式（6.3.1）求得。从图 6.3.2 及式（6.3.14）可知：在 $0 < s < s_m$ 区间，电磁转矩随转差率的增加而增加，这是因为 s 很小时 $sX_{20} \ll R_2$，忽略 X_{20} 不计，可近似地认为 T 与 s 成正比；在 $s_m < s < 1$ 区间内，随着 s 增加，sX_{20} 增加，$sX_{20} \gg R_2$，忽略 R_2 不计，可近似地认为 T 与 s 成反比。s_m 称为临界转差率，对应 s_m 的最大转矩为 T_m。

4. 最大转矩 T_m、额定转矩 T_N、启动转矩 T_{st}

（1）最大转矩 T_m

利用数学中求极值的方法求出最大电磁转矩 T_m。

令 $\dfrac{\mathrm{d}T}{\mathrm{d}s} = 0$，则有

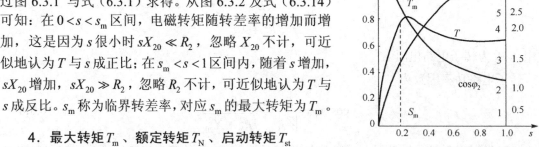

图 6.3.2 异步电动机的转矩特性曲线

$$\frac{\mathrm{d}T}{\mathrm{d}s} = \frac{\mathrm{d}}{\mathrm{d}s}\left[K_M \frac{U_1^2 s R_2}{R_2^2 + (sX_{20})^2} \right] = K_M \frac{[R_2^2 + (sX_{20})^2]U_1^2 R_2 - U_1^2 s R_2^2 (2sX_{20}^2)^2}{[R_2^2 + (sX_{20})^2]^2}$$

得出临界转差率

$$s_m = \frac{R_2}{X_{20}} \quad （取正值） \tag{6.3.15}$$

将式（6.3.15）代入式（6.3.14），得到

$$T_m = K_M \frac{U_1^2}{2X_{20}} \tag{6.3.16}$$

由式（6.3.15）和式（6.3.16）可见：最大转矩 T_m 仅与电压的平方成正比，与转子电阻 R_2 无关，而临界转差率 s_m 却与 R_2 成正比。当 R_2 增加时，T_m 不变，s_m 增加。可见电源电压波动对电磁转矩影响较大，如图 6.3.3 所示。

由于电磁转矩正比于电源电压的平方，例如当电压降低到额定电压的 70% 时，转矩只有原来的 49%。过低的电压往往使电动机不能启动。运行中的电动机，如果电压降得太多，很可能由于最大转矩低于负载转矩而停转，即所谓的闷车现象，这时会导致电动机电流增加并超过其额定值，如果不及时断开电源，就有可能使电机烧毁。考虑到电动机在运转过程中有一定的过载能力，电动机的额定转矩 T_N 应低于最大转矩 T_m，它们的比值称为过载系数 λ，用 λ_m 表示为

$$\lambda_m = \frac{T_m}{T_N} = 1.8 \sim 2.2 \tag{6.3.17}$$

λ_m 是衡量电动机短时过载能力和运行稳定性的一个重要数据。λ_m 值越大，电动机过载能力就越强。电动机允许短期过载运行。

（2）额定转矩 T_N

一般笼形电动机启动能力较差，启动能力均在 0.8～2 之间，所以有时需要在空载下启动。电动机的额定转矩可以由铭牌上所标的额定功率 P_N 和额定转速 n_N 求得。当不计电动机空载时本身的机械阻力转矩，可认为额定运行时的电磁转矩和输出机械转矩相平衡。由物理学可知

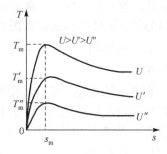

图 6.3.3 外加电压下的 $T = f(s)$ 曲线

$$P = T\omega$$

式中，ω 为角速度，单位为弧度/秒（rad/s）。

因此额定转矩为

$$T_N = \frac{P_N}{\omega} = \frac{P_N \times 1000}{\frac{2\pi n_N}{60}} = 9550 \frac{P_N}{n_N} \tag{6.3.18}$$

式中，P_N 的单位为 kW，n_N 的单位为 r/min，T_N 的单位为 N·m。

（3）启动转矩 T_{st}

启动转矩是指电动机在刚接通电源的启动时刻 $n = 0 (s = 1)$ 的电磁转矩。将 $s = 1$ 代入式（6.3.14）即可得到启动转矩 T_{st} 为

$$T_{st} = K_M \frac{U_1^2 R_2}{R_2^2 + X_{20}^2} \tag{6.3.18}$$

其值一般大于额定转矩 T_N。如果启动转矩小于负载转矩，电动机就不能启动。通常将启动转矩与额定转矩的比值称为异步电动机的启动能力，即

$$启动能力 = \frac{T_{st}}{T_N} \qquad (6.3.19)$$

练习与思考

6.3.1 在三相异步电动机的启动瞬间，即 $s=1$ 时，为什么转子电流 I_2 大，而转子电路的功率因数 $\cos\varphi_2$ 小？

6.3.2 三相异步电动机在稳定运行中，若机械负载增大，则转子电动势、转子电流和定子电流将如何变化？

6.3.3 异步电动机的转子与定子之间没有电的直接联系，为什么当转子轴上的机械负载增加后，定子绕组的电流以及输入功率会随之增大？

6.4 异步电动机的机械特性

转矩特性 $T=f(s)$ 只是间接表示了电磁转矩与转速之间的关系，而人们关心的是电动机的转速与电磁转矩之间的关系。机械特性可从转矩特性得到。把转矩特性 $T=f(s)$ 的 s 轴变成 n 轴，然后把 T 轴平行移到 $n=0$，$s=1$ 处，将换轴后的坐标轴顺时针旋转 $90°$，就可得到机械特性 $n=f(T)$ 曲线。如图 6.4.1 所示，其中 $s=0$，$n=n_1$，即转子转速为理想空载转速，它与同步转速相等；$s=1$，$n=0$，对应启动情况，T_{st} 是启动转矩；$s=s_m$，$n=n_m$，对应最大转矩 T_m。

当电磁转矩等于负载转矩时，电动机将等速运转；当电磁转矩小于负载转矩时，电动机将减速；当电磁转矩大于负载转矩，电动机将加速。设负载转矩为不随转速而改变的恒转矩负载 T_L，它与机械特性曲线 $n=f(T)$ 有两个交点（b、d），如图 6.4.1(b) 所示。

运行在 b 点：当负载转矩 T_L 因某种原因增大时，电磁转矩因受电机惯性作用，尚未来得及变化，使 $T<T_L$，电动机转速下降，在 b 点转速下降后，电动机电磁转矩增大，可自动适应负载转矩的增大，达到新的平衡，致使电动机稳定在较原来稍低的转速下等速运转。上述过程用箭头表示为 $T_L\uparrow \to n\downarrow \to T\uparrow \to T=T_L$，电动机等速运转时 $n<n_b$。同理可分析：当负载减小时，电动机转速升高，电磁转矩减小，以适应负载的减小，达到新的平衡，此时电动机在比原来转速稍高的情况下等速运转。其过程用箭头表示为 $T_L\downarrow \to n\uparrow \to T\downarrow \to T=T_L$，电动机等速运转时 $n>n_b$。

运行在 d 点：当负载增加时，有 $T_L\uparrow \to n\downarrow \to T\downarrow \to n\downarrow\downarrow \to T\downarrow\downarrow \to n\downarrow\downarrow\downarrow \to \cdots \to n=0$，停转（箭头数越多，表示增加或减小得越多）。当负载减小时，有 $T_L\downarrow \to n\uparrow \to T\uparrow \to n\uparrow\uparrow \to T\uparrow\uparrow \to n\uparrow\uparrow\uparrow \cdots$ 最终将绕过 c 点稳定在 ac 区的某一点上。

可见机械特性中的 ac 部分是稳定区域，cd 部分是不稳定区域，稳定区和不稳定区的分界点 c 称为临界点，它所对应的转速称为临界转速 n_m，电动机在稳定区不需要其他机械和人为调节，自身具有自动适应负载变化的能力，即它的电磁转矩随负载转矩的增加而自动增加，随负载转矩的减小而自动减小，电动机不可能在低于临界转速下稳定运行，当然负载转矩也不能大于最大转矩。电动机只能在稳定区内工作。

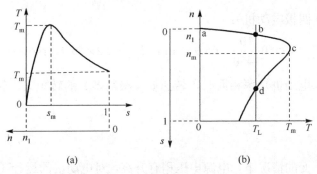

(a)   (b)

图 6.4.1 异步电动机的机械特性

图 6.4.2 中的机械特性 I 是在转子电路未串联接入电阻时得到的，称为自然特性。在稳定区该直线段较平直，当电磁转矩从 0 增加到 T_m 时，转速变化很小。这种特性称为硬特性。笼形电动机的机械特性属于硬特性，特性曲线 II、III 是在转子电路中串联接入电阻时得到的，称为人为特性。电动机在稳定区工作，磁转矩从 0 到增加 T_m，转速变化较大，这种特性称为软特性。对于绕线式电动机，当转子电阻增加后其机械特性变软。某些生产机械如车床、通风机、水泵，当负载变化时，要求转速变化不大，应当采用具有硬特性的笼形电动机。绕线式电动机因转子电阻可调，具有软的机械特性，启动转矩较大，一般用于起重运输设备以及需调速的场合。

【例 6.4.1】 若三相异步电动机的额定转速为 1440r/min，当负载转矩为额定转矩的一半时，电动机转速为多少？

解：因为负载转矩为额定转矩的一半，所以转子转速更接近于同步转速。又因为在稳定区，s 较小，可认为 T 与 s 成正比，所以可近似将机械特性看成直线，如图 6.4.3 所示，因此有：

$$n = \frac{1}{2}(n_1 - n_N) + n_N = \frac{1}{2}(1500 - 1440) + 1440 = 1470\text{r/min}$$

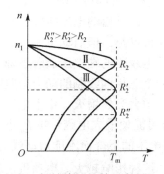

图 6.4.2 机械特性与转子电阻 R_2 的关系

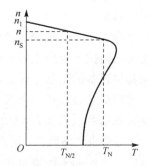

图 6.4.3 例 6.4.1 的图

【例 6.4.2】 已知两台异步电动机的功率都是 10kW，但转速不同，其中 $n_1 = 2930\text{r/min}$，$n_2 = 1450\text{r/min}$，若过载系数都是 2.2，试求它们的额定转矩和最大转矩。

解：第一台电动机（二极电动机）：

$$T_{IN} = 9550\frac{10}{2930} = 32.6\text{N}\cdot\text{m}, \quad T_{1m} = 2.2 \times 32.6 = 71.7\text{N}\cdot\text{m}$$

第二台电动机（四极电动机）：

$$T_{2N} = 9550\frac{10}{1450} = 65.9\text{N} \cdot \text{m} , \quad T_{2m} = 2.2 \times 65.9 = 145\text{N} \cdot \text{m}$$

上述计算说明，电动机功率相同时，转速低（极数多）的转矩大，转速高（极数少）的转矩小。

练习与思考

6.4.1 在负载不变的情况下，电源电压稍有升高，对电动机的运行（磁通、转矩、转速、定子电流）有何影响？

6.4.2 带恒转矩负载稳定运行的三相异步电动机，如果电源电压稍有下降或转子串联接入电阻，其转速和转矩会如何变化？

6.5 三相异步电动机的使用

6.5.1 启动

电动机的转子由静止不动到达稳定转速的过程称为启动。

1. 电动机的启动特性

电动机的启动特性主要包括两部分：启动电流和启动转矩。启动时希望启动电流尽可能小而启动转矩尽可能大，然而笼形电动机的启动特性是启动电流大，启动转矩小，这正是它的一大缺点。启动瞬间，由于惯性，转子是静止的 $(n = 0, s = 1)$，旋转磁场以同步转速 n_1 旋转，与转子之间的相对切削速度最大，在转子电路中产生最大的感应电动势、感应电流。转子电流最大，必然使得定子电流达到最大。

一般笼形电动机的启动电流（指定子线电流）达到额定电流的 4~7 倍。启动电流过大会造成哪些不良后果？对于电动机本身而言，因启动时间较短，且启动电流随转速的升高下降较快，只要电动机不处于频繁启动中，一般不会引起电动机过热。但启动电流很大时，在电源内阻抗及线路阻抗上要产生较大的阻抗压降，从而使供电线路的端电压显著下降，影响到同一线路上其他设备的正常工作。例如，若供电线路是一个三相四线制的动力与照明混合供电系统，此时白炽灯会突然暗下来，高压水银灯等放电光源会突然熄灭。由于电压波动对电动机的电磁转矩影响很大（ $T \propto U_1^2$ ），电压的急剧下降有可能使最大电磁转矩 T_m 小于负载转矩 T_L，从而使电动机"堵转"。正在启动的电动机也会因电压的下降而不能启动或启动缓慢，导致线路电压较长时间不能恢复正常。电动机容量越大，这种影响越大。电动机启动时，转子电流频率最高（ $f_2 = f_1$ ），所以转子感抗很大，功率因数最低[见式（6.3.13）]。此时尽管转子电流很大，而启动转矩不大[见式（6.3.1）]。

2. 笼形电动机的启动方法

（1）直接启动

直接启动（或全压启动）时直接给电动机加额定电压。一般容量较小、不频繁启动的电动机采用此种方法。因为电动机容量小，启动电流小，不至于影响其他设备的正常工作。这种方法简单、可靠且启动迅速，只需一个三相闸刀或三相铁壳开关就能实现，在条件允许的情况下应尽可能采用。究竟多大功率的异步电动机允许直接启动，这与本单位供电变压器容量大小及电动机功率大小有关。通常直接启动时电网的电压降不得超过额定电压的 5%～15%。变压器容量越大，电流引起的电压降就越小，容许直接启动的异步电动机的功率就越大。一般可参考下列经验公式来确定：

$$\frac{\text{直接启动的启动电流}}{\text{电动机的额定电流}} \leq \frac{3}{4} + \frac{\text{电源变压器容量(kVA)}}{4 \times \text{电动机功率(kW)}} \qquad (6.5.1)$$

若能满足以上的规定，则允许采用直接启动，否则应采用降压启动。

【例 6.5.1】 一台 20kW 电动机，其启动电流与额定电流之比为 6，问在 560 kVA 变压器下能否直接启动？一台 40kW 电动机，其启动电流与额定电流之比为 5.5，问能否直接启动？

解： 根据式（5.3.1）可知：

$$\frac{3}{4} + \frac{560}{4 \times 20} = 7.26 > 6$$

所以允许 20kW 电动机直接启动。

再由式（5.3.1）得

$$\frac{3}{4} + \frac{560}{4 \times 40} = 4.25 < 5.5$$

所以不允许 40kW 电动机直接启动。

随着电力网的发展和控制系统的完善，笼形电动机允许直接启动的功率也有所提高。例如，有些地区电管局规定：当电动机由单独的变压器作为电源时，在频繁启动的情况下，只要电动机容量不超过变压器容量的 20%；而在不经常启动的情况下，电动机容量不超过变压器容量的 30%，这两种情况都允许电动机直接启动。当电动机与照明负载共用一台变压器时，允许直接启动的电动机最大容量，以电动机启动时电源电压降低不超过额定电压的 5%为原则。

（2）降压启动

在不允许直接启动的场合，对容量较大的笼形电动机常采用降压启动的方法。即启动时降低加在定子绕组上的电压，以减小启动电流；当启动过程结束后，再加上额定电压全压运行。然而若采用降压启动，启动电流虽减小了，但由于异步电动机电磁转矩与电压平方成正比，故启动转矩也显著减小，所以这种启动方法只适用于对启动转矩要求不高的生产机械（空载或轻载）。常用的降压启动方法有定子绕组串联电抗启动、Y-△启动、自耦变压器降压启动等，下面介绍后两种启动方法。

① 星形-三角形（Y-△）转换启动

这种启动方法适用于正常连接成△形运行的电动机，启动时将定子绕组改为 Y 形连接，如图 6.5.1 所示。当开关 S_2 置于"启动"位置时，电动机定子绕组接成 Y 形，开始降压启动；当电动机转速接近额定值时，将开关 S_2 置于"运转"位置，电动机定子绕组接成△形，进入正常运行。启动时定子绕组电压降低到直接启动时的 $1/\sqrt{3}$，启动电流降低到直接启动时的 $1/\sqrt{3}$，但同时启动转矩也是全压启动的 1/3，即 $T_{st(Y)} = \frac{1}{3} T_{st(\triangle)}$

为了使笼形电动机在降压启动时仍具有较高的启动转矩，可采用高启动转矩笼形电动机，它的启动转矩 T_{st} 为额定转矩 T_N 的 1.6～1.8 倍。

【例 6.5.2】 试证明在星形-三角形转换启动中，星形启动时的电流是直接启动（即三角形启动）时的 1/3，$|Z|$ 是定子绕组的等效阻抗。

解： 定子绕组为星形连接时（降压启动）的线电流 $I_{st(Y)} = U_L / (\sqrt{3}|Z|)$

定子绕组为三角形连接时（直接启动）的线电流 $I_{st(\Delta)} = \sqrt{3}I_{\Delta P} = \sqrt{3}U_L / |Z|$

所以，$I_{st(Y)} / I_{st(\Delta)} = (U_L / (\sqrt{3}|Z|)) / (\sqrt{3}U_L / |Z|) = 1/3$

② 自耦变压器降压启动

如图 6.5.2 所示，自耦降压启动是利用三相自耦变压器降低启动时电动机定子绕的组端电压的启动方式。启动时将开关 S_2 置于"启动"位置，然后闭合开关 S_1 接通电源，电动机降压启动；当电动机转速接近额定转速时，将开关 S_2 置于"运转"位置，自耦变压器被切除，电动机全压运转。自耦变压器具有不同的电压抽头（如 80%、60%、40%的电源电压），这样可以获得不同的启动转矩，供用户选用。由于启动设备比较笨重，常用来启动容量较大或正常运行时为星形连接的笼形电动机。

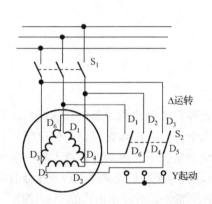

图 6.5.1 星形-三角形（Y-△）转换启动

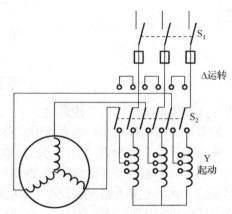

图 6.5.2 自耦变压器降压启动

上述两种降压启动方法虽然限制了启动电流，但启动转矩也减小了很多。为了使电动机能保持一定的启动转矩，电机制造厂生产了转子具有特殊结构的双笼和深槽式异步电动机。这类电动机直接启动时，启动电流较小，启动转矩较大。但由于它们结构复杂，价格较高，只有在特殊要求场合下才使用。

6.5.2 反转

电动机的旋转方向与旋转磁场的转向一致，而旋转磁场的转向又与电源相序方向一致，因此电动机的反转只需要改变电源的相序即可实现。图 6.5.3 中 S 是一个三相双投开关，当 S 向上闭合时，接到电动机定子绕组上的电源相序是 A—B—C；当 S 向下闭合时，接到电动机定子绕组上的电源相序是 B—A—C。电动机实现反转。大容量电动机正、反转是依靠具有过载保护的磁力启动器来实现的。

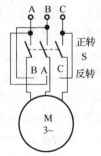

图 6.5.3 异步电动机正、反转接线图

6.5.3　调速

用人为的方法在同一负载下使电动机转速改变以满足生产机械需要的做法称为调速。有的生产机械在工作过程中就需要调速。例如金属切削机床要按加工金属种类、切削刀具的性质来调节转速。起重运输机械在起吊重物或卸下重物停车前都应降低转速以保证安全。电动机在不同负载下具有不同的转速，这种情况称为电动机的转速变化，与调速的概念是不同的，两者不要混淆。

根据式（6.2.1）和式（6.2.2）可得转速公式：

$$n = n_1(1-s) = \frac{60f}{p}(1-s) \qquad (6.5.2)$$

由上式可知，改变异步电动机转速有三个途径：（1）改变电源频率 f；（2）改变电动机定子绕组磁极对数 p；（3）改变电动机的转差率 s。下面进行具体分析。

1. 改变电源频率调速

改变电源频率可以使异步电动机得到平滑无级调速。电源频率变化大时，调速范围也大。但是变频调速需要配备一套独立的变频电源设备。过去由于这种设备结构复杂、维护不方便、占地面积大、投资大，因而限制了它在实际生产中的应用。近年来由于可控硅技术的发展，用可控硅可实现交流电的变频，从而使变频调速得到了推广。

需要指出的是，在变频调速时，为了保证电动机的电磁转矩不变，就要保证旋转磁场的磁通不变，由式（5.3.5）可知，磁通 $\varPhi_m \approx U/4.44fN$。因此，为了改变频率 f 而保持磁通 $\varPhi_m$ 不变，必须同时改变电源电压 U 使得 U/f 比值保持不变。

2. 改变磁极对数调速

可以通过改变定子每相绕组之间的连接方法来改变磁极对数 p。下面以图 6.5.4 来说明如何通过改变定子绕组连接来改变磁极对数。图 6.5.4(a)表示一相绕组的两个线圈相互串联，与其他两相绕组（图中未画出）共同形成四极磁场（$p=2$），同步转速 $n_1 = 1500\text{r/min}$。图 6.5.4(b)表示一相绕组的两个线圈并联后与其他两相绕组形成两极磁场（$p=1$），同步转速 $n_1 = 3000\text{r/min}$，提高了一倍。

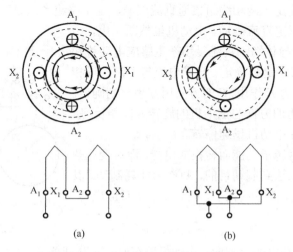

图 6.5.4　改变磁极对数的调速方法

这种调速方法较为简便经济，在金属切削机床中广泛使用的多速电动机就采用了这种调速方法，但是它不能实现平滑无级调速。由于笼形转子电流产生旋转磁场的磁极对数随定子旋转磁场磁极对数的改变而改变，并且与定子旋转磁场的磁极对数相等，而绕线式异步电动机的转子绕组产生的附磁极却是固定不变的，因此绕线式电动机不能用改变磁极对数的方法来实现调速。特别应指出，不是所有的电动机都能采用改变磁极对数的方法来调速，它只限于在多速电动机上使用。

3. 改变转差率调速

只有绕线式电动机才能使用改变转差率的方法来调速，笼形电动机不可以。详细分析参见第 6.6 节。

以上三种调速方法都不十分理想，这是异步电动机的不足之处。但是由于结构简单，生产工艺不复杂以及价格低廉等优点，在调速要求不高的场合仍多采用异步电动机。对调速性能要求高的场合则只能用直流电动机来取代交流异步电动机。

6.5.4　制动

电动机断开电源后，因转子及拖动系统的惯性作用，电动机总要经过一段时间才能完全停下来。在某些生产机械上要求电动机能准确停位和迅速停车，以提高生产效率，保证工作安全。于是在电动机断开电源后，要采取一定的措施使电动机迅速停下来，这些措施称为制动（俗称刹车）。制动的方法有机械制动和电气制动两种。机械制动通常是利用电磁铁制成电磁抱闸来实现的。电动机运转时，电磁抱闸的线圈与电动机同时通电，电磁铁吸合，使抱闸打开。电动机断电后，抱闸线圈同时断电，电磁铁释放，在弹簧作用下，抱闸把电动机转子紧紧抱住，迅速使电动机停转。电气制动是利用电气的作用及不同的电气元件组成的线路，使电动机转子导体内产生一个与转子旋转方向相反的制动力矩，从而使电动机迅速停转。常用的电气制动方法有以下几种。

1. 能耗制动

能耗制动的电路及工作原理如图 6.5.5 所示。在断开电动机三相电源的同时，把三极双投开关 S 拨向下方，使定子两相绕组接通直流电源，定子绕组中流过直流电流，在电动机内部产生一个不旋转的恒定直流磁场。电动机虽然断了电，由于惯性仍在运转，转子导体切割直流磁场产生感应电动势和感应电流，其方向用右手定则确定。转子电流与直流磁场相互作用，使转子导体受力 F 作用，F 的方向用左手定则确定。电磁力 F 所产生的转矩的方向与电动机的旋转方向相反，所以是制动力矩，从而使电动机迅速停转。

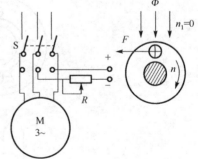

这种制动方法是将转子动能而转换成电能，而后变成热能消耗在转子电路中来达到制动目的，故称为能耗制动。其特点是制动准确、平稳、能量损耗小，但需要配备直流电源。

图 6.5.5　能耗制动的电路原理图

2. 反接制动

图 6.5.6 为反接制动电路原理图。电动机停车时，断开开关 S，将三极双掷开关拨向下方

并立即再次断开。它是利用改变电动机三相电源的相序，使定子旋转磁场反向旋转，对转子产生一个与原来转向相反的制动力矩，从而迅速使转子停转的。当转速降至接近零时，应及时断开开关 S，否则会导致转子反向旋转。在反接制动时，旋转磁场与转子的相对转速 (n_1+n) 很大，因而电流很大。为了限制电流，对功率较大的电动机进行反接制动时，必须在定子电路中串联接入限流电阻。反接制动的特点是制动方法简单、制动效果好，但制动电流大、能量损耗大、制动不够平稳、有较大的冲击振动，往往会影响加工精度。因此它常用于不频繁启停、功率较小的电力拖动中。

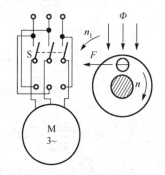

图 6.5.6　反接制动电路原理图

3．发电反馈制动

电动机运转中，当转子转速超过旋转磁场转速时 $(n>n_1)$，这时的电磁转矩也是制动力矩。当然要出现这种情况必须在电动机轴上施加一个外力来帮助电动机加速，当 $n>n_1$ 时，电动机犹如一个感应发电机。此时旋转磁场方向未变，由于 $n>n_1$，转子切割磁场方向改变了，电动机转子电流方向也改变，相对所加外力方向产生制动力，如图 6.5.7 所示，此时电动机将机械能变成电能反馈给电网。发电反馈制动是一种比较经济的制动方法，制动节能效果好，但使用范围较窄，只有当电动机转速大于同步转速时才有制动力矩出现。所以常用于启动放下重物，以及多速电机从高速转为低速的场合。

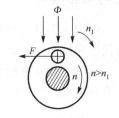

图 6.5.7　发电反馈制动

【**例 6.5.2**】 某笼形电动机启动能力为 $T_{st}/T_N=1.4$，采用 Y-△启动，问电动机在下述情况下能否启动：（1）$T_L=50\%T_N$；（2）$T_L=25\%T_N$。

解：（1）采用 Y-△启动时，星形启动时启动转矩是直接启动（三角形启动）时的 1/3，即

$$T_{st(Y)}=\frac{1}{3}T_{st}=\frac{1}{3}\times1.4T_N=0.47T_N$$

当 $T_L=50\%T_N=0.5T_N$ 时，$T_{st}<T_L$，电动机不能启动。

（2）当 $T_{st(Y)}=0.47T_N>T_L=0.25T_N$ 时，电动机能启动。

由此可见，Y-△转换启动只适用于电动机在空载或轻载情况下启动。

【**例 6.5.3**】 表 6.5.1 列出了三台三相异步电动机的技术数据，试求：（1）电动机的磁极对数 p；（2）额定转差率 s_N；（3）额定电流 I_N；（4）额定转矩 T_N；（5）启动电流 I_{st}；（6）启动转矩 T_{st}；（7）最大转矩 T_m。

表 6.5.1　例 6.5.3 中的技术数据

型号	额定功率/kW	额定电压/V	满载时				$\dfrac{I_{st}}{I_N}$	$\dfrac{T_{st}}{T_N}$	$\dfrac{T_{st}}{T_m}$
			n_N/(r/min)	I_N/A	H/%	$\cos\varphi_N$			
Y180L-4	22	380	1470	42.5	91.5	0.86	7.0	2.0	2.2
Y235S-8	18.5	380	730	41.5	89.5	0.76	6.0	1.7	2.0
Y280M-6	55	380	980	104.9	91.6	0.87	6.5	1.8	2.0

解：（1）从型号可知 $p_1=2$，$p_2=4$，$p_3=3$。

（2）由 $s_N=\dfrac{n_1-n_N}{n_1}$ 得

$$s_{1N} = \frac{1500 - 1470}{1500} = 0.02; \quad s_{2N} = \frac{750 - 730}{750} = 0.0267; \quad s_{1N} = \frac{1000 - 980}{1000} = 0.02$$

（3）由技术数据可知：

$$I_{1N} = 42.5A; \quad I_{2N} = 41.5A; \quad I_{3N} = 104.9A$$

（4）由 $T_N = 9550\dfrac{P_N}{n_N}N \cdot m$ 得

$$T_{1N} = 9550\frac{22}{1470} = 143N \cdot m; \quad T_{2N} = 9550\frac{18.5}{730} = 242.2N \cdot m; \quad T_{3N} = 9550\frac{55}{980} = 536N \cdot m$$

（5）$I_{1st} = 7I_{1N} = 298A; \quad I_{2st} = 6I_{2N} = 248A; \quad I_{3st} \ 6.5I_{3N} = 681.9A$

（6）$T_{1st} = 2T_{1N} = 286N \cdot m; \quad T_{2st} = 1.7T_{2N} = 411N \cdot m; \quad T_{3st} = 1.8T_{3N} = 985N \cdot m$

（7）$T_{1m} = 2.0T_{1N} = 286N \cdot m; \quad T_{2m} = 2T_{2N} = 484N \cdot m; \quad T_{3m} = 2.0T_{3N} = 1072N \cdot m$

练习与思考

6.5.1　为什么容量较大的笼形异步电动机通常采用降压启动？有哪几种常用的降压启动方法？它们分别适合于什么场合？

6.5.2　异步电动机从空载到满载，其转速在变化，而在调速时转速也在变化。这两种变化有何区别？

6.6　绕线式异步电动机

绕线式与笼形异步电动机的工作原理相同，定子结构也相同，所不同的是转子结构，具体说是转子绕组不同。绕线式转子槽内嵌入转子绕组，而转子绕组采用绝缘导线，与定子绕组绕法相同，三相绕组接成星形，它的三根引出线接到三个彼此独立而绝缘的铜滑环上，所以又称为滑环式电动机。三个滑环固定在转轴上，可与转子一同旋转，如图 6.6.1 所示。

通过电刷和滑环可以将转子绕组与外面的附加电阻 R_2 接通，附加电阻接成三相星形，其阻值是可调的，即绕线式电动机转子电路电阻 R_2 是可调的。所以它的启动特性和调速性能比笼形电动机要好。图 6.6.2 是绕线式电动机的启动接线图。启动时，先将转子电路附加电阻 R'_2 调到阻值最大位置，然后定子接通电源，电动机开始转动，随着电动机转速升高，逐步将附加电阻切除，启动完毕将转子绕组短接。

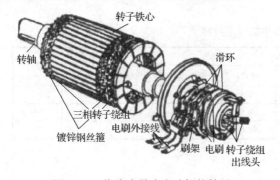

图 6.6.1　绕线式异步电动机的转子

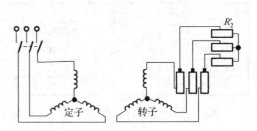

图 6.6.2　绕线式电动机启动接线图

图 6.6.3 所示为绕线式电动机转子电阻 R_2 不同时的转矩特性。由图可知，适当增加 R_2，可使转矩特性右移，此时启动转矩 T_{st} 增大，转子电流减小，启动时定子电流随之减小，因而对启动有利。图 6.6.4 所示为 R_2 不同时的机械特性，图中表示在负载转矩 T_L 恒定时，改变 R_2 从而达到调节转速的情形。从理论上来讲，改变转子电阻 R_2，既可改善启动特性又可达到调速的目的。而在实际工程中是不能用专作启动用的启动电阻兼作调速电阻用的。因为启动电阻是按短时工作制设计的，而调速电阻是按长期工作制设计的。

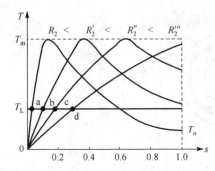
图 6.6.3 转子电阻 R_2 不同时的 $T = f(s)$ 特性

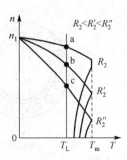
图 6.6.4 改变转子电路电阻的调速特性

【例 6.6.1】 一台绕线式异步电动机，其转子每相绕组电阻 $R_2 = 0.022\Omega$，漏磁电抗 $X_{20} = 0.043\Omega$，$n_N = 1450 \text{r/min}$。试问：（1）要使启动转矩为最大转矩，在转子绕组的电路中应串联接入多大的启动电阻？（2）在额定负载转矩下，若使转速降到 1200r/min，在转子每相绕组中应串联接入多大的电阻？

解：（1）设要使启动转矩等于最大转矩应在转子绕组电路中串联接入的电阻为 R_2'，此时转子电路电阻 $R_2 = 0.022\Omega + R_2'$。

因为 $T_{st} = T_m$，所以 $s_{st} = s_m = 1$，由式（5.3.17），当 $R_2 = X_{20}$ 时，$s_m = 1$，故

$$0.022\Omega + R_2' = 0.043, \quad R_2' = 0.043 - 0.022 = 0.021$$

（2）

$$s_N = \frac{n_1 - n_N}{n_1} = \frac{1500 - 1450}{1500} = 0.033$$

转速下降到 1200r/min 时，转差率为

$$s_N = \frac{n_1 - n}{n_1} = \frac{1500 - 1200}{1500} = 0.2$$

转差率与转子电阻成正比，设转速下降到 1200r/min 时需在每相绕组中串联接入的电阻为 R_2''，此时有 $s_N / s = R_2 / (R_2 + R_2'')$。

所以

$$R_2'' = \frac{R_2 s}{s_N} - R_2 = 0.022 \times \frac{300}{50} - 0.022 = 0.11\Omega$$

练习与思考

6.6.1 对于绕线式异步电动机，当采用在转子电路中串联电阻启动的方式时，既能限制启动电流，又能增大启动转矩，那么是否所串联的电阻越大，启动转矩就越大？若转子电阻趋于无穷大（相当转子电路开路），电动机能否启动？此时启动电流如何？

6.7 单相异步电动机

单相异步电动机定子绕组是单相的，由单相电源供电。结构上也由定子和转子两部分组成：转子全部是笼形的，定子包括定子铁心和定子绕组。定子有隐极式和凸极式两种：定子绕组分布在定子铁心槽内的称为隐极式，定子绕组集中放置于定子铁心上的称为凸极式，如图 6.7.1 所示。

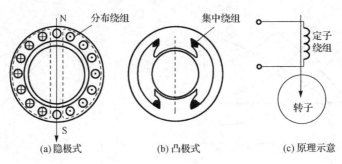

(a) 隐极式　　　　　　　(b) 凸极式　　　　　　(c) 原理示意

图 6.7.1　单相异步电动机

1. 脉动磁场

单相异步电动机接上交流电源后，会产生一个随时间按正弦规律变化的脉动磁场，但异步电动机却转不起来。如果在电动机轴上外加一个力矩，它便按所加力矩的方向转动起来，并能很快地达到稳定的转速，这是什么原因呢？

一个按正弦规律变化的脉动磁场，可以分解成大小相等、旋转速度相同而转向相反的两个旋转磁场。与转子转向相同的为正向旋转磁场（用 B_{m}' 表示），与转子转向相反的为逆向旋转磁场（用 B_{m}'' 表示），如图 6.7.2 所示。分析时分别讨论每个旋转磁场对转子的作用，然后把它们的作用效果叠加起来。

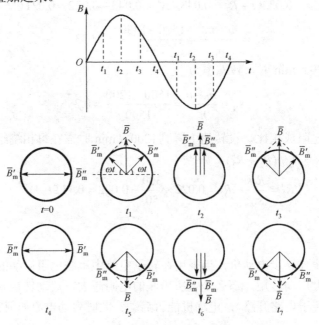

图 6.7.2　脉动磁场分成两个转向相反的旋转磁场

2. 电磁转矩

单相异步电动机的电磁转矩是由旋转磁场和转子感应电流相互作用产生的。正、反向旋转磁场切割转子后，在转子电路中感应出相应的电动势和电流。正向旋转磁场与正向电流作用产生电磁转矩 T' ，反向旋转磁场与反相电流作用产生电磁转矩 T'' 。 T' 企图使转子沿着正向旋转磁场的方向转动， T'' 企图使转子沿着反向旋转磁场的方向转动。当转子静止不动时，即 $s=1$ 时，转子对正向和反向旋转磁场产生的反应相同，即 T' 与 T'' 大小相等、方向相反，合成的电磁转矩为零，电动机因此不能自行启动（ $T_{st}=0$ ）。

若用外力驱使转子向正向旋转磁场的转动方向旋转，此时正向旋转磁场与反向旋转磁场切割转子的转速就不同，在转子中产生的感应电流也就不同，转子对两个磁场的反应不同。设此时转子的转速为 n ，对正向旋转磁场而言，其转差率为 s' ， $s'=(n_1-n)/n_1$ 。对反向旋转磁场而言，它的转速为 $-n_1$ ，转差率为 s''

$$s''=(-n_1-n)/(-n_1)=(-2n_1+n_1-n)/(-n_1)=2-(n_1-n)/(n_1)=2-s'$$

由于 s' 很小，故 $s''\approx 2>1$ 。

转子正转时， s' 在区间（0～1）之间变化， s'' 在区间（2～1）之间变化。

正向电磁转矩 T' 对转子来说是驱动转矩，而反向电磁转矩 T'' 对转子来说是制动转矩，此时 $T'\neq T''$ ，电动机的电磁转矩 $T=T'-T''$ 。

在正向旋转磁场作用下，转子电流的频率为

$$f_2'=s'f_1$$

在反向旋转磁场作用下，转子电流的频率为

$$f_2''=s''f_1=(2-s')f_1\approx 2f_1$$

由于 f_2'' 很大，转子对此频率呈现很大的感抗，反向旋转磁场在转子里的感应电流就很小，因此 $T''\ll T'$ ，在合成磁场的力矩（ $T=T'-T''$ ）的作用下，转速增加，直到电磁转矩 T 与负载转矩 T_L 平衡时，转速才稳定下来，此时电动机正转。反之，如果用外力使转子向反向旋转磁场的转动方向旋转，同理可分析 $T''\gg T'$ ，转子沿反向旋转磁场的方向旋转，此时电动机反转。

由于单相异步电动机的单相脉动磁场可分解为正、反两个旋转磁场。也即可以看成由结构相同、旋转磁场相反的两台三相异步电动机组成。当然也就存在着正向转矩特性 $T=f(s')$ 和反向转矩特性 $T=f(s'')$ ，它们应分别画在横轴的上、下方，其合成转矩特性 $T=f(s)$ 如图 6.7.3 所示。

由图 6.7.3 可见，当 $s=1$ 时，（ $T'=T''$ ） $T=0$ ，说明单相异步电动机无启动转矩。此外 $s=1$ 的两边转矩特性 $T=f(s)$ 是对称的，所以单相异步电动机没有固定的转向，它的转向取决于启动初始外加力矩的方向。

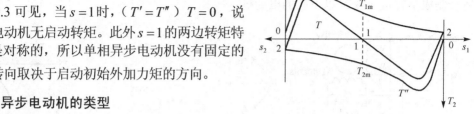

图 6.7.3　单相异步电动机 $T=f(s)$ 曲线

3. 单相异步电动机的类型

根据启动方法的不同，单相异步电动机可分为以下几种。

（1）罩极式电动机

罩极式电动机的定子是凸极式的，在磁极靴上开了一个小槽，嵌入短路铜环，罩住部分磁极（约占全部极面的 1/3），故称为罩极式异步电动机，其结构如图 6.7.4 所示。

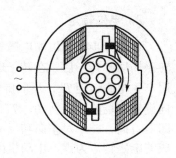

当定子绕组通入单相交流电后，所产生的主磁通分成两部分，一部分经过短路环，另一部分不经过短路环，这两部分磁通不仅数量上不相等，而且相位也不同相。由于短路环中感应电流的作用（阻碍磁场的变化），使得经过短路环的磁通要滞后不经过短路环的磁通。这两部分在空间和时间上不相同的磁通会产生一个旋转磁场，从而使电动机转起来。它的旋转方向是由没罩住磁极的部分向罩住磁极的部分转动。

图 6.7.4　罩极式单相异步
电动机的结构图

（2）电容分相式电动机

电动机定子上绕有两个绕组：一个是工作绕组，匝数多；一个是启动绕组，匝数少；如图 6.7.5(a)所示。工作绕组和启动绕组在空间上相差 90°，启动绕组串联一个电容器 C，故称为电容分相式电动机（也可串联电阻 R，称为电阻分相式电动机）。这样接在同一电源上的两个绕组上的电流 $\dot{I}_1$、$\dot{I}_2$ 在时间上也不同相了，$\dot{I}_1$ 滞后电源电压 $\dot{U}$，$\dot{I}_2$ 超前电源电压 $\dot{U}$。适当选择电容值，使 $\dot{I}_1$、$\dot{I}_2$ 的相位差接近 90°，在时间和空间上相差 90° 的电流 $\dot{I}_1$、$\dot{I}_2$ 通过工作绕组和启动绕组，它们的合成磁场是一个旋转磁场，使电动机转起来。图中 S 是一个离心开关，它与电动机转子同轴。启动初期，转速不高，离心开关受弹簧作用而闭合。当电动机转速接近于同步转速的 75%～80% 时，离心力增大而克服弹簧压力，使开关断开，切断启动绕组。电动机正常运行时只依靠工作绕组。

（3）电容电动机

如果电容分相式电动机去掉离心开关 S，此时启动绕组变成长期工作绕组。由于电容器长期接在电路中，可改善电动机的启动特性和运行特性，因此被广泛采用。电动机的转向取决于通入两相绕组电源的相序，启动绕组电流 $\dot{I}_2$ 超前 $\dot{I}_1$ 时，电动机顺时针旋转。要改变电动机转向，只需将启动绕组与电源相连的两端对调即可。这种电动机广泛应用于家用电器的电扇、洗衣机中。图 6.7.5(b)为电容分相式异步电动机正、反转控制示意图。洗涤时要求实现正、反转，且两个绕组完全相同，可以互换。当 S 置于位置 1 时，W_1 为工作绕组，电容 C 与绕组 W_2 串联，电动机为正转；当 S 置于位置 2 时，W_2 为工作绕组，电容 C 与绕组 W_1 串联，电动机反转。

单相异步电动机由于存在正反两个磁场，它的功率因数、效率及过载能力较低，因此只适合制成小容量（1kW 以下）的电动机。

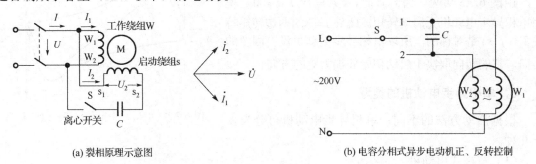

(a) 裂相原理示意图　　　　　　　　　　(b) 电容分相式异步电动机正、反转控制

图 6.7.5　电容分相式异步电动机工作原理

6.8 控制电动机

前面介绍的异步电动机是作为动力使用的，主要任务是能量的转换，而控制电动机的主要任务是转换和传递控制信号，能量的转换是次要的。

控制电动机在控制系统中完成机电信号和能量的检测、计算、放大、执行、传动或转换等功能，是控制系统的重要元件，又称为机电元件。目前，已用电动机名称所代替。控制电动机的主要作用是完成传递和转换控制信号，因此要求其技术性能稳定、动作灵敏、精度高、体积小、质量轻、耗电少。

1. 伺服电动机

伺服电动机是自动控制系统和计算机外围设备中常用的执行元件，所以又称为执行电动机。功能是将所输入的控制电压信号转换为电动机转轴上的角位移或角速度输出，驱动控制对象，其转速和转向随输入电压信号的大小和方向变化而改变。伺服电动机能带一定的负载，例如数控车床的刀具由伺服电动机拖动，它会按照给定目标的形状拖动刀具进行切割工件。早期伺服电动机的输出功率较小，功率范围一般为 0.1～100W，而现在伺服技术发展很快，几千瓦的大功率伺服电动机已经出现。

依据使用电源性质、控制信号的不同，伺服电动机分为直流伺服电动机和交流伺服电动机两大类。

（1）直流伺服电动机

直流伺服电动机的结构形式与普通直流电动机相同，也是由定子和转子两部分组成，只是直流伺服电动机的容量和体积要小得多，而且为了减小转动惯量，电枢需做得细长些。

直流伺服电动机的工作原理与普通直流电动机基本相同，属于他励直流电动机。励磁绕组和电枢绕组分别由独立的电源供电，励磁绕组中流过的电流产生的磁通与电枢绕组中通过的电流互相作用，产生电磁转矩，使伺服电动机旋转。如果两个绕组中有一个断电，伺服电动机立即停转。

直流伺服电动机的机械特性也与他励直流电动机相同，其转速为

$$n = R\frac{U_a}{C_a\Phi} - \frac{R_a}{C_aC_T\Phi}T \tag{6.8.1}$$

由式（6.8.1）可知，在保持电磁转矩不变时，改变电枢电压或励磁磁通都可以控制电动机的转速。直流伺服电动机的电枢控制原理如图 6.8.1 所示。其中 U_a 为电枢电压，U_f 为励磁电压。改变电枢电压的极性，电动机反向转动。

直流伺服电动机的输出功率一般为 1～600W，通常应用于稍大功率的系统中，如随动系统中的位置控制等；也可以作为驱动电动机应用于便携式电子设备以及精密机床、录像机等精密设备中。

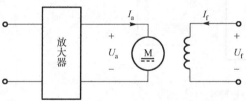

图 6.8.1 直流伺服电动机的电枢控制原理

（2）交流伺服电动机

交流伺服电动机的结构也包括定子和转子两大部分。转子有笼形的（铜条或铸铝转子），也有非磁性空心杯形的。定子由硅钢片叠成，分为外定子铁心和内定子铁心两部分，外定子铁心槽中放置在空间上成90°的两相绕组：励磁绕组和控制绕组。其中，励磁绕组接单相交流电压，控制绕组接控制电压，两电压同频率。杯形转子交流伺服电动机的结构如图6.8.2所示。

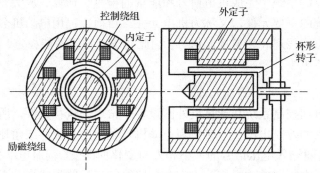

图 6.8.2　杯形转子交流伺服电动机结构

交流伺服电动机的工作原理与单相异步电动机有相似之处，励磁绕组固定接在交流电源 $\dot{U}$（$\dot{U}$ 为常数）上，控制绕组不加电压（$\dot{U}_a = 0$）时，电动机没有启动转矩，转子静止不动。若有控制电压（与励磁电压的相位差为90°）加在控制绕组上，且励磁电流 $\dot{I}_f$ 和控制绕组电流 $\dot{I}_a$ 不同相时，便产生两相旋转磁场，在旋转磁场的作用下，转子沿着旋转磁场的转向转动。因此，交流伺服电动机实际上是两相异步电动机。当控制电压的相位反相时，旋转磁场的转向改变，电动机反转。

交流伺服电动机的控制原理和相量图如图6.8.3所示。励磁绕组串联电容 C，是为了分相产生两相旋转磁场。适当选择电容的大小，可以使通入两个绕组的电流的相位差接近90°，从而产生所需的旋转磁场。控制电压 $\dot{U}_a$ 与电源电压 $\dot{U}$ 的频率相同，相位相同或相反。

交流伺服电动机的输出功率较小，约为 0.1～100W。交流伺服电动机控制精度高，应用很广泛，如用在自动控制、自动记录及雷达天线系统中。雷达接收机就是利用交流伺服电动机拖动天线的。

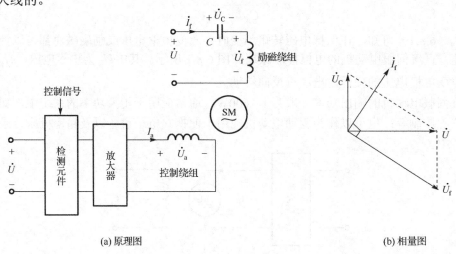

(a) 原理图　　　　　　　　　　　　　　　　　(b) 相量图

图 6.8.3　交流伺服电动机的原理和相量图

2. 步进电动机

步进电动机又称为脉冲电动机，是将直流电脉冲信号转换成直线或相应的角位移的执行元件，其特点是：

（1）输入一个脉冲，电动机转动一个步距角，带动机械移动一小段距离。

（2）控制脉冲频率，可以控制电动机转速。

（3）改变脉冲顺序，可以改变电动机转向。

（4）角位移量或线位移量与电脉冲数成正比，不受电源电压、负载大小、环境等的影响。

按照励磁方式的不同，步进电动机分为三类：反应式、永磁式和感应式（又称为混合式）步进电动机。反应式步进电动机的转子无绕组，定子开小齿，步距角小，应用最为广泛。永磁式步进电动机用永久磁铁作转子，转子极数等于每相定子极数，不开小齿，步距角较大，力矩较大。感应式步进电动机开小齿，兼具了反应式和永磁式的优点，步距角小，转矩大，动态性能好。

图 6.8.4(a)所示是一台三相反应式步进电动机的结构简图，定子有六个磁极，每个极上都装有控制绕组，每两个相对的极组成一相。三相绕组连接成星形。转子由硅钢片叠成或用软磁性材料制成凸极结构，有四个凸齿，齿距角（相邻两齿间的夹角）为90°。

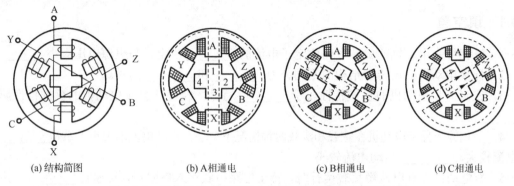

| (a) 结构简图 | (b) A相通电 | (c) B相通电 | (d) C相通电 |

图 6.8.4　三相反应式步进电动机的结构和工作过程示意图

工作时，环形分配器送来电脉冲信号，对 A、B、C 三相控制绕组轮流通电（励磁）。如图 6.8.4(b)所示，给 A 相通电，B 相和 C 相不通电，AX 方向的磁通经转子形成闭合回路。若转子与磁场轴线方向原有一定角度，则在磁场的作用下，转子被磁化，吸引转子，由于磁通具有沿磁阻最小路径通过的特点，因此会在磁力线扭曲时产生切向力而形成磁阻转矩，使转子转动，从而使转子、定子的齿对齐，停止转动。此时，转子转矩为零，1、3 齿被自锁在 A 相轴线上；而 B、C 两相的定子齿和转子齿在不同方向各错开 30°。给 B 相通电，则转子齿与 B 相定子齿对齐，转子顺时针方向旋转 30°，如图 6.8.4(c)所示。给 C 相通电，转子齿与 C 相定子齿对齐，转子又顺时针方向旋转 30°，如图 6.8.4(d)所示。

当通电顺序为 A→B→C→A 时，转子按顺时针方向一步一步地转动。每换接一次，转子前进一步，一步所对应的角度称为步距角（此例中步距角为30°）。电流换接三次，磁场旋转一周，转子转了一个齿距角。如果改变通电顺序，例如改为 A→C→B→A，转子就逆时针转动。

如果改变对控制绕组通电的频率和通电方式，就可以改变步进电动机的转速。上例即为单相轮流通电方式。另外还有双相轮流通电方式、单双相轮流通电方式等。

设步进电动机的转子齿数为 z，则齿距角为360°/z。每通电一次，转子走一步，因此，步距角即齿距角与步数的比值为

$$\theta = \frac{360°}{zkm} \quad (6.8.2)$$

式中，k 为状态系数，相邻两次的通电相数一致时，$k=1$，反之，$k=2$；m 为定子相数。

三相步进电动机的齿数 $z=4$，单相轮流或双相轮流通电时，步距角为

$$\theta = \frac{360°}{4 \times 1 \times 3} = 30°$$

步进电动机的转速可以表示为

$$n = \frac{\theta f}{2\pi} \times 60 = \frac{\frac{2\pi}{zkm} f}{2\pi} \times 60 = \frac{60f}{zkm} \quad (6.8.3)$$

式中，n 为电动机的转速，单位为 r/min；θ 为步距角，单位为度（°）；f 为电脉冲频率（即通电频率），单位为 Hz。

6.9 习　　题

6.9.1　填空题

1．三相异步电动机的旋转方向由定子电流的_____决定，与电源电压大小_____。

2．异步电动机根据转子结构的不同分为_____和_____两种。

3．笼形异步电动机的机械特性属于_____特性。绕线式异步电动机的机械特性属于_____特性。

4．三相笼形异步电动机在空载和满载两种情况下启动，启动电流的大小关系是_____启动电流较大，_____启动电流较小。

5．当电动机带有恒转矩负载运行时，转子电路串联接入电阻后，转速将_____，定子电流将_____。

6．笼形异步电动机采用减压启动时，其启动转矩将_____；绕线式电动机采用转子串联电阻启动时，启动转矩将_____。

7．一台 Y-△接法、380 / 220V 的三相异步电动机，当电动机星形连接（电源电压为 380V）启动时和三角形连接（电源电压为 220V）启动时，启动电流_____，启动转矩_____。

8．三相异步电动机的转速越高，其转子感应电动势_____，转差率_____。

6.9.2　选择题

1．一台 30kW 的电动机，其输入有功功率应该（　　　）。
   A．等于 30kW　　　B．大于 30kW　　　C．小于 30kW　　　D．不确定

2．三相异步电动机产生的电磁转矩是由于（　　　）。
   A．定子磁场与定子电流的相互作用　　　B．转子磁场与转子电流的相互作用
   C．旋转磁场与转子电流的相互作用　　　D．旋转磁场与定子电流的相互作用

3．三相异步电动机的转速 n 越高，其转子电路的感应电动势 E_2（　　　）。
   A．越大　　　B．越小　　　C．不变　　　D．不确定

4．旋转磁场的转速 n_1 与磁极对数 p 和电源频率 f 的关系是（　　　）。

　　A．$n_1 = 60 \dfrac{f}{p}$ 　　B．$n_1 = 60 \dfrac{f}{2p}$ 　　C．$n_1 = 60 \dfrac{p}{f}$ 　　D．$n_1 = \dfrac{p}{60f}$

5．三相异步电动机在额定电压和额定频率下运行时，电动机由空载到额定负载的过程中，旋转磁场的每极磁通 Φ_m（　　　）。

　　A．变大　　　　　B．变小　　　　　C．基本不变　　　　D．变化趋势不定

6．三相异步电动机在额定电压和额定频率下运行时，电动机由空载到额定负载的过程中，电动机产生的电磁转矩 T（　　　）。

　　A．变大　　　　　B．变小　　　　　C．基本不变　　　　D．变化趋势不定

7．三相异步电动机接在频率为 50Hz，电压为额定值的电源上运行，电动机由空载到额定负载的过程中，异步电动机转速 n（　　　）。

　　A．变大　　　　　B．变小　　　　　C．基本不变　　　　D．变化趋势不定

6.9.3　计算题

1．一台三相异步电动机的额定数据如下：$U_N = 380V$，$I_N = 4.9A$，$f_N = 50Hz$，$\eta_N = 0.82$，$n_N = 2970\text{r/min}$，$\cos\varphi_N = 0.83$，△连接。试问这是一台几极的电动机？在额定工作状态下的转差率，转子电流的频率，输出功率和额定转矩各是多少？

2．有 Y112M-2 型和 Y160M1-8 型异步电动机各一台，额定功率都是 4kW，但前者的转速为 2890r/min，后者转速为 720r/min。试比较它们的额定转矩，并由此说明电动机的极数、转速及转矩三者之间的关系。

3．试说明三相异步电动机的定子接额定电压，转子回路不串联电阻的情况下，从空载启动到加上额定负载的过程中，其输出转矩、输出功率、电流、功率因数及效率等的变化规律。

4．已知 Y132S-4 型三相异步电动机的额定数据如下：

功率	转速	电压	效率	功率因数	I_{st}/I_N	T_{st}/T_N	T_{max}/T_N
5.5kW	1440r/min	380V	85.5%	0.84	7	2.2	2.2

电源频率为 50Hz。求：（1）额定转差率 s_N；（2）额定电流 I_{1N}；（3）额定输出转矩 T_{2N}；（4）启动电流 I_{st}；（5）启动转矩 T_{st}；（6）最大转矩 T_{max}

5．Y180L-6 型电动机的额定功率为 15kW，额定转速为 970r/min，频率为 50Hz，最大转矩为 295.36N·m。求电动机的过载系数。

6．有一带负载启动的短时运行的三相异步电动机，折算到轴上的转矩为 130N·m，转速为 730r/min，试求电动机的功率。过载系数 $\lambda = 2$。

7．已知一台三相异步电动机，铭牌数据如下：Y 连接，$P_N = 2.2kW$，$U_N = 380V$，$n_N = 2970\text{r/min}$，$\eta_N = 0.82$，$\cos\varphi_N = 0.83$。试求此电动机的额定相电流、线电流及额定转矩；并问这台电动机能否采用 Y-△ 启动方法来减小启动电流？为什么？

8．已知一台三相异步电动机，铭牌数据如下：△连接，$P_N = 10kW$，$U_N = 380V$，$I_N = 19.9A$，$n_N = 1450\text{r/min}$，$I_{st}/I_N = 7$，$T_{st}/T_N = 1.4$，若负载转矩为 25N·m，电源允许的最大电流为 60A。试问应采用直接启动还是 Y-△方法启动？

9．已知一台三相异步电动机，其额定功率 $P_N = 7.5kW$，额定转速 $n_N = 1450\text{r/min}$，启动能力 $T_{st}/T_N = 1.4$，过载能力 $T_m/T_N = 2$，试求该电动机的额定转矩、启动转矩和最大转矩。

10．已知某台三相异步电动机在额定状态下运行，转速 $n_N = 1430 \text{r/min}$，电源频率 $f = 50 \text{Hz}$，求：（1）磁极个数 N；（2）额定转差率 S_N；（3）额定运行时转子电动势的频率 f_2；（4）额定运行时定子旋转磁场对转子的转速差。

11．已知一台三相异步电动机的转速 $n_N = 960 \text{r/min}$，电源频率 $f = 50 \text{Hz}$，转子电阻 $R_2 = 0.03\Omega$，感抗 $X_{20} = 0.16\Omega$，$E_{20} = 25 \text{V}$，试求额定转速下转子电路的 E_2、I_2 及 $\cos\varphi_2$。

12．已知一台三相异步电动机铭牌数据为：2.2kW，220V/380V，$\triangle$/Y，1430r/min，$\cos\varphi = 0.81$，$\eta_N = 0.80$。若额定负载时电网输入的电功率为 2.75kW，过载系数 $\lambda = 2.2$，试求：（1）两种接法时的相电流和线电流的额定值及额定效率；（2）额定转矩和最大转矩。

13．已知一台三相异步电动机的部分额定数据如下：$P_N = 10 \text{kW}$，$n_N = 1450 \text{r/min}$，电压为 380V，$\cos\varphi_N = 0.87$，$\eta_N = 87.5\%$，$I_{st}/I_N = 7$，$T_{st}/T_N = 1.4$，$T_m/T_N = 2$。试求：（1）额定转差率 s_N；（2）额定电流 I_N 和启动电流 I_{st}；（3）额定输入电功率 P_1；（4）额定转矩 T_N、最大转矩 T_m 和启动转矩 T_{st}；（5）Y/$\triangle$ 启动时的启动电流 I_{stY} 和启动转矩 T_{stY}；（6）当负载转矩分别为额定转矩 T_N 的 65% 和 40% 时，电动机能否启动？

电子技术篇

第7章 半导体器件

半导体器件是用半导体材料制成的电子器件，它是构成各种电子电路的基本元件，也是构造各种复杂模拟或数字电路系统的基础器件。本章首先介绍半导体的基础知识，包括半导体材料的特性、半导体中载流子的运动、PN结及其单向导电特性；然后介绍半导体二极管、稳压管、双极型晶体管以及场效应晶体管的结构、工作机理、特性曲线和主要参数等。

7.1 半导体的导电特性

自然界中的物质，按其导电能力的强弱可分为导体、半导体和绝缘体三种类型。半导体的导电能力介于导体和绝缘体之间。物理学和化学原理表明，物质的导电能力是由它们的原子结构决定的。导体一般为低价元素，例如银、铜等金属材料都是良好的导体，它们的原子结构中的最外层电子极易挣脱原子核的束缚而成为自由电子，在外电场的作用下产生定向移动，形成电流；高价元素（如隋性气体）或高分子物质（如橡胶），它们的原子结构中的最外层电子极难挣脱原子核的束缚成为自由电子，其导电性极差，称为绝缘体。

常用的半导体材料有硅（Si）和锗（Ge）等，硅原子中共有14个电子围绕原子核旋转，最外层轨道上有4个电子，如图7.1.1(a)所示。原子最外层轨道上的电子通常称为价电子，因此硅为四价元素。锗原子中共有32个电子围绕原子核旋转，最外层轨道上的电子数也为4个，如图7.1.1(b)所示，所以锗也为四价元素。为了简便起见，常用带+4电荷的正离子和周围的4个价电子来表示一个四价元素的原子，如图7.1.1(c)所示。

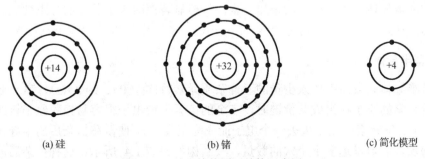

(a) 硅　　　　　　　　　　(b) 锗　　　　　　　　　　(c) 简化模型

图 7.1.1　硅和锗的原子结构示意图

硅和锗的最外层电子既不像导体那样容易挣脱原子核的束缚，也不像绝缘体那样被原子核所紧紧束缚，所以其导电性介于导体和绝缘体之间，呈现出典型的半导体导电特性。

7.1.1 本征半导体

将硅和锗这样的半导体材料经一定的工艺高纯度提炼后，其原子排列将变成非常整齐的状态，称为单晶体，也称为本征半导体。

在本征半导体中，每个原子与相邻的4个原子结合，每一原子的4个价电子分别为相邻的 4 个原子所共有，组成所谓的共价键结构，如图 7.1.2 所示。共价键中的电子不像绝缘体中的价电子被束缚得那样紧。一些价电子获得一定能量（如温度升高或被光照）后，可以克服共价键的束缚而成为自由电子，这种现象称为电子"激发"。此时，本征半导体具有了一定的导电能力，但由于自由电子的数量很少，所以它的导电能力比较微弱。同时，在原来的共价键中留下一个空位，这种空位称为空穴。空穴因失掉一个电子而带正电。由于正、负电的相互吸引作用，空穴附近共价键中的价电子会来填补这个空位，于是又会产生新的空穴，又会有相邻的价电子来填补，如此进行下去就形成了空穴移动，如图 7.1.3 所示。

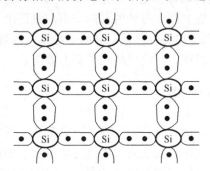

图 7.1.2　共价键结构示意图

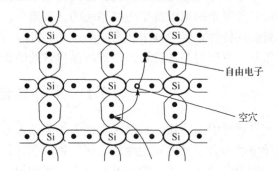

图 7.1.3　空穴和自由电子

由此可见，半导体中存在着两种运载电荷的粒子，称为载流子，即带负电的自由电子和带正电的空穴。在本征半导体中，自由电子和空穴总是成对产生的，称为电子-空穴对，所以两种载流子的浓度是相等的。

在室温条件下，本征半导体中载流子的数目很少，所以导电性能较差。温度升高时，载流子浓度将按指数规律增加。因此，温度对本征半导体的导电性能有很大影响。

7.1.2　杂质半导体

若在本征半导体中掺入少量的杂质元素，就能显著地改善半导体的导电性能。根据所掺杂质的不同，掺杂后的半导体可分为 N（Negative）型半导体和 P（Positive）型半导体两种。

1．N 型半导体

在纯净半导体硅或锗中掺入少量的五价杂质元素[如磷（P）、砷（As）、锑（sb）等]，则每一个五价元素的原子在组成共价键时，多余的第五个价电子很容易挣脱原子核的束缚而成为自由电子（五价元素的原子失去一个电子而成为正离子），使得在掺杂后的半导体中的电子浓度大大增加，其数量远多于空穴的数量，其结构如图 7.1.4 所示。这种掺杂后的半导体主要依靠自由电子导电，称为电子半导体或 N 型半导体，其中自由电子为多数载流子，激发形成的空穴为少数载流子。

2．P 型半导体

在纯净半导体硅或锗中掺入少量的三价杂质元素[如硼（B）、铝（A1）、镓（Ga）等]，则每一个三价元素的原子在组成共价键时产生一个空位，当相邻原子中的价电子受到激发获得能量时，就有可能填补这个空位，而在相邻原子中便出现一个空穴（三价原子得到一个电子而成为负离子），使得掺杂后的半导体中的空穴浓度大大增加，其数量远多于自由电子的数量，其结构如图 7.1.5 所示。这类掺杂后的半导体其导电作用主要依靠空穴运动，称为空穴半导体或 P 型半导体，其中空穴为多数载流子，激发形成的自由电子为少数载流子。

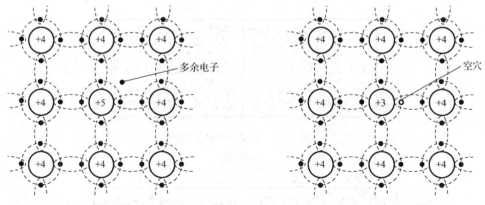

图 7.1.4　N 型半导体共价键结构　　　　图 7.1.5　P 型半导体共价键结构

值得注意的是，N 型半导体和 P 型半导体虽然各自都有一种多数载流子，但在整个半导体中正、负电荷数是相等的，即从总体上看，仍然保持着电中性。

练习与思考

7.1.1　N 型半导体和 P 型半导体的多数载流子和少数载流子分别是什么？它们的浓度与什么有关？

7.2　PN 结及其单向导电特性

如果采取一定的工艺措施，使同一块硅片上的两边分别形成 N 型半导体和 P 型半导体，那么在 N 型和 P 型半导体的交界面附近，就会形成具有特殊物理性能的 PN 结。PN 结是构成各种半导体器件的基础。

7.2.1　PN 结的形成

由于 N 型半导体中电子是多子，空穴是少子；而 P 型半导体中空穴是多子，电子是少子；因此在 N 型半导体和 P 型半导体的交界处存在着较大的电子和空穴浓度差。N 区中的电子要向 P 区扩散，P 区中的空穴要向 N 区扩散。如图 7.2.1 所示，靠近交界处的箭头表示了两种载流子的扩散方向。然而，带电粒子的扩散不会无限制地进行下去，因为带电粒子一旦扩散到对方就会发生复合现象，从而使电子和空穴因复合而消失。N 区的电子向 P 区扩散，并与 P 区的空穴复合，使 P 区失去空穴而留下不能移动的带负电的离子；P 区的空穴也要向 N 区扩散，并与 N 区的电子复合，使 N 区失去电子而留下带正电的离子。这些正、负离子所占的空间称为"空间电荷区"。由于空间电荷区内缺少可以自由运动的载流子，所以又称"耗尽层"，如图 7.2.2 所示。空间电荷区中的正、负离子之间形成一个内电场，方向是由 N 区指向 P 区。内电场对两边多子的进一步扩散起阻挡作用，所以空间电荷区也称"阻挡层"。但内电场可以使两边的少子产生漂移运动。漂移运动的方向与扩散运动相反。扩散运动使空间电荷区加宽，内电场增强，于是扩散阻力增大；漂移运动使空间电荷区变窄，内电场减弱，使扩散容易进行。当扩散运动和漂移运动作用相等时，便处于动态平衡状态，空间电荷区不再扩大，这种动态平衡状态下的空间电荷区就是 PN 结。

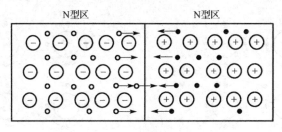

图 7.2.1　多子的扩散运动

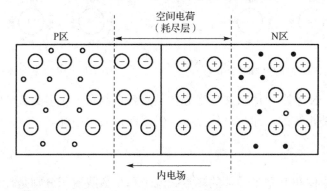

图 7.2.2　PN 结的形成

从上面的介绍可以看到，在 PN 结中进行着两种载流子运动：多子的扩散运动和少子的漂移运动。在无外电场和其他激发作用下，多子的扩散运动和少子的漂移运动保持动态平衡。

7.2.2　PN 结的单向导电性

如果在 PN 结两端外加电压，将破坏其原来的平衡状态。当外加电压极性不同时，PN 结表现出截然不同的导电性能，即呈现出单向导电性。

当电源的正极接 P 区，负极接 N 区时，称为"加正向电压"或"正向偏置"，如图 7.2.3 所示。这时外加电场方向与内电场方向相反，外电场将 P 区和 N 区的多数载流子推向空间电荷区，使其变窄，削弱了内电场，破坏了原来的平衡，使扩散运动加剧，而漂移运动减弱。由于电源的作用，扩散运动源源不断地进行，从而形成正向电流，PN 结导通。

PN 结导通时的结压降只有零点几伏，所以应在它所在的回路中串联一个电阻，以限制回路中的电流，防止 PN 结因正向电流过大而损坏。

当电源的正极接 N 区，负极接 P 区时，称为"加反向电压"或"反向偏置"，如图 7.2.4 所示。反向偏置时，外加电场与内电场方向相同，外电场将 N 区和 P 区的多数载流子拉向电源电极方向，使空间电荷区变宽，内电场增加，阻止扩散运动的进行，而加剧漂移运动的进行，形成反向电流（也称为漂移电流）。反向电流是由少数载流子的漂移运动形成的，当温度不变时，少数载流子的浓度不变，反向电流在一定范围内将不随外加电场的大小而变化，所以常把反向电流称为"反向饱和电流"。由于少数载流子数目极少，所以反向电流近似为零，可以认为 PN 结反向偏置时处于截止状态。

综上所述，PN 结加正向电压时，呈现较小的正向电阻，形成较大的正向电流，PN 结处于导通状态；PN 结加反向电压时，呈现很大的反向电阻，流过很小的反向电流，PN 结近似于截止状态。这种只允许一个方向电流通过的特性称为 PN 结的单向导电性。

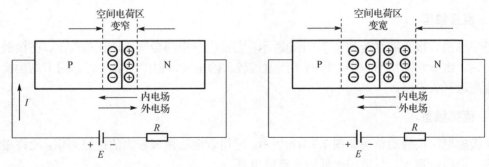

图 7.2.3　PN 结外加正向电压时导通　　　　图 7.2.4　PN 结外加反向电压时截止

练习与思考

7.2.1　PN 结是怎样形成的？它为什么具有单向导电性？

7.3　半导体二极管

7.3.1　二极管的结构与分类

如果在一个 PN 结的两端加上电极引线并用外壳封装起来，便构成一只半导体二极管，简称二极管。由 P 区引出的电极称为阳极或正极，由 N 区引出的电极称为阴极或负极。常见的二极管的结构及符号表示如图 7.3.1 所示。

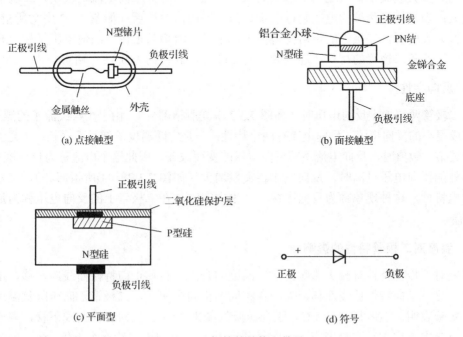

图 7.3.1　二极管的结构和符号

二极管的类型很多，按制造材料来分，有硅二极管和锗二极管；按二极管的结构来分，主要有点接触型、面接触型和平面型。下面简要说明几种不同结构二极管的主要特点。

1．点接触型

点接触型二极管的结构如图 7.3.1(a)所示。它是用一根细金属丝压在晶片上，在接触点形成 PN 结。由于它的结面积小，因而不能通过较大的电流，但结电容小，适用于高频检波及小电流高速开关电路。

2．面接触型

面接触型二极管的结构如图 7.3.1(b)所示。它用合金法做成较大的接触面积，允许通过较大电流，但结电容大，只适用于低频及整流电路。

3．平面型

平面型二极管的结构如图 7.3.1(c)所示。它用二氧化硅作保护层，使 PN 结不受污染，从而大大地减小了 PN 结两端的漏电流，因此其质量较好。其中结面积大的用作大功率整流管，结面积小的用作高频管或高速开关管。

7.3.2　二极管的伏安特性

二极管的导电特性常用伏安特性曲线来表示，图 7.3.2 是实测二极管伏安特性曲线，该特性曲线可以分为正向特性和反向特性两部分。下面分别予以介绍。

1．正向特性

当二极管两端加很低的正向电压时（如图 7.3.2 中①所指部分），外电场还不能克服 PN 结内电场对多数载流子扩散运动所形成的阻力，因此这时的正向电流仍很小，二极管呈现的电阻较大；当二极管两端的电压超过一定数值，即阈值电压后（如图 7.3.2 中②所指部分），内电场被大大削弱，二极管的电阻变得很小，于是电流增长很快。阈值电压又称为开启电压或死区电压，随二极管的材料和温度的不同而改变，硅管约为 0.5V，锗管约为 0.1V。

2．反向特性

当二极管两端加上反向电压时（如图 7.3.2 中③所指部分），由于少数载流子的漂移运动，因而形成很小的反向电流。反向电流有两个特性：一是它随温度的增长而增长；二是当反向电压不超过某一数值时，反向电流不随反向电压改变而改变，因此这个电流称为反向饱和电流。

当外加反向电压过高时，反向电流将突然增大（如图 7.3.2 中④所指部分），二极管失去单向导电特性，这种现象称为反向击穿。产生击穿时加在二极管上的反向电压称为反向击穿电压 U_{BR}。

3．温度对二极管特性的影响

温度对二极管特性有较大影响，随着温度的升高，将使正向特性曲线向左移，反向特性曲线向下移。正向特性曲线左移，表明在相同的正向电流下，二极管正向压降随温度升高而减小。实验表明，温度每升高 1℃，正向压降约减小 2mV。反向特性曲线下移，表明温度升高时，反向电流增大。实验表明，温度每升高 10℃，反向电流约增大 1 倍。

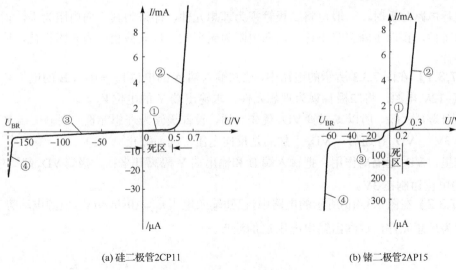

(a) 硅二极管2CP11　　　　　　　　　　　　(b) 锗二极管2AP15

图 7.3.2　二极管伏安特性曲线

4．理想二极管特性

在电路中，如果二极管正向导通时压降可以忽略不计，截止时反向电流可以忽略不计，则二极管可用理想二极管来等效。对于理想二极管，正向偏置时，二极管压降为零，相当于短路；反向偏置时，反向电流为零，二极管相当于开路。

7.3.3　二极管的主要参数

元件参数是对元件性能的定量描述，是选择和使用元件的基本依据。二极管的参数有很多，各种参数都可以从半导体器件手册中查出，下面介绍几个主要参数。

1．最大整流电流 I_{OM}

I_{OM} 是指二极管长期运行时，允许通过的最大平均电流。其大小主要取决于 PN 结的结面积，并且受结温的限制。使用时，二极管的平均电流不要超过此值，否则可能使二极管因过热而损坏。

2．反向工作峰值电压 U_{RWM}

U_{RWM} 是指使用时允许加在二极管上的最大反向电压，通常取反向击穿电压 U_{BR} 的 $1/2$。

3．反向峰值电流 I_{RM}

I_{RM} 是指在室温下，在二极管两端加上反向工作峰值电压时，流过二极管的反向电流。I_{RM} 越小，二极管的单向导电性越好。

4．最高工作频率 f_M

f_M 值主要决定于 PN 结的结电容大小，结电容越大，二极管允许的最高工作频率越低。

7.3.4　二极管的应用

二极管的应用范围很广，主要都是利用它的单向导电性。它可用于整流、检波、元件保护，也可在脉冲与数字电路中作为开关元件等。

在进行电路分析时，一般可将二极管视为理想元件，即认为其正向电阻为零，正向导通时为短路特性，正向压降忽略不计；反向电阻为无穷大，反向截止时为开路特性，反向漏电流忽略不计。

【例7.3.1】 在图7.3.3所示的电路中，已知输入端A的电位$V_A = 0V$，B的电位$V_B = 3V$，电阻R接$-12V$电源，将二极管视为理想元件，求输出端Y的电位V_Y。

解： 因为$V_A < V_B$，所以二极管VD_2优先导通，设二极管为理想元件，则输出端Y的电位$V_Y = V_B = 3V$。VD_2导通后，VD_1上加的是反向电压，因而截止。

在这里，VD_1起隔离作用，把输入端B和输出端Y隔离开来；二极管VD_2起钳位作用，把Y端的电位钳制在3V。

【例7.3.2】 在图7.3.4(a)所示的电路中，已知输入电压$u_i = 10\sin\omega t\,V$，电源电动势E=5V，将二极管为理想元件，试画出输出电压u_o的波形。

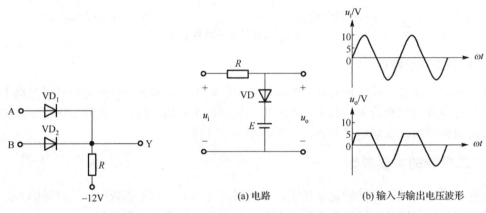

图7.3.3　例7.3.1的电路　　　　　(a) 电路　　　(b) 输入与输出电压波形

图7.3.4　例7.3.2的电路

解： 根据二极管的单向导电特性可知，当$u_i \leqslant 5V$时，二极管VD截止，相当于开路，因电阻R中无电流流过，故输出电压与输入电压相等，即$u_o = u_i$；当$u_i > 5V$时，二极管VD导通，相当于短路，故输出电压等于电源电动势，即$u_o = E = 5V$。所以，在输出电压u_o的波形中，5V以上的波形均被削去，输出电压被限制在5V以内，波形如图7.3.4(b)所示。在这里，二极管起限幅作用。

练习与思考

7.3.1　二极管中硅管和锗管的死区电压是多少？二极管导通后的压降是多少？

7.3.2　怎样用万用表检测二极管性能的好坏？

7.3.3　点接触型和面接触型二极管各用于什么场合？

7.4　稳压二极管

7.4.1　稳压管的伏安特性

稳压二极管是一种特殊的硅二极管，由于它在电路中与适当数值的电阻配合后能起稳定电压的作用，故称为稳压管。稳压管的伏安特性曲线与普通二极管的类似，如图7.4.1(a)所示，其差异是稳压管的反向特性曲线比较陡。稳压管正常工作于反向击穿区，且在外加反向电压撤除后，稳压管又恢复正常，即它的反向击穿是可逆的。从反向特性曲线上可以看出，当稳压管工作于反向击穿区时，电流虽然在很大范围内变化，但稳压管两端的电压变化很小，即它能起稳压的作用。如图 7.4.1(b)所示为稳压管的符号。

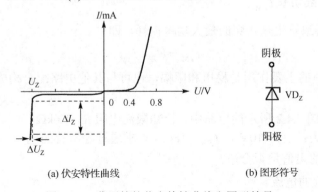

(a) 伏安特性曲线   (b) 图形符号

图 7.4.1 稳压管的伏安特性曲线和图形符号

如果稳压管的反向电流超过允许值，则它将会因过热而损坏。所以，与稳压管配合的电阻要适当，才能起到稳压作用。

7.4.2 稳压管的主要参数

1．稳定电压 U_Z

U_Z 指稳压管在正常工作时管子两端的电压，也就是它的反向击穿电压。由于制造工艺和其他方面的原因，稳压值也有一定的分散性。同一型号的稳压管稳压值可能略有不同。手册给出的都是在一定条件（工作电流、温度）下的数值。例如，2CW59 稳压管的稳压值为 10～11.8V。

2．稳定电流 I_Z

I_Z 指稳压管的工作电压等于稳定电压 U_Z 时的电流。它是稳压管正常工作时的最小电流值，为使稳压管工作在稳压区，稳压管中的电流应大于 I_Z，小于最大稳定电流 I_{ZM}。

3．电压温度系数 α_u

α_u 是表明稳压值受温度影响的系数，表示稳压管的温度稳定性。例如，2CW59 稳压管的电压温度系数是 0.095%/℃，表示温度每升高 1℃，它的稳压值增加 0.095%。假如在 20℃时的稳压值为 11V，那么在 40℃时的稳压值将为

$$11+\frac{0.095}{100}(40-20)\times11\approx11.2\text{V}$$

一般来说，高于 7V 的稳压管具有正的电压温度系数；低于 5V 的稳压管，电压温度系数是负的。而 6V 左右的稳压管，电压温度系数很小。因此，选用 6V 左右的稳压管可以得到较好的温度稳定性。

4．动态电阻 r_z

r_z 指稳压管两端电压的变化量与相应电流变化量的比值，即

$$r_z = \frac{\Delta U_Z}{\Delta I_Z}$$

稳压管的反向伏安特性曲线越陡，则动态电阻越小，稳压性能越好。

5. 最大允许耗散功率 P_{ZM}

P_{ZM} 指稳压管不致发生热击穿的最大功率损耗，即

$$P_{ZM} = U_Z \times I_{ZM}$$

稳压管在电路中的主要作用是稳压和限幅，也可与其他电路配合构成欠压或过压保护、报警环节等。

【例 7.4.1】 在图 7.4.2 所示的电路中，已知限流电阻 $R = 1.6\text{k}\Omega$，稳压管 VD_Z 的参数为：$U_Z = 10\text{V}$，$I_{ZM} = 18\text{mA}$。求通过稳压管的电流 I_Z；限流电阻 R 的阻值是否合适？

解：通过稳压管的电流

$$I_Z = \frac{18 - 10}{1.6} = 5\text{mA}$$

由于 $I_Z < I_{ZM}$，所以限流电阻 R 的阻值合适。

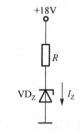

图 7.4.2　例 7.4.1 的图

练习与思考

7.4.1　稳压管的工作区处于它的伏安特性曲线上的哪个区域？

7.4.2　为什么稳压管动态电阻越小其稳压性能越好？

7.5　双极型晶体管

常用的半导体器件按照参与导电的载流子情况可分为两种类型：电子和空穴两种载流子参与导电的"双极型"，只涉及一种载流子的"单极型"。双极型晶体管（bipolar transister）又称为半导体三极管，简称晶体管。它是电子线路中的核心器件。图 7.5.1 所示为晶体管的几种常见外形，其中图7.5.1(a)所示为低频小功率管，图7.5.1(b)所示为高频小功率管，图7.5.1(c)所示为低频大功率管。

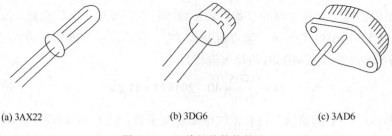

(a) 3AX22　　　　　　　　(b) 3DG6　　　　　　　　(c) 3AD6

图 7.5.1　几种晶体管的外形

7.5.1　晶体管的结构

晶体管由两个 PN 结和三个电极构成，按 PN 结的组成方式分为 NPN 型和 PNP 型两种类型，如图 7.5.2 所示。由图可见，无论是 NPN 型还是 PNP 型的晶体管，它们都具有三个区：

集电区、基区和发射区；并相应地引出三个电极：集电极、基极和发射极，分别用 c、b、e 来表示。同时，基区与发射区之间的 PN 结称为发射结，基区与集电区之间的 PN 结称为集电结。晶体管符号中的箭头表示管内正向电流的方向。箭头指向管外的为 NPN 管，箭头指向管内的为 PNP 管。

晶体管的结构在工艺上具有以下特点：

（1）发射区进行重掺杂，以便于产生较多的载流子；

（2）基区很薄且掺杂浓度低，有利于发射区载流子穿过基区到达集电区；

（3）集电区轻掺杂，但面积大，以保证尽可能多地收集到从发射区发出的载流子。

正是由于晶体管结构具有上述特点，才使它产生了电流控制和放大作用。NPN 型和 PNP 型晶体管的工作原理相似，不同之处在于工作时外加电源极性和各电极的电流方向彼此相反。由于在实际应用中采用 NPN 型晶体管较多，所以下面以 NPN 型晶体管为例进行介绍和讨论。

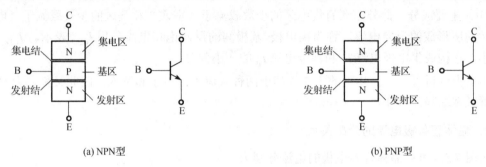

(a) NPN型　　　　　　　　　　　　　　(b) PNP型

图 7.5.2　晶体管结构示意图和图形符号

7.5.2　晶体管的电流放大作用

对信号进行放大是模拟电路的基本功能之一。晶体管是放大电路的核心器件。晶体管的结构特点决定了它起电流放大作用的内部条件，为了实现电流放大，还必须具备一定的外部条件，这就是要使它的发射结处于正向偏置，集电结处于反向偏置。如图 7.5.3 所示为 NPN 型晶体管的电源接法：U_{BB} 是基极电源，其极性使发射结处于正向偏置；U_{CC} 是集电极电源，其极性使集电结处于反向偏置。因此，晶体管 3 个电极的电位关系是 $U_C > U_B > U_E$。如果是 PNP 型晶体管，则应改变电源的极性，使 $U_C < U_B < U_E$。

下面通过分析 NPN 型晶体管内部载流子的运动规律来揭示晶体管为什么具有电流放大作用。图 7.5.3 给出了晶体管内部载流子的运动情况以及各电极电流分配示意图。

1．晶体管中载流子的运动情况

晶体管内部载流子的运动情况可分为以下几个过程。

（1）发射区向基区发射电子

由于发射结处于正向偏置，多数载流子的扩散运

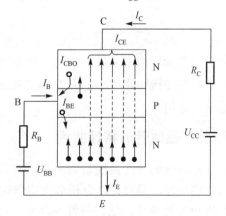

图 7.5.3　晶体管内部载流子运动
情况及电流分配示意图

动加强，发射区的自由电子（多数载流子）不断扩散到基区，并不断从电源补充进电子，形成发射极电流I_E。

（2）电子在基区的扩散和复合

从发射区扩散到基区的自由电子起初都聚集在发射结附近，靠近集电结的自由电子很少，形成了浓度上的差别，因而自由电子向集电结方向继续扩散。由于基区很薄，所以自由电子只有很少一部分与基区中的空穴复合，所形成的电流记作I_{BE}。因基区的空穴是电源U_{BB}提供的，所以I_{BE}是基极电流I_B的主要成分。

（3）集电区收集电子

由于集电结反向偏置，有利于该 PN 结两边半导体中少数载流子的（漂移）运动，而对多数载流子的扩散运动起阻挡作用，即阻挡集电区的自由电子向基区扩散，但可以将从发射区扩散到基区并到达集电区边缘的自由电子拉入集电区，从而形成电流I_{CE}，它是集电极电流I_C中的主要成分。此外，还有集电区的少数载流子（空穴）和基区的少数载流子（电子）漂移运动所形成的反向电流，称为集电极–基极间的反向饱和电流，用I_{CBO}表示。I_{CBO}的数值很小，它构成集电极电流I_C和基极电流I_B的一小部分。

由以上分析可知，晶体管的工作依赖于两种载流子：电子和空穴。因此又称之为双极型晶体管（常缩写为 BJT）。

2．晶体管各极电流的分配关系

由图 7.5.3 可得晶体管各电极的电流分别为

$$I_C = I_{CE} + I_{CBO}$$

$$I_B = I_{BE} - I_{CBO}$$

$$I_E = I_{CE} + I_{BE} = I_C + I_B$$

如上所述，从发射区扩散到基区的电子中只有很少一部分在基区复合形成电流I_{BE}，绝大部分到达集电区形成电流I_{CE}。也就是说，构成发射极电流I_E的两部分中，I_{BE}部分是很小的，而I_{CE}部分所占的百分比大，这个比值用$\overline{\beta}$表示，即

$$\overline{\beta} = \frac{I_{CE}}{I_{BE}} = \frac{I_C - I_{CBO}}{I_B + I_{CBO}} \approx \frac{I_C}{I_B} \tag{7.5.1}$$

$\overline{\beta}$表征晶体管的电流放大能力，称为静态电流（直流）放大系数。通常，$\overline{\beta}$=20～200。

控制基极回路的小电流I_B即能实现对集电极回路的大电流I_C的控制，这就是晶体管的电流放大作用。

7.5.3　晶体管的特性曲线

晶体管的特性曲线是用来表示该晶体管各电极电压和电流之间相互关系的，它反映了晶体管的性能，是设计、分析放大电路的重要依据。最常用的是共发射极接法的输入特性曲线和输出特性曲线。这些特性曲线可以用晶体管特性图示仪直接测出，也可以通过如图 7.5.4 所示的实验电路测绘出来。

1. 输入特性曲线

输入特性曲线是指当 U_{CE} 为常数时，晶体管输入回路中基极电流 I_B 与基极、射极电压 U_{BE} 之间的关系曲线，即

$$I_B = f(U_{BE})\big|_{U_{CE}=常数}$$

如图 7.5.5 所示为一簇实测的输入特性曲线。由图可见，晶体管的输入特性曲线与二极管的正向特性曲线相似。晶体管输入特性也有死区，硅管的死区电压约为 0.5V，锗管约为 0.1V。晶体管导通时，NPN 型硅管发射结电压 $U_{BE} = 0.6 \sim 0.7V$，PNP 型锗管的 $U_{BE} = -0.2 \sim -0.3V$。

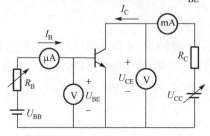

图 7.5.4　测量晶体管特性的实验电路

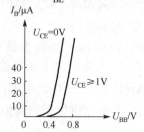

图 7.5.5　晶体管输入特性曲线

此外，从图上还可以看出，$U_{CE} \geqslant 1V$ 时的各条输入特性曲线很接近。这是因为对于硅管来说，当 $U_{CE} \geqslant 1V$ 时，集电结已反向偏置，并且电场又已足够强，而基区又很薄，可以把从发射区扩散到基区的电子中的绝大部分拉入集电区。此时，只要 U_{BE} 保持不变，即使 U_{CE} 增加，I_B 也不会明显减小。也就是说，$U_{CE} > 1V$ 以后的输入特性曲线基本上是重合的。所以，通常只画出 $U_{CE} \geqslant 1V$ 的一条输入特性曲线。

2. 输出特性曲线

输出特性曲线是指当基极电流 I_B 恒定时，晶体管输出回路中集电极电流 I_C 与集电极、发射极电压 U_{CE} 之间的关系曲线，即

$$I_C = f(U_{CE})\big|_{I_B=常数}$$

在不同的基极电流 I_B 值下，输出特性曲线是一簇曲线，如图 7.5.6 所示。

由图 7.5.6 可见，当基极电流 I_B 一定时，随着 U_{CE} 从零开始增加，集电极电流 I_C 先是直线上升，然后趋于平直。这是因为从发射区扩散到基区的电子数量大致是一定的。在 $U_{CE} \geqslant 1V$ 以后，这些电子的绝大部分已经被拉入集电区而形成 I_C，以至于当 U_{CE} 继续增加时，I_C 也不再明显增加，具有恒流特性，且满足 $I_C = \overline{\beta}I_B$。当 I_B 增大时，相应的 I_C 也增大，曲线上移，体现了晶体管的电流放大作用。

通常把晶体管的输出特性曲线分为放大区、截止区和饱和区三个工作区，如图 7.5.6 所示。

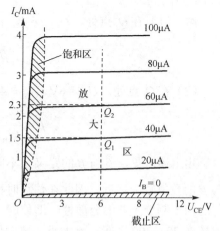

图 7.5.6　晶体管输出特性曲线

（1）放大区

输出特性曲线接近于水平的部分是放大区。在放

大区，$I_C = \bar{\beta} I_B$，即 I_C 和 I_B 成正比，所以放大区也称为线性区。当 I_B 固定时，I_C 也基本不变，具有恒流的特性；当 I_B 变化时，I_C 也有相应的变化，表明 I_C 是受 I_B 控制的受控源。如前所述，晶体管工作于放大状态时，发射结处于正向偏置，集电结处于反向偏置，即对 NPN 型晶体管而言，应使 $U_{BE} > 0$，$U_{BC} < 0$。

（2）截止区

$I_B = 0$ 这条曲线及以下的区域为截止区。当 $I_B = 0$ 时，$I_C \approx 0$，$U_{CE} \approx U_{CC}$。对于 NPN 型晶体管而言，当 $U_{BE} < 0.5V$ 时，已开始截止，但是为了截止可靠，常使 $U_{BE} < 0$，截止时集电结也处于反向偏置（$U_{BC} < 0$）。

（3）饱和区

靠近纵坐标，特性曲线的上升和弯曲部分所对应的区域称为饱和区。在饱和区，$U_{CE} < U_{BE}$，集电结处于正向偏置，此时的 U_{CE} 值常称为晶体管的饱和压降，用 U_{CES} 表示。由于在饱和区 I_C 不随 I_B 的增大而成比例地增大，因而晶体管失去了线性放大作用，故称为饱和。饱和时，发射结也处于正向偏置。

7.5.4 晶体管的主要参数

晶体管的特性也可以用一些数据来说明，这些数据就是晶体管的参数。晶体管的参数是设计电路、选用晶体管的依据。其主要参数如下所述。

1. 电流放大系数 $\bar{\beta}$ 和 β

电流放大系数分为静态电流（直流）放大系数 $\bar{\beta}$ 和动态电流（交流）放大系数 β。$\bar{\beta}$ 的意义如前所述。β 指晶体管工作在动态（有输入信号）时，集电极电流的变化量 ΔI_C 与基极电流的变化量 ΔI_B 的比值：

$$\beta = \frac{\Delta I_C}{\Delta I_B}$$

【例 7.5.1】 如图 7.5.6 所示的晶体管输出特性曲线，（1）计算 Q_2 点处的 $\bar{\beta}$；（2）由 Q_1 和 Q_2 两点计算 β。

解：（1）在 Q_2 点处，$U_{CE} = 6V$，$I_B = 60\mu A = 0.06mA$，$I_C = 2.3mA$，故

$$\bar{\beta} = \frac{I_C}{I_B} = \frac{2.3}{0.06} = 38.3$$

（2）在 Q_1 点处，$U_{CE} = 6V$，$I_B = 40\mu A = 0.04mA$，$I_C = 1.5mA$。故由 Q_1 和 Q_2 两点得：

$$\beta = \frac{\Delta I_C}{\Delta I_B} = \frac{2.3 - 1.5}{0.06 - 0.04} = \frac{0.8}{0.02} = 40$$

由上述可见，$\bar{\beta}$ 与 β 的定义是不同的，在手册中一般用 h_{FE} 表示 $\bar{\beta}$，用 h_{fe} 表示 β。但 $\bar{\beta}$ 与 β 的数值较为接近，因此在估算时可令 $\bar{\beta} = \beta$，并统一用 β 表示。

由于制造工艺的分散性，即使同一型号的晶体管，β 值也有很大的差别。常用晶体管的 β 值在 20～200 之间。β 太小，放大作用小；β 太大，温度稳定性差。一般在放大电路中，以 $\beta = 100$ 左右为好。

2．集-基极反向截止电流 I_{CBO}

I_{CBO} 是指当发射极开路时，由于集电结处于反向偏置，集电区和基区中的少数载流子的漂移运动所形成的反向电流，如图 7.5.7 所示。I_{CBO} 受温度影响大，此值越小，温度稳定性越好。在室温下，小功率锗管的 I_{CBO} 在 $10\mu A$ 左右；小功率硅管的 I_{CBO} 则在 $1\mu A$ 以下。

3．集-射极反向截止电流 I_{CEO}

I_{CEO} 是指基极开路时，从集电极穿越集电区、基区和发射区到达发射极的电流，通常称为穿透电流，如图 7.5.8 所示。

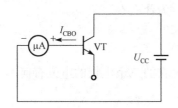

图 7.5.7　测量 I_{CBO} 的电路

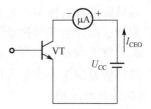

图 7.5.8　测量 I_{CEO} 的电路

基极开路时，从集电区漂移到基区的空穴（即 I_{CBO}）全部与从发射区扩散到基区的电子复合。由晶体管的放大作用可知，从发射区扩散到达集电区的电子数应为在基区与空穴复合的电子数的 $\bar{\beta}$ 倍，因此有

$$I_{CEO} = \bar{\beta} I_{CBO} + I_{CBO} = (1 + \bar{\beta}) I_{CBO}$$

由式（7.5.1）也可得到上式。

由于 I_{CBO} 受温度影响很大，当温度上升时，I_{CBO} 增加很快，故 I_{CEO} 增加也快。因此，I_{CBO} 越大、$\bar{\beta}$ 越大，则 I_{CEO} 越大，晶体管稳定性越差。

4．集电极最大允许电流 I_{CM}

在 I_C 的一个很大范围内，β 基本不变，但是当 I_C 超过一定数值之后，β 将明显下降。β 下降到正常数值的三分之二时的集电极电流称为集电极最大允许电流 I_{CM}。因此，在使用晶体管时，I_C 超过 I_{CM} 并不一定会使晶体管损坏，但以降低 β 为代价。

5．集-射极反向击穿电压 $U_{(BR)CEO}$

$U_{(BR)CEO}$ 是指基极开路时，集电极与发射极之间的最大允许电压。当晶体管的集-射极电压 U_{CE} 大于 $U_{(BR)CEO}$ 时，I_{CEO} 突然大幅度上升，说明晶体管已击穿。手册中给出的 $U_{(BR)CEO}$ 一般是温度为 25℃时的值。在高温下，晶体管的 $U_{(BR)CEO}$ 值将降低，使用时应特别注意。

6．集电极最大允许耗散功率 P_{CM}

晶体管工作时，由于集电结承受较高的反向电压并通过较大的电流，将因消耗功率而发热，使结温升高。集电极最大允许耗散功率是指在允许结温（硅管约为 150℃，锗管为 70℃）下，集电极允许消耗的最大功率，用 P_{CM} 表示。

如果一个晶体管的 P_{CM} 值已确定，则由：

$$P_{CM} = I_C U_{CE}$$

可以在晶体管输出特性曲线上画出 P_{CM} 曲线，它是一条双曲线。

I_{CM}、$U_{(BR)CEO}$ 和 P_{CM} 称为晶体管的极限参数，由它们共同确定晶体管的安全工作区，如图 7.5.9 所示。

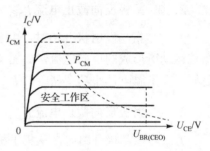

图 7.5.9　晶体管的安全工作区

练习与思考

7.5.1　晶体管三个电极的电流之间有什么关系？

7.5.2　晶体管的发射极与集电极是否可调换使用？为什么？

7.5.3　为什么晶体管基区掺杂浓度小而且做得很薄？

7.5.4　晶体管的参数 I_{CBO} 和 I_{CEO} 受什么影响最大？

7.5.5　晶体管分别工作在放大区、饱和区、截止区时它的三个电极的电位有何不同？NPN 型和 PNP 型晶体有何区别？

7.6　场效应晶体管

场效应晶体管（Field-Effect Transistor，FET）是一种电压控制型半导体器件，简称场效应管。场效应管具有输入电阻高（可达 $10^9 \sim 10^{14} \Omega$，而晶体管的输入电阻仅为 $10^2 \sim 10^4 \Omega$）、噪声低、热稳定性好、抗辐射能力强、耗电低等优点，目前已广泛应用于各种电子电路中。

场效应管按其结构的不同分为结型和绝缘栅型两种。其中，绝缘栅型由于制造工艺简单、便于集成，因此发展很快。本书仅介绍绝缘栅型场效应管。

绝缘栅型场效应管通常由金属、氧化物和半导体制成，所以又称为金属-氧化物-半导体场效应管，简称 MOS 场效应管。由于这种场效应管的栅极被绝缘层（SiO_2）隔离，因此其输入电阻很高，最高可达 $10^{14} \Omega$。根据导电沟道的不同，绝缘栅型场效应管可分为 N 沟道和 P 沟道两类，每类又有增强型和耗尽型之分。下面介绍 N 沟道的结构、工作原理和特性曲线。

7.6.1　N 沟道增强型 MOS 场效应管

（1）结构

N 沟道增强型 MOS 场效应管的结构示意图如图 7.6.1 所示。用一块掺杂浓度较低的 P 型半导体硅片作衬底，然后在半导体表面覆盖一层二氧化硅（SiO_2）的绝缘层，再在 SiO_2 层上刻出两个窗口，通过扩散工艺形成两个高掺杂的 N 型区（用 N^+ 表示），并在 N^+ 区和 SiO_2 的表面各自喷上一层金属铝，分别引出源极 S、漏极 D 和栅极 G。

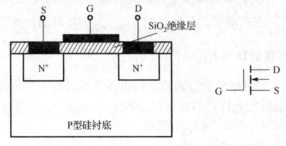

图 7.6.1　N 沟道增强型 MOS 场效应管结构及电路符号

（2）工作原理

绝缘栅型场效应管由 U_{GS} 来控制"感应电荷"的多少，以改变由这些"感应电荷"形成的导电沟道的状况，从而达到控制漏极电流 I_D 的目的。

对于 N 沟道增强型 MOS 场效应管，当栅-源电压 $U_{GS}=0$ 时，在漏极和源极的两个 N^+ 区之间是 P 型硅片，因此漏、源之间相当于两个背靠背的 PN 结。所以，无论漏、源极之间加上何种极性的电压，总是不导通的，即 $I_D=0$。

在图 7.6.2 中，当 $U_{GS}>0$ 时，在 SiO_2 的绝缘层中产生一个垂直半导体表面、由栅极指向 P 型衬底的电场。这个电场排斥空穴吸引电子，当 $U_{GS} \geqslant U_{GS(th)}$ 开启电压时，在绝缘栅下的 P 区中形成了一层以电子为主的 N 型层。由于源极和漏极均为 N^+ 型，故此 N 型层在漏、源极之间形成电子导电沟道，称为 N 型沟道。此时在漏、源极间加漏-源电压 U_{DS}，则形成电流 I_D（见图 7.6.3）。显然，改变 U_{GS} 可以改变沟道的宽窄，从而控制了漏极电流 I_D 的大小。由于这种场效应管在 $U_{GS}=0$ 时，$I_D=0$，只有在 $U_{GS}>U_{GS(th)}$ 后才出现沟道，形成电流，故称为增强型。

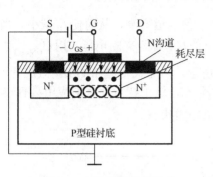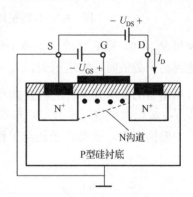

图 7.6.2　导电沟道的形成　　　　图 7.6.3　沟道增强型 MOS 场效应管的导通

（3）特性曲线

N 沟道增强型场效应管用转移特性（栅-源电压对漏极电流的控制特性）曲线和输出特性曲线来表示 I_D、U_{GS}、U_{DS} 之间的关系，如图 7.6.4 所示。

由图 7.6.4(a)所示的转移特性曲线可见，当 $U_{GS}<U_{GS(th)}$ 时，由于尚未形成导电沟道，因此 $I_D \approx 0$。当 $U_{GS} \geqslant U_{GS(th)}$ 时，只有形成导电沟道，才形成电流，而且 U_{GS} 增大，沟道变宽，沟道电阻变小，I_D 也增大。$U_{GS(th)}$ 使场效应管在 U_{DS} 的作用下，由不导通变为导通的临界栅-源电压称为开启电压。

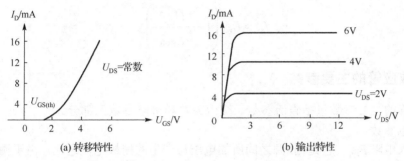

图 7.6.4　N 沟道增强型 MOS 场效应管的特性曲线

7.6.2　N 沟道耗尽型 MOS 场效应管

耗尽型 MOS 场效应管是在制造过程中，预先在 SiO$_2$ 绝缘层里掺入大量的正离子，因此当 $U_{GS}=0$ 时，这些正离子产生的电场也能在 P 型衬底中"感应"出足够的电子，形成 N 型导电沟道，如图 7.6.5 所示。在 U_{DS} 作用下会产生漏极电流 I_{DSS}，这个流过原始导电沟道的电流称为饱和漏极电流。当 $U_{GS}>0$ 时，将产生较大的漏极电流（$>I_{DSS}$）。

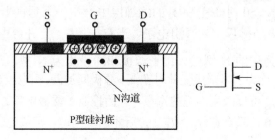

图 7.6.5　N 沟道耗尽型 MOS 场效应管结构及电路符号

如果 $U_{GS}<0$，则它将消弱正离子所形成的电流，使沟道变窄，从而使 I_D 减小。当 U_{GS} 更负，达到某一数值时，沟道消失，$I_D=0$。使 $I_D=0$ 的 U_{GS} 称为夹断电压，用 $U_{GS(off)}$ 表示。N 沟道耗尽型 MOS 场效应管的特性曲线如图 7.6.6 所示。可见耗尽型 MOS 场效应管不论栅-源电压 U_{GS} 是正或负值，或为零，都能控制漏极电流 I_D，这个特点使它的应用具有较大的灵活性。一般情况下，这类管子还是工作在负栅-源电压的状态。

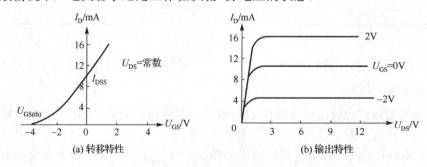

图 7.6.6　N 沟道耗尽型 MOS 场效应管的特性曲线

实验表明，在 $U_{GS(off)} \leqslant U_{GS} \leqslant 0$ 范围内，N 沟道耗尽型 MOS 场效应管的转移特性可近似用下式表示：

$$I_D = I_{DSS}\left(1 - \frac{U_{GS}}{U_{GS(off)}}\right)^2 \tag{7.6.1}$$

7.6.3　场效应管的主要参数

场效应管的主要参数包括直流参数、交流参数和极限参数三部分。

（1）直流参数

直流输入电阻 R_{GS}。它是栅-源之间所加电压与产生的栅极电流之比。由于栅极几乎不取用电流，因此输入电阻很高，MOS 管可达 $10^{10}\Omega$ 以上。

饱和漏极电流 I_{DSS}。它是耗尽型场效应管的一个重要参数，它的定义是当栅、源之间的电压 U_{GS} 为零，管子发生预夹断时的电流。

夹断电压 $U_{GS(off)}$。它是耗尽型场效应管的重要参数，其定义为当 U_{DS} 一定时，使漏极电流 I_D 减小到某一个微小电流（如 $1\mu A$）时所需的 U_{GS} 值。

开启电压 $U_{GS(th)}$。它是增强型场效应管的重要参数，其定义是当 U_{DS} 一定时，使漏极电流 I_D 达到某一数值（例如 $10\mu A$）时所需加的 U_{GS} 值。

（2）交流参数

低频跨导 g_m。它用于描述栅-源电压 U_{GS} 对漏极电流的控制作用，其定义是当 U_{DS} 一定时，I_D 与 U_{GS} 的变化量之比，即

$$g_m = \left. \frac{\partial I_D}{\partial U_{GS}} \right|_{U_{DS}=常数} \tag{7.6.2}$$

低频跨导 g_m 的单位是 mA/V。

（3）极限参数

最大漏极电流 I_{DM}。I_{DM} 是指管子在工作时允许的最大漏极电流。

漏-源击穿电压 $U_{(BR)DS}$。$U_{(BR)DS}$ 指漏极与源极之间的反向击穿电压。场效应管在使用时，U_{DS} 不允许超过此值。

最大允许耗散功率 P_{DM}。P_{DM} 是决定场效应管温升的参数。

场效应管在使用时

$$P_D = I_D U_{DS} \leqslant P_{DM} \tag{7.6.3}$$

这部分功率将转换为热能，使场效应管的温度升高。P_{DM} 取决于场效应管允许的最高温升。

练习与思考

7.6.1 场效应管和晶体管相比较有何区别？

7.6.2 说明场效应管的夹断电压和开启电压的意义。

7.7 光 电 器 件

7.7.1 发光二极管

发光二极管具有工作电压低、体积小、功耗低、寿命长和工作可靠等优点，广泛用于工作指示灯和各种数字仪表。发光二极管简写为 LED，由于它采用砷化镓、磷化镓等半导体材料制成，所以在通过正向电流时，由于电子与空穴的直接复合释放能量而发出光来。如图 7.7.1 所示为发光二极管的图形符号及其正向导通发光时的工作电路。

当发光二极管正向偏置时，其发光亮度随注入电流的增大而提高。为限制其工作电流，通常都要串联限流电阻 R。由于发光二极管的工作电压低（$1.5\sim3V$）、工作电流小（$5\sim10mA$），因此可通过调节电流（或电压）来调节发光亮度。

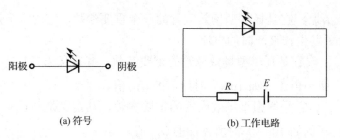

(a) 符号 (b) 工作电路

图 7.7.1 发光二极管

7.7.2 光电二极管

光电二极管是一种特殊二极管。它的特点是：在电路中一般处于反向工作状态，当没有光照射时，其反向电阻很大，PN 结流过的反向电流很小；当光线照射在 PN 结上时，就在 PN 结及其附近产生电子空穴对，电子和空穴在 PN 结的内电场作用下做定向运动，形成电流。如果光的照度 E 改变，光生电子空穴对的浓度也相应改变，光电流强度也随之改变。可见光电二极管能将光信号转变为电信号输出。

光电二极管可用作光控元件，当制成大面积的光电二极管时，能将光能直接转换为电能，可作为一种能源，因而称为光电池。

光电二极管的管壳上备有一个玻璃窗口，以便接受光照。光电二极管的伏安特性曲线及符号如图 7.7.2 所示。

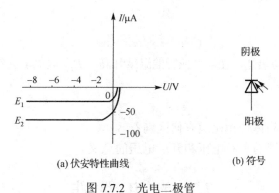

(a) 伏安特性曲线 (b) 符号

图 7.7.2 光电二极管

7.7.3 光电晶体管

普通晶体管是用基极电流 I_B 的大小来控制集电极电流的，而光电晶体管是用入射光照度 E 的强弱来控制集电极电流的。因此两者的输出特性曲线相似，只是用 E 来代替 I_B。当无光照时，集电极电流 I_{CEO} 很小，称为暗电流。有光照时的集电极电流称为光电流，一般约为零点几毫安到几毫安。图 7.7.3 所示是光电晶体管的输出特性曲线和符号。

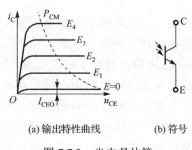

(a) 输出特性曲线 (b) 符号

图 7.7.3 光电晶体管

7.8 习　　题

7.8.1　填空题

1．在杂质半导体中，多数载流子的浓度主要取决于掺入的_____，而少数载流子的浓度则与_____有很大关系。

2．在 N 型半导体中，_____为多数载流子，_____为少数载流子。

3．PN 结加正向偏置时，PN 结的厚度将_____。

4．半导体二极管具有_____性能。

5．稳压二极管稳压工作时，是工作在其特性曲线的_____区。

6．双极型三极管从结构上看可以分成_____和_____两种类型。场效应管从结构上看可分成_____和_____两大类型。

7．晶体管工作在放大区时，它的发射结保持_____偏置，集电结保持_____偏置。

8．场效应管属于_____控制型器件，而晶体三极管则认为是_____控制型器件。

9．在常温下，发光二极管的正向导通电压为_____，考虑发光二极管的发光亮度和寿命，其工作电流一般控制在_____。

10．某放大状态的三极管，测得各引脚电位为：①脚电位 V_1=2.3V，②脚电位 V_2=3V，③脚电位 V_3=-9V，则可判定三极管为_____管，_____脚为 e 极，_____脚为 c 极。

11．某晶体管的极限参数 $P_{CM} = 100\text{mW}$，$I_{CM} = 15\text{mA}$，$U_{(BR)CEO} = 30\text{V}$，若工作电 $U_{CE} = 10\text{V}$，则工作电流 I_C 不得超过_____；若工作电流 $I_C = 5\text{mA}$，工作电压不得超过_____。

12．根据图 7.8.1 中标出的各晶体管的电极电位，判断：晶体管处于放大状态的是_____；处于饱和状态的是_____。

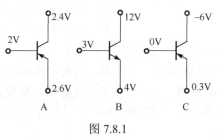

图 7.8.1

7.8.2　选择题

1．要得到 P 型杂质半导体，在本征半导体硅或锗的晶体中，应掺入少量的（　　）。
   A．三价元素　　　　B．四价元素　　　　C．五价元素　　　　D．六价元素

2．二极管加正向电压时，其正向电流由（　　）。
   A．多数载流子扩散形成　　　　　　　B．多数载流子漂移形成
   C．少数载流子漂移形成　　　　　　　D．少数载流子扩散形成

3．稳压管电路如图 7.8.2 所示，稳压管 VD_{Z1} 的稳定电压 $U_{Z1} = 12\text{V}$，VD_{Z2} 的稳定电压为 $U_{Z2} = 6\text{V}$，则电压 U_0 等于（　　）。

A. 12V   B. 20V   C. 6V   D. 0V

4. 理想二极管构成的电路如图 7.8.3 所示，则输出电压 U_0 等于（   ）。

A. 8V   B. -6V   C. 2V   D. 14V

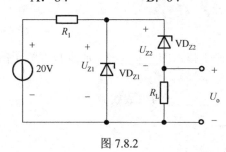 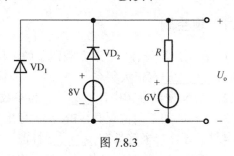

图 7.8.2   图 7.8.3

5. 如图 7.8.4 所示的二极管为理想元件，$u_i=6\sin\omega t$ V，$U=3$V，$\omega t=\dfrac{\pi}{2}$ 瞬间，输出电压 u_0 等于（   ）。

A. 0V   B. 6V   C. 3V   D. $6\sin\omega t$V

6. 由理想二极管构成的电路如图 7.8.5 所示，输出电压 U_o 为（   ）。

A. -8V   B. -5V   C. -3V   D. +5V

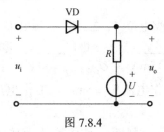 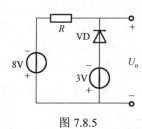

图 7.8.4   图 7.8.5

7. NPN 型晶体管，处在饱和状态时是（   ）。

A. $U_{BE}<0$，$U_{BC}<0$ B. $U_{BE}>0$，$U_{BC}>0$

C. $U_{BE}>0$，$U_{BC}<0$ D. $U_{BE}<0$，$U_{BC}>0$

8. 工作在放大状态的晶体管，各极的电位应满足（   ）。

A. 发射结正偏，集电结反偏   B. 发射结反偏，集电结正偏

C. 发射结、集电结均反偏   D. 发射结、集电结均正偏

9. 某晶体管工作在放大状态，三个极的电位分别为 $V_E=-1.7$V，$V_B=-1.4$V，$V_C=5$V，则该晶体管的类型为（   ）。

A. PNP 型硅管   B. PNP 型锗管   C. NPN 型硅管   D. NPN 型锗管

10. 根据图 7.8.6 中已标出各晶体管电极的电位，判断处于饱和状态的晶体管是（   ）。

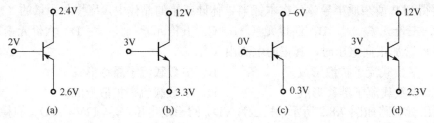

(a)   (b)   (c)   (d)

图 7.8.6

A．图(a)　　　　B．图(b)　　　　C．图(c)　　　　D．图(d)

7.8.3 计算题

1．在图 7.8.7 所示电路中，设 $U_S = 6V$，$u_i = 12\sin\omega t V$，二极管均为理想二极管（忽略正向导通压降），试分别画出输出电压 u_o 的波形。

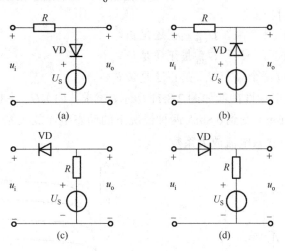

图 7.8.7

2．在图 7.8.8 所示电路中，已知 $R_I = R_L$，二极管的正向压降可忽略不计，$U_S = 5V$，$U_i = 8V$，求 U_o。

3．由理想二极管组成的电路如图 7.8.9 所示，试确定各电路的输出电压 U_o。

4．有两个稳压管 VD_{Z1} 和 VD_{Z2}，其稳定电压分别为 4.5V 和 8.5V，正向压降都是 0.5V。如果要得到 0.5V、4V、5V、9V 和 13V 几种稳定电压，这两个稳压二极管（还有限流电阻）应该如何连接？画出各个电路图。

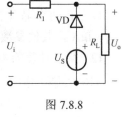

图 7.8.8

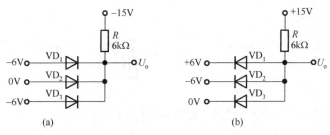

图 7.8.9

5．在图 7.8.10 所示电路中，$U_I = 24V$，$R = R_L = 100\Omega$，稳压二极管 VD_Z 的稳定电压 $U_Z = 8V$，最大稳定电流 $I_{ZM} = 50mA$。试求通过稳压二极管的电流 I_Z 是否超过 I_{ZM}？如超过，怎么才能使其不超过？

6．在图 7.8.10 所示电路中，$R = R_L = 500\Omega$，稳压二极管 VD_Z 的稳定电压 $U_Z = 10V$，稳定电流 $I_Z = 5mA$，最大稳定电流 $I_{ZM} = 30mA$。试分析 U_I 在什么范围变化，电路能正常工作？

7. 在一放大电路中，测得某晶体管 3 个电极的对地电位分别为–6V、–3.4V、–3.2V，试判断该晶体管是 NPN 型还是 PNP 型，锗管还是硅管，并确定 3 个电极。

8. 如何用万用表（模拟型）判断出一个晶体管是 NPN 型还是 PNP 型？如何判断出晶体管的 3 个引脚？又如何通过实验来区别是锗管还是硅管？

9. 晶体管工作在放大区时，要求发射结上加正向电压，集电结上加反向电压。试就 NPN 型和 PNP 型两种情况讨论：

（1）V_C 和 V_B 的电位哪个高？U_{CB} 是正还是负？

（2）V_B 和 V_E 的电位哪个高？U_{BE} 是正还是负？

（3）V_C 和 V_E 的电位哪个高？U_{CE} 是正还是负？

10. 某晶体管的输出特性曲线如图 7.8.11 所示，试求：（1）$U_{CE}=10V$ 时，I_B 从 0.4mA 变到 0.8mA，以及 I_B 从 0.6mA 变到 0.8mA 两种情况下的动态电流放大系数；（2）I_B 等于 0.4mA 和 0.8mA 两种情况下的静态电流放大系数。

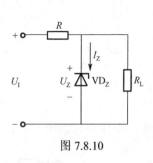

图 7.8.10

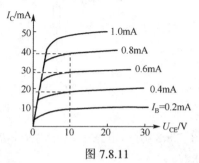

图 7.8.11

11. 有两个晶体管，一个晶体管的 $\beta=150$，$I_{CEO}=20\mu A$，另一个晶体管的 $\beta=50$，$I_{CEO}=1\mu A$，其他参数都一样，哪个晶体管的性能更好一些？为什么？

12. 某晶体管的极限参数 $P_{CM}=100mw$，$I_{CM}=15mA$，$U_{(BR)CEO}=30V$，若它的工作电压 $U_{CE}=10V$，则工作电流 I_C 不得超过多大？若工作电流 $I_C=5mA$，则工作电压的极限值为多少？

13. 在图 7.8.12 所示电路中，已知 $R_B=10k\Omega$，$R_C=1k\Omega$，$U_{CC}=10V$，晶体管的 $\beta=50$，$U_{BE}=0.6V$。试分析在下列情况下，晶体管工作在何种工作状态：（1）$U_I=0V$；（2）$U_I=2V$；（3）$U_I=3V$？

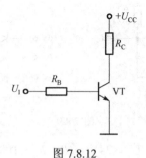

图 7.8.12

第8章　基本放大电路

晶体管的主要用途之一是利用其放大作用组成放大电路。放大电路具有把微弱的电信号放大成较强的电信号的功能，广泛用于音像设备、电子仪器、测量、控制系统及图像处理系统等各个领域。

本章介绍由晶体管组成的共发射极放大电路、共集电极放大电路、差分放大电路、互补对称功率放大电路，以及由场效应管组成的共源极放大电路。着重讨论这些基本放大电路的电路结构、工作原理、分析方法及特点和应用。

8.1　放大电路概述

根据放大电路工作组态的不同，晶体管放大电路可分为共发射极放大电路、共集电极放大电路和共基极放大电路，其中共发射极放大电路应用最为广泛。对共发射极放大电路的分析方法也适用于其他两种放大电路。

8.1.1　基本放大电路的组成

组成放大电路时必须遵循以下几个原则：

（1）外加直流电源的极性必须使晶体管的发射结正向偏置，集电结反向偏置，以保证晶体管工作在放大区。

（2）输入回路的接法应该使输入电压的变化量能够传送到晶体管的基极回路，并使基极电流产生相应的变化量 Δi_B 从而控制集电极电流产生一个较大的变化量 Δi_C，二者之间的关系为

$$\Delta i_C = \beta \Delta i_B$$

（3）输出回路的接法应该使集电极电流的变化量 Δi_C 能够转化为集电极与发射极间电压的变化量 Δu_{CE}，并传送到放大电路的输出端。

（4）信号波形基本不失真。放大后的信号波形应与放大前的信号波形相似，即只有大小变化，而不改变波形形状。为了保证信号波形基本不失真，在电路没有外加信号时，不仅必须要使晶体管处于放大状态，而且要有一个合适的静态工作电压和静态工作电流，即要合理地设置放大电路的静态工作点。

只要符合上述几个原则，即使电路的结构形式有所变化，仍然能够实现放大作用。

如图 8.1.1 所示是共发射极基本交流放大电路，输入信号 u_i 经电容 C_1 接到晶体管的基极，放大后的信号从集电极经电容 C_2 输出。

电路中各元件的作用如下：

（1）晶体管 VT 是放大电路的核心，起电流放大作用。

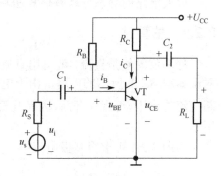

图 8.1.1　共发射极基本交流放大电路

（2）集电极电源 U_{CC} 保证晶体管的发射结正偏，集电结反偏，以使晶体管处在放大状态；同时 U_{CC} 也是放大电路的能量来源。U_{CC} 一般在几伏到十几伏之间。

（3）集电极负载电阻 R_C 将集电极电流 i_C 的变化转换为电压 u_{CE} 的变化，以实现电压的放大。R_C 的阻值一般为几千欧到几十千欧。

（4）基极偏置电阻 R_B 提供适当的基极偏置电流，使放大电路获得合适的静态工作点。R_B 的阻值一般约为几十千欧到几百千欧。

（5）耦合电容 C_1、C_2 起到"隔直流、通交流"的作用。C_1 用来隔断放大电路与信号源之间的直流通路，C_2 用来隔断放大电路与负载之间的直流通路，使信号源、放大电路和负载三者之间无直流联系，互不影响。C_1、C_2 的值通常取得较大，交流信号在其上的压降很小，可以忽略不计，即对于交流信号而言，C_1、C_2 可视作短路。C_1、C_2 的值一般为几微法到几十微法，通常采用电解电容器，使用时要注意其极性。

8.1.2 基本放大电路的工作原理

假设如图 8.1.1 所示的共发射极基本放大电路中的元件参数及晶体管的特性能够保证晶体管工作在放大状态。此时，如果在放大电路的输入端加上一个微小的输入电压 u_i，经电容 C_1 传送到晶体管的基极，使基极与发射极之间的电压 u_{BE} 也将随之发生变化，产生变化量 Δu_{BE}。因晶体管的发射结处于正向偏置状态，故当发射结电压发生变化时，将引起基极电流 i_B 产生相应的变化量 Δi_B。由于晶体管工作在放大区，具有电流放大作用，因此，基极电流的变化将引起集电极电流 i_C 发生更大的变化，即 Δi_C 等于 Δi_B 的 β 倍。这个集电极电流的变化量流过集电极负载电阻 R_C 和负载电阻 R_L 时，将引起集电极与发射极之间的电压 u_{CE} 也发生相应的变化。由图 8.1.1 可知，当 i_C 增大时，R_C 上的电压降也增大，而 R_C 上的电压与 u_{CE} 之和等于 U_{CC}，且这个集电极直流电源 U_{CC} 是恒定不变的，所以 u_{CE} 的变化恰恰与 i_C 相反，即 u_{CE} 将相应地减小。u_{CE} 的变化量 Δu_{CE} 经电容 C_2 传送到输出端成为输出电压 u_o。如果电路的参数选择适当，u_o 的幅度将比 u_i 大得多，从而达到放大的目的。

8.2 放大电路的静态分析

静态是指放大电路没有信号输入（$u_i = 0$）时的工作状态。静态分析是要确定放大电路的静态值 I_B、I_C 和 U_{CE}，通常将静态值称为静态工作点。

放大电路的静态分析有估算法和图解法两种。

8.2.1 估算法

静态值既然是直流，就可用直流通路来分析计算。对于如图 8.1.1 所示的电路，由于电容 C_1、C_2 具有隔断直流的作用，可视为开路，因而其直流通路如图 8.2.1 所示。

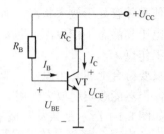

图 8.2.1 共发射极放大电路的直流通路

由图 8.2.1 可求得基极电流：

$$I_B = \frac{U_{CC} - U_{BE}}{R_B} \approx \frac{U_{CC}}{R_B} \tag{8.2.1}$$

式中，$U_{BE} \approx 0.7V$（硅管），可以忽略不计。

由 I_B 可求出集电极电流：

$$I_C = \beta I_B \qquad (8.2.2)$$

静态时集电极与发射极间的电压：

$$U_{CE} = U_{CC} - I_C R_C \qquad (8.2.3)$$

【例 8.2.1】 在如图 8.1.1 所示的共发射极放大电路中，已知电源电压 $U_{CC} = 12V$，基极电阻 $R_B = 300k\Omega$，集电极电阻 $R_C = 3k\Omega$，晶体管的 $\beta = 50$。估算该放大电路的静态值。

解： 根据图 8.2.1 所示的直流通路可得出

$$I_B = \frac{U_{CC} - U_{BE}}{R_B} \approx \frac{U_{CC}}{R_B} = \frac{12}{300} = 0.04mA = 40\mu A$$

$$I_C = \beta I_B = 50 \times 0.04 = 2mA$$

$$U_{CE} = U_{CC} - I_C R_C = 12 - 2 \times 3 = 6V$$

8.2.2 图解法

根据晶体管的输出特性曲线，用作图的方法求静态值称为图解法。设晶体管的输出特性曲线如图 8.2.2 所示。图解步骤如下：

（1）用估算法求出基极电流 I_B（如 $40\mu A$），在输出特性曲线中找到 I_B 对应的曲线。

（2）画直流负载线。根据集电极电流 I_C 与集电集、发射极之间的电压 U_{CE} 的关系式

$$U_{CE} = U_{CC} - I_C R_C \qquad (8.2.4)$$

或

$$I_C = -\frac{1}{R_C} U_{CE} + \frac{U_{CC}}{R_C} \qquad (8.2.5)$$

可以画出一条直线。该直线在纵轴上的截距为 $\frac{U_{CC}}{R_C}$，在横轴上的截距为 U_{CC}，其斜率为 $-\frac{1}{R_C}$，因其是由直流通路得出的，且与集电极负载电阻 R_C 有关，故称为直流负载线。

（3）求静态工作点 Q，并确定 I_C 和 U_{CE} 的值。晶体管的 I_C 和 U_{CE} 既要满足 $I_B = 40\mu A$ 的输出特性曲线，又要满足直流负载线，因而晶体管必然工作在它们的交点 Q 上，该点就是静态工作点 Q 便可在对应的坐标上查得静态值 I_C 和 U_{CE}，如图 8.2.2 所示。

【例 8.2.2】 在如图 8.1.1 所示的共发射极放大电路中，已知电源电压 $U_{CC} = 12V$，基极电阻 $R_B = 300k\Omega$，集电极电阻 $R_C = 3k\Omega$，晶体管的输出特性曲线如图 8.2.2 所示。用图解法求该放大电路的静态值。

解： 根据图 8.2.1 所示的直流通路有

$$U_{CE} = U_{CC} - I_C R_C$$

可得出，$I_C = 0$ 时

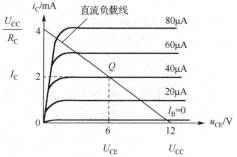

图 8.2.2 用图解法求放大电路的静态工作点

$$U_{CE} = U_{CC} = 12V$$

$U_{CE} = 0$ 时

$$I_C = \frac{U_{CC}}{R_C} = \frac{12}{3 \times 10^3}A = 4mA$$

从而可在图 8.2.2 所示的晶体管输出特性曲线上画出直流负载线，与 $I_B \approx \dfrac{U_{CC}}{R_B} = \dfrac{12}{300 \times 10^3}A = 40\mu A$

的特性曲线相交得静态工作点 Q，根据点 Q 查坐标得

$$I_C = 2mA, \quad U_{CE} = 6V$$

练习与思考

8.2.1　放大电路为什么要设置合适的静态工作点？

8.3　放大电路的动态分析

动态是指有输入信号（$u_i \neq 0$）时的工作状态。此时放大电路在直流电压 U_{CC} 和交流输入信号 u_i 共同作用下工作，动态分析是在静态值确定后分析信号的传输情况，考虑的只是电流和电压的交流分量。

放大电路的动态分析有图解法和微变等效电路法两种。

8.3.1　图解法

图解法是利用晶体管的特性曲线通过作图的方法分析放大电路的动态工作情况的方法。利用图解法可以形象直观地看出信号的传递过程、各个电压与电流在输入信号 u_i 作用下的变化情况和放大电路的工作范围等。

1. 图解分析

设输入信号 $u_i = U_{im} \sin \omega t$，图解分析步骤如下：

（1）根据静态分析方法，求出静态工作点 Q（I_B、I_C 和 U_{CE}），如图 8.3.1 所示。

（2）根据 u_i 在输入特性曲线上求 u_{BE} 和 i_B。u_i 为正弦量时，u_{BE} 为

$$u_{BE} = U_{BE} + u_i = U_{BE} + U_{im} \sin \omega t$$

其波形如图 8.3.1(a)中的曲线①所示，它是由直流分量 U_{BE} 和交流分量 u_{be} 叠加而成的，其中交流分量

$$u_{be} = u_i = U_{im} \sin \omega t$$

在 u_{BE} 的作用下，工作点 Q 在输入特性曲线的线性段 Q_1 和 Q_2 之间移动，由此可以画出基极电流 i_B 的波形，它也是由直流分量 I_B 和交流分量 i_b 叠加而成的，即

$$i_B = I_B + i_b = I_B + I_{bm} \sin \omega t$$

其波形如图 8.3.1 中的曲线②所示。

根据 i_B 的变化情况，可以确定工作点在输出特性曲线上的变化范围 $Q_1 \sim Q_2$。

（3）画交流负载线。当图 8.1.1 所示放大电路的输出端接有负载电阻 R_L 时，直流负载线的斜率仍为 $-\dfrac{1}{R_C}$，与负载电阻 R_L 无关。但在 u_i 作用下的交流通路中，负载电阻 R_L 与 R_C 并联。由交流负载电阻 $R'_L = R_C // R_L$ 决定的负载线称为交流负载线。由于在 $u_i = 0$ 时晶体管必定工作在静态工作点 Q，又因为 $R'_L < R_C$，所以交流负载线是一条通过静态工作点 Q、斜率为 $-\dfrac{1}{R'_L}$（比直流负载线更陡一些）的直线，如图 8.3.1(b)所示。

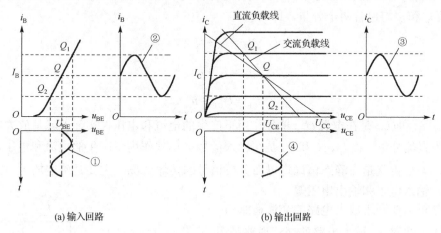

(a) 输入回路　　　　　　　　　　　　　(b) 输出回路

图 8.3.1　用图解法分析放大电路的动态工作情况

（4）由输出特性曲线和交流负载线求 i_C 和 u_{CE}。在 i_B 的作用下，工作点 Q 随 i_B 的变化在交流负载线 $Q_1 \sim Q_2$ 之间移动。由 i_B 的波形画出 i_C 的波形，如图 8.3.1(b)中的曲线③所示。i_C 也是由直流分量 I_C 和交流分量 i_c 叠加而成的，即

$$i_C = I_C + i_c = I_C + I_{cm}\sin\omega t$$

其中，i_C 的交流分量 i_c 与 i_B 的交流分量 i_b 同相。

根据 i_B 变化时负载线上工作点的变化情况可知，当 i_B 增大时，i_C 增大，但 u_{CE} 减小；当 i_B 减小时，u_{CE} 增大。由此可画出 u_{CE} 的波形，如图 8.3.1(b)中的曲线④所示。

u_{CE} 也包含直流分量 U_{CE} 和交流分量 u_{ce}，即

$$u_{CE} = U_{CE} + u_{ce} = U_{CE} - U_{cem}\sin\omega t$$

由于电容 C_2 的"隔直"作用，u_{CE} 的直流分量 U_{CE} 不能到达输出端，只有交流分量 u_{ce} 能通过 C_2 构成输出电压 u_o，即

$$u_o = u_{ce} = -U_{cem}\sin\omega t = U_{cem}\sin(\omega t - 180°) = U_{om}\sin(\omega t - 180°)$$

可见，输出信号电压 u_o 与输入信号电压 u_i 的相位相反。

由以上图解分析过程，可得出如下几个重要结论：

（1）放大电路中的各个量 u_{BE}、i_B、i_C 和 u_{CE} 都由直流分量和正弦交流分量两部分组成。

（2）i_b、i_c 与输入信号 u_i 同相位，而 u_o 与输入信号 u_i 反相位。输出电压与输入电压的相位相反，将这种情况称为放大电路的反相作用。

（3）放大电路的电压放大倍数可由 u_o 与 u_i 的幅值之比或有效值之比求出，其值为

$$|A_u| = \frac{U_{om}}{U_{im}} = \frac{U_o}{U_i}$$

负载电阻 R_L 越小，交流负载电阻 R'_L 也越小，交流负载线就越陡，从而使 U_{om} 减少，电压放大倍数下降。

2. 交流通路

动态时放大电路在直流电源 U_{CC} 和交流输入信号 u_i 的共同作用下工作，电路中的电压 u_{CE}、电流 i_B 和 i_C 均包含两个分量，即

$$i_B = I_B + i_b$$

$$i_C = I_C + i_c$$

$$u_{CE} = U_{CE} + u_{ce}$$

其中，I_B、I_C 和 U_{CE} 是在电源 U_{CC} 单独作用下产生的电流和电压，实际上就是放大电路的静态值，称为直流分量。而 i_b、i_c 和 u_{ce} 是在输入信号 u_i 单独作用下产生的电流和电压，称为交流分量。动态分析就是在静态值确定以后分析信号的传输情况，主要是确定放大电路的电压放大倍数、输入电阻和输出电阻等。

动态分析需要利用放大电路的交流通路（u_i 单独作用下的电路）。放大电路的交流通路是用来表示交流分量传递路径的。以如图 8.1.1 所示的放大电路为例，画出其交流通路的原则是：耦合电容 C_1、C_2 足够大，容抗近似为零，可视作短路；直流电源 U_{CC} 的内阻很小，可以忽略不计，即对于交流信号来说，直流电源可视作短路。据此可以画出其交流通路，如图 8.3.2 所示。

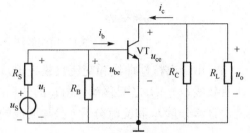

图 8.3.2　共发射极放大电路的交流通路

3. 非线性失真

对于放大电路来说，要求输出波形的失真尽量小。但是，如果放大电路的静态工作点选得不合适或者输入信号太大，则会使放大电路的工作范围超出晶体管特性曲线上的线性区域，从而使输出波形产生畸变。这种失真通常称为非线性失真。

在图 8.3.3 中，静态工作点 Q 的位置太低，基极电流 i_b 的负半周进入输入特性曲线的死区，使 i_b 波形的负半周不能正常放大而引起失真，如图 8.3.3(a)所示。经放大后的 i_c 的负半周和 u_{ce} 的正半周波形也将发生类似的失真，它们的波形如图 8.3.3(b)所示。这种失真称为截止失真。

在图 8.3.4 中，静态工作点 Q 太高，这时基极电流 i_b 的波形虽然不会发生失真，但 i_c 的正半周进入输出特性曲线的饱和区而产生失真，输出信号 u_o（即 u_{ce}）出现畸变，这种失真称为饱和失真。

此外，如果输入信号 u_i 的幅值太大，虽然静态工作点的位置合适，放大电路也会因工作范围超过特性曲线的放大区而同时产生截止失真和饱和失真。

为了避免非线性失真，放大电路必须有一个合适的静态工作点，输入信号的幅值也不能过大。在小信号放大电路中，后一个条件一般都能满足。

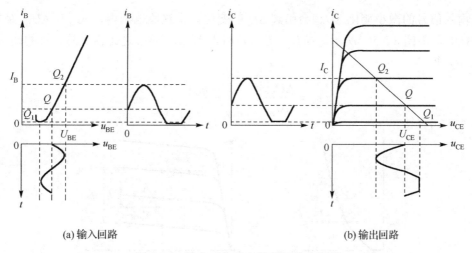

(a) 输入回路 (b) 输出回路

图 8.3.3　静态工作点太低引起截止失真

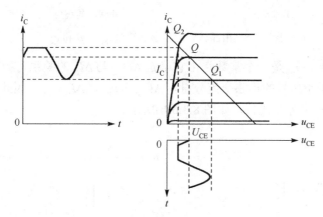

图 8.3.4　静态工作点太高引起饱和失真

8.3.2　微变等效电路法

用图解法分析放大电路虽然简单直观，但是不够精确。小信号情况下放大电路的定量分析往往采用微变等效电路法。

把非线性元件晶体管所组成的放大电路等效成一个线性电路，就是放大电路的微变等效电路，然后用线性电路的分析方法来分析，这种方法称为微变等效电路法。等效的条件是晶体管在小信号（微变量）情况下工作。这样就能在静态工作点附近的小范围内用直线段近似地代替晶体管的特性曲线。

1.　晶体管的微变等效电路

从共发射极接法中晶体管的输入特性和输出特性两方面来分析讨论，晶体管的输入和输出输出特性曲线均是非线性的，但这两组特性曲线又存在一段近似于线性的区域，如果晶体管在小信号条件下工作在该线性区域，则此时晶体管的变化电流和电压之间的关系就可以视为线性关系，可以用几个线性元件来代表晶体管组成等效电路。

（1）输入端等效参数。从晶体管的输入端 b、e 来看，当 $U_{CE} \geqslant 1V$ 时，在静态工作点 Q

附近，输入信号的微小变化 ΔU_{BE} 会引起 ΔI_B 的变化。在这段范围内，ΔI_B 与 ΔU_{BE} 是按线性规律变化的，如图 8.3.5(a)所示。当 U_{CE} 为常数时、ΔU_{BE} 与 ΔI_B 之比称为晶体管的输入电阻，用 r_{be} 表示，即

$$r_{be} = \frac{\Delta U_{BE}}{\Delta I_B}\bigg|_{U_{CE}=\text{常数}} = \frac{u_{be}}{i_b}\bigg|_{U_{CE}=\text{常数}}$$

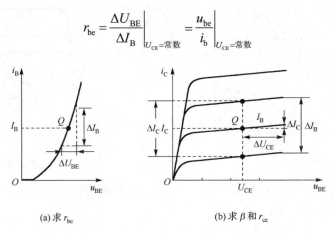

(a) 求 r_{be} (b) 求 β 和 r_{ce}

图 8.3.5   由晶体管的特性曲线求 r_{be}、β 和 r_{ce}

在小信号条件下，r_{be} 是一个常数，由它确定 ΔU_{BE} 与 ΔI_B 的关系。当输入信号是正弦量时，微变量就相当于小信号的正弦交流分量，$\Delta U_{BE} = u_{be}$，$\Delta I_B = i_b$，因此，晶体管的输入电路可以用输入电阻 r_{be} 来等效代替，如图 8.3.6(b)所示。

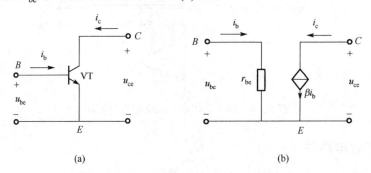

(a)   (b)

图 8.3.6   晶体管及其微变等效电路

低频小功率晶体管的输入电阻常用下式估算：

$$r_{be} = 200 + (1+\beta)\frac{26(\text{mV})}{I_E(\text{mA})} \tag{8.3.1}$$

式中，I_E 为发射极电流的静态值，单位为 mA。r_{be} 一般为几百欧姆到几千欧姆。它是对交流而言的一个动态电阻，在晶体管手册中常用 h_{ie} 表示。

（2）输出端等效参数。从晶体管的输出端 c、e 来看，当晶体管工作在放大区时，输出特性曲线簇近似于等距离的平行直线，如图 8.3.5(b)所示。当 U_{CE} 为常数时，ΔI_C 与 ΔI_B 之比即为晶体管的电流放大系数，即

$$\beta = \frac{\Delta I_C}{\Delta I_B}\bigg|_{U_{CE}=\text{常数}} = \frac{i_c}{i_b}\bigg|_{U_{CE}=\text{常数}}$$

在小信号条件下，β 是一个常数，由它确定 i_c 受 i_b 控制的关系。因此，晶体管的输出端可以用一个等效恒流源 $i_c = \beta i_b$ 代替，以表示晶体管的电流控制作用。当 $i_b = 0$ 时，βi_b 不复存在，所以它是一个受输入电流 i_b 控制的受控电流源。

此外，在图 8.3.5(b)中还可以看见，晶体管的输出特性曲线不完全与横轴平行，当 I_B 为常数时，ΔU_{CE} 与 ΔI_C 之比称为晶体管的输出电阻，用 r_{ce} 表示，即

$$r_{ce} = \frac{\Delta U_{CE}}{\Delta I_C}\bigg|_{I_B=常数} = \frac{u_{ce}}{i_c}\bigg|_{I_B=常数}$$

在小信号条件下，r_{ce} 是一个常数。如果把晶体管的输出电路作为电流源，r_{ce} 就是电流源的内阻，所以在等效电路中 r_{ce} 与恒流源 βi_b 并联。由于 r_{ce} 的阻值很高，约为几十千欧到几百千欧，所以进行工程分析时常将其忽略不计（将 r_{ce} 视作开路）。这样就得到如图 8.3.6(b)所示的晶体管简化微变等效电路，工程上也称为简化 h 参数等效电路。

2. 放大电路的微变等效电路

由晶体管的微变等效电路和放大电路的交流通路可得出放大电路的微变等效电路。对于如图 8.1.1 所示的放大电路，将其交流通路（见图 8.3.2）中的晶体管 VT 用其微变等效电路代替，便可得到整个放大电路的微变等效电路，如图 8.3.7 所示。

设输入电压 u_i 为正弦量，则电路中所有的电流、电压均可用相量表示。

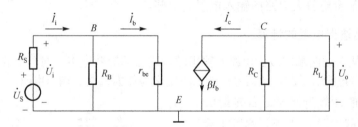

图 8.3.7　共发射极放大电路的微变等效电路

3. 电压放大倍数的计算

放大电路的输出电压 $\dot{U}_o$ 与输入电压 $\dot{U}_i$ 的比值称为放大电路的电压放大倍数，又称为电压增益，用 A_u 表示，即

$$A_u = \frac{\dot{U}_o}{\dot{U}_i} \tag{8.3.2}$$

由图 8.3.7 可得

$$\dot{U}_i = \dot{I}_b r_{be}, \quad \dot{U}_o = -\dot{I}_c R'_L = -\beta \dot{I}_b R'_L$$

式中，$R'_L = R_C // R_L$，称为放大电路的交流负载电阻。共发射极基本放大电路的电压放大倍数为

$$A_u = \frac{\dot{U}_o}{\dot{U}_i} = \frac{-\beta \dot{I}_b R'_L}{\dot{I}_b r_{be}} = \frac{-\beta R'_L}{r_{be}} \tag{8.3.3}$$

其中负号表明输出电压 $\dot{U}_o$ 与输入电压 $\dot{U}_i$ 反相。

若放大电路的输出端开路（未接负载电阻 R_L），则电压放大倍数为

$$A_u = -\frac{-\beta R_C}{r_{be}} \tag{8.3.4}$$

由于 $R'_L < R_C$ ，所以接入 R_L 后电压放大倍数下降了。可见放大电路的负载电阻 R_L 越小，电压放大倍数就越低。

4. 放大电路输入电阻的计算

输入电阻是从信号源的两端向放大电路的输入端看进去的等效电阻。对于内阻为 R_s 的信号源来说，放大电路就相当于一个负载，它的等效电阻就是放大电路的输入电阻 r_i ，即

$$r_i = \frac{\dot{U}_i}{\dot{I}_i} \tag{8.3.5}$$

对于如图 8.3.7 所示的微变等效电路，输入电阻

$$r_i = \frac{\dot{U}_i}{\dot{I}_i} = R_B // r_{be} \tag{8.3.6}$$

由于 R_B 比 r_{be} 大得多， r_i 近似等于 r_{be} 。

输入电阻是放大电路的重要参数，它的大小对放大电路有如下影响： r_i 越小，放大电路从信号源取用的电流越大，即信号源的负担越重； r_i 越小，经过信号源内阻 R_s 和 r_i 的分压使实际加到放大电路的输入电压 U_i 越小，从而使输出电压 U_o 越小，放大电路的电压放大倍数越低。因此，通常希望放大电路的输入电阻高一些。

5. 放大电路输出电阻的计算

输出电阻是从负载两端向放大电路的输出端看进去的等效电阻。对于负载来说，放大电路相当于一个有内阻 r_o 的信号源，该信号源的内阻定义为放大电路的输出电阻。

输出电阻 r_o 的计算方法是：首先把信号源 $\dot{U}_S$ 短路，负载电阻 R_L 开路，然后在输出端外加一交流电压 $\dot{U}$ ，计算它所产生的电流 $\dot{I}$ ，如图 8.3.8 所示，则输出电阻为

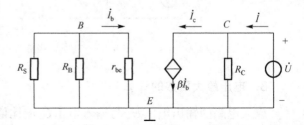

$$r_o = \frac{\dot{U}}{\dot{I}}\bigg|_{U_s=0,\ R_L=\infty}$$

由图 8.3.8 可见，由于 $\dot{U}_s = 0$ ，因此 $\dot{I}_b = 0$ ， $\beta \dot{I}_b = 0$ ，则有

图 8.3.8　计算输出电阻的等效电路

$$r_o = \frac{\dot{U}}{\dot{I}} = R_C \tag{8.3.7}$$

因为晶体管的输出电阻 r_{ce} （与受控电流源并联）很高，在图 8.3.8 中已略去，所以

$$r_o \approx R_C \tag{8.3.8}$$

R_C 一般为几千欧，因此，共发射极放大电路的输出电阻较大。

输出电阻 r_o 越小，带负载后输出电压下降得越小，即放大电路带负载的能力越强。因此，为了提高带负载的能力，通常希望放大电路的输出电阻小一些。

【例 8.3.1】　在如图 8.1.1 所示的共发射极放大电路中，已知 $U_{CC} = 12V$ ， $R_B = 300k\Omega$ ，$R_C = 3k\Omega$ ， $R_L = 3k\Omega$ ， $R_s = 3k\Omega$ ， $\beta = 50$ 。试求：

（1）R_L 接入和断开两种情况下电路的电压放大倍数 A_u。

（2）输入电阻 r_i 和输出电阻 r_o。

（3）输出端开路时对信号源电压的放大倍数 $A_{us} = \dfrac{\dot{U}_o}{\dot{U}_s}$。

解： 例 8.2.1 已求得 $I_C = 2\text{mA}$，则 $I_E \approx I_C = 2\text{mA}$，所以，晶体管的输入电阻

$$r_{be} = 200 + (1 + \beta)\frac{26(\text{mV})}{I_E(\text{mA})} = 200 + (1 + 50)\frac{26}{2} = 863\Omega = 0.863\text{k}\Omega$$

（1）R_L 接入时的电压放大倍数 $\qquad A_u = \dfrac{-\beta R_L'}{r_{be}} = -\dfrac{50 \times 1.5}{0.863} = -87$

其中，$\qquad\qquad\qquad\qquad\qquad\qquad R_L' = R_C // R_L = 1.5\text{k}\Omega$

R_L 断开时的电压放大倍数 $\qquad A_u = \dfrac{-\beta R_C}{r_{be}} = -\dfrac{50 \times 3}{0.863} = -174$

（2）输入电阻 $\qquad\qquad\qquad\qquad r_i = R_B // r_{be} = 300 // 0.863 = 0.86\text{k}\Omega$

输出电阻 $\qquad\qquad\qquad\qquad\quad r_o \approx R_C = 3\text{k}\Omega$

（3）输出端开路时对信号源的电压放大倍数

$$A_{us} = \frac{\dot{U}_o}{\dot{U}_s} = \frac{\dot{U}_i}{\dot{U}_s} \times \frac{\dot{U}_o}{\dot{U}_i} = \frac{r_i}{R_s + r_i} A_u = \frac{0.86}{3 + 0.86} \times (-174) = -38.8$$

练习与思考

8.3.1 放大电路的交、直流通路有无区别？在分析电路时，什么时候采用直流通路？什么时候采用交流通路？

8.3.2 放大电路在负载开路和带负载后的交流负载线是否相同？其电压放大倍数有何区别？

8.3.3 产生非线性失真的原因是什么？共发射极基本放大电路若产生了饱和失真，如何调节偏置电阻 R_B 以消除失真？

8.3.4 使用微变等效电路分析放大电路的前提是什么？能否用它确定放大电路的静态参数？

8.3.5 为什么希望放大电路输入电阻 r_i 大一些，输出电阻 r_o 小一些？

8.4 静态工作点的稳定

8.4.1 温度对静态工作点的影响

前面介绍的共发射极基本放大电路的 $I_B = \dfrac{U_{CC}}{R_B}$，$U_{CC}$ 和 R_B 固定后 I_B 基本不变，因此称为固定偏置放大电路。调整 R_B 可获得一个合适的静态工作点 Q。固定偏置放大电路虽然简单且静态工作点 Q 容易调整，但静态工作点 Q 极易受温度等因素的影响而上下移动，造成输出不失真动态范围减小或出现非线性失真。

晶体管是一种对温度比较敏感的元件，几乎所有参数都与温度有关。例如，温度每升高 1℃，发射结正向压降 U_{BE} 减小 2～2.5mV，电流放大系数 β 增大 0.5%～1%；温度每升高 10℃，反向饱和电流 I_{CBO}（或 I_{CEO}）增加约 1 倍等。这都导致固定偏置电路集电极静态电流 I_C 随温度升高而增大。从而导致整个输出特性曲线向上平移，静态工作点相应上移，如图 8.4.1 中的虚线所示。如基极静态电流为 $I_B = 40\mu A$，则温度升高时，静态工作点将会从 Q 点上移到 Q' 点，使工作范围从 $Q_1 Q_2$ 移动到 $Q'_1 Q'_2$（设基极电流 i_B 在 20μA 到 60μA 之间的变化），进入饱和区，对放大电路的工作显然会有影响。相反，温度下降，静态工作点会下移。可见，固定偏置放大电路的静态工作点是不稳定的，温度的变化会导致静态工作点进入饱和区或截止区。

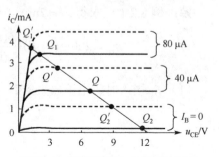

图 8.4.1　温度对静态工作点的影响

在实用的放大电路中必须稳定工作点，以保证尽可能大的输出动态范围以及避免非线性失真。

8.4.2　分压式偏置电路

如图 8.4.2(a)所示的是能稳定静态工作点的共发射极放大电路，称为分压式偏置放大电路，其中 R_{B1} 和 R_{B2} 构成偏置电路，这种电路可以根据温度的变化自动调节基极电流 I_B，以削弱温度对集电极电流 I_C 的影响，使静态工作点基本稳定。

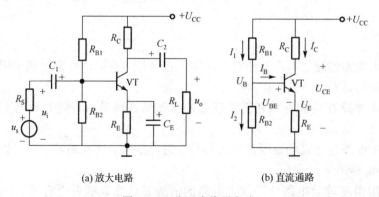

(a) 放大电路　　　　　　　(b) 直流通路

图 8.4.2　分压式偏置电路

图 8.4.2(b)所示的为图 8.4.2(a)所示电路的直流通路。由图 8.4.2(b)可得

$$I_1 = I_2 + I_B$$

适当选择电阻 R_{B1} 和 R_{B2} 的值，使之满足 $I_2 \gg I_B$，则

$$I_1 \approx I_2 \approx \frac{U_{CC}}{R_{B1} + R_{B2}}$$

基极电位

$$U_B = R_{B2} I_2 \approx \frac{R_{B2}}{R_{B1} + R_{B2}} U_{CC}$$

可见当 $I_2 \gg I_B$ 时，U_B 仅取决于 R_{B1}、R_{B2} 对 U_{CC} 的分压，与晶体管的参数无关，不受温度影响。

若使 $U_B \gg U_{BE}$，则

$$I_C \approx I_E = \frac{U_B - U_{BE}}{R_E} \approx \frac{U_B}{R_E}$$

也可认为不受温度的影响，基本稳定。

因此，只要满足 $I_2 \gg I_B$ 和 $U_B \gg U_{BE}$ 两个条件，U_B 和 I_E 或 I_C 就与晶体管的参数几乎无关，不受温度变化的影响，从而静态工作点能得以基本稳定。

实际设计电路时，I_2 不能取得太大，否则 R_{B1} 和 R_{B2} 就要取得较小。这不但要增加功率损耗，而且会使放大电路的输入电阻减小，从信号源取用较大的电流，使信号源的内阻压降增加，加在放大电路输入端的电压 u_i 减小。一般 R_{B1} 和 R_{B2} 为几十千欧。基极电位 U_B 也不能太高，否则，由于发射极电位 U_E（$\approx U_B$）增高而使 U_{CE} 相对减小（U_{CC} 恒定），因而减小了放大电路输出电压的变化范围。根据经验，一般可按以下范围选取 I_2 和 V_B：

$$I_2 = (5 \sim 10)\, I_B, \quad U_B = (5 \sim 10)\, U_{BE}$$

分压式偏置电路稳定静态工作点的过程如下：

温度t $\uparrow \rightarrow I_C \uparrow \rightarrow I_E \uparrow \rightarrow U_E (=U_E R_E) \uparrow \rightarrow U_{BE}(=U_B - I_B R_E) \uparrow \rightarrow I_B \downarrow$

$I_C \downarrow$

即当温度升高而使 I_C 和 I_E 增大时，$U_E = I_E R_E$ 也增大。由于 U_B 为 R_{B1} 和 R_{B2} 的分压电路所决定，故发射结正向压降 U_{BE} 减小，从而引起 I_B 减小而使 I_C 自动下降，静态工作点大致恢复到原来的位置。可见，这种电路稳定工作点的实质是由于输出电流 I_C 的变化通过发射极电阻 R_E 上的电压降（$U_E = I_E R_E$）的变化反映出来，而后引回到输入回路，与 U_B 比较，使 U_{BE} 发生变化来抑制 I_C 的变化。调节过程显然与 R_E 有关，R_E 越大，调节效果越显著。但 R_E 的存在，同样会对变化的交流信号产生影响，使电压放大倍数下降。若用电容 C_E 与 R_E 并联，对直流（静态值）无影响，但对交流信号而言，只要 C_E 的容量足够大（一般几十微法到几百微法），容抗就很小，R_E 被短路，发射极相当于接地，便可消除 R_E 对交流信号的影响。C_E 称为发射极交流旁路电容。

1．静态分析

用估算法计算静态工作点。晶体管的基极电位为

$$U_B = \frac{R_{B2}}{R_{B1} + R_{B2}} U_{CC} \tag{8.4.1}$$

集电极电流

$$I_C \approx I_E = \frac{U_B - U_{BE}}{R_E} \approx \frac{U_B}{R_E} \tag{8.4.2}$$

基极电流

$$I_B = \frac{I_C}{\beta} \tag{8.4.3}$$

集电极与发射极之间的电压

$$U_{CE} = U_{CC} - I_C (R_C + R_E) \tag{8.4.4}$$

2．动态分析

如图 8.4.3 所示的电路为分压式偏置放大电路的交流通道和微变等效电路。

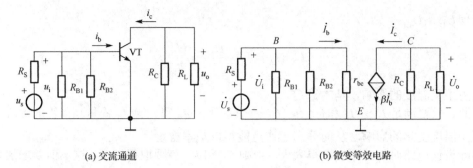

(a) 交流通道   (b) 微变等效电路

图 8.4.3 分压式偏置电路

因为在交流通路中 R_{B1} 与 R_{B2} 并联，可等效为电阻 R_B ，所以固定偏置电路的动态分析结果对分压式偏置电路同样适用。

电压放大倍数
$$A_u = -\frac{-\beta R_L'}{r_{be}}$$
（8.4.5）

输入电阻
$$r_i = R_{B1} // R_{B2} // r_{be}$$
（8.4.6）

输出电阻
$$r_o = R_C$$
（8.4.7）

【例 8.4.1】 在如图 8.4.2 所示的分压式偏置放大电路中，$U_{CC} = 12V$ ，$R_{B1} = 20k\Omega$ ，$R_{B2} = 10k\Omega$ ，$R_C = 2k\Omega$ ，$R_E = 2k\Omega$ ，$R_L = 3k\Omega$ ，$\beta = 50$ ，$U_{BE} = 0.6V$ 。试求：

（1）静态值 I_B 、I_C 和 U_{CE} 。

（2）电压放大倍数 A_u 、输入电阻 r_i 和输出电阻 r_o 。

解：（1）用估算法计算静态值。

基极电位
$$U_B = \frac{R_{B2}}{R_{B1} + R_{B2}} U_{CC} = \frac{10}{20 + 10} \times 12 = 4V$$

集电极电流
$$I_C \approx I_E = \frac{U_B - U_{BE}}{R_E} = \frac{4 - 0.6}{2} = 1.7mA$$

基极电流
$$I_B = \frac{I_C}{\beta} = \frac{1.7}{50} = 34\mu A$$

集-射极电压
$$U_{CE} = U_{CC} - I_C(R_C + R_E) = 12 - 1.7 \times (2 + 2) = 5.2V$$

（2）晶体管的输入电阻
$$r_{be} = 200 + (1 + \beta)\frac{26(mV)}{I_E(mA)} = 200 + (1 + 50)\frac{26}{1.7} = 980\Omega = 0.98k\Omega$$

电压放大倍数
$$A_u = -\frac{\beta R_L'}{r_{be}} = -\frac{50 \times \frac{2 \times 3}{2 + 3}}{0.98} = -61.2$$

输入电阻
$$r_i = R_{B1} // R_{B2} // r_{be} = 20 // 10 // 0.98 = 0.85k\Omega$$

输出电阻
$$r_o \approx R_C = 3k\Omega$$

【例 8.4.2】 在如图 8.4.4(a)所示的电路中，$U_{CC} = 12V$ ，$R_{B1} = 20k\Omega$ ，$R_{B2} = 10k\Omega$ ，$R_C = 2k\Omega$ ，$R_{E1} = 0.2k\Omega$ ，$R_{E2} = 1.8k\Omega$ ，$R_L = 3k\Omega$ ，$\beta = 50$ ，$U_{BE} = 0.6V$ 。试求：

（1）静态值 I_B 、I_C 和 U_{CE} 。

（2）电压放大倍数 A_u、输入电阻 r_i 和输出电阻 r_o。

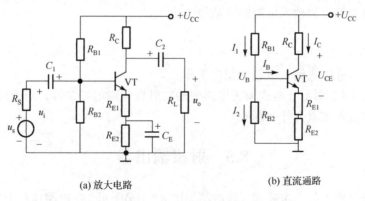

(a) 放大电路　　　　　　(b) 直流通路

图 8.4.4　例 8.4.2 的图

解：（1）根据图 8.4.4(a)可画出该放大电路的直流通路，如图 8.4.4(b)所示。由图 8.4.4(b)中可得基极电位为

$$U_\mathrm{B} = \frac{R_\mathrm{B2}}{R_\mathrm{B1}+R_\mathrm{B2}}U_\mathrm{CC} = \frac{10}{20+10}\times 12 = 4\mathrm{V}$$

集电极电流

$$I_\mathrm{C} \approx I_\mathrm{E} = \frac{U_\mathrm{B}-U_\mathrm{BE}}{R_\mathrm{E1}+R_\mathrm{E2}} = \frac{4-0.6}{0.2+1.8} = 1.7\mathrm{mA}$$

基极电流

$$I_\mathrm{B} = \frac{I_\mathrm{C}}{\beta} = \frac{1.7}{50} = 34\mu\mathrm{A}$$

集-射极电压

$$U_\mathrm{CE} = U_\mathrm{CC}-I_\mathrm{C}(R_\mathrm{C}+R_\mathrm{E}) = 12-1.7\times(2+2) = 5.2\mathrm{V}$$

（2）晶体管的输入电阻为

$$r_\mathrm{be} = 200+(1+\beta)\frac{26(\mathrm{mV})}{I_\mathrm{E}(\mathrm{mA})} = 200+(1+50)\frac{26}{1.7}$$
$$= 980\Omega = 0.98\mathrm{k}\Omega$$

根据图 8.4.4(a)可画出该放大电路的微变等效电路，如图 8.4.5 所示。由图 8.4.5 可得

$$\dot{U}_\mathrm{i} = r_\mathrm{be}\dot{I}_\mathrm{b}+R_\mathrm{E1}\dot{I}_\mathrm{e} = r_\mathrm{be}\dot{I}_\mathrm{b}+R_\mathrm{E1}(1+\beta)\dot{I}_\mathrm{b}$$
$$= \left[r_\mathrm{be}+(1+\beta)R_\mathrm{E1}\right]\dot{I}_\mathrm{b}$$

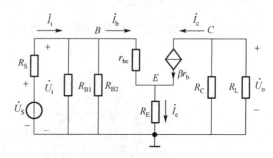

图 8.4.5　图 8.4.4(a)的微变等效电路

$$\dot{U}_\mathrm{o} = -\dot{I}_\mathrm{c}R_\mathrm{L}' = -\beta\dot{I}_\mathrm{b}R_\mathrm{L}'$$

所以，电压放大倍数为

$$A_\mathrm{u} = \frac{\dot{U}_\mathrm{o}}{\dot{U}_\mathrm{i}} = -\frac{-\beta R_\mathrm{L}'}{r_\mathrm{be}+(1+\beta)R_\mathrm{E1}} = -\frac{50\times\dfrac{2\times3}{2+3}}{0.98+(1+50)\times0.2} = -5.37$$

输入电阻　　　$r_\mathrm{i} = R_\mathrm{B1}//R_\mathrm{B2}//\left[r_\mathrm{be}+(1+\beta)R_\mathrm{E1}\right] = 20//10//11.18 = 4.18\mathrm{k}\Omega$

输出电阻　　　　　　　　$r_\mathrm{o} \approx R_\mathrm{C} = 3\mathrm{k}\Omega$

对比例 8.4.1 和例 8.4.2 中的电压放大倍数和输入电阻可知，如果不接旁路电容，则发射极电阻对电压放大倍数和输入电阻的影响很大。

练习与思考

8.4.1　为什么分压式偏置电路能稳定工作点？

8.4.2　将图 8.4.2 所示分压式偏置电路中的发射极旁路电容拿掉，对电路的静态工作点、电压放大倍数和输入电阻有什么影响？

8.5　射极输出器

射极输出器又称为射极跟随器，其电路如图 8.5.1(a)所示。在电路结构上射极输出器与共发射极放大电路不同，负载接在发射极上，输出电压 u_o 从发射极取出，而集电极直接接电源 U_{CC}。对交流信号而言，集电极相当于接地，成为输入、输出电路的公共端，因此这是一种共集电极放大电路。前面已讨论过，在发射极回路中接入电阻 R_E 可以稳定集电极静态电流 I_C，因此，射极输出器的静态工作点是稳定的。

8.5.1　静态分析

射极跟随器的直流通路如图 8.5.1(b)所示，由图可得：

$$U_{CC} = I_B R_B + U_{BE} + I_E R_E = I_B R_B + U_{BE} + (1+\beta) I_B R_E$$

所以，基极电流的静态值为

$$I_B = \frac{U_{CC} - U_{BE}}{R_B + (1+\beta) R_E} \tag{8.5.1}$$

集电极电流的静态值为

$$I_C = \beta I_B \tag{8.5.2}$$

集电极与发射极之间电压的静态值为 $U_{CE} = U_{CC} - I_E R_E \approx U_{CC} - I_C R_C$ (8.5.3)

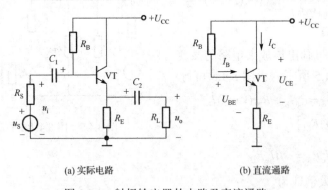

(a) 实际电路　　　　　　　　(b) 直流通路

图 8.5.1　射极输出器的电路及直流通路

8.5.2　动态分析

1. 电压放大倍数

射极输出器的交流通路及其微变等效电路如图 8.5.2 所示。

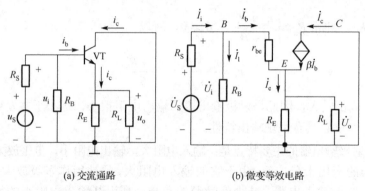

(a) 交流通路   (b) 微变等效电路

图 8.5.2 射极输出器的交流通路及微变等效电路

由图 8.5.2(b)所示的微变等效电路可得

$$\dot{U}_o = \dot{I}_e R'_L = (1+\beta)\dot{I}_b R'_L$$

$$\dot{U}_i = \dot{I}_b r_{be} + \dot{U}_o = \dot{I}_b r_{be} + (1+\beta)\dot{I}_b R'_L$$

式中，
$$R'_L = R_E // R_L$$

电压放大倍数
$$A_u = \frac{\dot{U}_o}{\dot{U}_i} = \frac{(1+\beta)R'_L}{r_{be} + (1+\beta)R'_L} \tag{8.5.4}$$

由式（8.5.4）可得到如下结论：

（1）一般 $r_{be} \ll (1+\beta)R'_L$，故射极输出器的电压放大倍数接近于 1，但略小于 1。值得注意的是，射极输出器没有电压放大作用，但仍具有电流放大作用和功率放大作用。

（2）输出电压 $\dot{U}_o$ 与输入电压 $\dot{U}_i$ 同相，输出信号跟随输入信号变化，因而它又称为射极跟随器或电压跟随器。

2．输入电阻

由图 8.5.2(b)可得
$$\dot{I}_i = \dot{I}_1 + \dot{I}_b = \frac{\dot{U}_i}{R_B} + \frac{\dot{U}_i}{r_{be} + (1+\beta)R'_L}$$

所以输入电阻
$$r_i = \frac{\dot{U}_i}{\dot{I}_i} = R_B // \left[r_{be} + (1+\beta)R'_L \right] \tag{8.5.5}$$

因此，射极输出器的输入电阻比共发射极电路的输入电阻要大得多，可达到几十千欧到几百千欧。

3．输出电阻

将图 8.5.2(b)电路中的信号源 $\dot{U}_S$ 短接，断开负载电阻 R_L，在输出端外加交流电压 $\dot{U}$，产生电流 $\dot{I}$，如图 8.5.3 所示，由图可得

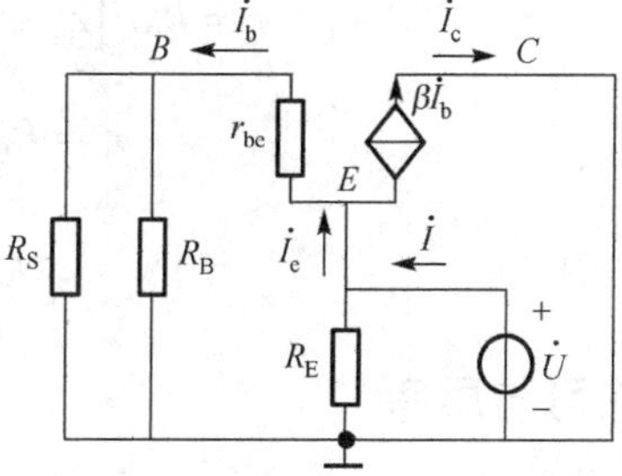

图 8.5.3 计算输出电阻的电路

$$\dot{I} = \frac{\dot{U}}{R_E} + \dot{I}_e = \frac{\dot{U}}{R_E} + \dot{I}_b + \beta\dot{I}_b = \frac{\dot{U}}{R_E} + \frac{\dot{U}}{r_{be} + R'_S} + \beta\frac{\dot{U}}{r_{be} + R'_S}$$

所以输出电阻
$$r_o = \frac{\dot{U}}{\dot{I}} = R_E // \frac{r_{be} + R'_S}{1+\beta}$$

式中，$R_{\rm S}' = R_{\rm S} // R_{\rm B}$。通常 $R_{\rm E} \gg \dfrac{r_{\rm be} + R_{\rm S}'}{1+\beta}$，$\beta \gg 1$，所以

$$r_{\rm o} \approx \frac{r_{\rm be} + R_{\rm S}'}{1+\beta} \approx \frac{r_{\rm be} + R_{\rm S}'}{\beta} \tag{8.5.6}$$

由于 β 值一般都较大，因此，射极输出器的输出电阻很小，远小于共发射极放大电路的输出电阻 $(R_{\rm C})$，所以它具有恒压输出特性。

综上所述，射极输出器的主要特点是：输入电阻大，输出电阻小，电压放大倍数接近于1。

射极输出器的应用十分广泛。由于它的输入电阻大，常被用作多级放大电路的输入级，可以提高放大电路的输入电阻，减少信号源的负担；利用其输出电阻小的特点，常用作输出级，可以提高放大电路带负载的能力；利用其输入电阻大、输出电阻小的特点，把它作为中间级，起阻抗变换作用，使前后级共发射极放大电路阻抗匹配，实现信号的最大功率传输。

【例 8.5.1】 在如图 8.5.1(a)所示的射极输出器电路中，已知 $U_{\rm CC} = 12{\rm V}$，$R_{\rm B} = 200{\rm k}\Omega$，$R_{\rm E} = 2{\rm k}\Omega$，$R_{\rm L} = 3{\rm k}\Omega$，$\beta = 50$，$R_{\rm s} = 100\Omega$，$U_{\rm BE} = 0.6{\rm V}$。试求：

（1）静态值 $I_{\rm B}$、$I_{\rm C}$ 和 $U_{\rm CE}$。

（2）电压放大倍数 $A_{\rm u}$、输入电阻 $r_{\rm i}$ 和输出电阻 $r_{\rm o}$。

解：（1）求静态值 $I_{\rm B}$、$I_{\rm C}$ 和 $U_{\rm CE}$

$$I_{\rm B} = \frac{U_{\rm CC} - U_{\rm BE}}{R_{\rm B} + (1+\beta)R_{\rm E}} = \frac{12 - 0.6}{200 + (1+50) \times 2} = 37.7\mu{\rm A}$$

$$I_{\rm C} = \beta I_{\rm B} = 50 \times 0.0377{\rm mA} = 1.89{\rm mA}$$

$$U_{\rm CE} \approx U_{\rm CC} - I_{\rm C}R_{\rm C} = 12 - 1.89 \times 2 = 8.22{\rm V}$$

（2）求电压放大倍数 $A_{\rm u}$、输入电阻 $r_{\rm i}$ 和输出电阻 $r_{\rm o}$

$$r_{\rm be} = 200(\Omega) + (1+\beta)\frac{26({\rm mV})}{I_{\rm E}({\rm mA})} = 200 + (1+50)\frac{26}{1.89} = 902\Omega \approx 0.9{\rm k}\Omega$$

$$A_{\rm u} = \frac{\dot{U}_{\rm o}}{\dot{U}_{\rm i}} = \frac{(1+\beta)R_{\rm L}'}{r_{\rm be} + (1+\beta)R_{\rm L}'} = \frac{(1+50) \times 1.2}{0.9 + (1+50) \times 1.2} = 0.99$$

式中
$$R_{\rm L}' = R_{\rm E} // R_{\rm L} = 2//3 = 1.2{\rm k}\Omega$$

$$r_{\rm i} = R_{\rm B} // \left[r_{\rm be} + 1 + 50R_{\rm L}'\right] = 200 // \left[0.9 + (1+50) \times 1.2\right] = 47.4{\rm k}\Omega$$

$$r_{\rm o} = R_E // \frac{r_{\rm be} + R_{\rm s}'}{\beta} \approx \frac{r_{\rm be} + R_{\rm s}'}{\beta} = \frac{900 + 100}{50} = 20\Omega$$

式中
$$R_{\rm S}' = R_{\rm B} // R_{\rm S} = 200 \times 10^3 // 100 \approx 100\Omega$$

练习与思考

8.5.1 射极输出器有哪些特点？

8.5.2 射极输出器作为多级放大电路的输入级或输出级有什么好处？

8.6 频率特性及多级放大电路

8.6.1 放大电路的频率特性

前面讨论交流放大电路时，为了分析简便，设输入信号是单一频率的正弦信号。实际上，放大电路的输入信号往往是非正弦量。例如广播的语言和音乐信号、电视的图像和伴音信号，以及非电量通过传感器变换所得的信号等都含有基波和各种频率的谐波分量。由于在放大电路中一般都有电容元件，如耦合电容、发射极电阻交流旁路电容，以及晶体管的极间电容和连线分布电容等。它们对不同频率的信号所呈现的容抗值是不同的。因而，放大电路对不同频率的信号在幅度上和相位上放大的效果不完全一样，输出信号不能重现输入信号的波形，这就产生了幅度失真和相位失真，统称为频率失真。频率失真属于线性失真。因此，我们要讨论放大电路的频率特性。

频率特性又分为幅频特性和相频特性。前者表示电压放大倍数的模 $|A_u|$ 与频率 f 的关系；后者表示输出电压相对于输入电压的相位移 φ 与频率 f 的关系。图 8.6.1 是分压式偏置放大电路[见图 8.4.2(a)]的频率特性。它说明，在放大电路的某一段频率范围内，电压放大倍数 $|A_u|=|A_{uo}|$，它与频率无关，输出电压相对于输入电压的相位移为 $180°$。随着频率的升高或降低，电压放大倍数都要减小，相位移也要发生变化。

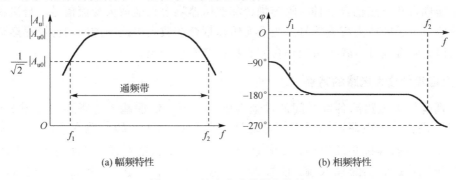

(a) 幅频特性　　　　　　　　　　　　(b) 相频特性

图 8.6.1　放大电路的频率特性

当放大倍数下降为 $\dfrac{|A_{uo}|}{\sqrt{2}}$ 时所对应的两个频率，分别为下限频率 f_1 和上限频率 f_2。在这两个频率之间的频率范围称为放大电路的通频带，它是表明放大电路频率特性的一个重要指标。对放大电路而言，希望通频带宽一些，让非正弦信号中幅值较大的各次谐波频率都在通频带的范围内，尽量减小频率失真。另外，有些测量仪器（如晶体管电压表）测量不同频率的信号，电压放大倍数应该尽量做到一样，以免引起误差，这也希望放大电路有较宽的通频带。

在工业电子技术中，最常用的是低频放大电路，其频率范围约为 $20\sim10000$Hz。在分析放大电路的频率特性时，再将低频范围分为低、中、高三个频段。

在中频段，电压放大倍数最大，输出电压与输入电压之间的相位差刚好是 $180°$，而且几乎不随频率 f 而变化。这是因为在这段频率范围内，耦合电容和发射极旁路电容的容量较大，可看作短路；晶体管的极间电容和连线分布电容等都很小，约为几皮法到几百皮法，可认为

它们的等效电路 C_0 并联在输出端上。由于 C_0 的容量很小，可视作开路。所以在中频段，可认为电容不影响交流信号的传送，A_u 和 φ 都与 f 无关。

在低频段，A_u 随 f 降低而减小，φ 也偏离 $180°$。这是因为 f 较低时，耦合电容和发射极旁路电容的容抗较大，其交流压降不能忽略，使 A_u 减小，同时也使得输入与输出之间发生了相位移，因而偏离 $180°$。在低频段，C_0 的容抗比中频段更大，仍可视作开路。

在高频段，A_u 随 f 的升高而减小，φ 也偏离 $180°$。这是因为 f 较高时，虽然耦合电容和发射极旁路电容的影响可忽略不计，但 C_0 是与 R_L 并联的，C_0 的存在使得总的负载阻抗减小了，所以电压放大倍数也降低了。由于 C_0 的影响，也使得输出电压与输入电压之间发生了相位移，因而偏离了 $180°$。此外，在高频段，电压放大倍数的降低还与高频时电流放大系数 β 降低有关。这主要是因为载流子从发射区到集电区需要一定的时间。如果频率高，在正半周时载流子尚未全部到达集电区，而输入信号就已改变极性，这就使集电极电流的变化幅度下降，因而 β 值降低。

只有在中频段，可认为电压放大倍数与频率无关，并且单级放大电路的输出电压与输入电压反相。前面所讨论的都是放大电路工作在中频段的情况。在本书的习题和例题中所计算的交流放大电路的电压放大倍数，也都是指中频段的电压放大倍数。

8.6.2 阻容耦合多级放大电路

在多级放大电路中，每两个单级放大电路之间的连接方式称为耦合。耦合方式有阻容耦合、变压器耦合和直接耦合三种。阻容耦合和变压器耦合只能放大交流信号。直接耦合既能放大交流信号，又能放大直流信号。由于变压器耦合在放大电路中的应用已经逐渐减少，所以本节只讨论阻容耦合方式，直接耦合方式将在第 9 章介绍。

1. 阻容耦合放大电路的特点

阻容耦合放大电路的各级之间通过耦合电容与下一级的输入电阻连接。图 8.6.2 所示为两级阻容耦合放大电路，两级之间通过耦合电容 C_2 与下一级的输入电阻 r_{i2} 连接。耦合电容对交流信号的容抗必须很小，其交流分压作用可以忽略不计，以使前级输出信号电压几乎无损失地传送到后级输入端。信号频率越低，电容值应越大。耦合电容通常取几微法到几十微法。在如图 8.6.2 所示的电路中，C_1 为信号源（或前一级放大电路）与第一级放大电路之间的耦合电容，C_3 是第二级放大电路与负载（或下一级放大电路）之间的耦合电容。信号源或前级放大电路的输出信号在耦合电阻上产生压降，作为后级放大电路的输入信号电压。

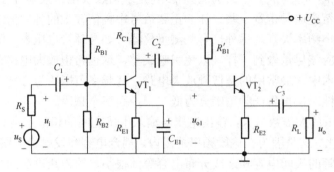

图 8.6.2　阻容耦合放大电路

阻容耦合放大电路在一般多级分立元件交流放大电路中得到广泛应用。阻容耦合方式的优点是各级放大电路的静态工作点互不影响，可以单独调整到合适位置，且不存在直接耦合放大电路的零点漂移问题。其缺点是：不能用来放大变化很缓慢的信号和直流分量变化的信号；由于难于制造容量较大的电容器，因此不能在集成电路中采用阻容耦合方式。

2. 阻容耦合放大电路的分析

由于阻容耦合放大电路级与级之间由电容隔开，静态工作点互不影响，故其静态工作点的分析计算方法与单级放大电路完全一样，各级分别计算即可。

多级放大电路的动态分析一般采用微变等效电路法。至于两级放大电路的电压放大倍数，从图 8.6.2 可以看出，第一级的输出电压 $\dot{U}_{o1}$ 即为第二级的输入电压 $\dot{U}_{i2}$ ，所以两级放大电路的电压放大倍数为

$$A_u = \frac{\dot{U}_o}{\dot{U}_i} = \frac{\dot{U}_{o1}}{\dot{U}_i} \times \frac{\dot{U}_o}{\dot{U}_{i2}} = A_{u1} A_{u2} \tag{8.6.1}$$

一般地，多级放大电路的电压放大倍数等于各级电压放大倍数的乘积。

计算多级放大电路的电压放大倍数时应注意，计算前级的电压放大倍数必须把后级的输入电阻考虑到前级的负载电阻之中。例如，计算如图 8.6.2 所示电路中第一级的电压放大倍数 A_{u1} 时，它的负载电阻就是第二级的输入电阻 r_{i2} ，即 $R_{L1} = r_{i2}$ 。

多级放大电路的输入电阻就是第一级的输入电阻，输出电阻就是最后一级的输出电阻。

【例 8.6.1】 在如图 8.6.2 所示的两级阻容耦合放大电路中，已知 $U_{CC} = 12V$ ， $R_{B1} = 30k\Omega$ ， $R_{B2} = 15k\Omega$ ， $R_{C1} = 3k\Omega$ ， $R_{E1} = 3k\Omega$ ， $R'_{B1} = 200k\Omega$ ， $R_{E2} = 5k\Omega$ ， $R_L = 20k\Omega$ ， $\beta_1 = \beta_2 = 50$ ， $U_{BE1} = U_{BE2} = 0.6V$ 。试求：

（1）各级电路的静态值。

（2）各级电路的电压放大倍数 A_{u1} 、 A_{u2} 和总电压放大倍数 A_u 。

（3）电路的输入电阻和输出电阻。

解：（1）各级电路静态值的计算采用估算法。

第一级：

$$U_{B1} = \frac{R_{B2}}{R_{B1} + R_{B2}} U_{CC} = \frac{15}{30+15} \times 12 = 4V$$

$$I_{C1} \approx I_{E1} = \frac{U_{B1} - U_{BE1}}{R_{E1}} = \frac{4-0.6}{3} \approx 1.1mA$$

$$I_{B1} = \frac{I_{C1}}{\beta_1} = \frac{1.1}{50} = 22\mu A$$

$$U_{CE1} = U_{CC} - I_{C1}(R_{C1} + R_{E1}) = 12 - 1.1 \times (3+3) = 5.4V$$

第二级：

$$I_{B2} = \frac{U_{CC} - U_{BE2}}{R'_{B1} + (H\beta_2)R_{B2}} = \frac{12-0.6}{200+51\times5} \approx 25\mu A$$

$$I_{E2} \approx I_{C2} = \beta_2 I_{B2} = 1.25mA$$

$$U_{CE2} = U_{CC} - I_{E2}R_{E2} = 12 - 1.25 \times 5 = 5.75V$$

（2）求各级电路的电压放大倍数 A_{u1}、A_{u2} 和总电压放大倍数 A_u。

首先画出图 8.6.2 所示电路的微变等效电路，如图 8.6.3 所示。

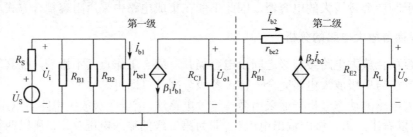

图 8.6.3　例 8.6.1 电路的微变等效电路

三极管 VT_1 的输入电阻

$$r_{be1} = 200(\Omega) + (1+\beta_1)\frac{26(mV)}{I_{E1}(mA)} = 200 + (1+50)\frac{26}{1.1} = 1405\Omega \approx 1.4k\Omega$$

三极管 VT_2 的输入电阻

$$r_{be2} = 200(\Omega) + (1+\beta_2)\frac{26(mV)}{I_{E2}(mA)} = 200 + (1+50)\frac{26}{1.25} = 1260\Omega \approx 1.26k\Omega$$

第二级等效负载电阻　　　$R'_{L2} = R_{E2}//R_L = 5//20 = 4k\Omega$

第二级输入电阻　　　$r_{i2} = R'_{B1}//[r_{be2} + (1+\beta_2)R'_{L2}] = 200//(1.26 + 51 \times 4) = 101.3k\Omega$

第一级等效负载电阻　　　$R'_{L1} = R_{C1}//r_{i2} = 3//101.3 \approx 3k\Omega$

第一级电压放大倍数　　　$A_{u1} = -\frac{\beta_1 R'_{L1}}{r_{be1}} = -\frac{50 \times 3}{1.4} = -107.1$

第二级电压放大倍数　　　$A_{u2} \approx 1$

两级总电压放大倍数　　　$A_u = A_{u1}A_{u2} \approx -107.1$

（3）求电路的输入电阻和输出电阻。

输入电阻　　　$r_i = R_{B1}//R_{B2}//r_{be1} = 30//15//1.4 = 1.23k\Omega$

第一级输出电阻　　　　　$r_{o1} = R_{C1} = 3k\Omega$

第二级输出电阻

$$r_o = R_{E2}//\frac{R'_{S2} + r_{be2}}{\beta_2} \approx \frac{R'_{S2} + r_{be2}}{\beta_2} = \frac{3+1.2}{50} = 0.084k\Omega = 84\Omega$$

式中　　　　　　$R'_{S2} = r_{o1}//R'_{B1} = 3//200 \approx 3k\Omega$

第二级的输出电阻就是两级放大电路的输出电阻。

练习与思考

8.6.1　多级放大电路有哪几种耦合方式？

8.6.2　阻容耦合多级放大电路的电压放大倍数与各级电压放大倍数是什么关系？

8.7　差分放大电路

在许多情况下，需要对变化缓慢的信号或直流分量信号进行放大处理，如温度、压力等，这时采用阻容耦合放大电路显然是不行的，必须采用直接耦合的放大电路。采用直接耦合方式必须抑制零点漂移。

8.7.1　零点漂移

零点漂移是直接耦合放大电路的最大问题。把一个多级直接耦合的放大电路输入端短接（$u_i = 0$）时，测得其输出端电压并不为零，而是在缓慢地、无规则地变化着，这种现象就称为零点漂移。

在放大电路输入信号后，漂移信号与输入信号共存，一起被逐级放大，当两者大小可以比拟时，在输出端很难分辩出真正被放大的信号，这时放大电路不能正常工作。因此，必须查明产生零点漂移的原因并找到抑制零点漂移的方法。

产生零点漂移的原因很多，如电源电压的波动、元件的老化及晶体管参数（I_{CBO}，U_{BE}，β）随温度变化而产生的变化，其中温度的影响最为严重，因而零点漂移也称温度漂移。

在多级直接耦合放大电路的各级零点漂移中，又以第一级的零点漂移影响最为严重。所以，抑制零点漂移要着重于第一级。

在直接耦合的放大电路中抑制零点漂移最有效的方法是第一级采用差分放大电路。

8.7.2　差分放大电路的工作原理

差分（差动）放大电路在电路结构上具有对称的特点，由于它在电路和性能方面有许多优点，因而成为集成运算放大器的主要组成单元。

图 8.7.1 所示是一个差分放大原理电路，该电路结构对称，在理想情况下，晶体管 VT_1、VT_2 的特性及对应电阻元件的参数值都相同，因而它们的静态工作点必然相同。

1. 零点漂移的抑制

静态时，$u_{i1} = u_{i2} = 0$，由于电路对称，即

$$I_{C1} = I_{C2} , \quad U_{C1} = U_{C2}$$

因此有　　　　$u_o = U_{C1} - U_{C2} = 0$

当温度升高时，由于晶体管的特性相同，即有

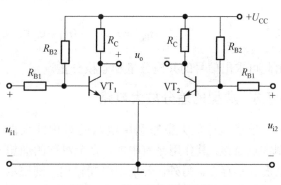

图 8.7.1　差分放大原理电路

$$温度 \uparrow \begin{cases} I_{C1} \uparrow \to U_{C1} \downarrow \\ I_{C2} \uparrow \to U_{C2} \downarrow \end{cases} \Delta U_{C1} = \Delta U_{C2}$$

因此有　　　　　　　　$u_o = U_{C1} + \Delta U_{C1} - (U_{C2} + \Delta U_{C2}) = \Delta U_{C1} - \Delta U_{C2} = 0$

虽然每个晶体管各自都产生了零点漂移，但由于两集电极电位的变化量相同，完全抵消了，所以双端输出的差分放大电路能有效地抑制零点漂移。

2．信号输入

1）共模输入

两个输入信号电压大小相等、极性相同，即 $u_{i1} = u_{i2}$，这种情况称为共模输入，表示为

$$\left.\begin{array}{c} u_{i1} \rightarrow \Delta U_{C1} \\ u_{i2} \rightarrow \Delta U_{C2} \end{array}\right\} \succ u_o = \Delta U_{C1} - \Delta U_{C2} = 0$$

差分放大电路双端输出时，对共模信号没有放大能力，即 $A_C = 0$，也即对共模信号具有很强的抑制能力，而零点漂移电压折合到输入端相当于给差分放大电路加了一对共模信号，所以差分放大电路可以抑制零点漂移。

2）差模输入

两个输入信号电压大小相等、极性相反，即 $u_{i1} = -u_{i2}$，这种情况称为差模输入。

$$\left.\begin{array}{c} u_{i1}(>0) \rightarrow I_{C1} \uparrow \rightarrow U_{C1} \downarrow \\ u_{i2}(<0) \rightarrow I_{C2} \downarrow \rightarrow U_{C2} \uparrow \end{array}\right\} \succ u_o = U_{C1} + \Delta U_{C1} - (U_{C2} + \Delta U_{C2}) = 2\Delta U_{C1}$$

可见，在差模信号的作用下，输出电压为两晶体管各自输出电压变化量的两倍。差分放大电路对差模信号具有放大能力。

3）比较输入

两个输入信号电压既非共模，又非差模，它们的大小和相对极性是任意的，这种输入称为比较输入，在自动控制系统中常用到。

给差分放大电路输入比较输入信号后，其输出电压为

$$u_o = A_u(u_{i1} - u_{i2})$$

输出电压大小仅与输入偏差值有关，而不需要反映两个输入信号本身的大小，且输出电压的极性也与偏差值有关。

通常将信号分解为共模分量和差模分量，如

$$u_{i1} = u_{iC1} + u_{id1}, \quad u_{i2} = u_{iC2} + u_{id2}$$

式中
$$u_{iC1} = u_{iC2} = \frac{1}{2}(u_{i1} + u_{i2}), \quad u_{id1} = -u_{id2} = \frac{1}{2}(u_{i1} - u_{i2})$$

由此可求出信号的共模分量和差模分量。

8.7.3　典型的差分放大电路

上述差分放大电路利用电路的对称性来抑制零点漂移，其作用是有限的，完全对称的理想情况并不存在。另外，若采用单端输出，则根本无法抑制零点漂移。为此，通常采用图 8.7.2 所示的电路来抑制零点漂移。

图 8.7.2 中 R_E 称为共模抑制电阻，利用 R_E 的作用来限制每个晶体管的零点漂移，从而进一步减小零点漂移，其抑制零点漂移的过程如下：

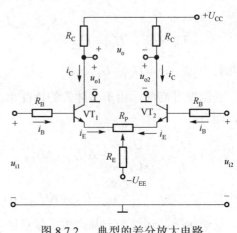

图 8.7.2　典型的差分放大电路

$$T\uparrow\left<\begin{matrix}I_{C1}\uparrow\\I_{C2}\uparrow\end{matrix}\right>I_E\uparrow\xrightarrow{\ R_E\ }U_{R_E}\uparrow\left<\begin{matrix}U_{BE1}\downarrow\to I_{B1}\downarrow\to I_{C1}\downarrow\\U_{BE1}\downarrow\to I_{B2}\downarrow\to I_{C2}\downarrow\end{matrix}\right.$$

R_E 越大，抑制零点漂移作用越显著。但 R_E 过大，使得 I_E 过小，影响静态工作点及电压放大倍数。为此接入 U_{EE} 来补偿 R_E 上的直流压降，从而获得合适的静态工作点。

R_E 对共模信号有很强的抑制能力，但对差模信号不起作用。

电位器 R_P 是调零用的，静态时用它将输出电压调为零，其阻值一般为几十到几百欧。

1. 静态分析

由于电路对称，只需计算一个晶体管的静态值即可。图 8.7.3 所示的是图 8.7.2 所示电路的单管直流通路。因为 R_P 很小，故在图中略去。

图 8.7.3 所示电路中有 $I_{B1}=I_{B2}=I_B$ ， $I_{C1}=I_{C2}=I_C$ ，由偏置电路得出

$$R_B I_B + U_{BE} + 2R_E I_E = U_{EE}$$

由于 $I_B\approx 0$ ，可知发射极电位 $U_E\approx 0$ ，故得到

$$I_C \approx I_E \approx \frac{U_{EE}}{2R_E} \tag{8.7.1}$$

$$U_{CE} \approx U_{CC} - I_C R_C \approx U_{CC} - \frac{U_{EE}R_C}{2R_E} \tag{8.7.2}$$

2. 动态分析

1）双端输入-双端输出差分电压放大电路

R_E 对差模信号不起作用，图 8.7.4 所示的是单管差模信号通路。由图可得出

$$A_{d1} = \frac{u_{o1}}{u_{i1}} = \frac{-\beta i_b R_C}{i_b(R_B + r_{be})} = -\frac{\beta R_C}{R_B + r_{be}} \tag{8.7.3}$$

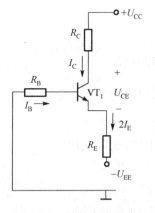

图 8.7.3 单管直流电路

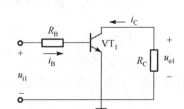

图 8.7.4 单管差模信号通路

同理可得

$$A_{d2} = \frac{u_{o2}}{u_{i2}} = -\frac{\beta R_C}{R_B + r_{be}} = A_{d1} \tag{8.7.4}$$

因为 $u_o = u_{o1} - u_{o2} = A_{d1}u_{i1} - A_{d2}u_{i2} = A_{d1}(u_{i1} - u_{i2})$ ，有

$$A_d = \frac{u_o}{u_{i1} - u_{i2}} = A_{d1} = -\frac{\beta R_C}{R_B + r_{be}} \tag{8.7.5}$$

即双端输入-双端输出差模电压放大倍数与单管的电压放大倍数相同。采用差分放大电路是为了抑制零点漂移。

当输出端接有负载 R_L 时，有

$$A_d = -\frac{\beta R_L'}{R_B + r_{be}} \tag{8.7.6}$$

式中

$$R_L' = R_C /\!/ \frac{1}{2}R_L$$

差模输入电阻为

$$r_i = 2(R_B + r_{be}) \tag{8.7.7}$$

差模输出电阻为

$$r_o \approx 2R_C \tag{8.7.8}$$

2）双端输入-单端输出差分电压放大电路

$$A_d = \frac{u_{o1}}{u_{i1} - u_{i2}} = \frac{u_{o1}}{2u_{i1}} = -\frac{1}{2} \times \frac{\beta R_C}{R_B + r_{be}} \quad （反相输出）$$

$$A_d = \frac{u_{o2}}{u_{i1} - u_{i2}} = -\frac{u_{o2}}{2u_{i1}} = \frac{1}{2} \times \frac{\beta R_C}{R_B + r_{be}} \quad （同相输出）$$

双端输入-单端输出的差分放大电路的电压放大倍数只有双端输入-双端输出差分放大电路的一半。

【例 8.7.1】 差分放大电路如图 8.7.2 所示。已知 $U_{CC} = 15\text{V}$，$U_{EE} = -15\text{V}$，$R_B = 20\text{k}\Omega$，$R_C = 5\text{k}\Omega$，$R_E = 5.1\text{k}\Omega$，$\beta_1 = \beta_2 = 100$。试求：

（1）静态工作点 I_B、I_C、U_{CE}；

（2）差模电压放大倍数 A_d；

（3）U_o [$u_{i1} = 0.12\text{V}$，$u_{i2} = 0.15\text{V}$（均为直流）]。

解：（1）静态工作点

$$I_B = \frac{U_{EE} - U_{BE}}{R_B + 2(1+\beta)R_E} = \frac{15 - 0.6}{20 + 2 \times (1+100) \times 5.1} = 0.0137\text{mA}$$

$$I_C = \beta I_B = 100 \times 0.0137 = 1.37\text{mA}$$

$$U_{CE} = U_{CC} - U_{EE} - I_C R_C - 2I_E R_E$$
$$= 15 - (-15) - 1.37 \times 5 - 2 \times 1.37 \times 5.1 = 9.18\text{V}$$

（2）电路为双端输入-双端输出的形式，因此

$$A_d = -\frac{\beta R_C}{R_B + r_{be}} = -\frac{100 \times 5}{20 + 2.12} \approx -23$$

其中电阻

$$r_{be} = 200 + (1+\beta)\frac{26(\text{mV})}{I_E(\text{mA})} = 2.12\text{k}\Omega$$

（3）输出电压

$$U_o = A_d \cdot U_d = A_d(u_{i1} - u_{i2}) = -23 \times (0.12 - 0.15) = 0.69\text{V}$$

为了全面衡量差分放大电路放大差模信号和抑制共模信号（也即抑制零点漂移）的能力，通常引入共模抑制比 K_{CMR} 来表征。其定义为差模电压放大倍数 A_d 与共模电压放大倍数 A_c 之比的绝对值，即

$$K_{CMR} = \left| \frac{A_d}{A_c} \right|$$

或用分贝表示为

$$K_{CMR} = 20\lg \left| \frac{A_d}{A_c} \right| (\text{dB})$$

理想情况下，$A_c = 0$，$K_{CMR} \to \infty$。而实际电路中 K_{CMR} 不可能趋于无穷大。在实际电路中提高共模抑制比的方法是尽量使电路对称，加大共模抑制电阻 R_E 的阻值。

练习与思考

8.7.1 差分放大电路是否能同时放大差模信号和共模信号？

8.7.2 在典型的差分放大电路中，为什么共模抑制电阻 R_E 能提高抑制零漂的效果？它对差模信号有没有影响？

8.8 互补对称功率放大电路

多级放大电路的最后一级总要带动一定的负载，如扬声器、电动机、继电器等。负载通常都要求具有一定的激励功率才能正常工作，所以多级放大电路的末级一般为功率放大电路，也就是说，功率放大电路也是构成多级放大电路的基本单元电路。

8.8.1 对功率放大电路的基本要求

功率放大电路的任务是向负载提供足够大的功率，这就要求功率放大电路不仅要有较高的输出电压，还要有较大的输出电流，因此功率放大电路中的晶体管通常工作在高电压大电流状态，晶体管的功耗也比较大。要考虑晶体管的极限参数 P_{CM}、I_{CM} 和 $U_{(BR)CEO}$。因为功率放大电路中的晶体管处在大信号极限运用状态，非线性失真也要比小信号的电压放大电路严重得多。此外，功率放大电路从电源取用的功率较大，为提高电源的利用率，必须尽可能提高功率放大电路的效率。放大电路的效率是指负载得到的交流信号功率与直流电源供出功率的比值。

功率放大电路的效率、非线性失真和输出功率三者之间互有影响，它们与放大电路的工作状态有关。

功率放大电路有三种工作状态，即甲类、乙类和甲乙类，如图 8.8.1 所示。

甲类功率放大电路的静态工作点 Q 大致设置在交流负载线的中点，集电极静态电流 I_C 约为信号电流幅值，如图 8.8.1(a) 所示。在工作过程中，晶体管始终处于导通状态，因而非线性失真小。但集电极静态电流 I_C 大，当无输入信号时 ($u_i = 0$)，电源提供的功率 $P_E = I_C U_{CE}$ 全部消耗在晶体管上，因此晶体管的功率损耗较大，放大电路的效率较低，最高只能达到 50%。

乙类功率放大电路的静态工作点 Q 设置在交流负载线与横轴的交点上，集电极静态电流 $I_C = 0$，如图 8.8.1(b) 所示。因为集电极电流 $I_C = 0$，功率损耗减到最小，使放大电路的效率大大提高，最高可达 78.5%。但由于在工作过程中晶体管仅在输入信号的正半周导通，只能放大信号的正半周，故输出波形产生严重的非线性失真。

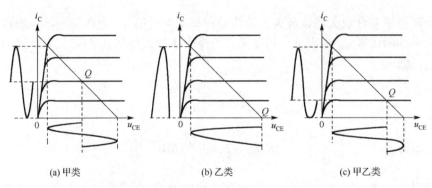

(a) 甲类　　　　　　　　(b) 乙类　　　　　　　　(c) 甲乙类

图 8.8.1　功率放大电路的三种工作状态

甲乙类功率放大电路的静态工作点 Q 设置在集电极电流 I_C 很小处，如图 8.8.1(c)所示。因为晶体管只有不大的静态电流，故放大电路在甲乙类工作状态下的效率接近于乙类工作状态下的效率，而非线性失真也不像在乙类工作状态下那样严重。

8.8.2　互补对称功率放大电路

为了使功率放大电路既有尽可能高的效率，又有尽可能小的失真，常采用工作于甲乙类或乙类状态的互补对称功率放大电路。

1．OCL 功率放大电路

由双电源供电的互补对称功率放大电路又称为无输出电容的功率放大电路，简称 OCL 电路，其原理电路如图 8.8.2(a)所示。图中 VT_1 为 NPN 管，VT_2 为 PNP 管，两管特性相近。两管的发射极相连接到负载上，基极相连作为输入端。

静态 $(u_i = 0)$ 时，$U_B = 0$，由于 VT_1、VT_2 两管对称，因此 $U_E = 0$，故偏置电压为零，VT_1、VT_2 均处于截止状态，负载中没有电流，电路工作在乙类状态。

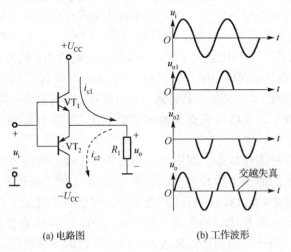

(a) 电路图　　　　　　(b) 工作波形

图 8.8.2　乙类 OCL 功率放大电路

动态 $(u_i \neq 0)$ 时，在 u_i 的正半周，VT_1 导通而 VT_2 截止，VT_1 以射级输出器的形式将正半周信号输出给负载；在 u_i 的负半周，VT_2 导通而 VT_1 截止，VT_2 以射极输出器的形式将负半周信号输出给负载。可见在输入信号 u_i 的整个周期内，VT_1、VT_2 两管轮流交替地工作，互相补充，使负载获得完整的信号波形，故该电路称为互补对称电路。由于VT_1、VT_2都采用共集电极接法工作，输出电阻极小，因此可与低阻值负载R_L直接匹配。电路的工作波形如图 8.8.2(b)所示。

从图 8.8.2(b)所示的工作波形可见，在过零的一个小区域内输出波形产生了失真，这种失真称为交越失真。产生交越失真的原因是：VT_1、VT_2发射结静态偏压为零，放大电路工作在乙类状态，当输入信号u_i小于晶体管的死区电压时，两个晶体管都截止，在这一区域内输出电压为零，使波形失真。

为减小交越失真，可给VT_1、VT_2发射结加适当的正向偏压，以便产生一个不大的静态偏流，使VT_1、VT_2导通时间稍微超过半个周期，即工作在甲乙类状态下，如图 8.8.3 所示。图中二极管VD_1、VD_2用来提供偏置电压。静态时晶体管VT_1、VT_2虽然都已基本导通，但因它们对称，U_E仍为零，负载中仍无电流流过。

2. OTL 功率放大电路

OCL 功率放大电路需要正、负两个电源，这在有些功率放大电路里无法实现，如收音机电路等。因此，这类电路多采用单电源供电，可用一个大容量的电容器代替 OCL 电路中的负电源，组成无输出变压器的功率放大电路，简称 OTL 电路。如图 8.8.4 所示的为工作在甲乙类状态的 OTL 功率放大电路。

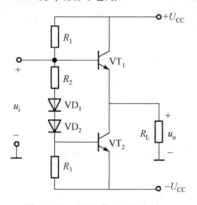

图 8.8.3　甲乙类 OCL 电路

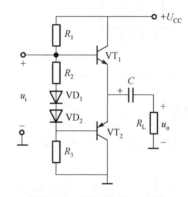

图 8.8.4　甲乙类 OTL 电路

因电路对称，静态时两个晶体管发射极连接点的电位为电源电压的一半，由于电容C的"隔直"作用，负载R_L中没有电流，输出电压为零。动态时，在u_i的正半周，VT_1导通而VT_2截止，VT_1以射极输出器的形式将正半周信号输出给负载，同时对电容 C 充电；在u_i的负半周，VT_2导通而VT_1截止，电容 C 通过VT_2和R_L放电，VT_2以射极输出器的形式将负半周信号输出给负载，电容 C 在这时起到负电源的作用。为了使输出波形对称，必须保持电容 C 上的电压基本维持在$U_{CC}/2$，因此 C 的容量必须足够大。

在功率放大电路中，大功率晶体管的功耗较大，如果不采取有效措施，就会使功率管因结温过高而烧坏。给功率管安装表面积足够大的散热器，改善其散热条件，可以有效地降低结温，保证安全，从而在相同的条件下大大提高功率管的最大允许功耗，提高其效率。通常散热器采用由纯铝轧制而成的散热器型材。在安装时，应使晶体管与散热器良好接触，以提高散热效果。

8.8.3　集成功率放大器

把互补对称功率放大电路和前置放大电路一起制作在同一硅片上，就成为集成功率放大器。集成功率放大器的种类很多，如通用型 FX0021 可用于直流伺服电动机及录音机主动轮的驱动；D810、D2002 可作为收音机、电视机中单通道音频功率放大电路；LA4180 系列可作为录音机双通道音频功率放大电路。

图 8.8.5 所示的为 D2002 集成功率放大器的外形图。它有 5 个引脚，电源电压可在 8～18V 范围内选择，使用时应紧固在散热片上。

如图 8.8.6 所示的是用 D2002 组成的音频功率放大电路。输入信号 u_i 经耦合电容 C_1 送到输入端 1，放大后的信号由输出端 4 经耦合电容 C_2 送到负载。5 为电源端，接 U_{CC}。3 为接地端。R_1、R_2 和 C_3 用以提高放大电路的工作稳定性并改善其性能。C_4、R_3 用来改善放大电路的频率特性，防止产生高频自激振荡。负载是 4Ω 的扬声器。该电路的不失真最大输出功率为 5W。

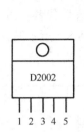　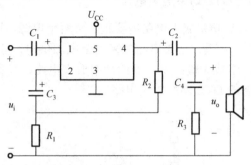

图 8.8.5　D2002 集成功率放大器的外形图　　图 8.8.6　用 D2002 集成功率放大器组成的音频功率放大电路

练习与思考

8.8.1　什么是甲类、乙类和甲乙类工作状态？产生交越失真的原因是什么？如何消除这种失真？

8.8.2　功率放大电路与电压放大电路有何区别？能否用微变等效电路分析功率放大电路？

8.9　场效应晶体管放大电路

由于场效应晶体管（简称场效应管）具有很高的输入电阻，适用于对高内阻信号源的放大，通常用在多级放大电路的输入级。

与晶体管相比，场效应管的源极、漏极和栅极分别相当于晶体管的发射极、集电极和基极。两者的放大电路也相似。晶体管放大电路是用 i_B 控制 i_C，当 U_{CC} 和 R_C 确定后，其静态工作点由 I_B 决定。场效应管放大电路用 u_{GS} 控制 i_D，当 U_{DD}（电源电压）、R_D（漏极电阻）和 R_S（源极电阻）确定后，其静态工作点由 U_{GS} 决定。

场效应管放大电路有共源极放大电路和共漏极放大电路等。如图 8.9.1 所示的为分压式偏置共源极放大电路，与分压式偏置共发射极放大电路十分相似，图中各元件的作用如下：

VT 为场效应管，电压控制元件，用栅-源电压控制漏极电流。

- R_D 为漏极负载电阻，获得随 u_i 变化的电压。
- R_S 为源极电阻，用于稳定工作点。
- R_{G1}、R_{G2} 为分压电阻，与 R_S 配合获得合适的偏压 U_{GS}。
- C_S 为旁路电容，用于消除 R_S 对交流信号的影响。
- C_1、C_2 为耦合电容，起"隔直"和传递信号的作用。

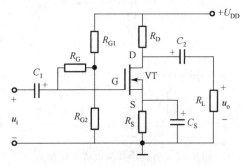

图 8.9.1 分压式偏置共源极放大电路

1. 静态分析

场效应管放大电路的静态分析就是求 U_{GS}、I_D 和 U_{DS}。

由于栅极电流为零，电阻 R_G 中无电流通过，所以栅极电位为

$$U_G = \frac{R_{G2}}{R_{G1} + R_{G2}} U_{DD} \tag{8.9.1}$$

栅-源电压为

$$U_{GS} = V_G - V_S = \frac{R_{G2}}{R_{G1} + R_{G2}} U_{DD} - I_S R_S = \frac{R_{G2}}{R_{G1} + R_{G2}} U_{DD} - I_D R_S \tag{8.9.2}$$

在 $U_{GS}(\text{off}) \leqslant U_{GS} \leqslant 0$ 范围内，耗尽型 MOS 管的漏极电流为

$$I_D = I_{DSS} \left(1 - \frac{U_{GS}}{U_{GS(\text{off})}} \right)^2 \tag{8.9.3}$$

联立上述两个方程并求解，得出 I_D 和 U_{GS}，取合理的一组解。

漏-源电压为

$$U_{DS} = U_{DD} - I_D (R_D + R_S) \tag{8.9.4}$$

分压式偏置电路适合于耗尽型场效应管和增强型场效应管。对于耗尽型场效应管，应使 $U_{GS} < 0$，对于增强型场效应管，应使 $U_{GS} > 0$。

耗尽型场效应管还可以采用自偏压放大电路，如图 8.9.2 所示。

$$U_{GS} = U_G - U_S = -I_S R_S = -I_D R_S \tag{8.9.5}$$

由

$$I_D = I_{DSS} \left(1 - \frac{U_{GS}}{U_{GS(\text{off})}} \right)^2 \tag{8.9.6}$$

联立上述两个方程并求解，得出 I_D 和 U_{GS}，取合理的一组解。然后将 I_D 代入下式：

$$U_{DS} = U_{DD} - I_D (R_D + R_S) \tag{8.9.7}$$

求出 U_{DS}。

2. 动态分析

如图 8.9.3 所示为图 8.9.2 所示电路的微变等效电路。其中栅极 G 与源极 S 之间的动态电阻 r_{gs} 可认为无穷大，相当于开路。漏极电流 $\dot{I}_d$ 只受 $\dot{U}_{gs}$ 控制，而与 $\dot{U}_{ds}$ 无关，因而漏极 D 与源极 S 之间相当于一个受 $\dot{U}_{gs}$ 控制的电流源 $g_m \dot{U}_{gs}$。

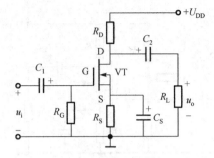
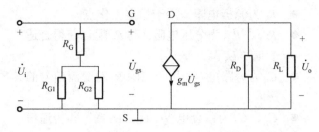

图 8.9.2 自偏压共源极放大电路   图 8.9.3 分压式偏置共源极放大电路的微变等效电路

1）电压放大倍数

$$A_u = \frac{\dot{U}_o}{\dot{U}_i} = \frac{-\dot{I}_d R_L'}{\dot{U}_{gs}} = \frac{-g_m \dot{U}_{gs} R_L'}{\dot{U}_{gs}} = -g_m R_L' \qquad (8.9.8)$$

式中，$R_L' = R_D // R_L$ 称为交流负载电阻。可见电压放大倍数与跨导及交流负载电阻成正比，输出电压 u_o 与输入电压 u_i 反相。

2）输入电阻

$$r_i = R_G + R_{G1} // R_{G2} \qquad (8.9.9)$$

R_G 一般取几兆欧姆。可见 R_G 的接入可使输入电阻大大提高。

3）输出电阻

$$r_o = R_D \qquad (8.9.10)$$

R_D 一般在几千到几十千欧姆，输出电阻较高。

【例 8.9.1】 在图 8.9.1 所示的电路中，已知 $U_{DD} = 20\text{V}$，$R_D = 10\text{k}\Omega$，$R_S = 10\text{k}\Omega$，$R_{G1} = 200\text{k}\Omega$，$R_{G2} = 51\text{k}\Omega$，$R_G = 1\text{M}\Omega$，$R_L = 10\text{k}\Omega$；耗尽型的场效应管的参数为 $I_{DSS} = 0.9\text{mA}$，$U_{GS(off)} = -4\text{V}$，$g_m = 5\text{mA/V}$。试求：静态值、电压放大倍数、输入电阻和输出电阻。

解：由电路可知：

$$V_G = \frac{R_{G2}}{R_{G1} + R_{G2}} U_{DD} = \frac{51 \times 10^3}{(200 + 51) \times 10^3} \times 20 = 4\text{V}$$

$$U_{GS} = V_G - I_D R_S = 4 - 10 \times 10^3 I_D$$

$$I_D = I_{DSS} \left(1 - \frac{U_{GS}}{U_{GS(off)}}\right)^2 = 0.9 \times 10^{-3} \left(1 + \frac{U_{GS}}{4}\right)^2$$

联立上面两式，解之得

$$I_D = 0.5\text{mA}, \quad U_{GS} = -1\text{V}$$

并由此得 $\quad U_{DS} = U_{DD} - I_D(R_D + R_S) = 20 - 0.5 \times 10^{-3} \times (10 + 10) \times 10^3 = 10\text{V}$

电压放大倍数为 $\quad A_u = \frac{\dot{U}_o}{\dot{U}_i} = -g_m R_L' = -5 \times \frac{10 \times 10}{10 + 10} = -25$

输入电阻为 $\quad r_i = R_G + R_{G1} // R_{G2} = 1000 + 200 // 51 \approx 1000\text{k}\Omega$

输出电阻为 $\quad r_o = R_D = 10\text{k}\Omega$

练习与思考

8.9.1 场效应管与晶体管相比较有何区别？

8.9.2 说明场效应管的夹断电压和开启电压的意义。

8.9.3 为什么增强型 MOS 场效应管放大电路无法采用自给偏置？

8.10 习 题

8.10.1 填空题

1. 交流放大电路的静态是指_____的工作状态，通常说的静态值（静态工作点）是 I_B、I_C 和_____。

2. 交流放大电路的静态分析法有_____和_____两种。

3. 固定偏置基本交流放大电路的偏值电阻 R_B 减小时，静态值 I_B 随之_____，导致静态工作点沿直流负载线向_____靠近。

4. 基本交流放大电路的集电极负载电阻 R_C 减小时，直流负载线变_____；R_C 增大时，直流负载线变_____。两种情况都会使不失真的动态范围减小。

5. 分析放大电路求静态值时须用_____通路，求动态参数时应该用_____通路和其微变等效电路。

6. 若放大电路的信号源电动势 E_S 不变，而内阻 R_S 减小，则输出电压随之_____。若放大电路的输入电压 U_i 不变，而负载电阻 R_L 减小，则输出电压随之_____。

7. 射极输出器的三大特点是输入电阻高、_____、_____。

8. 射极输出器作为多级放大电路的输入级使用时有_____的好处；作为多级放大电路的输出级使用时有_____的好处。

9. 多级放大电路的耦合方式有变压器耦合、_____和_____三种。

10. 多级放大电路的输入电阻是_____的输入电阻；多级放大电路的输出电阻是的输出电阻。

11. 多级放大电路的电压放大倍数等于_____的乘积，计算前级的电压放大倍数时必须把_____作为前级的负载。

12. 差动放大电路的输入信号 $U_{i1} = 10\,\text{mV}$，$U_{i2} = 2\,\text{mV}$，则其差模输入信号 $U_{id} =$ _____，共模输入信号 $U_{iC} =$ _____。

13. 差动放大电路中的共模反馈电阻阻值越_____，表示抑制零点漂移的能力越_____。

14. 用示波器观察某功放在正弦信号驱动下负载上的波形，如图 8.10.1 所示，则可以判定：该电路属于_____类功放，其失真为_____失真。

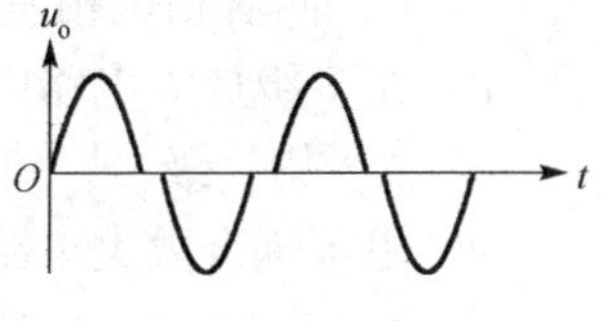

图 8.10.1

15. 互补对称功率放大电路从电路结构上分为_____和_____两类。

16. 在功率放大电路中，效率最高的是_____类功率放大电路；能够消除交越失真同时效率又高的是_____类功率放大电路。

8.10.2 选择题

1. 电路如图 8.10.2 所示，$R_C = 3\text{k}\Omega$，晶体管的 $\beta = 50$，欲使晶体管工作在放大区，R_B 应调至（　　）。

    A．$10\text{k}\Omega$　　　　　B．$100\text{k}\Omega$　　　　　C．$300\text{k}\Omega$　　　　　D．∞

2. 某固定偏置单管放大电路的静态工作点 Q 如图 8.10.3 所示，欲使工作点移至 Q' 需使（　　）。

    A．偏置电阻 R_B 增大　　　　　　　B．集电极电阻 R_C 增大

    C．偏置电阻 R_B 减小　　　　　　　D．集电极电阻 R_C 减小

3. 基本共射放大电路如图 8.10.4 所示，该电路的输出电压 u_o 与输入电压 u_i 的相位相差（　　）。

    A．$0°$　　　　　B．$45°$　　　　　C．$90°$　　　　　D．$180°$

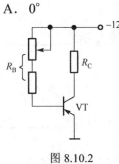　　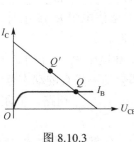　　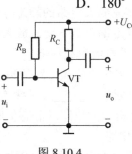

图 8.10.2　　　　　　　图 8.10.3　　　　　　　图 8.10.4

4. 电路如图 8.10.4 所示，晶体管工作在放大区。如果将集电极电阻换成一个阻值较大的电阻（晶体管仍工作在放大区），则集电极电流将（　　）。

    A．不变　　　　　B．显著减小　　　　　C．显著增大　　　　　D．以上均不是

5. 在基本共射极放大电路中，基极电阻 R_B 的作用是（　　）。

    A．放大电流　　　　　　　　　B．调节偏流 I_B

    C．把放大的电流转换成电压　　　D．以上均不是

6. 由 NPN 管组成的单级共射级放大电路输出电压的波形如图 8.10.5 所示，此电路产生了（　　）。

图 8.10.5

    A．交越失真　　　　　B．截止失真

    C．饱和失真　　　　　D．以上都不是

7. 射极输出器电路中，输出电压 u_o 与输入电压 u_i 之间的关系是（　　）。

    A．两者反相，输出电压大于输入电压　　B．两者同相，输出电压近似等于输入电压

    C．两者相位相差 $90°$，且大小相等　　　D．两者同相，输出电压大于输入电压

8. 在多级放大电路中，功率放大级常位于（　　）。

    A．第一级　　　　　B．中间级　　　　　C．末级或末前级　　　　　D．均不是

9. 阻容耦合放大电路能放大（　　）信号。

    A．直流　　　　　B．交流　　　　　C．交、直流　　　　　D．以上均不能

10. 已知两级放大电路的电压放大倍数分别为 $A_{u1} = -10$，$A_{u2} = -20$，则此放大电路总的电压放大倍数应为（　　）。

    A．$A_u = -30$　　　B．$A_u = -10$　　　C．$A_u = 30$　　　D．$A_u = 200$

11. 差动放大电路如图 8.10.6 所示，其差模电压放大倍数 A_d 为（　　　）

A. $A_d = -\dfrac{\beta R_C}{R_B + r_{be} + (1+\beta)R_E}$　　　　B. $A_d = -\dfrac{\beta R_C}{R_B + r_{be} + (1+\beta)2R_E}$

C. $A_d = -\dfrac{\beta R_C}{R_B + r_{be}}$　　　　D. $A_d = -\dfrac{\beta R_C}{r_{be} + (1+\beta)2R_E}$

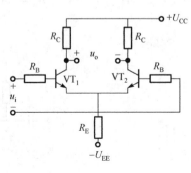

图 8.10.6

12. 具有发射极电阻 R_E 的典型差动放大电路中，R_E 的电阻值（　　　），抑制零点漂移的效果将会更好。

A．增加　　　　B．减小　　　　C．不变　　　　D．增加、减小都可以

13. 差动放大电路是为了（　　　）而设置的。

A．稳定电压放大倍数　　　　B．增加带负载能力

C．抑制零点漂移　　　　D．稳定静态工作点

14. 某功率放大电路的工作波形如图 8.10.7 所示，静态工作点 Q 靠近截止区，这种情况称为（　　　）。

A．甲类工作状态　　　　B．乙类工作状态

C．甲乙类工作状态　　　　D．以上均不是

15. OCL 互补对称功率放大电路如图 8.10.8 所示，VT$_1$、VT$_2$ 为硅管，$u_i \leqslant 0.2\sin\omega t$ V，则理想状态下输出电压 u_0 等于（　　　）。

A．$12\sin\omega t$ V　　　B．$-0.2\sin\omega t$ V　　　C．0V　　　D．$0.2\sin\omega t$ V

图 8.10.7　　　　　　　　　　图 8.10.8

16. 互补对称功率放大电路中，若设置静态工作点使两管均工作在乙类状态，将会出现（　　　）。

A．饱和失真　　　B．频率失真　　　C．交越失真　　　D．截止失真

17. OCL 互补对称功率放大电路如图 8.10.9 所示，当 u_i 为正半周时，（　　　）。

A. VT$_1$ 导通，VT$_2$ 截止　　　　　B. VT$_1$ 截止，VT$_2$ 导通

C. VT$_1$、VT$_2$ 导通　　　　　　　D. VT$_1$、VT$_2$ 截止

8.10.3 计算题

1. 放大电路如图 8.10.10 所示，已知 $U_{CC}=16\text{V}$，$R_B=200\text{k}\Omega$，$R_C=2\text{k}\Omega$，$\beta=50$，求静态工作点 I_B、I_C、U_{CE}。

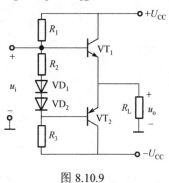

图 8.10.9　　　　　　　　　　　　　图 8.10.10

2. 在图 8.10.10 所示电路中，已知 $U_{CC}=12\text{V}$，$\beta=50$。若要使 $U_{CE}=6\text{V}$，$I_C=3\text{mA}$，试确定 R_C、R_B 的值。

3. 放大电路如图 8.10.11(a)所示，晶体管的输出特性如图 8.10.11(b)所示。

（1）画出直流负载线；

（2）确定 R_B 分别为 10MΩ、560kΩ 和 150kΩ 时的 I_C、U_{CE} 值；

（3）当 $R_B=560\text{k}\Omega$，R_C 改为 20kΩ 时，Q 点将发生什么样的变化？晶体管工作状态有无变化？

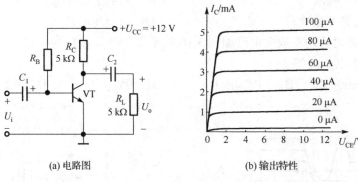

(a) 电路图　　　　　　　　　　　　(b) 输出特性

图 8.10.11

4. 利用微变等效电路计算图 8.10.10 所示放大电路的电压放大倍数 A_u、输入电阻 r_i 和输出电阻 r_o（电路参数见计算题 1）。

5. 在图 8.10.12 所示的放大电路中，已知 $U_{CC}=12\text{V}$，$R_{B1}=60\text{k}\Omega$，$R_{B2}=20\text{k}\Omega$，$R_C=3\text{k}\Omega$，$R_E=3\text{k}\Omega$，$R_S=1\text{k}\Omega$，$R_L=3\text{k}\Omega$，$\beta=100$，$U_{BE}=0.6\text{V}$。

（1）求静态值 I_B、I_C、U_{CE}；

（2）画出微变等效电路；

（3）求输入电阻 r_i 和输出电阻 r_o；

（4）求电压放大倍数 A_u 和对信号源的放大倍数 A_{us}。

6. 在图 8.10.13 所示的放大电路中，已知 $U_{CC}=15V$，$R_{B1}=40k\Omega$，$R_{B2}=10k\Omega$，$R_C=3k\Omega$，$R_E=1.5k\Omega$，$R_S=1k\Omega$，$R_L=6k\Omega$，$\beta=50$，$U_{BE}=0.6V$。

（1）求静态值 I_B、I_C、U_{CE}；

（2）画出微变等效电路；

（3）求输入电阻 r_i 和输出电阻 r_o；

（4）求电压放大倍数 A_u。

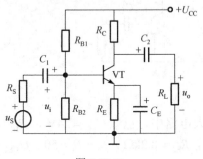
图 8.10.12

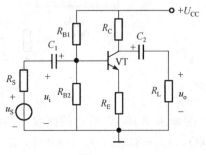
图 8.10.13

7. 在图 8.10.14 所示的放大电路中，已知 $U_{CC}=12V$，$R_{B1}=120k\Omega$，$R_{B2}=39k\Omega$，$R_C=3k\Omega$，$R_{E1}=1.3k\Omega$，$R_{E2}=100\Omega$，$R_S=1k\Omega$，$R_L=3.9k\Omega$，$\beta=40$，$U_{BE}=0.6V$。

（1）求静态值 I_B、I_C、U_{CE}；

（2）画出微变等效电路；

（3）求输入电阻 r_i 和输出电阻 r_o；

（4）求电压放大倍数 A_u。

8. 放大电路如图 8.10.15 所示，$U_{CC}=12V$，$R_B=75k\Omega$，$R_E=1k\Omega$，$R_L=1k\Omega$，$R_S=1k\Omega$，$\beta=50$，$U_{BE}=0.6V$。

（1）求静态工作点；

（2）画出微变等效电路；

（3）求输入电阻 r_i、输出电阻 r_o 和电压放大倍数 A_u。

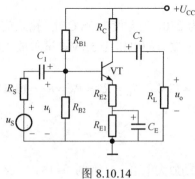
图 8.10.14

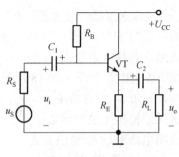
图 8.10.15

9. 在如图 8.10.16 所示的两级阻容耦合放大电路中，已知 $U_{CC}=12V$，$R_{B1}=30k\Omega$，$R_{B2}=20k\Omega$，$R_{C1}=R_{E1}=4k\Omega$，$R_{B3}=130k\Omega$，$R_{E2}=3k\Omega$，$R_L=1.5k\Omega$，$\beta_1=\beta_1=50$，$U_{BE1}=U_{BE2}=0.6V$。

（1）求前、后级放大电路的静态值；

（2）画出微变等效电路；

（3）求各级电压放大倍数 A_{u1}、A_{u2} 和总电压放大倍数 A_u；

（4）后级采用射极输出器有何好处？

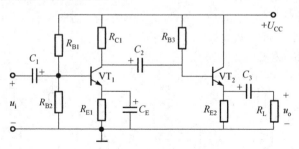

图 8.10.16

10．在如图 8.10.17 所示的两级阻容耦合放大电路中，已知 $U_{CC} = 24V$，$R_{B1} = 1M\Omega$，$R_{E1} = 27k\Omega$，$R_{B2} = 82k\Omega$，$R_{B3} = 43k\Omega$，$R_C = 10k\Omega$，$R_{E2} = 8.2k\Omega$，$\beta_1 = \beta_1 = 50$，$U_{BE1} = U_{BE2} = 0.6V$。

（1）求前、后级放大电路的静态值；

（2）画出微变等效电路；

（3）求各级电压放大倍数 A_{u1}、A_{u2} 和总电压放大倍数 A_u。

（4）前级采用射极输出器有何好处？

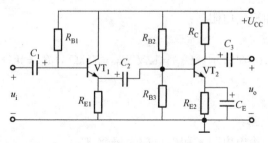

图 8.10.17

11．一个多级直接耦合放大器，电压放大倍数为 250，当温度为 25℃时，输入信号为 0V，输出端口的电压为 5V，当温度升高达 35℃时，输出端口的电压为 5.1V。试求放大电路折算到输入端的温度漂移（单位为 $\mu V / ℃$）。

12．差动放大电路如图 8.10.18 所示，已知 $U_{CC} = 12V$，$R_B = R_C = R_L = R_E = 10k\Omega$，$U_{EE} = 12V$，$\beta_1 = \beta_1 = 50$，$R_P$ 忽略不计，$r_{be1} = r_{be2} = 2.5k\Omega$。

（1）试求差模电压放大倍数；

（2）说明电路的输入/输出方式。

13．图 8.10.19 所示的是单端输入-双端输出的差动放大电路，已知 $U_{CC} = 15V$，$R_C = 10k\Omega$，$R_E = 14.4k\Omega$，$U_{EE} = 15V$，$\beta_1 = \beta_1 = 50$，$U_{BE} = 0.6V$。

（1）计算电路的静态值；

（2）试求差模电压放大倍数 $A_d = u_o / u_i$。

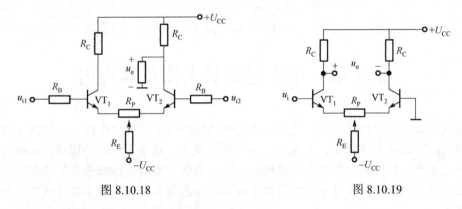

图 8.10.18   图 8.10.19

14. 某场效应管输出特性曲线如图 8.10.20 所示。

（1）试判断该管属于哪种类型，画出其符号；

（2）其夹断电压 $U_{\text{GS(off)}}$ 约为多少？饱和漏极电流 I_{DSS} 约为多少？

15. 在如图 8.10.21 所示的放大电路中，已知 $U_{\text{DD}}=18\text{V}$ ， $R_{\text{G1}}=250\text{k}\Omega$ ， $R_{\text{G2}}=50\text{k}\Omega$ ， $R_{\text{G}}=1\text{M}\Omega$ ， $R_{\text{D}}=R_{\text{S}}=R_{\text{L}}=5\text{k}\Omega$ ，场效应管的 $U_{\text{GS(off)}}=-4\text{V}$ ， $I_{\text{DSS}}=4\text{mA}$ ， $g_{\text{m}}=1\text{mA/V}$ 。

（1）求静态值 I_{D} 、 U_{DS} ；

（2）画出微变等效电路；

（3）求输入电阻 r_{i} 和输出电阻 r_{o} ；

（4）求电压放大倍数 A_{u} 。

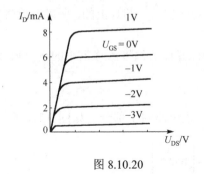

图 8.10.20   图 8.10.21

第9章　集成运算放大器及其应用

在现代社会的各个技术领域，集成电路正在逐渐取代分立元件电路，它实现了材料、元件和电路的统一，具有体积小、重量轻、功耗低等优点，减少了电路的焊点，从而提高了电路工作的可靠性，且价格也较便宜。就功能而言，有数字集成电路和模拟集成电路，而后者又有集成运算放大器、集成功率放大器和集成稳压电源等多种，本章主要介绍集成运算放大器及其应用。

本章首先简单介绍集成运算放大器的基本组成和主要参数，然后着重介绍集成运算放大器在信号运算方面的应用以及运算放大器的非线性应用。

9.1　集成运算放大器简介

9.1.1　集成运算放大器的特点

1．在集成电路的制作中，难于制造电感元件；大电容、大电阻的制作也相当困难，在必须使用的场合，大多采用外接的方法；大电阻也一般用恒流源来代替。

2．集成电路中的各个晶体管是通过同一工艺过程制造在同一芯片上的，所以温度性能基本保持一致。且二极管一般用晶体管的发射极代替。

3．而运算放大器的输入级都采用差动放大电路，因此易制成温度漂移很小的运算放大器。

9.1.2　电路的简单说明

集成运算放大器可为输入级、中间级、输出级和偏置电路四个部分，如图 9.1.1 所示。

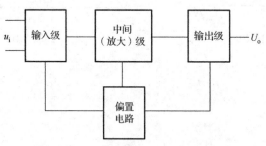

图 9.1.1　运算放大器的方框图

（1）输入级是提高运算放大器质量的关键部分，要求其输入电阻高、静态电流小、差模放大倍数高、抑制零点漂移和共模抗干扰能力强。通常输入级都采用差动放大电路。

（2）中间级主要进行电压放大，所以要求它的电压放大倍数高，一般由共射级放大电路组成。

（3）输出级与负载相接，要求输出电阻小、带负载能力强、输出功率大。输出级一般由互补对称功率放大电路或射极输出器组成。

（4）偏置电路用于为上述各级电路提供合适的静态工作点。

在应用集成运算放大器时，只需知道它的几个管脚的用途及主要参数，至于它的内部电路结构如何一般无须知道。

9.1.3 主要参数

为了合理地选用和正确地使用运算放大器，必须了解集成运算放大器的有关性能参数及其意义。

1. 最大输出电压 U_{OPP}

U_{OPP} 是能使输入电压与输出电压保持不失真关系的最大输出电压。

2. 开环电压放大倍数 A_{uo}

A_{uo} 是在没有外接反馈电路时所测出的差模电压放大倍数，A_{uo} 越高，所构成的运算电路越稳定，运算精度也越高。A_{uo} 一般约为 $10^4 \sim 10^7$。

3. 输入失调电压 U_{io}

对于理想运算放大器，当输入电压为零时，即 $u_{i1} = u_{i2} = 0$，输出电压 $u_o = 0$。但在实际运算放大器中，在制造时也很难做到参数完全对称，因此在 $u_{i1} = u_{i2} = 0$（即将两输入同时接地）时，$u_o \neq 0$。如欲使 $u_o = 0$，就必须在输入端加一个很小的补偿电压，该电压就是输入失调电压。U_{io} 越小越好，一般为几毫伏。

4. 输入失调电流 I_{io}

输入失调电流 I_{io} 是指输入信号为零时，两个输入端静态基极电流之差，即 $I_{io} = |I_{B1} - I_{B2}|$，$I_{io}$ 越小越好，一般为零点零几微安。

5. 输入偏置电流 I_{iB}

I_{iB} 是指输入信号为零时，两个输入端静态基极电流的平均值，即 $I_{iB} = \dfrac{I_{B1} + I_{B2}}{2}$。$I_{iB}$ 越小越好，一般为零点几微安。

6. 最大共模输入电压 U_{ICM}

集成运算放大器对共模信号具有抑制作用，但这种抑制作用要在规定的共模电压范围内才起作用，如超出这个范围，集成运算放大器抑制共模信号的能力就大为下降，严重时甚至造成器件的损坏。

总之，集成运算放大器具有开环电压放大倍数高、输入电阻高（约几兆欧姆以上）、输出电阻低（约几百欧姆）、零点漂移小、体积小、可靠性高等优点，因此被广泛地应用于各个技术领域，并已成为一种通用型器件。

9.1.4 理想运算放大器及其分析依据

在分析运算放大器构成的各种电路时，通常将它看成一个理想运算放大器。
理想化的条件是：

开环电压放大倍数 $A_u \to \infty$；

差模输入电阻 $r_{id} \to \infty$；

开环输出电阻 $r_o \to 0$；

共模抑制比 $K_{CMRR} \to \infty$。

运算放大器的图形符号如图 9.1.2 所示，它有两个输入端和一个输出端。它们对地的电压（即各端子的电位）分别用 u_-、u_+ 和 u_o 表示。

表示输出电压与输入电压之间关系的特性曲线称为传输特性，从运算放大器的传输特性（见图 9.1.3）看，运算放大器可工作在线性区，也可工作在非线性区，随工作区的不同，其分析方法也不一样。

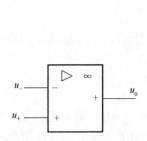

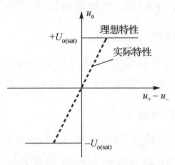

图 9.1.2　运算放大器的图形符号　　　　图 9.1.3　运算放大器的传输特性

当运算放大器工作在线性区时，其输出电压 u_o 与输入电压 u_-、u_+ 之间是线性关系，即

$$u_o = A_{uo}(u_+ - u_-)$$

由于运算放大器的开环电压放大倍数 A_{uo} 很高，即使输入毫伏级以下的信号，也足以使输出电压达到饱和值 $+U_{o(sat)}$ 或 $-U_{o(sat)}$。所以，要使运算放大器工作在线性区，需要引入深度负反馈。

运算放大器工作在线性区时，分析依据有两条：

（1）由于运算放大器的差模输入电阻 $r_{id} \to \infty$，故可认为两输入端的输入电流为零，即 $i_{id} \approx 0$，这种现象称为"虚断"。

（2）由于运算放大器的开环电压放大倍数 $A_u \to \infty$，u_o 为有限值，所以 $u_+ - u_- = \dfrac{u_o}{A_{uo}} \approx 0$，即 $u_+ = u_-$，这种现象称为"虚短"。

若 u_+ 接地，则 $u_- \approx 0$，这种现象称为"虚地"。

当运算放大器的工作范围超出线性区，工作在非线性区时，$u_o = A_{uo}(u_+ - u_-)$ 的关系式不成立。

理想运算放大器工作在非线性区时的分析结论如下：当 $u_+ > u_-$ 时，$u_o = +U_{o(sat)}$；当 $u_+ < u_-$ 时，$u_o = -U_{o(sat)}$。

由于用理想运算放大器代替实际运算放大器分析电路所带来的误差在工程上是允许的，而这能使分析过程大大简化，因而后面章节中均使用这种方法。

练习与思考

9.1.1　什么是理想运算放大器？理想运算放大器工作在线性区和非线性区时各有什么特点？分析方法相同吗？

9.1.2　如将开环放大倍数为 $A_{uo} = 2 \times 10^5$，最大输出电压为 ±13V 的运算放大器，分别加上下列输入电压，求输出电压及其极性，并说明其工作在线性区或非线性区：

（1）$u_+ = 15\mu V$，$u_- = -10\mu V$；（2）$u_+ = -5\mu V$，$u_- = +10\mu V$；

（3）$u_+ = 0V$，$u_- = +5mV$；（4）$u_+ = +5mV$，$u_- = 0V$。

9.2　运算放大器在信号运算方面的应用

用运算放大器可实现多种数学运算，如比例运算、加减法运算、微分和积分运算等。

9.2.1　比例运算

1. 反相比例

如图 9.2.1 所示是反相比例运算电路，输入信号 u_i 经输入电阻 R_1 加在反相输入端，而同相输入端通过电阻 R_2（平衡电阻）接地。反馈电阻 R_F 接在输出端和反相输入端之间，引入深度负反馈。

由运算放大器工作在线性区时的两条分析依据可知

$$i_i \approx i_f, \qquad u_- \approx u_+ = 0$$

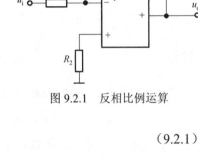

而　　　$i_i = \dfrac{u_i - u_-}{R_1} = \dfrac{u_i}{R_1}$，　　$i_f = \dfrac{u_- - u_o}{R_F} = -\dfrac{u_o}{R_F}$

图 9.2.1　反相比例运算

整理得出　　　　　　　　　　　$u_o = -\dfrac{R_F}{R_1} u_i$　　　　　　　　　　　（9.2.1）

即闭环电压放大倍数为　　　　　$A_{uf} = \dfrac{u_o}{u_i} = -\dfrac{R_F}{R_1}$　　　　　　　　　（9.2.2）

如果 R_1 和 R_F 的阻值足够精确，而且运算放大器的开环电压放大倍数很高，则可认为比例运算只取决于 R_1 和 R_F 的比值而与运算放大器本身无关，这就保证了比例运算的精度和稳定性。式（9.2.2）中的负号表示 u_o 和 u_i 反相。

在图 9.2.1 中，当 $R_F = R_1$ 时，由式（9.2.1）和式（9.2.2）可得

$$u_o = -u_i, \qquad A_{uf} = \dfrac{u_o}{u_i} = -\dfrac{R_F}{R_1} = -1$$

该电路也称为反相器。

2. 同相比例

如图 9.2.2 所示的是同相比例运算电路，根据运算放大器工作在线性区时的分析依据可知：

$$i_i \approx i_f, \qquad u_- \approx u_+ = u_i$$

由电路可知：　　　　　$i_i = -\dfrac{u_-}{R_1} = \dfrac{u_i}{R_1}$

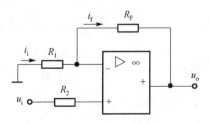

图 9.2.2　同相比例运算电路

$$i_f = \frac{u_- - u_o}{R_F} = \frac{u_i - u_o}{R_F}$$

整理得
$$u_o = \left(1 + \frac{R_F}{R_1}\right)u_i \qquad (9.2.3)$$

闭环电压放大倍数为
$$A_{uf} = 1 + \frac{R_F}{R_1} \qquad (9.2.4)$$

可见，u_o 与 u_i 之间的比例关系可认为与运算放大器本身的参数无关，其运算精度和稳定性都很高。式（9.2.4）中 A_{uf} 为正值，表明 u_o 和 u_i 同相，且 A_{uf} 总是大于或等于 1。

为了使两输入端平衡，取 $R_2 = R_1 // R_F$。

9.2.2 加法运算

如图 9.2.3 所示为反相加法运算电路，由图可见，反相端有多个信号输入端。由图可得出

$$i_{i1} = \frac{u_{i1}}{R_{11}}, \qquad i_{i2} = \frac{u_{i2}}{R_{12}}, \qquad i_{i3} = \frac{u_{i3}}{R_{13}}, \qquad i_f = -\frac{u_o}{R_F}$$

$$i_f = i_{i1} + i_{i2} + i_{i3}$$

整理得
$$u_o = -\left(\frac{R_F}{R_{11}}u_{i1} + \frac{R_F}{R_{12}}u_{i2} + \frac{R_F}{R_{13}}u_{i3}\right) \qquad (9.2.5)$$

式（9.2.5）中，当 $R_{11} = R_{12} = R_{13} = R_F$ 时，有

$$u_o = -(u_{i1} + u_{i2} + u_{i3}) \qquad (9.2.6)$$

由式（9.2.5）可见，运算结果也与运算放大器本身的参数无关，只要电阻值足够精确，就可保证加法运算的精度和稳定性。

电阻 R_2 为平衡电阻，其取值为 $R_2 = R_{11} // R_{12} // R_{13} // R_F$。

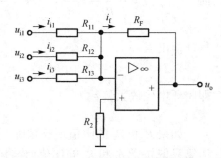

图 9.2.3　加法运算电路

9.2.3 减法运算

减法运算在测量和控制系统中应用很多，其运算电路如图 9.2.4 所示。

根据运算放大器工作在线性区时的分析依据可知：

$$i_i \approx i_f, \qquad u_- \approx u_+ = \frac{R_3}{R_2 + R_3}u_{i2}$$

而
$$i_i = \frac{u_i - u_-}{R_1}, \qquad i_f = \frac{u_- - u_o}{R_F}$$

整理得
$$u_o = \left(1 + \frac{R_F}{R_1}\right)\left(\frac{R_3}{R_2 + R_3}u_{i2}\right) - \frac{R_F}{R_1}u_{i1} \quad (9.2.7)$$

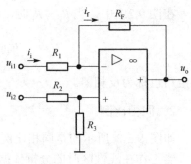

图 9.2.4　减法运算电路

当 $R_1 = R_2$ 和 $R_F = R_3$ 时，式（9.2.7）为

$$u_o = \frac{R_F}{R_1}(u_{i2} - u_{i1}) \qquad (9.2.8)$$

当 $R_1 = R_F$ 时，有 $u_o = (u_{i2} - u_{i1})$

由式（9.2.8）可得电压放大倍数 $\qquad A_d = \dfrac{u_o}{u_{i1} - u_{i2}} = \dfrac{R_F}{R_1}$ $\qquad\qquad$ (9.2.9)

适用于线性电路的叠加原理可用于减法电路的运算关系推导中。

当 u_{i1} 单独作用时，$u_{i2} = 0$，电路等效为反相比例运算电路。

所以有 $\qquad\qquad\qquad\qquad u_{o1} = -\dfrac{R_F}{R_1}u_{i1}$

当 u_{i2} 单独作用时，$u_{i1} = 0$，电路等效为同相比例运算电路。

所以有 $\qquad\qquad\qquad\qquad u_{o2} = \left(1 + \dfrac{R_F}{R_1}\right)u_+$

而 $u_+ = \dfrac{R_3}{R_2 + R_3}u_{i2}$，代入上式得

$$u_{o2} = \left(1 + \dfrac{R_F}{R_1}\right)\dfrac{R_3}{R_2 + R_3}u_{i2}$$

$$u_o = u_{o2} + u_{o1} = \left(1 + \dfrac{R_F}{R_1}\right)\left(\dfrac{R_3}{R_2 + R_3}u_{i2}\right) - \dfrac{R_F}{R_1}u_{i1}$$

为了保证运算精度，应选用共模抑制比较高的运算放大器或选用阻值合适的电阻。

【例 9.2.1】 试求图 9.2.5 所示运算放大电路中 u_o 与 u_{i1}、u_{i2} 的关系式。

解：由图 9.2.5 可知 A_2 为反相比例运算电路，则有

$$u_{o1} = -\dfrac{R_3}{R_4}u_o$$

根据 $u_- \approx u_+$，A_1 两输入端有

$$u_- \approx u_+ = \dfrac{R_3}{R_2 + R_3}u_{i2} \qquad \dfrac{u_{i1} - u_-}{R_1} = \dfrac{u_- - u_{o1}}{R_2}$$

整理式得

$$R_2\left(u_{i1} - \dfrac{R_2}{R_1 + R_2}u_{i2}\right) = R_1\left(\dfrac{R_2}{R_1 + R_2}u_{i2} + \dfrac{R_3}{R_4}u_o\right)$$

$$\dfrac{R_1 R_3}{R_4}u_o = R_2 u_{i1} - \dfrac{R_2^2}{R_1 + R_2}u_{i2} + \dfrac{R_1 R_2}{R_1 + R_2}u_{i2}$$

最后得 $\qquad\qquad u_o = \dfrac{R_2 R_4}{R_1 R_3}(u_{i1} - u_{i2})$

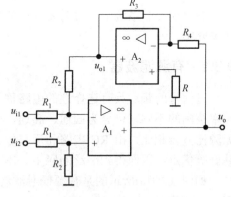

图 9.2.5 例 9.2.1 的电路图

9.2.4 积分运算

与反相比例运算电路相比较，用电容 C_F 代替 R_F 作为反馈元件，就成为积分运算电路，如图 9.2.6 所示。

根据分析依据，有 $i_i \approx i_f$, $u_- \approx u_+ = 0$

故有

$$i_i \approx i_f = \frac{u_i}{R_1}$$

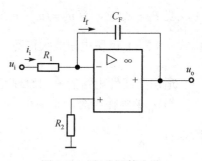

$$u_o = -u_c = -\frac{1}{C_F}\int i_f \mathrm{d}t = -\frac{1}{R_1 C_F}\int u_i \mathrm{d}t$$

上式表明 u_o 与 u_i 的积分成比例，式中负号表示两者反相。$R_1 C_F$ 称为积分时间常数。

图 9.2.6　积分运算电路

9.2.5　微分运算

只需将积分运算电路中的电阻 R_1 与电容互换位置，就可得到微分电路，如图 9.2.7 所示。

由图可得

$$i_i = C_1 \frac{\mathrm{d}u_c}{\mathrm{d}t} = C_1 \frac{\mathrm{d}u_i}{\mathrm{d}t}$$

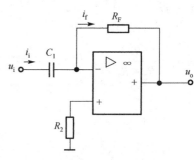

$$u_o = -R_F i_f = -R_F i_i = -R_F C_1 \frac{\mathrm{d}u_i}{\mathrm{d}t}$$

上式表明 u_o 与 u_i 的一次微分成正比，式中负号表示两者反相。

图 9.2.7　微分运算电路

练习与思考

9.2.1　什么是"虚断"？什么是"虚短"？什么是"虚地"？

9.2.2　将一周期性正负交变的矩形波电压信号 u_i 分别加在积分运算和微分运算的电路输入端，试分别画出输出电压 u_o 的波形。

9.3　运算放大器在信号处理方面的应用

在自动控制系统中，常需要进行信号处理，如滤波、信号的测量及信号的比较等，下面简单介绍。

9.3.1　有源滤波器

对信号的频率具有选择性的电路称为滤波电路。它实际上就是一种选频电路，依据选择频率范围的不同，可分为低通、高通、带通及带阻滤波器。与前面介绍的由 RC 电路组成的无源滤波器相比，由 RC 电路和运算放大器组成的有源滤波器具有体积小、效率高、频率特性好等优点，因而得到广泛的应用。本节只介绍有源低通滤波器。

如图 9.3.1(a)所示的是有源低通滤波电路。设输入电压 u_i 为某一频率正弦电压，可用相量表示。

由电路可得出

$$\dot{U}_+ = \dot{U}_- = \frac{\dfrac{1}{\mathrm{j}\omega C}}{R + \dfrac{1}{\mathrm{j}\omega C}}\dot{U}_i = \frac{\dot{U}_i}{1 + \mathrm{j}\omega RC}$$

由于
$$\dot{U}_0 = \left(1 + \frac{R_F}{R_1}\right)U_+ = \frac{1 + \dfrac{R_F}{R_1}}{1 + j\omega RC}\dot{U}_i$$

可得
$$T(j\omega) = \frac{\dot{U}_0}{\dot{U}_i} = \frac{1 + \dfrac{R_F}{R_1}}{1 + j\omega RC} = \frac{1 + \dfrac{R_F}{R_1}}{1 + j\dfrac{\omega}{\omega_0}} = \frac{A_{uf0}}{1 + j\dfrac{\omega}{\omega_0}}$$

上式是为该电路的传递函数,式中低通滤波电路的通带电压增益 A_{uf0} 是 $\omega=0$ 时输出电压 u_0 与输入电压 u_i 之比。对于图 9.3.1(a)来说,通带电压增益 $A_{uf0} = 1 + \dfrac{R_f}{R_1}$。$\omega_0 = \dfrac{1}{RC}$ 称为截止频率。

其模为幅频特性
$$|T(j\omega)| = \frac{|A_{uf0}|}{\sqrt{1 + \left(\dfrac{\omega}{\omega_0}\right)^2}}$$

因此当 $\omega=0$ 时,$|T(j\omega)| = |A_{uf0}|$;$\omega = \omega_0$ 时,$|T(j\omega)| = \dfrac{|A_{uf0}|}{\sqrt{2}}$;$\omega = \infty$ 时,$|T(j\omega)| = 0$。

有源低通滤波器的幅频特性如图 9.3.1(b)所示,可见,凡是频率在 $0 \sim \omega_0$ 之间的信号都能通过该放大器。

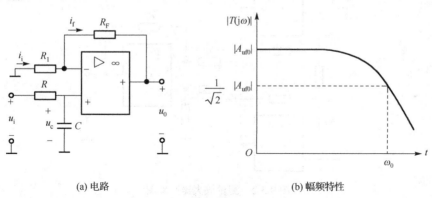

(a) 电路   (b) 幅频特性

图 9.3.1　有源低通滤波器

若将 R 与 C 的位置互换即可组成高通滤波器。

9.3.2　测量放大器

在自动控制系统和信号测量方面,常常需要对变化缓慢的微小信号进行放大处理。常用的测量放大器原理图如图 9.3.2 所示。该电路输入级结构对称,且输入电阻很高,所以抑制零点漂移能力很强。第二级采用的是减法运算电路,为了提高运算精度,必须使用共模抑制比很高的运算放大器。

输入信号电压
$$u_i = u_{i1} - u_{i2}$$

对 A_1 有
$$u_- \approx u_+ = u_{i1}, \quad i_{id1} \approx 0$$

对 A_2 有 $$u_- \approx u_+ = u_{i2}, \quad i_{id2} \approx 0$$

有 $u_{i1} - u_{i2} = iR_1$，式中 i 为流过 R_1、R_2、R_3 的电流。

因此 $$\frac{u_{i1} - u_{i2}}{R_1}(R_1 + R_2 + R_3) = u_{o1} - u_{o2}$$

从而得到 $$u_{o1} - u_{o2} = \left(1 + \frac{R_2 + R_3}{R_1}\right)(u_{i1} - u_{i2})$$

$$A_{uf1} = \left(1 + \frac{R_2 + R_3}{R_1}\right)$$

只要改变 R_1 的阻值，即可调整放大倍数。

对第二级放大电路，若 $R_4 = R_5$，$R_6 = R$，则

$$A_{uf2} = \frac{u_o}{u_{o1} - u_{o2}} = -\frac{R_6}{R_4}$$

所以，两级总的放大倍数为

$$A_{uf} = \frac{u_o}{u_i} = A_{uf1} \cdot A_{uf2} = -\frac{R_6}{R_4}\left(1 + \frac{R_2 + R_3}{R_1}\right)$$

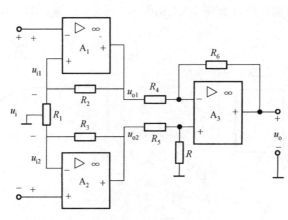

图 9.3.2 测量放大器原理图

9.3.3 电压比较器

电压比较器的作用是用来比较输入信号电压与参考电压，利用输出端出现的截然不同的状态（高电平或低电平），来实现相应的控制作用。

图 9.3.3(a)所示是一种电压比较器电路。参考电压 U_R 加在反相输入端，输入电压 u_i 加在同相输入端。运算放大器工作在开环状态，由于开环电压放大倍数很高，即使 u_i 和 U_R 的差值非常微小，也会使输出电压达到饱和值。因此，用作比较器时，运算放大器工作在非线性区。当 $u_i < U_R$ 时，$u_o = -U_{o(sat)}$；当 $u_i > U_R$ 时，$u_o = +U_{o(sat)}$。这种电压比较器的传输特性如图 9.3.3(b) 所示。

当取参考电压 $U_R = 0$ 时，就是过零比较器，其电路和传输特性如图 9.3.4(a)、(b)所示。它可以实现对输入信号电压波形的变换作用，如图 9.3.4(c)所示。

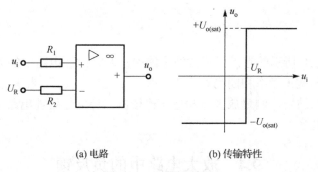

(a) 电路   (b) 传输特性

图 9.3.3　电压比较器

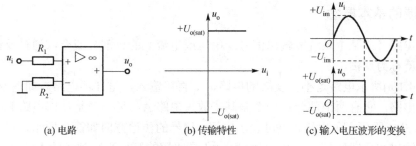

(a) 电路   (b) 传输特性   (c) 输入电压波形的变换

图 9.3.4　过零比较器

【例 9.3.1】　如图 9.3.5(a)所示为滞回比较器电路，试分析其电路的工作原理并画出传输特性。

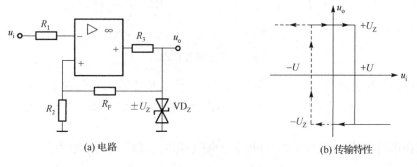

(a) 电路   (b) 传输特性

图 9.3.5　滞回比较器

解： 当输出电压 $u_o = +U_Z$ 时，有

$$u_+ = U = \frac{R_2}{R_2 + R_F} u_Z$$

当输出电压 $u_o = -U_Z$ 时，

$$u_+ = -U = -\frac{R_2}{R_2 + R_F} u_Z$$

设某一瞬时 $u_o = +U_Z$，当 u_i 增大到 $u_i \geqslant U$ 时，输出电压 u_o 变为 $-U_Z$；当 u_i 减小到 $u_i \leqslant -U$ 时，输出电压 u_o 又变为 $+U_Z$。随着 u_i 大小的变化，u_o 为一矩形波电压。R_3 为限流电阻。

滞回比较器的传输特性如图 9.3.5(b)所示。

9.3.1 在图 9.3.1 所示的有源低通滤波电路中，若将滤波电路中的 R 与 C 对调，则构成何种电路？两电路的截止频率相同吗？

9.3.2 在有源滤波器、测量放大器和电压比较器三种信号处理电路中，哪种电路的运算放大器工作在非线性区？

9.4 放大电路中的负反馈

9.4.1 反馈的基本概念

将电子电路（或某个系统）输出信号（电压或电流）的一部分或全部通过反馈电路引回到输入端，就称为反馈。

如图 9.4.1(a)所示电路是不带反馈的电路，x_i 直接输入，是开环电路。如图 9.4.1(b)所示电路是闭环电路，它有两个部分：一个是基本放大电路 A，另一个是反馈电路 F。

图 9.4.1 中 x 既可表示电压，也可表示电流。信号的传递方向如箭头所示，x_i、x_o 和 x_f 分别为输入、输出和反馈信号。x_i 和 x_f 比较（$\otimes$ 是比较的符号）得到净输入信号 x_d。

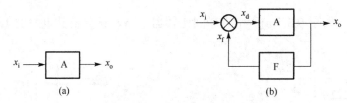

图 9.4.1 电子电路方框图

在图 9.4.1(b)中，若引回的反馈信号与输入信号比较后使净输入信号减小，放大倍数降低，则称为负反馈。若引回的反馈信号与输入信号比较后使净输入信号增大，放大倍数提高，则称为正反馈。

由图 9.4.1(b)所示的带有反馈的放大电路方框图可知，开环放大倍数为

$$A = \frac{x_o}{x_d} \tag{9.4.1}$$

反馈系数为

$$F = \frac{x_f}{x_o} \tag{9.4.2}$$

引入负反馈时净输入信号为

$$x_d = x_i - x_f \tag{9.4.3}$$

则引入负反馈时的放大倍数 A_f（即闭环放大倍数）为

$$A_f = \frac{x_o}{x_i} = \frac{x_o}{x_d + x_f} = \frac{1}{\dfrac{1}{A} + F} = \frac{A}{1 + AF} \tag{9.4.4}$$

由式（9.4.4）可知，$|A_f| < |A|$，引入负反馈后放大倍数降低了。

1+AF 称为反馈深度，其值越大，负反馈作用越强，$|A_f|$ 也越小。负反馈在改善放大电路工作性能方面作用越明显。正反馈在后面章节中将专门讨论。

9.4.2　反馈性质与类型的判别

负反馈与正反馈的判别常采用瞬时极性法。设"地"参考点的电位为零，电路中某点在某瞬时的电位高于零电位，则该点电位的瞬时极性为正（用 ⊕ 表示），反之为负（用 ⊖ 表示）。

如图 9.4.2(a)所示是分压式偏置放大电路，发射极电阻 R_E 上无交流旁路电容；如图 9.4.2(b)所示是其交流通路，图中 $R_L' = R_C // R_L$，为了简单起见，将偏置电阻 $R_B = R_{B1} // R_{B2}$ 略去。

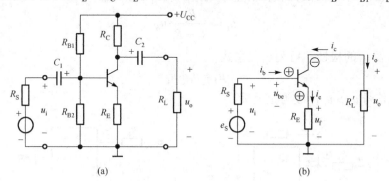

(a)　　　　　　　　　　　(b)

图 9.4.2　无旁路电容的分压式偏置放大电路

在电路中连接输出电路和输入电路的元件是 R_E，也即反馈元件。现设信号源电压 e_S 工作在正半周，则此时电路中各处的交流电位的瞬时极性以及电流的流向如图 9.4.2(b)所示。由图可知

$$u_f = R_E i_e \approx R_E i_c = (-R_E) i_o$$

反馈元件将输出电流信号引回输入电路，称为电流反馈。

在输入回路中，u_i、u_f 和 u_{be} 形成一个串联回路，这种现象称为串联反馈，且它们满足关系式

$$u_{be} = u_i - u_f$$

可见，净输入电压 $U_{be} < U_i$，故为负反馈。由此可知，图 9.4.2(a)所示的是一种引入串联电流负反馈的电路。

在图 9.4.2(a)所示电路中，既存在直流负反馈，也存在交流负反馈。这种直流负反馈的作用是用来稳定静态工作点的，过程如下：

$$温度 \uparrow \rightarrow I_C \uparrow \rightarrow U_E(R_E I_E) \uparrow \rightarrow U_{BE} \downarrow \rightarrow I_B \rightarrow I_C \downarrow$$

而电路中引入交流负反馈主要用于改善电路的动态性能指标。如图 9.4.2(b)所示电路中引入了电流负反馈，通过电路的负反馈调整过程，电路中可以给负载提供更稳定的工作电流 i_o，分析过程如下：

$$|i_o| \uparrow \rightarrow |u_f| \uparrow \rightarrow |u_{be}| \downarrow \rightarrow |i_b| \downarrow \rightarrow |i_c| \downarrow \rightarrow |i_o| \downarrow$$

这种负反馈的调整过程是由 u_f 与 u_i 比较后对净输入信号 u_{be} 进行控制来完成的，而电路中 u_i 并不完全等于 e_S，在其内阻 R_S 上有压降存在，所以，为了提高负反馈的调整作用，希望 R_S 越小越好。

如图 9.4.3(a)所示是反相比例运算电路，R_F 是反馈电阻。由图可知

$$i_f = \frac{u_- - u_o}{R_F} = -\frac{u_o}{R_F}$$

反馈元件 R_F 将输出电压 u_o 的一部分反馈至输入回路，且输入回路中 i_i、i_f 和 i_d "并联" 在同一节点上，形成并联反馈。当 u_i 工作在正半周时，电路中各电流的流向如图 9.4.3(a)所示，可得到关系式

$$i_d = i_i - i_f$$

净输入电流 $i_d < i_i$，为负反馈。因此，图 9.4.3(a)所示电路为引入并联电压负反馈的电路。

如图 9.4.3(b)所示是滞回比较器的基本电路。设 u_i 工作在正半周，由图可知

$$u_f = \frac{R_2}{R_2 + R_F} u_o$$

且根据 u_i、u_f 及 u_d 的极性，可列出关系式

$$u_d = u_i + u_f$$

显然，净输入信号 $u_d > u_i$，故为正反馈。

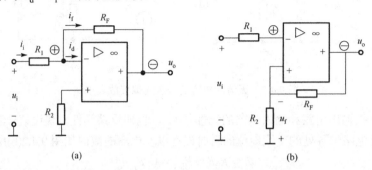

(a)   (b)

图 9.4.3　负反馈与正反馈的判别

由反馈所取用信号（电压或电流）的不同及反馈至输入回路连接形式（并联或串联）的不同，负反馈有四种组态，下一节将专门讨论。

9.4.3　负反馈的四种基本形式

1. 串联电压负反馈

如图 9.4.4 所示是电压跟随器的电路。由图可知

$$u_f = u_o$$

反馈电压取自输出电压，并与之成正比，故为电压反馈。

反馈信号与输入信号在输入端以电压形式相比较，两者串联，故为串联反馈。由瞬时极性可知

$$u_d = u_i - u_o$$

故电路引入负反馈。图 9.4.4 所示电路是引入串联电压负反馈的电路。

2. 串联电流负反馈

由图 9.4.5 可列出

$$u_f = Ri_o$$

反馈电压取自输出电流 i_o，并与之成正比，故为电流反馈。

反馈信号与输入信号在输入端以电压形式相比较，两者串联，故为串联反馈。由输入回路可知

$$u_d = u_i - u_f$$

故电路引入负反馈。图 9.4.5 所示电路是引入串联电流负反馈的电路。

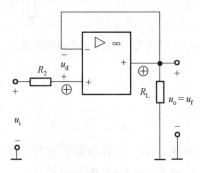
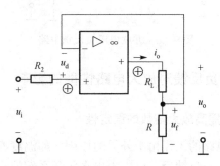

图 9.4.4　串联电压负反馈电路　　　　图 9.4.5　串联电流负反馈电路

3. 并联电压负反馈

如图 9.4.6 所示的是反相比例运算电路。由图可知

$$i_f = \frac{u_- - u_o}{R_F} = -\frac{u_o}{R_F}$$

反馈电流取自输出电压，并与之成正比，故为电压反馈。

反馈信号与输入信号在输入端以电流形式相比较，i_i、i_f 和 i_d 并联，故为并联反馈。

设某瞬时输入电压 u_i 为正，则此时 u_o 为负，由电路结构可知 $i_d = i_i - i_f$，而 $i_d < i_i$，故为负反馈。图 9.4.6 所示电路是引入并联电压负反馈的电路。

4. 并联电流负反馈

由图 9.4.7 可知

$$u_- \approx u_+ = 0$$

$$i_f \approx i_i = \frac{u_i}{R_1} = -\frac{R}{R_F + R}i_o$$

反馈电流取自输出电流 i_o，并与之成正比，故为电流反馈。

反馈信号与输入信号在输入端以电流形式相比较，i_i, i_f 和 i_d "并联"，故为并联反馈。有

$$i_d = i_i - i_f$$

故为负反馈。图 9.4.7 所示电路为引入并联电流负反馈的电路。

归纳起来，四种负反馈电路可判别如下：

（1）输入信号和反馈信号加在同一输入端的是并联反馈；加在不同输入端的是串联反馈。

（2）直接从输出端引回信号的是电压反馈；从负载电阻 R_L 的靠近"地"端引回信号的是电流反馈。

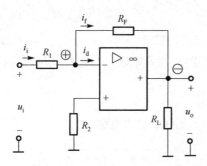
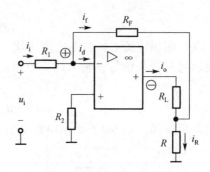

图 9.4.6　并联电压负反馈电路　　　　　　图 9.4.7　并联电流负反馈电路

9.4.4　负反馈对放大电路性能的影响

1．提高放大倍数的稳定性

当电路的工作由于外界的原因（如温度变化、电源波动、元件参数变化等）引起不稳定时，引入负反馈后，可大大提高闭环系统的稳定性。由式（9.4.4）推导可知

$$\frac{\mathrm{d}A_f}{\mathrm{d}A} = \frac{1}{1+AF} - \frac{AF}{(1+AF)^2} = \frac{1}{1+AF} \cdot \frac{A_f}{A}$$

整理后可得到
$$\frac{\mathrm{d}A_f}{A_f} = \frac{1}{1+AF} \cdot \frac{\mathrm{d}A}{A} \tag{9.4.5}$$

由式（9.4.5）可见，闭环放大倍数的相对变化只是开环放大倍数相对变化的 $\dfrac{1}{1+AF}$。当反馈深度 $|1+AF| \gg 0$ 时，式（9.4.4）可简化为

$$A_f = \frac{x_o}{x_i} = \frac{A}{1+AF} \approx \frac{1}{F}$$

引入深度负反馈后，闭环放大倍数只取决于反馈网络，而与基本放大电路几乎无关。闭环系统非常稳定。

2．改善波形失真与抑制环内干扰

当开环放大电路由于某种原因引起输出波形失真时，引入负反馈后能使失真得到改善。它实际上是利用失真来改善失真，如图 9.4.8 所示。

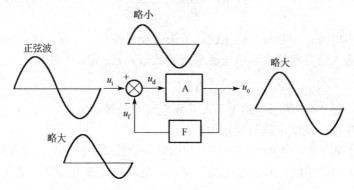

图 9.4.8　负反馈改善波形失真

3. 展宽通频带

引入负反馈后可以展宽通频带，如图 9.4.9 所示。

由式（9.4.4）可知，在中频段，$|A|$ 较大，则反馈信号也较大，因而闭环放大倍数 $|A_f|$ 降低得较多，而在低频段或高频段，$|A|$ 较小，反馈信号也较小，故而将放大电路的通频带展宽了，$\omega_0' > \omega_0$，频带展宽的程度与反馈深度有关。

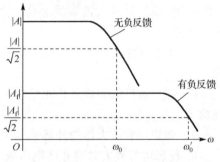

图 9.4.9　负反馈展宽通频带

4. 对放大电路输入电阻的影响

引入负反馈后，其输入电阻 r_{if} 的大小取决于闭环系统输入回路的连接形式。

在串联负反馈电路中，由于 u_f 与 u_i 极性相反，$u_d < u_i$，故输入电流 i_i 减小了，从而引起输入电阻 r_{if} 比无反馈时的输入电阻 r_i 增加了。负反馈越深，r_{if} 越大。

在并联负反馈电路中，由于输入电流 i_i 的增加，反而使 r_{if} 比 r_i 减小了。负反馈越深，r_{if} 也越小。

5. 对放大电路输出电阻的影响

引入负反馈后，输出电阻 r_{of} 减小还是增大，取决于电压反馈和电流反馈的形式。

电压负反馈对放大电路的输出电压 u_o 具有稳定作用，即有恒压输出的特性。而输出电压恒定与输出电阻是密切相关的。显然，这时输出电阻 r_{of} 比无反馈时的输出电阻 r_o 减小了。负反馈越深，r_{of} 减小得越多。

而电流负反馈对放大电路的输出电流 i_o 具有稳定作用，即具有恒流输出的特性。所以在电流负反馈放大电路中 r_{of} 大于 r_o。负反馈越深，r_{of} 增大得越多。

练习与思考

9.4.1　开环电路与闭环电路各有什么特点？

9.4.2　为了提高负反馈的调整作用，为什么在串联反馈中，要求 R_s 越小越好？在并联反馈中，对 R_s 的大小有什么要求？

9.4.3　四种负反馈类型电路中，各自对输出信号（电压或电流）和输入电阻 r_{if} 有什么影响？

9.4.4　负反馈是否能抑制放大电路外部的干扰信号？

9.4.5　什么是反馈深度？深度负反馈对放大电路的工作有哪些影响？

9.5　习　　题

9.5.1　填空题

1. 集成运算放大器用于线性应用时，一般工作在_____状态；集成运算放大器用于非线性应用时，一般工作在_____状态。

2. 集成运算放大器输入级是接收信号的，通常对它的要求是有较高的_____电阻和很强的_____能力。

3. 理想运算放大器的开环电压放大倍数 A_{uo} 的数值为_____，差模输入电阻的阻值为_____。

4．集成运算放大器实质上是一个高增益的多级_____耦合放大电路。第一级常采用_____放大电路。

5．理想运算放大器工作在线性区时，其同相输入端与反相输入端的电位_____，也称为_____。

6．理想运算放大器工作在线性区时，流进集成运算放大器的信号电流大小为_____，称此为_____。

7．理想运算放大器的开环输入电阻 r_i=_____，输出电阻 r_o=_____。

8．理想运算放大器的开环电压放大倍数 A_{uo} 约为_____，共模抑制比 K_{CRM}=_____。

9．如果理想运算放大器的同相输入端与反相输入端的电位不相等，则说明它工作在_____区。同相输入端与反相输入端的电位比较结果可以判断输出 U_o 的_____。

10．集成运算放大器内部电路的输出级多采用_____电路；在集成运算放大器的输出端加一级互补对称功率放大电路可以扩大_____。

11．电压比较器当同相端输入 U_+ 大于反相端输入 U_- 时，输出 U_o 的极性为_____；同相端输入 U_+ 小于反相端输入 U_- 时，输出 U_o 的极性为_____。

12．某负反馈放大电路，已知 $A=10^4$，$F=0.1$，则其 A_f 约为_____，反馈深度为_____。

13．为了稳定静态工作点，应引入_____；为了改善动态指标，应引入_____。

14．电压负反馈能够稳定输出_____；此时电路输出电阻_____。

15．电流负反馈能够稳定输出_____；此时电路输出电阻_____。

16．提高输入电阻需引入_____，减小输入电阻需引入_____。

17．负反馈有_____种组态，若要求输入电阻高，稳定输出电流，在放大电路中应引入交流_____负反馈。

18．若要将方波电压变换为尖脉冲电压，则可采用由运算放大器构成的_____电路实现。若要将方波电压变换为三角波电压，则可采用由运算放大器构成的_____电路实现。

19．由集成运算放大器构成的反相比例运算电路中存在交流_____负反馈；同相比例运算电路从反馈角度去看，它属于_____反馈电路。

20．电压跟随器的电压放大倍数 A_{uf} 等于_____，且输出电压与输入电压极性_____。

21．如将正弦波电压变换为同频率的具有正、负极性的方波电压，则可采用由运算放大器构成_____来实现；改变输出电压的大小可在其输出端连接_____电路。

22．微分运算电路可以用来将方波变为_____波形；积分运算电路可以用来将方波变为_____波形。

23．某负反馈放大电路的 $A=10^3$，反馈系数 $F=0.099$，由于外部因素的影响，$\dfrac{\mathrm{d}A}{A}=10\%$，则 $\dfrac{\mathrm{d}A_f}{A_f}=$_____；通频带宽度 BW_f=_____。

24．含有运算放大器的滤波器称为_____，它是一种_____电路。

25．电路如图 9.5.1 所示，VD 为理想二极管，$R_1=1\mathrm{k\Omega}$，$R_2=R_3=10\mathrm{k\Omega}$，若输入电压 $u_i=1\mathrm{V}$，则输出电压 u_o 为_____，若输入电压 $u_i=-1\mathrm{V}$，则输出电压 u_o 为_____。

26．电路如图 9.5.2 所示，已知 $R_1=10\mathrm{k\Omega}$，$C=100\mathrm{\mu F}$，$u_i=1\mathrm{V}$，运算放大器电源电压为 ±12V，当电路接通 1s 后，输出电压为_____，经过 20s 后，输出电压为_____。

27. 判断图 9.5.3 所示电路中的反馈网络包括电阻_____，该电路引入了_____交流负反馈。

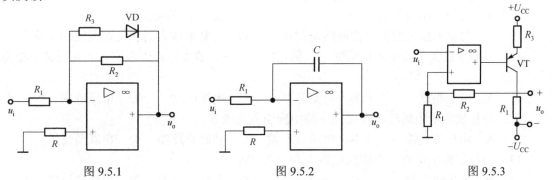

图 9.5.1   图 9.5.2   图 9.5.3

9.5.2 选择题

1. 理想集成运算放大器工作在线性区时的两个重要结论是（　　）。

   A. 有虚短，无虚断　　　　　　　　B. 有虚短，有虚断

   C. 无虚短，无虚断　　　　　　　　D. 无虚短，有虚断

2. 理想运算放大器用于放大信号时，其放大倍数 A_{uf}（　　）。

   A. 与信号大小有关　　　　　　　　B. 与信号极性有关

   C. 仅与外接电阻有关　　　　　　　D. 与运算放大器型号有关

3. 在反相比例运算电路中，下列说法错误的是（　　）。

   A. 同相端接地 $u_+ = 0$　　　　　　B. $u_- = 0$

   C. 共模输入 $u_{ic} = 0$　　　　　　　D. 差模输出 $u_0 = 0$

4. 理想运算放大器的共模抑制比为（　　）。

   A. 0　　　　　　B. 约 50dB　　　　　　C. 约 100dB　　　　　　D. 无穷大

5. 集成运算放大器的参数"输入失调电压 U_{io}"是指（　　）。

   A. 使输入电压为零时的输出电压

   B. 使输出电压为零时，在输入端应加的补偿电压

   C. 使输出电压出现失真时的输入电压

   D. 使输出电压饱和时的临界输入电压

6. 为避免集成运算放大器因输入电压过高造成输入级损坏，在两输入端之间应采取的措施是（　　）。

   A. 串联两个同相的二极管　　　　　B. 串联两个反相的二极管

   C. 并联两个同相的二极管　　　　　D. 并联两个反相的二极管

7. 要把输入的矩形波电压，转换成同频率的三角波输出电压，应选（　　）。

   A. 同相比例电路　　　B. 积分电路　　　C. 微分电路　　　D. 有源滤波电路

8. 放大电路中，直流反馈的作用是（　　）。

   A. 提高增益稳定性　　　　　　　　B. 提高输入电阻

   C. 稳定静态工作点　　　　　　　　D. 增强带负载能力

9. 负反馈放大器的 $A = 10^3$，若要 $A_f = 10^2$，则反馈系数 $F=$（　　）。

        A. 0.009   B. 0.09   C. 0.9   D. 9

10. 在深度负反馈时，放大器的放大倍数（　　）。

    A. 仅与基本放大器有关   B. 仅与反馈网络有关

    C. 与基本放大器和反馈网络密切相关   D. 与基本放大器和反馈网络均无关

11. 若要求放大电路输入电阻低，且稳定输出电压，放大电路中应引入的负反馈类型为（　　）。

    A. 电流串联   B. 电流并联   C. 电压串联   D. 电压并联

12. 为使输入电阻提高，在放大电路中应引入交流（　　）。

    A. 电压负反馈   B. 电流负反馈 C. 并联负反馈   D. 串联负反馈

13. 为稳定输出电流，在放大电路中应引入交流（　　）。

    A. 电压负反馈   B. 电流负反馈 C. 并联负反馈   D. 串联负反馈

14. 由集成运算放大器构成的反相比例运算电路引入了以下哪种负反馈?（　　）

    A. 电压串联   B. 电压并联   C. 电流串联   D. 电流并联

15. 下列集成器件中，不属于模拟集成器件的是（　　）。

    A. 集成运算放大器   B. 集成功率放大器

    C. 集成计数器   D. 集成稳压器

16. 为避免外接电阻给运算放大器带来附加输入电压，同相端和反相端的外接电阻应满足（　　）。

    A. 反相端等于同相端   B. 同相端大于反相端

    C. 反相端大于同相端   D. 无特殊要求

17. 模拟集成电路的输入一般采用（　　）。

    A. 共发射极电路   B. 差动电路 C. 共集电极电路   D. 共基极电路

18. 能够把输入的正弦波信号转换成输出为矩形波信号的电路是（　　）。

    A. 反相比例电路   B. 积分电路   C. 微分电路   D. 电压比较器电路

19. 微分运算电路的反馈元件是（　　）。

    A. 电阻   B. 电感   C. 电容   D. 稳压管

20. 在同相比例运算电路中，下列说法正确的是（　　）。

    A. $u_+=u_-=0$，共模输入信号 $u_{ic}=0$ B. $u_+=u_-=0$，共模输入信号 $u_{ic}=u_i$

    C. $u_+=u_-=u_i$，共模输入信号 $u_{ic}=u_i$ D. $u_+=u_-=u_i$，共模输入信号 $u_{ic}=0$

21. 为了使输出电阻降低，在放大电路中应引入交流（　　）。

    A. 串联负反馈   B. 并联负反馈 C. 电压负反馈   D. 电流负反馈

22. 集成运算放大器接成电压跟随器时，电路反馈形式应为（　　）。

    A. 电压串联负反馈   B. 电压并联负反馈

    C. 电流串联负反馈   D. 电流并联负反馈

23. 要求放大电路取用信号源的电流小，而且输出电流稳定，在放大电路中应引入（　　）。

    A. 并联电流负反馈   B. 并联电压负反馈

    C. 串联电压负反馈   D. 串联电流负反馈

24. 若要求放大电路输入电阻高，且稳定输出电压，则在放大电路中应引入的负反馈组态为（　　）。

A．电流串联 　　　　　B．电流并联 　　　C．电压串联 　　　　　D．电压并联

25．判断在图 9.5.4 所示电路中，在放大电路中引入的交流负反馈类型为（ 　　　）。

A．电流串联 　　　　　B．电流并联 　　　C．电压串联 　　　　　D．电压并联

26．判断在图 9.5.5 所示电路中，从信号源效果来考虑，对信号源内阻 R_{si} 的大小有何要求（ 　　　）。

A．越大越好 　　　　　B．越小越好 　　　C．没有要求 　　　　　D．不确定

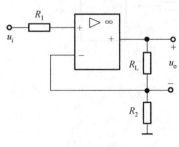

图 9.5.4

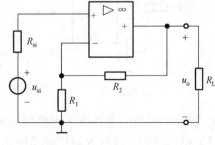

图 9.5.5

27．使低于 ω_0 频率范围内的信号能够顺利通过，且衰减很小；高于此频率范围外的信号不易通过，且衰减很大，应选用（ 　　　）。

A．低通滤波器 　　　　B．高通滤波器 　　C．带通滤波器 　　　D．带阻滤波器

9.5.3　计算题

1．电路如图 9.5.6 所示，输入信号 $u_i = 20\sqrt{2}\sin\omega t$ V，求输出电压 u_o。

2．理想运算放大器构成的电路如图 9.5.7 所示。

（1）指出集成运算放大器构成哪种运算电路；

（2）若 $R_1 = 10\text{k}\Omega$，$R_F = 30\text{k}\Omega$，$u_i = 0.5\text{V}$，计算输出电压 u_o；

（3）求共模输入电压 u_{ic}。

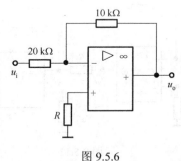

图 9.5.6 　　　　　　　　　　　　　　　　图 9.5.7

3．集成运算放大器构成的电路如图 9.5.8 所示。

（1）指出图 9.5.8 所示为哪种基本运算电路；

（2）写出 u_o 与 u_{i1} 和 u_{i2} 的表达式；

（3）计算平衡电阻 R_3；

（4）指出该电路中存在的负反馈组态。

4．电路如图 9.5.9 所示，已知 $R_1 = 1\text{k}\Omega$，$R_2 = 2\text{k}\Omega$，$R_3 = R_4 = 5\text{k}\Omega$。

（1）写出 u_o 与 u_{i1} 和 u_{i2} 的关系式；

（2）当 $u_{i1} = 0.5\text{V}$，$u_{i2} = 0.1\text{V}$ 时，计算输出电压 u_o；

（3）计算运算放大器输入端电位 u_N、u_P。

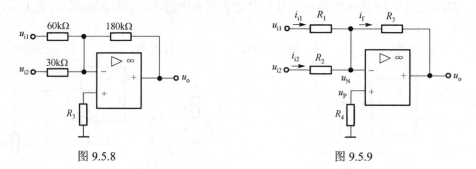

图 9.5.8　　　　　　　　　　图 9.5.9

5．理想运算放大器构成的电路如图 9.5.10 所示。

（1）指出理想运算放大器构成哪种运算电路；

（2）写出 u_o 与 u_{i1} 和 u_{i2} 的关系式；

（3）若 $u_{i1} = 1\text{V}$，$u_{i2} = 3\text{V}$，求 u_o；

（4）指出运算放大器反相输入端的电位 u_- 为多少。

6．如图 9.5.11 所示的电路，设 A_1、A_2 为理想运算放大器。

（1）求 u_{o1} 表达式；

（2）求 u_{o2} 表达式；

（3）求 u_o 表达式；

（4）A_1、A_2 各构成什么电路。

7．运算放大器电路如图 9.5.12 所示，已知 $u_{i1} = 10\text{mV}$，$u_{i2} = 20\text{mV}$，$R_1 = 2\text{k}\Omega$，$R_2 = 3\text{k}\Omega$，$R_f = 6\text{k}\Omega$。

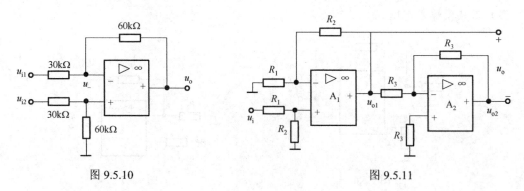

图 9.5.10　　　　　　　　　　图 9.5.11

（1）写出输出电压 u_o 与输入电压 u_{i1}、u_{i2} 之间的运算关系式；

（2）计算 u_{o1}、u_o、R_3 的值。

8．运算放大电路如图 9.5.13 所示，已知最大输出电压 $U_{opp} = \pm 12\text{V}$，$R_1 = R_2 = R_4 = R_f = 100\text{k}\Omega$，$R_3 = R_5 = 200\text{k}\Omega$，$C = 1\mu\text{F}$。求输出电压和输入电压的关系式；

（1）$u_i = 1\text{V}$，$t = 1\text{s}$ 时，求 u_o；

（2）$u_i = 1\text{V}$，$t = 2\text{s}$ 时，求 u_o；

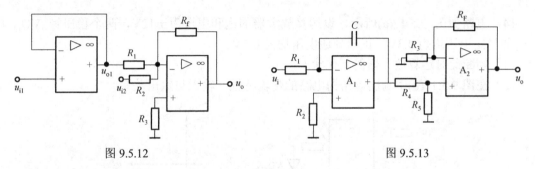

图 9.5.12   图 9.5.13

9. 已知数学运算关系式 $u_o = -10\int u_i dt$。

要求：（1）画出用一个运算放大器实现此运算关系式的电路；

（2）若积分电阻 $R_1 = 500\text{k}\Omega$，求积分电容的电容量。

10. 用一个集成运算放大器设计一个电路，满足 $u_o = -4u_{i1} - 6u_{i2}$ 的关系，要求电路的最大输入电阻为 $30\text{k}\Omega$。

（1）画出设计的电路图；

（2）计算电路的输入电阻 R_1 和 R_2 及反馈电阻 R_F。

11. 运算放大电路如图 9.5.14 所示，已知 $u_i > U_Z$。

要求：（1）写出 u_o 与 U_Z 的关系式；

（2）说明此电路有何功能。

12. 运算放大电路如图 9.5.15 所示，已知 $u_i > U_Z$。

要求：（1）写出 u_o 与 U_Z 的关系式；

（2）说明此电路有什么功能?

13. 电路如图 9.5.16(a)所示，设输入信号 u_i 的幅值为 1V，运算放大器的饱和电压为±12V。

（1）说明此时运算放大器 A_1 和 A_2 分别工作在线性区还是非线性区。

（2）在图 9.5.16(b)中画出输出电压 u_o 的波形。

图 9.5.14   图 9.5.15

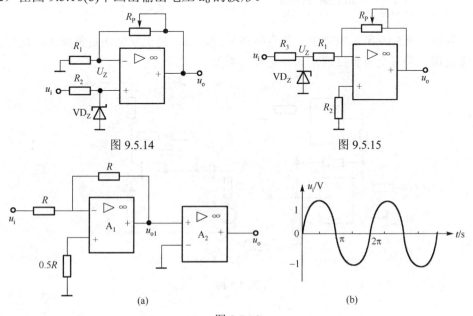

(a)   (b)

图 9.5.16

14. 电路如图 9.5.17(a)所示，设运算放大器的饱和电压为 ±12V，两个稳压管 VD_{z1} 和 VD_{z2} 的稳定电压均为 4.3V，正向导通电压均为 0.7V。

（1）判断此时运算放大器的工作状态。

（2）在图 9.5.17(b)中画出该结构电路的传输特性（输入与输出关系）。

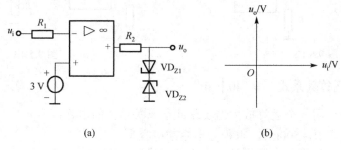

(a)   (b)

图 9.5.17

15. 电路如图 9.5.18(a)所示，$U_Z = \pm 6V$，图 9.5.18(b)所示为输入 u_i 的波形。

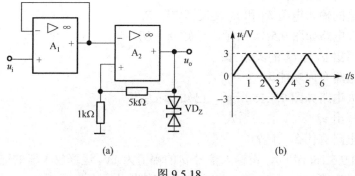

(a)   (b)

图 9.5.18

（1）分析由 A_1、A_2 组成电路的功能；

（2）画出 u_o 的波形。

16. 判断图 9.5.19 所示电路中，各有哪些反馈通路，是正反馈还是负反馈，是交流反馈还是直流反馈。若有交流负反馈，其各是什么类型？

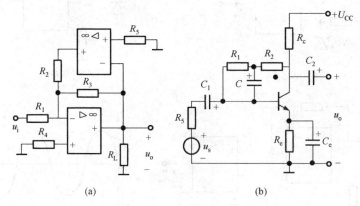

(a)   (b)

图 9.5.19

第10章　直流稳压电源

在电子技术的应用领域中，许多地方需要电压非常稳定的直流电源，如一些自动控制装置及电子设备。在需要直流供电的场合中，广泛采用的是由交流电变换为直流电的各种半导体直流稳压电源。

直流稳压电源由电源变压器、整流电路、滤波电路和稳压电路四部分组成。如图 10.0.1 所示，各部分的功能如下：

（1）电源变压器将 220V 交流电降压，变换为所需的交流电压值。

（2）整流电路通过整流二极管将交流电压转换为直流电压。

（3）滤波电路通过低通滤波电路将交流分量滤出，使输出电压平滑。

（4）稳压电路使输出电压不受电网电压的波动以及负载和温度变化的影响，提高输出电压的稳定性。

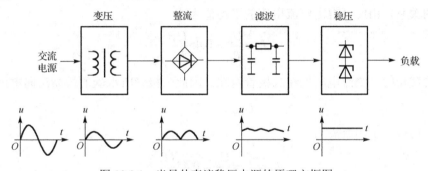

图 10.0.1　半导体直流稳压电源的原理方框图

10.1　整　流　电　路

单相整流电路利用二极管的单向导电性，将单相交流电变换为直流电。在小功率电源电路中，有单相半波、单相全波、单相桥式等形式。其中，单相桥式整流电路应用最为广泛。

10.1.1　单相半波整流电路

单相半波整流电路如图 10.1.1 所示。由整流变压器 T_r、二极管 VD 和负载电阻 R_L 组成。

在分析电路的工作原理时，将二极管视为理想二极管。设整流变压器二次绕组的电压为 $u_2 = \sqrt{2}U_2\sin\omega t$，其波形如图 10.1.2(a)所示。

当电压 u_2 为正半周时，二极管在正向电压作用下导通。负载电阻 R_L 上的电压 $u_o = u_2$，流过负载的电流 $i_o = \dfrac{u_o}{R_L}$。

当电压 u_2 为负半周时，二极管承受反向电压而截止。此时 $u_0 = 0$，$i_o = 0$。负载上电压、电流的波形如图 10.1.2(b)所示。因此，负载电阻 R_L 上得到的电压是一个方向不变（极性不变），但大小变化的单向脉动电压，用平均值来表示其大小。

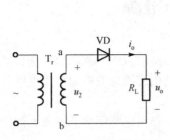

图 10.1.1　单相半波整流电路

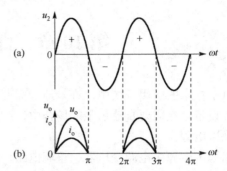

图 10.1.2　单相半波整流电路的电压与电流的波形

单相半波整流电压的平均值为

$$U_o = \frac{1}{2\pi}\int_0^\pi \sqrt{2}U_2\sin(\omega t)\mathrm{d}(\omega t) = \frac{\sqrt{2}}{\pi}U_2 = 0.45U_2 \qquad (10.1.1)$$

式（10.1.1）表明了单相半波整流电压的平均值（直流分量）与变压器二次绕组正弦电压有效值的关系，由此可得出整流电流的平均值为

$$I_o = \frac{U_o}{R_L} = 0.45\frac{U_2}{R_L} \qquad (10.1.2)$$

二极管截止时，交流电压加在二极管两端。因此二极管所承受的最高反向电压为

$$U_{DRM} = \sqrt{2}U_2 \qquad (10.1.3)$$

通过二极管的平均电流为

$$I_D = I_o = \frac{U_o}{R_L} = 0.45\frac{U_2}{R_L} \qquad (10.1.4)$$

【例 10.1.1】　单相半波整流电路如图 10.1.1 所示，已知变压器二次绕组电压 $U_2 = 20\text{V}$，$R_L = 900\Omega$，试求 U_o、I_o 及 U_{DRM}，并选择二极管型号。

解：
$$U_o = 0.45U_2 = 9\text{V}$$
$$I_o = U_o / R_L = 9/900 = 10\text{mA}$$
$$I_D = I_o = 10\text{mA}$$
$$U_{DRM} = \sqrt{2}U_2 = \sqrt{2} \times 20 = 28.2\text{V}$$

查附录可知，应选用 2AP4（16mA，50V）二极管。为了使用安全，二极管的最大整流电流、反向工作电压峰值要选得比计算值大 1 倍左右。

10.1.2　单相桥式整流电路

单相半波整流只利用了电源的半个周期，整流输出电压低，脉动幅度较大。为了克服这些缺点，广泛采用单相桥式整流电路，如图 10.1.3(a)所示。电路因 4 个二极管接成电桥的形式而得名。在分析电路的工作原理时，将二极管视为理想二极管。

设变压器二次绕组电压为 $u_2 = \sqrt{2}U_2\sin\omega t$，其波形如图 10.1.3(b)所示。在 u_2 正半周时，

a 端为正，b 端为负，二极管 VD$_1$、VD$_3$ 导通，VD$_2$、VD$_4$ 截止，电流流经的路径是 a→VD$_1$ →R_L→VD$_3$→b。负载电阻 R_L 得到一个半波电压，如图 10.1.3(b)中的 0～π 段所示。

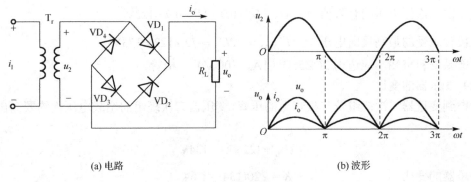

(a) 电路   (b) 波形

图 10.1.3   单相桥式整流电路

在 u_2 负半周时，a 端为负，b 端为正，二极管 VD$_2$、VD$_4$ 导通，VD$_1$、VD$_3$ 截止，电流的流经的路径是 b→VD$_2$→R_L→VD$_4$→a。同样负载电阻 R_L 得到一个半波电压，如图 10.1.3(b)中的 π～2π 段所示。

这样，在 u_2 变化的一个周期内，负载电阻 R_L 上始终流过自上而下的电流，其电压和电流的波形为全波脉动电压和电流，其平均值为

$$U_o = \frac{1}{\pi}\int_0^{\pi}\sqrt{2}U_2\sin\omega t = \frac{2\sqrt{2}}{\pi}U_2 \approx 0.9U_2 \qquad (10.1.5)$$

负载电流的平均值为

$$I_o = \frac{U_o}{R_L} = 0.9\frac{U_2}{R_L} \qquad (10.1.6)$$

由于 u_2 在正半周时 VD$_1$ 和 VD$_3$ 导通，在负半周时 VD$_2$ 和 VD$_4$ 导通，所以流过每个二极管的平均电流为负载电流的一半，即

$$I_D = \frac{1}{2}I_o = 0.45\frac{U_2}{R_L} \qquad (10.1.7)$$

u_2 在正半周时，VD$_1$ 和 VD$_3$ 导通后，VD$_2$ 和 VD$_4$ 反向并联在变压器二次侧；同样，u_2 在负半周时，VD$_1$ 和 VD$_3$ 反向并联在变压器二次侧。由此可以看出，每个二极管所承受的最高反向电压为变压器二次侧电压 u_2 的最大值，即

$$U_{DRM} = \sqrt{2}U_2 \qquad (10.1.8)$$

变压器二次侧在正、负半周均有电流流过，其电流仍为正弦量，电流有效值为

$$I_2 = \frac{U_2}{R_L} = \frac{I_o}{0.9} = 1.11I_o \qquad (10.1.9)$$

单相桥式整流电路具有整流输出电压高、变压器利用率高、交流分量小（纹波小）、二极管所承受的最大反向电压低等诸多优点，因此应用相当广泛。

【例 10.1.2】 桥式整流电路如图 10.1.3(a)所示，已知 $R_L = 80\Omega$，交流电源电压为 220V，要求输出电压的平均值为 110V。（1）选择合适的二极管。（2）确定变压器的变比及容量。

解：（1）负载电流 $\qquad I_{\text{o}} = U_{\text{o}} / R_{\text{o}} = 110 / 80 = 1.4\text{A}$

流过每个二极管的平均电流为 $\quad I_{\text{D}} = I_{\text{o}} / 2 = 0.7\text{A}$

变压器二次侧电压的有效值为 $\quad U_2 = U_{\text{o}} / 0.9 = 110 / 0.9 = 122\text{V}$

二极管承受的最高反向电压为 $\quad U_{\text{DRM}} = \sqrt{2}U_2 = \sqrt{2} \times 122 = 173\text{V}$

查附录资料可知，应选用 2CZ55E（1A，300 V）二极管。

（2）变压器的变比

考虑到变压器二次绕组及二极管上的压降，变压器二次绕组的空载电压大约要高出10%，即为

$$U_{20} = 122 \times 1.1 = 134\text{V}$$

变压器的变比 $\qquad\qquad K = 220/134 = 1.64$

变压器二次侧电流的有效值为 $\quad I_2 = I_{\text{o}} / 0.9 = 1.4 / 0.9 = 1.55\text{A}$

变压器容量为 $\qquad\qquad S = U_{20}I_2 = 134 \times 1.55 = 208\text{VA}$

现在已有封装成一个整体的整流桥模块产品，具有多种规格，给使用者带来很大方便。单相整流桥模块外形如图 10.1.4 所示。

使用时，只要将交流电压接到标有"～"的引脚上，则从标有"＋"和"－"的引脚引出的就是整流后的脉动电压。这种脉动电压通常只能用于对波形要求不高的设备（如电镀、蓄电池充电等），对于直流电源要求高的大多数电子设备，还需采用下面介绍的滤波和稳压措施。

图 10.1.4　单相整流桥模块外形

练习与思考

10.1.1　在图 10.1.3(a) 所示单相桥式整流电路中，（1）二极管 VD_2 或 VD_4 断开时，分析负载电压的波形；负载直流电压降低了多少？（2）如果 VD_2 或 VD_4 接反了，后果怎样？（3）如果 VD_2 或 VD_4 被击穿短路，后果又怎样？（4）如果四个二极管都接反了，又将如何？

10.1.2　直流稳压电源通常由哪几部分组成？各部分的功能是什么？

10.2　滤 波 电 路

大多数电子设备都要求使用脉动程度小的平滑直流电压，所以在整流电路中需加入滤波电路，以改善输出电压的脉动程度。下面介绍三种常见的滤波电路，即电容滤波电路、电感滤波电路和复合滤波电路。

10.2.1　电容滤波电路

在整流电路的输出端给负载并联一个电容，就组成一个简单的电容滤波电路，如图 10.2.1 所示。电容滤波电路是根据电容器两端电压在电路状态改变时不能跃变的原理实现滤波的。下面简单分析电容滤波的基本工作原理。

带有电容滤波器的单相半波整流电路如图 10.2.1(a)所示。

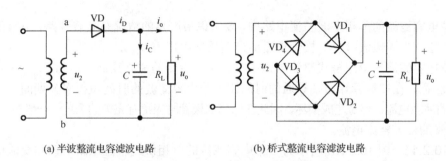

(a) 半波整流电容滤波电路　　　　(b) 桥式整流电容滤波电路

图 10.2.1　接有电容滤波器的单相整流电路

当变压器二次绕组电压 u_2 在正半周上升段时，二极管 VD 导通，电流一路流经负载电阻 R_L，另一路给电容器 C 充电。由于二极管正向导通时电阻很小，所以电容器充电时间常数很小，电容器电压 u_C（$u_C = u_0$）几乎与电源电压 u_2 同步变化。在图 10.2.2(a)中实线所示的 a 点以后，变压器二次绕组电压 u_2 按正弦规律下降，当 $u_2 < u_C$ 时，二极管 VD 承受反向电压截止，电容器通过负载电阻 R_L 按指数规律缓慢放电，u_C 下降的速度由时间常数 $\tau = R_L C$ 决定。在 u_2 的下一个正半周上升段内，当 u_2 大于电容器的剩余电压 u_C 时，如图 10.2.2(a)中的 b 点所示，二极管 VD 再次导通，电容周期性地充放电，负载 R_L 上便得到如图 10.2.2(a)所示的电压波形。

用同样的分析方法可分析单相桥式整流电容滤波电路的工作过程。桥式整流电容滤波波形如图 10.2.1(b)所示。由图 10.2.2(b)所示 u_0 的波形可见，输出电压的直流分量明显提高了。

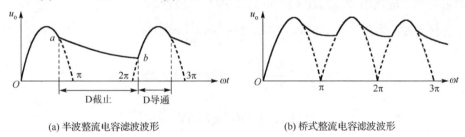

(a) 半波整流电容滤波波形　　　　(b) 桥式整流电容滤波波形

图 10.2.2　经电容滤波后 u_0 的波形

若负载电阻 R_L 断开，电容器因无放电回路，因此 $U_0 = \sqrt{2}U_2$。

一般情况下，单相半波整流带电容滤波时，选取

$$U_0 = U_2 \tag{10.2.1}$$

单相桥式整流 （或全波整流）带电容滤波时，取

$$U_0 = 1.2U_2 \tag{10.2.2}$$

由于输出电压的脉动程度与电容器的放电时间常数 $R_L C$ 有关，C 越大，负载越轻（R_L 越大），脉动就会越小。为了得到比较平滑的输出电压，一般按下式选取电容：

$$C \geqslant (3 \sim 5)\frac{T}{2R_L} \tag{10.2.3}$$

式中，T 为正弦交流电源的周期。滤波电容 C 一般应选择体积小、容量大的电解电容，使用时要注意电解电容有正、负极性，正极必须接高电位端。

电容滤波电路一般用于要求输出电压较高，负载电流较小且变化也较小的场合。在接有电容滤波器的单相整流电路中，应注意二极管截止时所承受的最高反向电压 U_{DRM}。

① 带电容滤波的单相半波整流电路中，要考虑最严重的情况是负载开路，电容器上充有 U_m，u_2 处在负半周幅值时，二极管承受的最高反向电压为 $U_{DRM} = 2\sqrt{2}U_2$。

② 带电容滤波的单相桥式整流电路中，二极管承受的最高反向电压为 $U_{DRM} = \sqrt{2}U_2$。

还应注意，在二极管导通（导通的时间比不带电容滤波的时间短得多）期间，二极管将承受较大的冲激电流，容易造成损坏，因此在选择二极管时应留有充分的余地，一般按（2~3）I_D 选择二极管的最大整流电流。

【例 10.2.1】 图 10.2.1(b)所示为一带电容滤波的单相桥式整流电路，已知交流电源频率 $f = 50Hz$，负载电阻 $R_L = 200\Omega$，要求输出直流电压 $U_o = 20\ V$，选择整流二极管和滤波电容。

解：（1）选择整流二极管。流过二极管的电流为

$$I_D = \frac{1}{2}I_o = \frac{1}{2} \times \frac{U_o}{R_L} = \frac{1}{2} \times \frac{20}{200} = 0.05A$$

变压器二次绕组电压的有效值为

$$U_2 = \frac{U_o}{1.2} = \frac{20}{1.2} = 16.67V$$

二极管承受的最高反向电压为

$$U_{DRM} = \sqrt{2}U_2 = \sqrt{2} \times 16.67 = 23.6V$$

查附录可知，应选用 2CZ52B（100mA，50V）二极管。

（2）选择滤波电容器。取 $C = 5 \times \dfrac{T}{2R_L}$，$T = \dfrac{1}{f} = \dfrac{1}{50} = 0.02s$

$$C = \frac{5T}{2R_L} = \frac{5 \times 0.02}{2 \times 200} = 250 \times 10^{-6}F = 250\mu F$$

$$U_{CM} = \sqrt{2}U_2 = 23.6V$$

应选用 $C = 250\mu F$，耐压为 50V 的电解电容。

10.2.2 电感滤波器

电感滤波电路如图 10.2.3 所示。经桥式整流后输出的单向脉动电压可分解为直流分量和谐波分量。电感元件 L 对于直流分量的感抗为零，因此直流分量全部加到负载 R_L 上，而感抗 $X_L = 2\pi fL$ 随各次谐波分量的频率 f 增加而增大。即频率越高的交流分量在 X_L 上的压降越大，加到 R_L 上的交流分量压降越小。这就使得从负载 R_L 上输出的电压脉动减小，波形变得较为平滑。

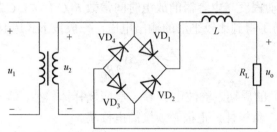

图 10.2.3 电感电容滤波电路

当电感线圈的电感量较大时，通常需要带铁心。这使整个电路体积变大而笨重，易引起电磁干绕。所以，电感滤波电路只适用于低电压、电流大的场合。

10.2.3　复合滤波器

为了得到更好的滤波效果，还可以将电容滤波和电感滤波混合使用，即组成复合滤波器。图 10.2.4 所示的 π 形 LC 滤波器就是其中的一种。

由于电感线圈的体积大、成本高，所以当负载较轻时可用电阻代替电感线圈以构成 π 形 RC 滤波器。R 对交、直流都具有同样的压降作用，R 越大，C_2 越大，滤波效果越好；但是 R 太大，将使输出电压下降，所以适用于负载电流较小、电压脉动很小的场合。

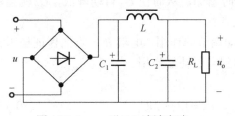
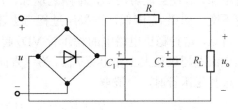

图 10.2.4　π 形 LC 滤波电路　　　　　图 10.2.5　π 形 RC 滤波电路

练习与思考

10.2.1　在图 10.2.1(b)所示桥式整流电容滤波电路中，（1）如果 R_L 断路，整流滤波电路的输出直流电压有无变化？（2）如果 C 断路，负载直流电压有无变化？（3）如果 C 短路，又将如何？

10.2.2　电容滤波和电感滤波的电路特性有什么区别？各适用于什么场合？

10.2.3　在 π 形 RC 滤波电路中，R 越大，滤波效果越好，是否可以无限制地增大 R 来提高滤波效果呢？

10.3　稳 压 电 路

经整流和滤波后所得到的直流电压，受电网电压波动和负载变化的影响大，稳压性能较差，一般不能直接用于电子电路中。为了得到比较稳定的直流电压，必须在整流和滤波电路后再接稳压电路。常用的稳压电路有稳压管稳压电路、串联型稳压电路和开关型稳压电路三种。采用硅稳压管稳压可构成最简单的直流稳压电源。

10.3.1　稳压管稳压电路

稳压管稳压电路是一种比较简单的稳压电路。如图 10.3.1 所示，这种稳压电路是由稳压管与适当数值的限流电阻 R 配合而成的。整流和滤波后得到的直流电压 U_i 加在稳压电路的输入端，U_o 为稳压电路的输出电压，也就是负载电阻 R_L 两端的电压，它等于稳压管 VD_Z 的稳定电压。这样，在负载上就可以得到一个较稳定的直流电压。因稳压管与负载并联，所以又称为并联型稳压电路。

由图 10.3.1 所示电路可得如下关系：
$$U_i = I_R R + U_o \quad I_R = I_Z + I_o$$

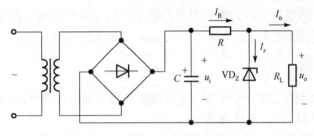

图 10.3.1　稳压二极管稳压电路

当电源电压波动或负载电流发生变化而引起 U_o 变化时，该电路的稳压过程为：只要 U_o 略有增加，I_z 便会显著增加，I_R 随之增加，$I_R R$ 同时增加，从而使 U_o 自动降低，U_o 就会基本维持不变。如果 U_o 降低，则稳压过程与上述相反。

可见，这种稳压电路中的稳压管 VD_Z 起着自动调节的作用，电阻 R 一方面保证稳压管的工作电流不超过最大工作电流 I_{zm}，另一方面还起到电压补偿作用。

选择稳压管时，一般取

$$U_z = U_o, \quad I_{zm} = (1.5 \sim 3)I_{om}, \quad U_I = (2 \sim 3)U_o \tag{10.3.1}$$

式中，I_{om} 为负载电流 I_o 的最大值。

稳压管稳压电路使用元件少，结构简单，但输出电流受稳压管最大电流的限制，又不能任意调节输出电压，所以只适用于输出电压不需要调节、负载电流较小的场合。

【例 10.3.1】　在图 10.3.1 所示的稳压二极管稳压电路中，已知负载电阻 R_L 由开路变至 1.2kΩ，交流电压经整流滤波后得到 $U_i = 30V$。现要求输出直流电压 $U_o = 10V$，试选择合适的稳压管。

解： 负载电流的最大值为

$$I_{om} = \frac{U_o}{R_L} = \frac{10}{1.2 \times 10^3} A = 8.3mA$$

查附录可知，应选用 2CW59 稳压管，其参数为

$$U_z = 10 \sim 11.8V, \quad I_{zm} = 20mA$$

10.3.2　恒压源

由稳压管稳压电路和运算放大器组成的恒压源有两种。反相输入恒压源如图 10.3.2 所示。恒压源的输出电压为

$$U_o = -\frac{R_F}{R_1}U_z \tag{10.3.2}$$

同相输入恒压源如图 10.3.3 所示。恒压源的输出电压为

$$U_o = \left(1 + \frac{R_F}{R_1}\right)U_z \tag{10.3.3}$$

稳压二极管稳压电路的输出电压的大小由稳压管的稳定电压决定，数值固定。而恒压源的输出电压是可调的，并引入电压负反馈使输出电压更稳定。

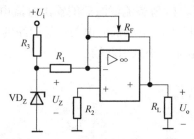

图 10.3.2　反相输入恒压源电路

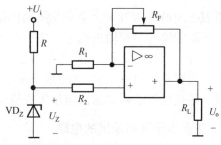

图 10.3.3　同相输入恒压源电路

10.3.3　串联型稳压电路

为了扩大运算放大器输出电流的变化范围，把同相输入恒压源的输出接到大电流晶体管 VT 的基极而从发射极输出，就变成串联型稳压电路。

图 10.3.4 所示为带有运算放大器的串联型稳压电源。调整晶体管 VT 构成射极输出器，其作用是进行电流放大。若将调整管和运算放大器视为基本放大电路，稳压管的稳定电压 U_z 视为输入电压、取样电路 R_F 和 R_1 视为反馈电路，则这个稳压电路就是同相比例放大电路，反馈类型为串联电压负反馈。如果运算放大器工作在理想条件下，则输出电压 U_o 为

$$U_o = \left(1 + \frac{R_F}{R_1}\right)U_z \qquad (10.3.4)$$

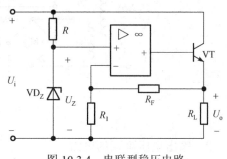

图 10.3.4　串联型稳压电路

10.3.4　集成稳压器

随着集成电路技术的发展，集成稳压器迅速发展起来。集成稳压器的品种很多，其中三端固定式集成稳压器应用比较广泛，它具有体积小、使用方便、内部含有过流和过热保护电路等优点。

三端固定式集成稳压器有 W78×× 和 W79×× 两种系列，外形如图 10.3.5(a)所示。它只有三个引脚，其内部电路和基本工作原理与采用集成运算放大器的串联型稳压电路相同。

利用三端固定输出电压的集成稳压器可以很方便地构成固定输出稳压电源。78××/79×× 系列的最后两位数表示该集成电路的输出电压值。例如 W7815 的输出电压为 15V，W7915 的输出电压为 –15V。这类集成稳压器的输出电压有 5V、6V、9V、12V、15V、18V、24V 等几种。使用时，如果希望得到可调输出电压，可通过外接元件实现。

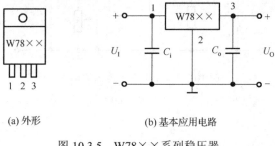

(a) 外形　　　　　　　　　(b) 基本应用电路

图 10.3.5　W78×× 系列稳压器

图 10.3.5(b)是 W78$\times\times$系列稳压器的基本应用电路。U_I 为整流滤波后的输出直流电压。集成稳压器的输入端和输出端分别接有电容 C_i 和 C_o。电容 C_i 用以抵消输入较长引线的电感效应,防止产生自激振荡;电容 C_o 是为了瞬时增减负载电流时不致引起输出电压有较大波动。C_i 取值一般在 $0.1\sim1\mu F$ 之间,C_o 取 $1\mu F$。

以下是几种三端固定输出电压集成稳压器的应用电路。

1. 正负电压同时输出的电路

如果需要同时输出正、负两种电压,只要将 W78 系列和 W79 系列稳压器按图 10.3.6 所示电路接线,即可以输出正、负电压。

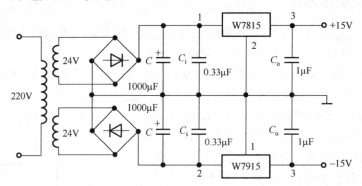

图 10.3.6 正负电压同时输出的电路

2. 输出电压可调的电路

图 10.3.7 所示是输出电压可调的稳压电路。运算放大器起电压跟随器作用,其电源是稳压电路的输入电压。忽略 I_3,则输出电压

$$U_o = \left(1 + \frac{R_2}{R_1}\right)U_{XX} \tag{10.3.5}$$

调节电阻 R_2,可在较大范围内改变输出电压的大小。

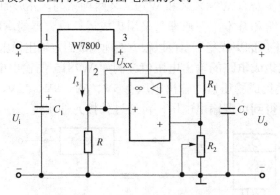

图 10.3.7 输出电压可调的电路

练习与思考

10.3.1 简述稳压管稳压电路的基本工作原理。

10.3.2 说明稳压管稳压电路（见图 10.3.1）中的限流电阻 R 的作用，若稳压管接反或限流电阻 R 短路，会出现什么现象？

10.3.3 用一个 W7812 稳压器能否构成输出为 ±12V 的电路？

10.4 习 题

10.4.1 填空题

1．在电子线路和自动控制系统中，常需要稳定的直流电压，直流稳压电源主要由变压器、_____、_____、和_____四部分电路组成。

2．单相半波整流电路的输出平均电压为 18V，则变压器二次绕组的电压有效值为_____V，单相桥式整流电路的输出平均电压为 18V，则变压器二次绕组的电压有效值为_____V。

3．电路如图 10.4.1 所示，二极管为理想元件，已知交流电压表 V_1 的读数为 100V，负载电阻 $R_L = 1\text{k}\Omega$，开关 S 断开时直流电压表 V_2 的读数为_____，电流表 A 的读数为_____。开关 S 闭合时直流电压表的读数为_____，电流表 A 的读数为_____。

4．电路如图 10.4.2 所示，稳压管 VD_{Z1} 的稳定电压 $U_{Z1} = 12V$，VD_{Z2} 的稳定电压 $U_{Z2} = 6V$，R_1、R_L 取值后，可使稳压管 VD_{Z1}、VD_{Z2} 起稳压作用，则电压 U_o 等于_____。

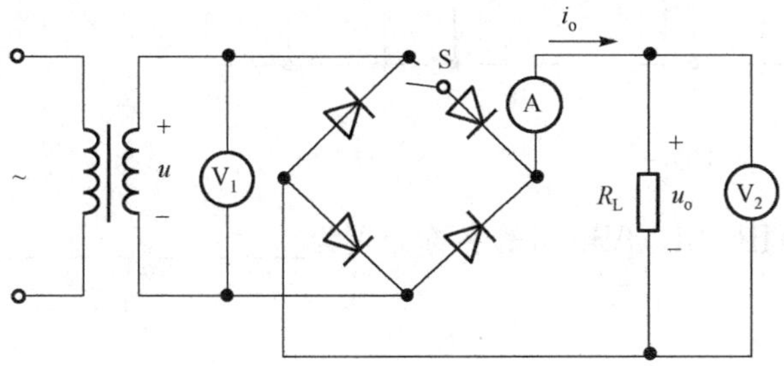

图 10.4.1 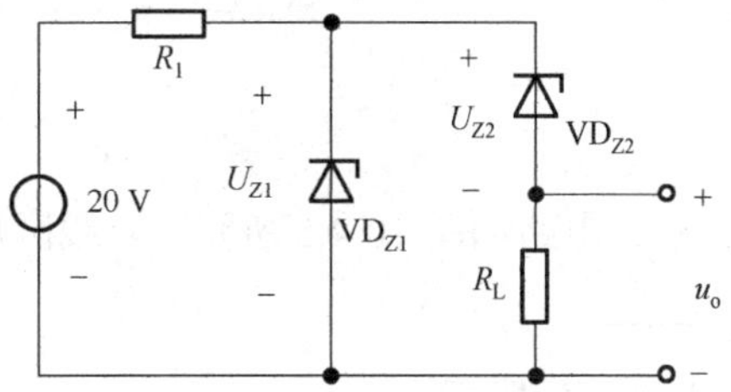   图 10.4.2

5．带电容滤波的单相半波整流电路中，若变压器二次绕组的电压有效值为 U，二极管承受的最高反向电压_____；带电容滤波的单相桥式整流电路中，二极管承受的最高反向电压_____。

6．在电容滤波和电感滤波电路中，_____滤波适应于大电流负载，_____滤波的直流输出电压高。

7．单相桥式整流电路带电容滤波的电路中，变压器二次绕组的电压有效值为 $U_2 = 20V$，负载电压的平均值 $U_o = $ _____，若滤波电容断开，则 $U_o = $ _____V。

8．单相桥式整流电路带电容滤波的电路中，输出电压平均值 U_o 为 12V，若因故一只二极管损坏而断开，则输出电压平均值 U_o 是_____。

9．单相半波整流滤波电路如图 10.4.3 所示，假设二极管是理想元件，负载电阻 $R_L = 500\Omega$，电容 $C = 300\mu F$，变电器二次绕组的电压有效值 $U_2 = 20V$，若测得 a、b 两点电压分别为 9V、28V。试分析两种测量值对应的电路状态为_____和_____。

10. 三端集成稳压器的应用电路如图 10.4.4 所示，输出电压 $u_o =$ _____，外加稳压管 $\mathrm{VD_Z}$ 的作用是_____。

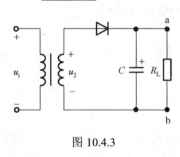 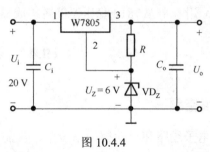

图 10.4.3   图 10.4.4

11. 电路如图 10.4.5 所示，已知交流电压 u 的频率 $f = 50\mathrm{Hz}$，$U_1 = 30\mathrm{V}$，稳压管的稳定电压 $U_Z = 14\mathrm{V}$，电阻 $R = 1.6\mathrm{k\Omega}$，$R_L = 2.8\mathrm{k\Omega}$。（1）试求各表的读数：电压表（V）_____，电流表（$\mathrm{A_1}$）_____，电流表（$\mathrm{A_2}$）_____（设电流表内阻为零，电压表内阻为无穷大）。（2）电容器的电容量 C_____。

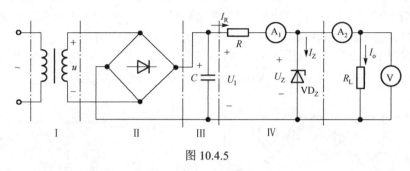

图 10.4.5

12. 电路如图 10.4.5 所示，点线区段 Ⅱ、Ⅲ、Ⅳ 电路的名称分别为_____、_____、_____。

10.4.2 选择题

1. 在整流电路中，设整流电路的输出电流平均值为 I_o，如果流过每只二极管的电流平均值 $I_D = I_o / 2$，每只二极管的最高反向电压为 $\sqrt{2}U_2$，则这种电路是（   ）。

　　A．单相桥式整流电路　　　　　　　　B．单相全波整流电路
　　C．单相半波整流电路　　　　　　　　D．单相半波整流电容滤波电路

2. 已知负载 $R_L = 40\Omega$，采用单相桥式整流电路，负载平均电压为 30V，则二极管的平均电流为（   ）。

　　A．0.375A　　　　　B．0.42A　　　　　C．0.75A　　　　　D．0.84A

3. 图 10.4.6 为稳压管稳压电路。$R = 100\Omega$，当稳压管的电流 I_Z 的变化范围为 5～40mA 时，则 R_L 的变化范围为（   ）。

　　A．0～100Ω　　　　B．63～100Ω　　　　C．0～63Ω　　　　D．100～∞Ω

4. 整流电路如图 10.4.7 所示，输出电压平均值 U_o 是 18V，若因故一只二极管损坏而断开，则输出电压平均值 U_o 为（   ）。

　　A．9 V　　　　　　B．20 V　　　　　　C．40 V　　　　　D．10 V

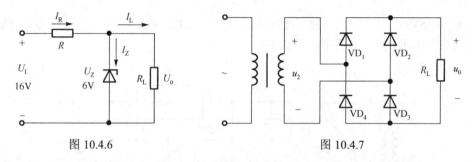

图 10.4.6   图 10.4.7

5. 整流电路如图 10.4.8 所示，输入电压 $u = \sqrt{2}U\sin\omega t$，输出电压 u_o 的波形是（　　）。

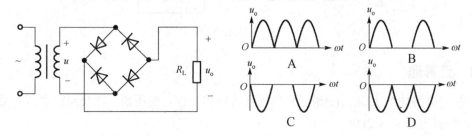

图 10.4.8

6. 带滤波器的桥式整流电路如图 10.4.9 所示，$U_2 = 20V$，现在用直流电压表测量 R_L 端电压 U_o，出现下列几种数据，试分析各属于什么情况？

（1）$U_o = 28V$（　　）　　　　（2）$U_o = 18V$（　　）

（3）$U_o = 24V$（　　）　　　　（4）$U_o = 9V$（　　）

A．正常　　　　B．电容及一只二极管开路　　　　C．负载开路　　　　D．电容开路

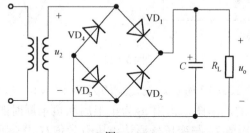

图 10.4.9

7. 单相桥式整流滤波电路如图 10.4.9 所示，设二极管为理想元件，已知负载电阻 $R_L = 60\Omega$，电路输出电压 $U_o = 120V$，试根据下表选择合适型号的二极管（　　）。

型号	最大整流电流平均值（Ma）	最高反向峰值电压（V）
2CZ12C	3000	200
2CZ11A	1000	100
2CZ11B	1000	200

A．2CZ12C　　　　B．2CZ11A　　　　C．2CZ11B　　　　D．都不合适

8. 稳压二极管正常工作的电流范围是（　　）。

A．没有任何限制　　B．大于 I_{zmin}，小于 I_{zmax}　　C．大于 I_{zmax}　　D．小于 I_{zmax}

9. 三端集成稳压器 W7915 的输出电压为（　　）。

A．+15V   B．–15V   C．+5V   D．–5V

10．在图 10.4.9 所示电路中，U_{AB} 为（　　）。

A．+5V   B．–5V   C．+10V   D．0V

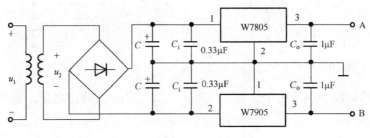

图 10.4.10

10.4.3　计算题

1．整流电路如图 10.4.11(a)所示，二极管为理想元件，变压器二次绕组的电压有效值 U_2 为 10V，负载电阻 $R_L = 2\text{k}\Omega$。

（1）变压器二次绕组电压 u_2 的波形如图 10.4.11(b)所示，试定性画出 u_o 的波形；

（2）求负载电阻 R_L 上电流的平均值 I_o；

（3）求变压器二次绕组电流的有效值 I_2。

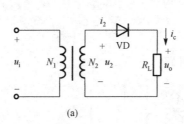
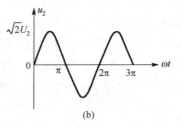

图 10.4.11

2．全波整流电路如图 10.4.12 所示。设 $u_2 = 10\sqrt{2}\sin\omega t$ (V)，$R_L = 100\Omega$，

（1）画出输出电压 u_o 的波形图，指出 u_2 为正半周和负半周时的导电回路；

（2）列出输出电压平均值 U_o 与变压器原边电压有效值 U_2 之间的关系式；

（3）求负载电流的平均值 I_o 和每个二极管中的平均电流 I_D；

（4）求各管所承受的最高反向电压。

3．一整流电路如图 10.4.13 所示。

（1）试求负载电阻 R_{L1} 和 R_{L2} 上整流电压的平均值 U_{o1} 和 U_{o2}，并标出极性；

（2）试求二极管 VD_1、VD_2、VD_3 中的平均电流 I_{D1}、I_{D2}、I_{D3}，以及各管所承受的最高反向电压。

4．桥式整流电路如图 10.4.14 所示，已知 $R_L = 30\ \Omega$，交流电源电压为 220V，要求输出电压的平均值为 24V。

（1）选择合适的二极管；

（2）确定变压器的变比及容量。

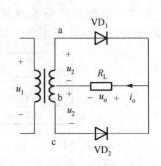

图 10.4.12

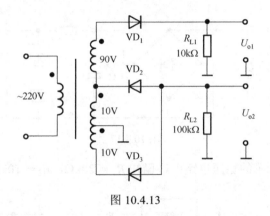

图 10.4.13

5. 单相半波整流带滤波电路如图 10.4.15 所示，其中 $C = 100\mu F$，当开关 S 闭合时，直流电压表（V）的读数是 10V，开关断开后，电压表的读数是多少？（设电压表的内阻为无穷大。）

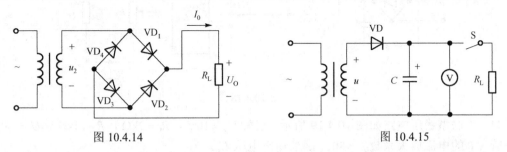

图 10.4.14   图 10.4.15

6. 某负载要求直流电压 $U_o = 24V$，直流电流 $R_L = 50\Omega$，采用带电容滤波的单相桥式整流电路（见图 10.4.9）作直流电源。试计算滤波电容器的电容量并确定其最大工作电压值。

7. 设计一个单相桥式整流带电容滤波电路。要求输出电压 $U_o = 20V$，纹波较小，输出电流 $I_o = 100mA$。交流电源电压为 220V，50Hz。试选择整流二极管的型号和滤波电容器（容量和耐压值）。

8. 电路如图 10.4.16 所示，已知电容电压的平均值 $U_C = 24V$，稳压管的稳定电压 $U_Z = 6V$，限流电阻 $R = 200\Omega$，假设电源电压是稳定的。当负载电阻 R_L 从 100Ω 变到 600Ω 时，试计算：（1）限流电阻 R 中的电流是多少？（2）稳压管 VD_Z 中流过的电流变化范围；（3）求变压器二次绕组电压有效值 U_2。

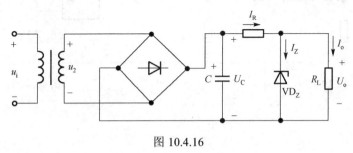

图 10.4.16

9. 电路如图 10.4.17 所示，稳压电路由两个稳压管串联而成，稳压管的稳定电压均为 10V，负载电流 $I_o = 10mA$，限流电阻 $R = 500\Omega$，如果稳压管电流 I_Z 的范围是 $5 \sim 20mA$。

（1）试求允许的输入电压 U_i 的变化范围；

（2）如果 $U_i = 32V$，试求允许的负载电阻的变化范围。

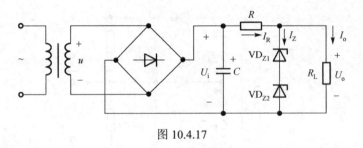

图 10.4.17

10. 在图 10.4.18 所示的稳压电路中，已知 $R_1 = 20\text{k}\Omega$，$R_2 = 10\text{k}\Omega$，求输出电压 U_o 的可调范围。

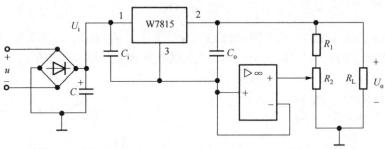

图 10.4.18

11. 串联型稳压电路如图 10.4.19 所示。已知 $U_Z = 10\text{V}$，$R_1 = 2\text{k}\Omega$，$R_F = 1\text{k}\Omega$，$U_I = 30\text{V}$，调整管 VT 的电流放大系数 $\beta = 80$，试求输出电压 U_o。

12. 在图 10.4.20 所示的直流电源中，已知稳压二极管 VD_Z 的稳定电压 $U_Z = 6\text{V}$，$R_1 = R_2 = 2\text{k}\Omega$。

（1）当 R_W 的滑动端在最下端时，输出电压 $U_o = 15\text{V}$，试求电位器 R_W 的阻值；

（2）在（1）选定的 R_W 值的情况下，当 R_W 的滑动端在最上端时输出电压 U_o 为多少？

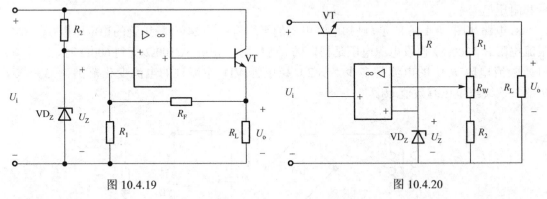

图 10.4.19　　　　　　　　　　图 10.4.20

第 11 章 门电路与逻辑代数

根据所处理的信号的不同，电子电路可分为模拟电路和数字电路两类。模拟电路：信号是连续的并且随时间变化的，研究的内容是输出与输入信号之间的大小、相位、失真等方面的关系；数字电路：信号是离散的、断续的，研究的内容是输出与输入间的逻辑关系（因果关系）。因此，模拟电路与数字电路的功能、基本单元电路、分析方法及研究的范围均不同。

电子电路的特点：

（1）电子器件性能分散；

（2）实际电路受各种外界因素影响。

根据电子技术的特点，若对电子电路过分苛求严密计算，会使问题复杂化，从而无从解决。因此，在对电子电路进行分析时，通常采用的方法如下：

（1）模拟电路的分析方法：近似计算、等效、图解，以及实验调整等方法；

（2）数字电路的分析方法：主要的工具是逻辑代数，电路的功能用真值表、逻辑表达式及波形图等表示。

本章将介绍数字电路的基础知识：基本逻辑关系、门电路和逻辑代数基础。

11.1 基本逻辑关系和逻辑门电路

11.1.1 基本逻辑关系

事物之间的因果关系称为逻辑关系，最基本的逻辑关系有三种：与、或和非。其他常用的逻辑关系有与非、或非、同或、异或等。这些逻辑关系都可以由三种基本的逻辑关系组合而成。下面将分别介绍三种基本逻辑关系的定义、逻辑表示式。

1. 与逻辑

所谓与逻辑是指事物之间这样一种因果关系：决定事件发生的各种条件中，当且仅当所有条件都具备时，事件才会发生（成立）。例如，图 11.1.1 所示的电路中，只有当开关 A、B 全闭合时，灯 F 才会亮。两个开关中有一个不闭合灯就不会亮。

该事件的因果关系可以用与逻辑模型来描述。在建立模型时，首先确定输入变量和输出变量：输入变量 A、B，输出变量 F。然后要对输入/输出的状态进行逻辑赋值：开关闭合为逻辑"1"，开关断开为逻辑"0"；灯亮为逻辑"1"，灯灭为逻辑"0"。

该事件的描述可以用真值表来表示。真值表采用穷举法来描述输入的不同取值所对应输出的取值。真值表是逻辑函数的表示方法之一。表 11.1.1 是两输入变量与逻辑的真值表。

由表 11.1.1 可以得出与逻辑关系为"有 0 出 0，全 1 出 1"。输入变量 A、B 的取值和输出变量 F 的值之间的关系满足逻辑与的运算规律，因此，可表示为：$F = A \cdot B$。

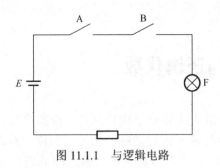

图 11.1.1　与逻辑电路

表 11.1.1　与逻辑真值表

A	B	F
0	0	0
0	1	0
1	0	0
1	1	1

2．或逻辑

在决定某一事件发生的多个条件中，只要具备一个或一个以上条件，事件就会发生；当且仅当所有条件均不具备时，事件才不发生，这种因果关系为或逻辑关系。例如，图 11.1.2 所示电路中，两个并联的开关 A、B 共同控制一盏灯 F。当开关 A、B 中有一个开关闭合或两个都闭合时，灯 F 就会亮；只有当两个开关 A、B 都断开时，灯 F 才不亮。因此，灯 F 与开关 A、B 之间的关系是或逻辑关系。

按照同与逻辑相同的方法列出表 11.1.2 所示的或逻辑真值表以及逻辑表达式。

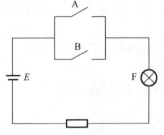

图 11.1.2　或逻辑电路

表 11.1.2　或逻辑真值表

A	B	F
0	0	0
0	1	1
1	0	1
1	1	1

由表 11.1.2 可知或逻辑功能为"有 1 出 1，全 0 出 0"。或逻辑关系可表示为：$F = A + B$。

3．非逻辑

在逻辑问题中，若决定事件发生的条件只有一个，当条件不具备时事件发生（成立），当条件具备时事件不发生，这种因果关系为非逻辑关系。例如，图 11.1.3 所示电路中，当开关 A 闭合时，灯 F 不亮；当开关 A 断开时，灯 F 亮。因此，灯 F 与开关 A 之间的关系是非逻辑关系。

按照同与逻辑相同的方法列出表 11.1.3 所示的非逻辑真值表以及逻辑表达式。

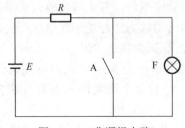

图 11.1.3　非逻辑电路

表 11.1.3　非逻辑真值表

A	F
0	1
1	0

由表 11.1.3 可知非逻辑功能为"是 1 出 0，是 0 出 1"。非逻辑关系可表示为：$F = \overline{A}$。

4. 常用的逻辑

除了"与"、"或"、"非"是三种基本的逻辑关系外，还有其他一些常用的逻辑关系，如与非、或非、同或、异或等，这些逻辑关系都可以由三种基本的逻辑关系组合而成。这些逻辑关系的定义、逻辑表达式如表 11.1.4 所示。

表 11.1.4　几种常用的逻辑关系

逻 辑 关 系	逻辑表达式
与非：条件 A、B、C 都具备，则 F 不发生	$F = \overline{A \cdot B \cdot C}$
或非：具备 A、B 任一条件，则 F 不发生	$F = \overline{A + B + C}$
异或：条件 A、B、C 中任一个具备，则 F 不发生	$F = \overline{A}B + A\overline{B}$　记作：$A \oplus B$
同或：条件 A、B 相同，则 F 发生	$F = AB + \overline{A}\overline{B} = \overline{A \oplus B}$　记作：$A \odot B$

11.1.2　基本逻辑门电路

在数字电路中，所谓"门"就是实现逻辑关系的电子电路。门电路的主要类型与基本逻辑关系相对应，主要有与门、或门、与非门、或非门、异或门等。

门电路的输出状态及赋值对应关系与所采用的逻辑类型有关。逻辑类型有正逻辑、负逻辑两种。正逻辑：高电位对应"1"；低电位对应"0"。负逻辑：高电位对应"0"；低电位对应"1"。本书中采用的都是正逻辑系统。

1. 与门

实现与逻辑关系的电路称为与门电路，图 11.1.4 所示是最简单的二极管与门电路。在二极管与门电路中，A、B 为输入信号，F 表示输出信号。假定 VD_1、VD_2 是理想二极管。利用二极管的开关特性分析图中电路，可以得出四种可能的输入/输出对应关系。

（1）当输入端 A、B 的电位 $u_A = 0\,V$，$u_B = 0\,V$ 时：二极管 VD_1 和 VD_2 均导通，输出端 F 的电位 $u_F = 0\,V$。

（2）当输入端 A、B 的电位 $u_A = 0\,V$，$u_B = 3\,V$ 时：二极管 VD_1 导通，VD_2 截止，输出端 F 的电位 $u_F = 0\,V$。

（3）当输入端 A、B 的电位 $u_A = 3\,V$，$u_B = 0\,V$ 时：二极管 VD_2 导通，VD_1 截止，输出端 F 的电位 $u_F = 0\,V$。

（4）当输入端 A、B 的电位 $u_A = 3\,V$、$u_B = 3\,V$ 时：二极管 VD_1 和 VD_2 均导通，输出端 F 的电位 $u_F = 3\,V$。

用 1 表示高电平，0 表示低电平，可得到与门的真值表如表 11.1.5 所示。

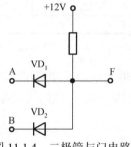

图 11.1.4　二极管与门电路

表 11.1.5　与门真值表

A	B	F
0	0	0
0	1	0
1	0	0
1	1	1

用逻辑表达式描述为：$F = A \cdot B$。与门的输入/输出逻辑关系和与逻辑相同。图 11.1.5(a) 所示为两输入端的与门逻辑符号，与门也可以有两个以上的输入端。与门波形图如图 11.1.5(b) 所示。

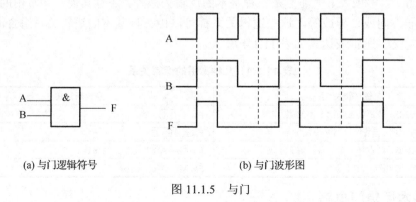

(a) 与门逻辑符号   (b) 与门波形图

图 11.1.5　与门

2．或门

实现或逻辑关系的电路称为或门电路，图 11.1.6 所示是最简单的二极管或门电路。在二极管或门电路中，A、B 为输入信号，F 表示输出信号。假定 VD_1、VD_2 是理想二极管。利用二极管的开关特性分析图中电路，可以得出四种可能的输入/输出对应关系。

（1）当输入端 A、B 的电位 $u_A = 0\,V$，$u_B = 0\,V$ 时：二极管 VD_1 和 VD_2 均导通，输出端 F 的电位 $u_F = 0\,V$。

（2）当输入端 A、B 的电位 $u_A = 0\,V$，$u_B = 3\,V$ 时：二极管 VD_1 截止，VD_2 导通，输出端 F 的电位 $u_F = 3\,V$。

（3）当输入端 A、B 的电位 $u_A = 3\,V$，$u_B = 0\,V$ 时：二极管 VD_1 导通，VD_2 截止，输出端 F 的电位 $u_F = 3\,V$。

（4）当输入端 A、B 的电位 $u_A = 3\,V$、$u_B = 3\,V$ 时：二极管 VD_1 和 VD_2 均导通，输出端 F 的电位 $u_F = 3\,V$。

用 1 表示高电平，0 表示低电平，可得到或门的真值表如表 11.1.6 所示。

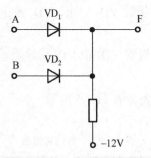

图 11.1.6　二极管或门电路

表 11.1.6　或门真值表

A	B	F
0	0	0
0	1	1
1	0	1
1	1	1

用逻辑表达式描述为：$F = A + B$。或门的输入/输出逻辑关系和或逻辑相同。图 11.1.7(a) 所示为两输入端的或门逻辑符号，或门也可以有两个以上的输入端。或门波形如图 11.1.7(b) 所示。

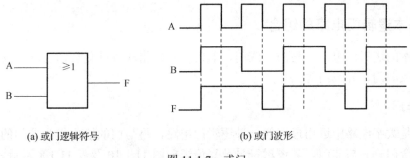

(a) 或门逻辑符号   (b) 或门波形

图 11.1.7 或门

3. 非门

实现非逻辑关系的电路称为非门电路。图 11.1.8 所示是用晶体管构成的非门电路。在非门电路中，A 为输入信号，F 表示输出信号。该电路实际上是一个反相器，当输入变量 A 为高电平时，晶体管饱和导通，输出端 F 的电位近似为 0V；当输入为低电平时，晶体管截止，输出高电平近似为 3V。

设三极管的饱和导通压降为 0.3V，VD 是理想二极管，输入端 A 与输出端 F 的电压的关系如下：

（1）当输入端 A 的电位 $u_A = 0\,\text{V}$，时：三极管工作在截止区，二极管 VD 导通，输出端 F 的电位 $u_F = 3\,\text{V}$。

（2）当输入端 A 的电位 $u_A = 3\,\text{V}$ 时：三极管饱和导通，二极管 VD 截止，输出端 F 的电位 $u_F = 0.3\,\text{V}$。

把 0.3V 定义为逻辑 "0"，把 3V 定义为逻辑 "1"，则可得到表 11.1.7 所示的真值表。

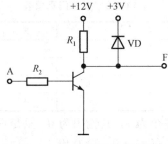

图 11.1.8 三极管非门电路

表 11.1.7 非门真值表

A	F
0	1
1	0

图 11.1.9(a)所示为非门的逻辑符号，非门的输入/输出逻辑关系和非逻辑相同。用逻辑表达式描述为：$F = \overline{A}$。非门波形如图 11.1.9(b)所示。

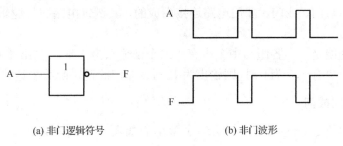

(a) 非门逻辑符号   (b) 非门波形

图 11.1.9 非门逻辑符号

11.1.3　基本逻辑门电路的组合

利用基本的逻辑门电路（与门、或门、非门）可以组成各种复合门电路，其中最常用的有与非门、或非门、异或门等。

1. 与非门

与非门是数字电路中运用最广的一种逻辑门电路，将与门的输出作为非门的输入即可以组成一个复合门——与非门。其逻辑符号及真值表如图 11.1.10 及表 11.1.8 所示。

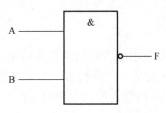

图 11.1.10　与非门逻辑符号

表 11.1.8　与非门真值表

A	B	F
0	0	1
0	1	1
1	0	1
1	1	0

由与非门真值表可知，若与非门的输入中有一个或多个为 0，其输出为 1，只是在输入全部为 1 时，其输出才为 0。与非门的逻辑关系可简述为"有 0 出 1，全 1 出 0"。

与非门逻辑的函数表达式为：$F = \overline{A \cdot B}$。与非门可以有两个或两个以上的输入端。

2. 或非门

将或门的输出端与非门的输入端相连可以组成或非门，其逻辑符号及真值表如图 11.1.11 及表 11.1.9 所示。

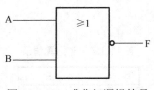

图 11.1.11　或非门逻辑符号

表 11.1.9　或非门真值表

A	B	F
0	0	1
0	1	0
1	0	0
1	1	0

由或非门真值表可知，若或非门的输入中有一个或多个为 1，其输出为 0，只是在输入全部为 0 时，其输出才为 1。或非门的逻辑关系可简述为"有 1 出 0，全 0 出 1"。

或非门逻辑函数表达式为：$F = \overline{A + B}$。或非门可以有两个或两个以上的输入端。

3. 与或非门

与或非门是由与门、或门、非门电路连接而成的，其逻辑电路图与逻辑符号如图 11.1.12 所示。

与或非门的功能是：当各组与中至少有一组全部输入为 1 时，输出才为 0；反之，当所有各组与的输入至少有一个为 0 时，则输出为 1。与或非门的逻辑函数表达式为：$F = \overline{AB + CD}$。

4. 异或门和同或门

异或门的逻辑符号如图 11.1.13 所示，其真值表如表 11.1.10 所示。

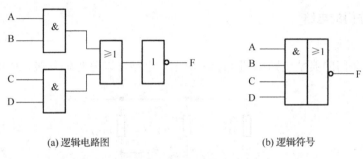

(a) 逻辑电路图	(b) 逻辑符号

图 11.1.12　与或非门

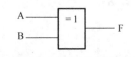

图 11.1.13　异或门逻辑符号

表 11.1.10　异或门逻辑真值表

A	B	F
0	0	0
0	1	1
1	0	1
1	1	0

由异或门真值表可知：当两个输入端信号相同时，输出为 0；当两个输入端信号相异时，输出为 1。异或门的逻辑表达式为：$F = A\overline{B} + \overline{A}B = A \oplus B$。

同或门的逻辑符号如图 11.1.14 所示，其真值表如表 11.1.11 所示。

由同或门真值表可知：当两个输入端信号相同时，输出为 1；当两个输入端信号相异时，输出为 0。同或门的逻辑表达式为：$F = \overline{AB} + AB = A \odot B$。

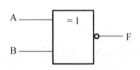

图 11.1.14　同或门逻辑符号

表 11.1.11　同或门逻辑真值表

A	B	F
0	0	1
0	1	0
1	0	0
1	1	1

练习与思考

11.1.1　如果正逻辑改为负逻辑,那么正逻辑条件下的与门和或门的逻辑功能有何变化？

11.1.2　假定一个电路中,指示灯 Y 和开关 A、B、C 的信号关系为 $Y = A(\overline{B} + C)$,试画出相应的电路图。

11.2　集成门电路

11.2.1　TTL 门电路

本章 11.1 节介绍的门电路是由二极管、晶体管分别构成的，称为分立元件门电路。实际应用中，绝大部分数字电路都采用集成门电路。与分立元件门电路相比，集成门电路具有高可靠性，微型化等优势。TTL 电路是晶体管-晶体管逻辑（Transistor-Transistor Logic）电路的简称。目前，TTL 电路被广泛应用于中小规模逻辑电路中。

1．TTL 与非门的电路

1）电路结构及原理

TTL 集成与非门的典型电路如图 11.2.1 所示。电路可以分为输入级、中间级和输出级三个部分。

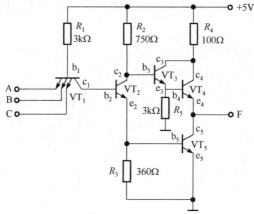

图 11.2.1　TTL 与非门

输入级：由 1 个多发射极晶体管 VT_1 和电阻 R_1 组成，相当于一个与门。

中间级：由晶体管 VT_2 和电阻 R_2 组成，起倒相作用，在 VT_2 的集电极和发射极各提供一个电压信号，两者相位相反，供给推拉式结构的输出级。

输出级：由晶体管 VT_3、VT_4、VT_5 和电阻 R_3、R_4、R_5 组成推拉式结构的输出电路，其作用是实现反相，并降低输出电阻，提高负载能力。

TTL 与非门的工作原理如下：

（1）当有任一输入端为低电平（设 $u_A = 0.3V$）时，PN 结 b_1A 正向导通，b_1 点的电位为 1V，而 b_1c_1—b_2e_2—b_5e_5 三个 PN 结正向导通需要 b_1 点的电位为 2.1V，因此三极管 VT_2 和 VT_5 截止，而三极管 VT_3 和 VT_4 饱和导通，所以输出端 F 的电位：$u_F = 5 - u_{R_2} - u_{b_3e_3} - u_{b_4e_4} \approx 5 - u_{b_3e_3} - u_{b_4e_4} \approx 3.6V$。

（2）当所有的输入均为高电平（3.4V）时，三极管 VT_1 的发射结均反偏，直流电压源—R_1—b_1c_1—b_2e_2—b_5e_5 构成回路，三极管 VT_2 和 VT_5 饱和导通；而 $u_{b_1} = 2.1V \Rightarrow u_{c_1} = 1.4V \Rightarrow u_{e_2} = 0.7V \Rightarrow u_{c_2} = 1V$，所以三极管 VT_3 和 VT_4 截止，所以输出端 F 的电位：$u_F = u_{c_5e_5} \approx 0.3V$。

综上所述，当 VT_1 发射极中有任一输入为 0 时，F 端输出为 1；当发射极输入全为 1 时，F 端输出为 1。由此可见，TTL 电路输入端悬空相当于 1。

2）主要外部特性参数

参数是了解 TTL 电路性能并正确使用的依据，下面仅就反映 TTL 与非门电路主要性能的几个参数做简要介绍。

（1）输出高电平 U_{OH}

与非门至少有一个输入端为低电平时，输出电压的值称为输出高电平 U_{OH}。一般规范值为 $U_{OH} \geqslant 2.4V$。

（2）输出低电平 U_{OL}

与非门所有输入端都接高电平时，在额定负载下输出电压的值，称为输出低电平 U_{OL}。

一般规范值为 $U_{OL} \leqslant 0.4\text{V}$。

（3）扇出系数 N

扇出系数 N 反映的是与非门带负载的能力。即与非门的输出端所能连接的下一级门电路输入端的个数。一般 $N \geqslant 8$。

（4）平均传输延迟时间 t_{pd}

在与非门输入端加上一个脉冲电压，则输出电压将对输入电压有一定的时延，如图 11.2.2 所示。从输入脉冲上升沿的 50%处起到输出脉冲下降沿的 50%处称为上升延迟时间 t_{pd1}；从输入脉冲下降沿的 50%处起到输出脉冲上升沿的 50%处称为下降延迟时间 t_{pd2}。平均传输延迟时间为上升延迟时间和下降延迟时间的平均值，即 $t_{pd} = \dfrac{t_{pd1} + t_{pd2}}{2}$。$t_{pd}$ 是与非门作为开关电路的速度参量，衡量与非门工作速度的快慢，是一个动态参量，越小越好。

除了与非门外，TTL 门电路还有与门、或门、非门、或非门、异或门等多种不同功能的门电路。图 11.2.3 表示了常用的 TTL 与非门 7400 的引脚排列及功能图。在此集成电路中有 4 个 2 输入与非门，这 4 个 2 输入与非门共用一个电源，其中每一个与非门都可以单独使用。

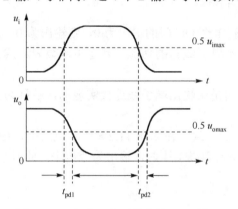

图 11.2.2　与非门的平均传输延迟时间

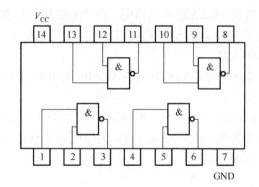

图 11.2.3　TTL 与非门外引脚排列及功能图

2. 集电极开路的与非门

普通的 TTL 与非门不允许直接驱动供电电压高于 5V 的负载，而实际应用中这种情况常常会碰到，如用与非门驱动继电器，由于继电器驱动电压一般在 10V 以上，普通的 TTL 与非门直接驱动不能实现，需另加中间接口，使用不方便。此外，有时需要把若干个门的输出端直接连在一起以实现多个信号的与逻辑关系，这种功能称为线与。普通的 TTL 与非门不允许把若干个门的输出端直接连在一起，集电极开路与非门（OC 门）的开发解决了这一问题。

OC 门电路如图 11.2.4 所示。该电路将一般的 TTL 与非门中的 VT_4 去掉，令 VT_3 的集电极悬空，从而把一般的推拉式输出级改为三极管集电极开路输出。需要指出的是：OC 门只有在外接负载电阻 R_L 和电源 U_{CC} 后才能正常工作。

由于与非门是以非门-反相器作输出的电路结构，通常两个与非门的输出端是不能直接并联的，这是因为反相器输出电阻很小，当两个与非门的输出端直接相连时，如一个门输出高电平，而另一个门输出低电平，就会有一个很大的电流从一个门输出流向另一个门，这不仅抬高了导通门的输出低电平电位，而且会因功耗过大而损坏门电路。OC 门就不同了，OC 门中集电极是开路的，需要将集电极经外接负载电阻 R_L 接至外加电源后，电路才能实现与非逻辑功能。由于这一特点，OC 门可以实现"线与"的功能。

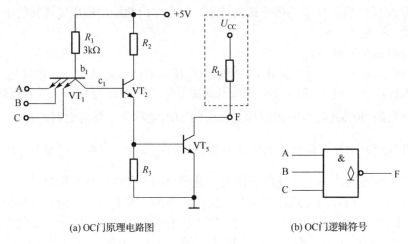

(a) OC门原理电路图　　　　　　(b) OC门逻辑符号

图 11.2.4　OC 门电路

在图 11.2.5 所示电路中，两个 OC 门中只要有 1 个 OC 门的输出为 0，则输出为 0；只有当两个 OC 门的输出均为 1 时，输出才为 1，实现了线与的功能。其逻辑函数表达式为：$F = \overline{AB} \cdot \overline{CD}$。

由于这种与逻辑功能并不是由与门实现的，而是由输出端引线连接实现的，故称为"线与"逻辑。

除此之外，OC 门可以直接驱动电压高于 5V 的负载。在如图 11.2.6 所示电路中，用 OC 门直接带动负载电压高于 5V 的继电器负载。当输入为高电平时，输出为低电平，此时灯亮；否则灯灭。

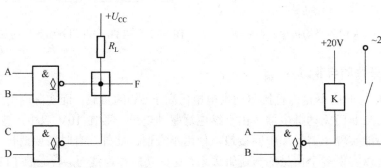

图 11.2.5　OC 门实现"线与"逻辑电路图　　　图 11.2.6　OC 门直接驱动负载电压高于 5V 的负载

3. 三态输出与非门

三态输出门简称三态门，它有三种输出状态：输出高电平、输出低电平和高阻态。与一般的与非门相比多了一个控制端，控制端 $\overline{EN}$ 通过一个非门和起与门作用的多发射极晶体管的一个发射极相连。其电路如图 11.2.7(a)所示，逻辑符号如图 11.2.7(b)所示。

三态输出与非门的工作原理如下：当控制端 $\overline{EN} = 0$ 时，二极管 VD 截止，输出 $F = \overline{AB}$，此时电路功能与一般与非门无区别。当控制端 $\overline{EN} = 1$ 时，二极管 VD 导通。此时，一方面三极管

VT_1 的基极电位为 1V，使得三极管 VT_2 和 VT_5 截止；另一方面二极管将三极管 VT_2 的集电极电位钳位在 1V，使得三极管 VT_3 和 VT_4 截止；因此，输出端 F 被悬空，相当于开路，使得整个电路处于高阻状态。因此 $\overline{EN}$ 为控制端，又称使能端。当 $\overline{EN} = 0$ 时，三态门开门，执行与非门功能；反之，三态门关闭，呈高阻状态；这种三态门被称为使能端低电平有效的三态与非门，如图 11.2.7(b) 所示。还有一种 $EN = 1$ 有效的三态门，当 $EN = 1$ 时，三态门开门，执行与非门功能；反之，三态门关闭，呈高阻状态；这种三态门被称为使能端高电平有效的三态与非门，如图 11.2.7(c) 所示。

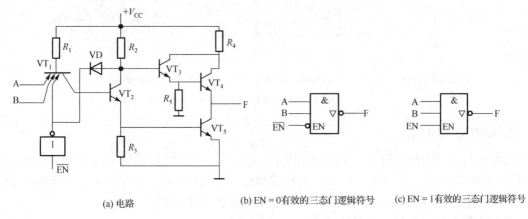

(a) 电路　　　　　　(b) EN = 0有效的三态门逻辑符号　　　(c) EN = 1有效的三态门逻辑符号

图 11.2.7　三态输出与非门

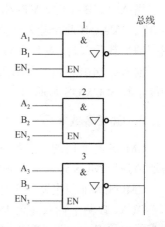

图 11.2.8　三态门构成的单向总线

三态门主要应用在数据总线上，一个重要用途就是可以实现数据分时处理。如图 11.2.8 所示，三个三态门均为使能端高电平有效的三态与非门。工作时只要保证使能控制端 EN_1、EN_2、EN_3 中每一时刻只有一个为高电平，就可以使任何时刻只有一路信号通过总线传送，其他各路信号不可能通过，从而避免了各门之间的相互干扰，简化了传输线路。这种利用总线分时传送数据和信号的方法，在计算机中被广泛采用。

11.2.2　CMOS 门电路

MOS 门电路有三种：使用 N 沟道 MOS 管的 NMOS 门电路，使用 P 沟道 MOS 管的 PMOS 门电路，同时使用 N、P 沟道 MOS 管的 CMOS 门电路。其中，CMOS 门电路是使用最普遍的一种。下面简要说明 CMOS 门电路的结构和工作原理。

1. CMOS 非门

CMOS 非门电路由两个增强型场效晶体管组成，其中 VT_1 为 N 沟道结构（NMOS），VT_2 为 P 沟道结构（PMOS），在电路中 VT_1 为驱动管，VT_2 为负载管。这种由 VT_1 和 VT_2 共同组成的互补对称型的场效晶体管集成电路称为 CMOS 反相器，如图 11.2.9(a) 所示。

CMOS 非门电路的工作原理如下：

当 A = 0V 时，VT_2 的 $U_{GSN} = 0$ V，$U_{GSP} = -U_{CC}$，VT_2 导通、VT_1 截止，所以输出电压为高电平，F = 1；当 A = 1 时，$U_{GSN} = U_{CC}$，$U_{GSP} = 0$ V，VT_1 导通、VT_2 截止，所以输出电压为低电平 F = 0。

由此可见，输入和输出之间为反相关系，实现非门逻辑功能。

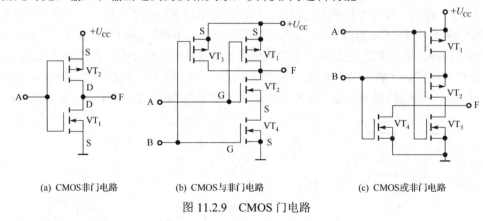

(a) CMOS非门电路 (b) CMOS与非门电路 (c) CMOS或非门电路

图 11.2.9 CMOS 门电路

2. CMOS 与非门

CMOS 与非门的电路图如图 11.2.9(b)所示，它由两个串联的 N 沟道和两个并联的 P 沟道增强型 MOS 管构成。其中 VT$_3$ 和 VT$_4$ 的栅极相连构成互补电路，VT$_1$ 和 VT$_2$ 的栅极相连构成另一互补电路，两个互补电路的输入端为与非门的两个输入端。

CMOS 与非门电路的工作原理如下：

当 A=1、B=1 时，VT$_2$ 和 VT$_4$ 导通，VT$_1$ 和 VT$_3$ 截止，所以输出为低电平 F=0，即"全 1 出 0"；当 A、B 两个输入全为 0 或任一输入为 0 时，串联的 VT$_2$、VT$_4$ 中有一个或两个截止，相应的负载管 VT$_1$、VT$_3$ 中有一个或两个导通，输出为高电平 F=1，即"有 0 出 1"。

输入、输出之间的逻辑关系为 F$=\overline{A \cdot B}$，由此可见，图 11.2.9(b)所示电路具有与非逻辑功能，称为 CMOS 与非门。

3. CMOS 或非门

CMOS 与非门的电路如图 11.2.9(c)所示，它由两个串联的 P 沟道增强型和两个并联的 N 沟道增强型 MOS 管构成。其中 VT$_3$ 和 VT$_4$ 为驱动管，VT$_1$ 和 VT$_2$ 为负载管。

CMOS 或非门电路的工作原理如下：

当 A、B 两个输入端至少有一个为高电平时，接高电平的驱动管 VT$_3$ 或 VT$_4$ 导通，输出端为低电平 F=0，即"有 1 出 0"；当 A、B 两个输入全为 0 时，驱动管 VT$_3$ 和 VT$_4$ 均截止，负载管 VT$_1$ 和 VT$_2$ 同时导通，输出端为高电平 F=1，即"全 0 出 1"。

输入、输出之间的逻辑关系为 F$=\overline{A + B}$；由此可见，图 11.2.9(c)所示电路具有或非逻辑功能，称为 CMOS 或非门。

练习与思考

11.2.1 简述 TTL 与非门电路的基本工作原理。

11.2.2 简述 TTL 与非门、三态与非门以及 OC 门电路的联系与区别。

11.3 逻 辑 代 数

逻辑代数是分析和设计数字电路的数学工具，主要研究电路的输入/输出之间的逻辑关系，因此数字电路又称为逻辑电路。在逻辑代数中，用字母（A、B、C…）表示逻辑函数的变量，但变量的取值只有 0 和 1 两种，中间值没有意义。0 和 1 分别代表两种相反的逻辑状态。例如：电位的高、低（0 表示低电位，1 表示高电位），开关的开、合等。逻辑代数表示的是逻辑关系，不是数量关系。在逻辑代数中主要包含逻辑乘（与运算）、逻辑加（或运算）和逻辑非（非运算）3 种基本运算。

11.3.1　逻辑代数的公式和定律

（1）基本运算

与运算：
$$A \cdot 0 = 0$$
$$A \cdot 1 = A$$
$$A \cdot A = A$$
$$A \cdot \overline{A} = 0$$

或运算：
$$A + 0 = A$$
$$A + 1 = 1$$
$$A + A = A$$
$$A + \overline{A} = 1$$

非运算：
$$\overline{\overline{A}} = A$$

（2）基本定律

交换律：
$$AB = BA$$
$$A + B = B + A$$

结合律
$$ABC = (AB)C = A(BC)$$
$$A + B + C = (A + B) + C = A + (B + C)$$

分配律：
$$A(B + C) = AB + AC$$
$$A + BC = (A + B)(A + C)$$

【例 11.3.1】　求证：$A + BC = (A + B)(A + C)$。

证明：

$$右边 = (A + B)(A + C)$$
$$= AA + AB + AC + BC；分配律$$
$$= A + A(B + C) + BC；结合律，AA = A$$
$$= A(1 + B + C) + BC；结合律$$
$$= A \cdot 1 + BC；1 + B + C = 1$$
$$= A + BC；A \cdot 1 = 1$$
$$= 左边$$

吸收律：吸收是指吸收多余（冗余）项，多余（冗余）因子被取消、去掉。主要包含：$A + AB = A$，$A + \overline{A}B = A + B$，$AB + \overline{A}C + BC = AB + \overline{A}C$。

① $A + AB = A$ 为原变量的吸收。

证明：$A + AB = A(1 + B) = A \cdot 1 = A$

例如：$AB + CD + AB\overline{D}(E + F) = AB + CD$

②$A + \overline{A}B = A + B$ 为反变量的吸收。

证明：$A + \overline{A}B = A + AB + \overline{A}B = A + (A + \overline{A})B = A + B$

例如：$A + \overline{A}BC + CD = A + BC + CD$

③$AB + \overline{A}C + BC = AB + \overline{A}C$　　为混合变量的吸收。

证明：$AB + \overline{A}C + BC = AB + \overline{A}C + (A + \overline{A})BC = AB + \overline{A}C + ABC + \overline{A}BC = AB + \overline{A}C$

反演律（摩根定律）：　　　　　　　$\overline{AB} = \overline{A} + \overline{B}$

$$\overline{A + B} = \overline{A}\,\overline{B}$$

反演律的证明如表 11.3.1 所示。

表 11.3.1　反演律的证明

A	B	AB	$\overline{A \cdot B}$	$\overline{A}$	$\overline{B}$	$\overline{A} + \overline{B}$
0	0	0	1	1	1	1
0	1	0	1	1	0	1
1	0	0	1	0	1	1
1	1	1	0	0	0	0

从反演律的表示形式可知，与逻辑和或逻辑可以进行转换，因此，任何逻辑关系均可用与、或和非三个基本的逻辑关系来表示。

【例 11.3.2】 已知 $F = A + B + \overline{\overline{C} + D} + \overline{\overline{\overline{E}}}$，求 F 的反函数。

解：
$$\overline{F} = \overline{A + B + \overline{\overline{C} + D} + \overline{\overline{\overline{E}}}} = \overline{A} \cdot \overline{B} \cdot \overline{\overline{\overline{C} + D}} \cdot \overline{\overline{\overline{\overline{E}}}} = \overline{A} \cdot (B + \overline{\overline{C} + D} + \overline{\overline{E}})$$
$$= \overline{A} \cdot (B + \overline{C} + \overline{D} \cdot E) = \overline{AB} + \overline{AC} + \overline{AD} \cdot E$$

11.3.2　逻辑函数的表示方法

逻辑函数有四种表示形式：真值表、逻辑代数式、逻辑图和卡诺图。各形式之间可以相互转换。

1．真值表

真值表是将变量所有可能的取值组合及其对应的函数值以列表的方式一一对应地列在表格中。列真值表的方法是：将 n 个变量的 2^n 种不同的取值按二进制递增规律排列起来，同时在相应位置上填入函数的值。真值表是一种非常有用的逻辑工具，在逻辑分析与设计中经常用到。

例如：函数 $F = A + B + C$ 有三个输入变量，共 2^3 种组合，当 A、B、C 有一个取值为"1"时，逻辑函数 F 的值为 1，其余为 0。真值表如表 11.3.2 所示。

表 11.3.2　真值表

A	B	C	F
0	0	0	0
0	0	1	1
0	1	0	1
0	1	1	1
1	0	0	1
1	0	1	1
1	1	0	1
1	1	1	1

2．逻辑代数式

逻辑代数式是将逻辑变量和与、或、非 3 种逻辑运算符连接起来构成的式子，通常采用"与或"的形式表示逻辑代数式。根据真值表写逻辑表达式的方法是：将函数值 $F=1$（或 $F=0$）对应的输入变量的组合列到逻辑表达式中。首先，在每一种组合内，当输入变量的值为 1 时，取其原变量表示；当输入变量的值为 0 时，取其反变量表示；且各输入变量之间采用与逻辑关系表示。最后，将各组合之间采用或逻辑关系表示。

3. 逻辑图

逻辑图是将相应的逻辑关系用逻辑符号和连线表示出来。根据逻辑代数式画逻辑图的方法是：用与门实现逻辑乘运算，用或门实现逻辑加运算，用非门实现逻辑非运算。例如，图 11.3.1 所示为逻辑函数式 $F=AB+A\overline{B}+\overline{B}\overline{C}$ 对应的逻辑图。

由逻辑代数式可以画出逻辑图，反之，由逻辑图也可以写出逻辑代数式。根据逻辑图写逻辑代数式的方法是：从输入端到输出端，逐级写出各个门电路的逻辑表达式，最后写出各个输出端的逻辑表达式。但通常这样得到的表示式不是最简的，往往需要进一步化简。

4. 卡诺图

卡诺图是由表示逻辑变量所有取值组合的小方格构成的平面图。小方格的编码对应逻辑函数的一组取值组合，小方格中的值就是逻辑函数的值，小方格按照格雷码的顺序排列，即任意两个相邻格的编码只有一位不同。例如函数 $F=\overline{A}B+A\overline{B}=A\oplus B$ 的卡诺图如图 11.3.2 所示。

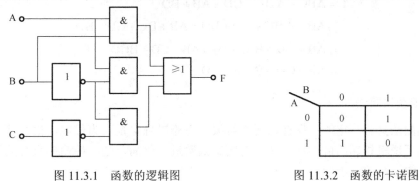

图 11.3.1　函数的逻辑图　　　　图 11.3.2　函数的卡诺图

11.3.3　逻辑函数的化简

逻辑函数表达式有多种不同的表达形式，每一种表达形式对应着一种逻辑电路。实际应用中往往希望使用尽可能少的元器件来实现特定的逻辑功能，这就需要对逻辑函数表达式进行化简。逻辑函数经过化简以后，可以少用元件，使连线简单，提高可靠性。

逻辑函数最简的标准之一是最简与或式。所谓最简与或式是指表达式中与项的个数最少，且在满足与项的个数最少的条件下，各与项所含变量数最少。逻辑函数的化简方法主要有公式法和卡诺图法等。

1. 公式化简法

公式化简法是运用逻辑代数的基本公式和定理来化简逻辑函数。要求能熟练掌握并能灵活应用逻辑代数的运算规则，采用加项、配项、并项和吸收等方法，最后得到最简表达式。

（1）并项法

利用公式 $A+\overline{A}=1$，将两个或多个项合并，消去一个或多个变量。例如：

$$F=\bar{A}\bar{B}C+\bar{A}BC+AB\bar{C}+ABC=\bar{A}C(\bar{B}+B)+AB(\bar{C}+C)=\bar{A}C+AB$$

（2）吸收法

利用 $A+AB=A$ ，吸收掉多余的项。例如：

$$F=\bar{A}+\bar{A}BC=\bar{A}(1+BC)=\bar{A}$$

（3）消去法

利用 $A+\bar{A}B=A+B$ ，消去掉多余的项。例如：

$$F=AB+\bar{A}C+\bar{B}C=AB+(\bar{A}+\bar{B})C=AB+\overline{AB}C=AB+C$$

（4）配项法

利用 $A=A(B+\bar{B})$ ，将 $B+\bar{B}$ 与某项的乘积项相乘，然后展开、合并化简。例如：

$$\begin{aligned}F&=AB+\bar{A}\bar{C}+BC\\&=AB+\bar{A}\bar{C}+B\bar{C}(A+\bar{A})\\&=AB+AB\bar{C}+\bar{A}\bar{C}+\bar{A}B\bar{C}=AB+\bar{A}\bar{C}\end{aligned}$$

【例 11.3.3】 化简 $F=ABC+\bar{A}B\bar{C}+CD+AB+B\bar{D}$

解：

$$\begin{aligned}F&=ABC+\bar{A}B\bar{C}+CD+AB+B\bar{D}\\&=AB+\bar{A}B\bar{C}+CD+B\bar{D}=AB+B\bar{C}+CD+B\bar{D}\\&=AB+CD+B(\bar{C}+\bar{D})=AB+CD+B\overline{CD}\\&=AB+CD+B=B+CD\end{aligned}$$

2．卡诺图化简法

公式化简法具有一定的试探性，所得结果有时难以确定是否为最简、最合理。卡诺图直观地表示出了逻辑相邻的最小项，便于对逻辑函数进行化简，是一种简单直观的化简方法。

（1）逻辑函数的最小项

构成逻辑函数的基本单元称为最小项。最小项对应于输入变量的每一种组合，它包含了所有变量（原变量或反变量）。以三变量的逻辑函数为例，变量取值为 1 时用该变量表示；变量取值为 0 时用该变量的反来表示；则 8 个输入状态与最小项的对应关系如图 11.3.3 所示。

最小项具有下列性质：

① 对于任意一个最小项，只有一组变量取值使得它的值为 1，当变量为其他值时，该最小项的值恒为 0。

② 对于输入变量的任一组取值，任意两个最小项的乘积为 0。

③ 全体最小项之和为 1。

如果两个最小项中只有一个变量互为反变量，其余变量均相同，则这样的两个最小项为逻辑相邻，并把它们称为相邻最小项，简称相邻项。例如，三变量最小项 ABC 和 $A\bar{B}C$ ，其中 B 和 $\bar{B}$ 为互反变量，其余

000	⟷	$\bar{A}\bar{B}\bar{C}$
001	⟷	$\bar{A}\bar{B}C$
010	⟷	$\bar{A}B\bar{C}$
011	⟷	$\bar{A}BC$
100	⟷	$A\bar{B}\bar{C}$
101	⟷	$A\bar{B}C$
110	⟷	$AB\bar{C}$
111	⟷	ABC

图 11.3.3　输入取值与最小项的对应关系

变量AC相同，所以它们是相邻最小项。显然消除互反变量，两个相邻最小项可以相加合并为一项，同时，如 $ABC+A\overline{B}C=AC$ ，即所得结果为相邻最小项的相同变量。这种相邻关系既可以是上下相邻、左右相邻，也可以是首尾相邻，即一列中最上格与最下格相邻、一行中最左格与最右格相邻。

（2）卡诺图

卡诺图是与变量的最小项对应的按一定规则排列的方格图，每一小方格填入一个最小项。即用 2^n 个个小方格表示 n 个变量的 2^n 个最小项，并且使逻辑相邻的最小项在几何位置上也相邻，按这样的相邻要求排列起来的方格图称为变量卡诺图，这种相邻原则又称为卡诺图的相邻性。下面分别给出根据相邻原则构成的二至四变量的卡诺图，如图 11.3.4 所示。

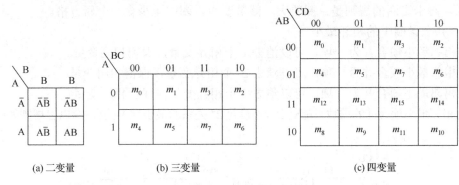

A \ B	$\overline{B}$	B
$\overline{A}$	$\overline{A}\overline{B}$	$\overline{A}B$
A	$A\overline{B}$	AB

(a) 二变量

A \ BC	00	01	11	10
0	m_0	m_1	m_3	m_2
1	m_4	m_5	m_7	m_6

(b) 三变量

AB \ CD	00	01	11	10
00	m_0	m_1	m_3	m_2
01	m_4	m_5	m_7	m_6
11	m_{12}	m_{13}	m_{15}	m_{14}
10	m_8	m_9	m_{11}	m_{10}

(c) 四变量

图 11.3.4　二至四变量的卡诺图

（3）逻辑函数的卡诺图表示法

当逻辑函数为标准与或表达式时，每一个与项都是最小项，只需在卡诺图上找出与表达式中最小项对应的小方格并填上 1，其余小方格填上 0，即可得到该函数的卡诺图。

【例 11.3.4】 试画出逻辑函数 $Y=\overline{A}\overline{B}\overline{C}+\overline{A}\overline{B}C+\overline{A}BC+A\overline{B}\overline{C}$ 的卡诺图。

解：这是一个三变量逻辑函数，卡诺图如图 11.3.5 所示。

【例 11.3.5】 试画出逻辑函数 $Y=\overline{A}D+AB+B\overline{C}D$ 的卡诺图。

解：这是一个四变量逻辑函数，先把逻辑式展开成与或表达式。卡诺图如图 11.3.6 所示。

（4）用卡诺图化简逻辑函数

① 化简原理与规则

用卡诺图化简逻辑函数式，其原理是利用卡诺图的相邻性对相邻最小项进行合并，消去互反变量，以达到化简的目的。2 个相邻最小项合并，可以消去 1 个变量；4 个相邻最小项合并，可以消去 2 个变量；把 2^n 个相邻最小项合并，可以消去 n 个变量。

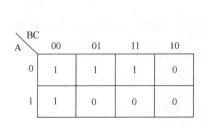

A \ BC	00	01	11	10
0	1	1	1	0
1	1	0	0	0

图 11.3.5　例 11.3.4 的卡诺图

AB \ CD	00	01	11	10
00	0	1	1	0
01	0	1	1	0
11	1	1	1	1
10	0	0	0	0

图 11.3.6　例 11.3.5 的卡诺图

卡诺图化简法的原则是：画出逻辑函数的卡诺图后，将卡诺图中 2^n（$n=0,1,2,3\cdots$）个值为 1 的相邻小方格圈起来，圈内小方格个数应尽可能多，圈的个数应最少，每个新圈必须包含至少一个在已圈过的圈中没有出现过的小方格，每个小方格可被圈多次，最后将代表每个圈的与项相加，即得到所求函数的最简与或表达式。

② 化简的步骤

用卡诺图化简逻辑函数式有一定的规则、步骤和方法可循，概括为以下四点：

a）画出逻辑函数的卡诺图。

b）画卡诺圈。

把卡诺图中为 1 的相邻最小项方格用包围圈圈起来进行合并，直到所有为 1 的方格全部圈完为止。画卡诺圈的规则是：圈要大，圈数要少，圈中至少含一个新方格。

c）合并卡诺圈中的相邻最小项。

2 个相邻最小项合并为一项，可以消去 1 个相异变量，保留相同变量。

4 个相邻最小项合并为一项，可以消去 2 个相异变量，保留相同变量。

8 个相邻最小项合并为一项，可以消去 3 个相异变量，保留相同变量。

以上相邻最小项合并的项数只能是 2^n，不满足 2^n 关系的最小项不能合并。以上规则如图 11.3.7 所示。

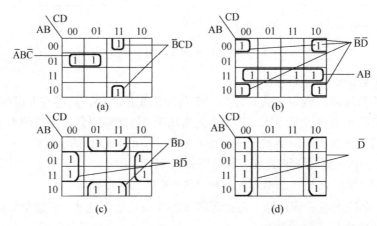

图 11.3.7　卡诺图中相邻最小项的合并规则

d）将合并化简后的各与项进行逻辑加，便为所求的逻辑函数最简与或表达式。

【例 11.3.6】 化简逻辑函数式 $Y = AB\overline{C}D + A\overline{B}CD + A\overline{B} + A\overline{D} + \overline{A}BC$。

解：卡诺图如图 11.3.8 所示，由卡诺图得到化简后的逻辑表达式为 $Y = A\overline{B} + A\overline{C} + A\overline{D}$。

【例 11.3.7】 化简逻辑函数式 $Y = (\overline{AB} + B\overline{D})\overline{C} + BD\overline{A}\overline{C} + \overline{D}(\overline{A} + B)$。

解：先将函数化为与或表达式：

$$Y = (\overline{AB} + B\overline{D})\overline{C} + BD\overline{A}\overline{C} + \overline{D}(\overline{A} + B) = \overline{A}B\overline{C} + B\overline{C}\overline{D} + ABD + BCD + A\overline{B}\overline{D}$$

卡诺图如图 11.3.9 所示，由卡诺图得到化简后的逻辑表达式为

$$Y = \overline{C}\,\overline{D} + \overline{A}B\overline{C} + A\overline{B}\overline{D} + ABD + BCD$$

或：

$$Y = \overline{C}\,\overline{D} + \overline{A}B\overline{C} + A\overline{B}\overline{D} + AB\overline{C} + BCD$$

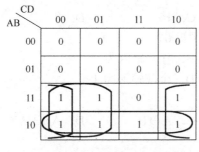

图 11.3.8 例 11.3.6 的卡诺图

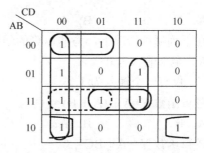

图 11.3.9 例 11.3.7 的卡诺图

练习与思考

11.3.1 逻辑代数与普通代数有什么区别？

11.3.2 写出 $Y = A \oplus B \oplus C$ 的标准与或表达式。

11.4 习　　题

11.4.1 填空题

1. 三种基本逻辑门电路是_____、_____、_____。

2. 集电极开路的与非门也称为_____；使用集电极开路的与非门时，其输出端应外接_____。

3. 三态门的输出端有_____、_____、_____三种状态。

4. 扇出系数 N 越大，说明逻辑门的负载能力_____。

5. 当使能端电平有效时，三态门处于_____；当使能端电平无效时，三态门处于_____。

6. 逻辑函数的化简方法主要有_____和_____。

7. 逻辑函数的表示方法主要有_____、_____、_____、_____。

8. 最小项的特点是每个输入变量均在其中以_____或_____的形式出现一次，且仅出现一次。

9. 卡诺图化简时，保留一个圈内最小项的_____，消去_____。

10. 当 $i \neq j$ 时，同一逻辑函数的两个最小项 $m_i \cdot m_j =$_____。

11.4.2 选择题

1. 如图 11.4.1 所示，完成 $C=0$，$Y=\overline{AB}$；$C=1$，Y 为高阻态的电路是（　　）。

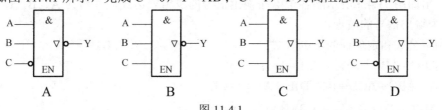

图 11.4.1

2. 逻辑函数 $Y = AB + CD$ 的真值表中，$Y = 1$ 的个数有（　　）个。

A. 2   B. 4   C. 16   D. 7

3. 在下列哪种情况下，与非运算的结果等于逻辑 0？（ ）

  A. 全部输入为 0   B. 任一输入为 0

  C. 仅有一个输入为 1   D. 全部输入为 1

4. 逻辑函数 $Y=A \oplus (A \oplus B)=$（ ）。

  A. B   B. A   C. $A \oplus B$ D. $AB+\overline{AB}$

5. 逻辑函数 $Y = A + BC=$（ ）。

  A. $A+B$ B. $A+C$ C. $(A+B)(A+C)$ D. $B+C$

6. 在下列哪种情况下，函数 $Y = \overline{AB} + \overline{CD}$ 的输出是逻辑"0"？（ ）

  A. 全部输入为"0"   B. 全部输入为"1"

  C. A，B 同时为"0"   D. 任一输入为"1"，其他输入是"0"

7. 下面逻辑式中，错误的是（ ）。

  A. $\overline{A \cdot (B+C)} = (\overline{A} + \overline{B})(\overline{A} + \overline{C})$ B. $A \cdot (A+B) = A$

  C. $(A+B) \cdot (A+C) = A+BC$ D. $\overline{A \cdot (B+C)} = \overline{A} + \overline{B}\ \overline{C}$

8. 最小项 $\overline{A}BC\overline{D}$ 的逻辑相邻项是（ ）。

  A. $\overline{A}BCD$ B. $ABCD$

  C. $ABC\overline{D}$ D. $\overline{A}B\overline{C}\overline{D}$

11.4.3　分析题

1. 二极管门电路如图 11.4.2(a)、(b)所示，输入信号 A、B、C 的高电平为 3V，低电平为 0V。

（1）分析输出信号 F_1、F_2 和输入信号 A、B、C 之间的逻辑关系，导出逻辑函数的表达式。

（2）根据图 11.4.2(c)给出的 A、B、C 的波形，对应画出 F_1、F_2 的波形。

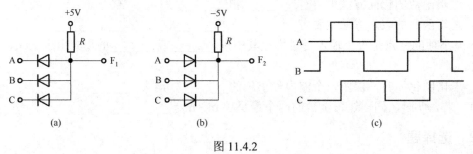

图 11.4.2

2. 写出如图 11.4.3 所示的各个电路输出信号的逻辑表达式，并对应 A、B、C 的给定波形画出各个输出信号的波形。

3. 利用公式和定理证明下列等式：

（1）$ABC + A\overline{B}C + AB\overline{C} = AB + AC$；

（2）$A + A\overline{B}C + \overline{A}CD + (\overline{C} + \overline{D})E = A + CD + E$；

（3）$\overline{AB(C+D)} + D + \overline{D}(A+B)(\overline{B}+\overline{C}) = A + B\overline{C} + D$；

（4）$ABCD + \overline{A}\ \overline{B}\overline{C}\overline{D} = \overline{A\overline{B} + B\overline{C} + C\overline{D} + D\overline{A}}$。

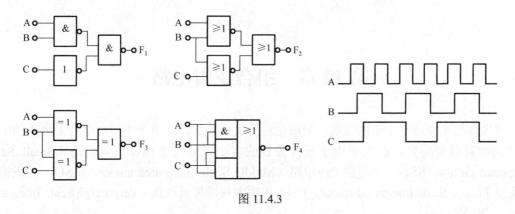

图 11.4.3

4．用卡诺图法将下列各逻辑函数化简成为最简与或表达式：

（1）$F = AB\overline{C}D + A\overline{B}CD + A\overline{B} + A\overline{D} + A\overline{B}C$；

（2）$F = A\overline{B}CD + \overline{B}\overline{C}D + AB\overline{D} + BC\overline{D} + \overline{A}\overline{B}C$；

（3）$F = \overline{ABC + BD(\overline{A} + C) + (B + D)AC}$；

（4）$F = \overline{\overline{A}\overline{B}\overline{C} + \overline{A}\overline{B}C + \overline{A}B\overline{C} + A\overline{B}\overline{C}}$；

（5）$Y(A,B,C,D) = \sum m(0,1,2,5,8,9,10,12,14)$。

5．已知逻辑函数 $F = \overline{\overline{AB}(\overline{AB} + C)}$，求 F 的最小项表达式。

6．将逻辑函数 $F = \overline{A}\overline{B}C + \overline{A}BC + AB\overline{C} + ABC$ 化简并转换成与非表达式。

第12章　组合逻辑电路

半导体技术经过几十年的发展，集成化程度大大增强，在单个半导体芯片上集成的电子元件的数目越来越多，按集成电子元件数目的多少可分为小规模集成电路（Small Scale Integrated circuit，SSI）、中规模集成电路（Middle Scale Integrated circuit，MSI）、大规模集成电路（Large Scale Integrated circuit，LSI）和超大规模集成电路（Very Large Scale Integrated circuit，VLSI）。

小规模集成电路是主要完成基本逻辑运算的逻辑器件，例如各种门电路和触发器都属于小规模电路；中规模集成电路能够完成一定的逻辑功能（如编码器、译码器、计数器等），通常称为逻辑组件（也称为逻辑部件，或称为模块）；大规模、超大规模集成电路是一个逻辑系统，例如微型计算机中的中央处理器（Central Processing Unit，CPU）、单片微机及大容量的存储器等。

数字电路根据逻辑功能的不同特点，可以分成两大类：一类称为组合逻辑电路（简称组合电路，combinational logic circuit），另一类称为时序逻辑电路（简称时序电路，sequential logic circuit）。组合逻辑电路在逻辑功能上的特点是任意时刻的输出仅仅取决于该时刻的输入，与电路原来的状态无关。而时序逻辑电路在逻辑功能上的特点是任意时刻的输出不仅取决于当时的输入信号，还取决于电路原来的状态，或者说，还与以前的输入有关。组合逻辑电路的一般结构如图 12.0.1 所示。

图 12.0.1 中，输出信号 Y_i 是输入信号 X_j 的函数，表示为

图 12.0.1　组合逻辑电路框图

$$Y_i = f(X_1, X_2, \cdots, X_n) \qquad i = 1, 2, \cdots, m$$

从电路结构看，组合电路具有两个特点：由逻辑门电路组成，不包含任何记忆元件；信号是单向传输的，不存在任何反馈回路。

组合逻辑电路不但能独立完成各种复杂的逻辑功能，而且是时序逻辑电路的组成部分，它在数字系统中的应用十分广泛。

本章主要讨论组合逻辑电路分析和设计的基本方法，在此基础上介绍加法器、编码器、译码器、数据选择器等组合逻辑功能器件，这些电路模块都有相应的集成电路产品，本章将简要介绍它们的电路原理及应用。

12.1　组合逻辑电路的分析与设计

12.1.1　组合逻辑电路的分析

组合逻辑电路的分析就是对一个给定的逻辑电路，找出其输出与输入之间的逻辑关系，理清它的逻辑功能的过程。组合逻辑电路的分析按如下步骤进行：

（1）由给定逻辑电路图写出输出的逻辑表达式；

（2）化简、变换输出的逻辑表达式；

（3）根据逻辑表达式列出真值表；

（4）评述给定逻辑电路的逻辑功能。

【例 12.1.1】 分析图 12.1.1(a)所示逻辑电路的功能。

解：根据图 12.1.1(a)所示逻辑电路，由输入到输出逐级地推导，写出输出逻辑表达式：

$$Y_1 = \overline{\overline{A} \cdot \overline{B}}, \quad Y_2 = \overline{AB}$$

$$Y = \overline{Y_2 \cdot Y_1} = \overline{\overline{AB} \cdot \overline{\overline{A} \cdot \overline{B}}}$$

化简、变换得

$$Y = \overline{Y_2 \cdot Y_1} = \overline{\overline{AB} \cdot \overline{\overline{A}\,\overline{B}}} = \overline{\overline{AB}} + \overline{\overline{\overline{A}\,\overline{B}}} = \overline{AB} + AB$$

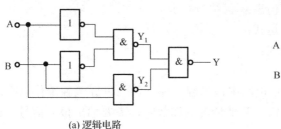

(a) 逻辑电路   (b) 逻辑符号

图 12.1.1　例 12.1.1 的图

列出真值表，如表 12.1.1 所示。

评述逻辑功能：

当输入 A 和 B 同为 0 或 1 时，输出 Y 的值为 1；否则，输出 Y 为 0。这种电路称为**同或**门电路，其逻辑符号如图 12.1.1(b)所示。逻辑式也可写成

$$Y = AB + \overline{A}\,\overline{B} = A \odot B$$

表 12.1.1　例 12.1.1 的真值表

A	B	Y
0	0	1
0	1	0
1	0	0
1	1	1

【例 12.1.2】 分析图 12.1.2 所示逻辑电路的功能。

解：由逻辑电路图写出输出端的逻辑表达式为

$$Y = A \oplus (B \oplus C)$$

化简、变换得

$$Y = A \oplus (B\overline{C} + \overline{B}C)$$
$$= A\overline{(B\overline{C} + \overline{B}C)} + \overline{A}(B\overline{C} + \overline{B}C)$$
$$= A(\overline{B\overline{C}})(\overline{\overline{B}C}) + \overline{A}B\overline{C} + \overline{A}\,\overline{B}C$$
$$= A(\overline{B} + C)(B + \overline{C}) + \overline{A}B\overline{C} + \overline{A}\,\overline{B}C$$
$$= A(BC + \overline{B}\,\overline{C}) + \overline{A}B\overline{C} + \overline{A}\,\overline{B}C$$
$$= ABC + A\overline{B}\,\overline{C} + \overline{A}B\overline{C} + \overline{A}\,\overline{B}C$$

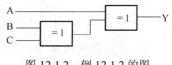

图 12.1.2　例 12.1.2 的图

列出真值表，如表 12.1.2 所示。

从真值表可知，当A、B、C三个变量中有奇数个“1”时，输出Y=1；否则输出Y=0。该电路称为二进制判奇电路。

表 12.1.2　例 12.1.2 的真值表

A	B	C	Y
0	0	0	0
0	0	1	1
0	1	0	1
0	1	1	0
1	0	0	1
1	0	1	0
1	1	0	0
1	1	1	1

12.1.2　组合逻辑电路的设计

组合逻辑电路的设计是分析的逆过程，实现一个特定的逻辑问题的逻辑电路是多种多样的。在实际设计工作中，如果由于某些原因无法获得某些门电路，可以通过变换逻辑表达式改变电路，从而能使用其他器件来代替该器件。同时，为了使逻辑电路的设计更简洁,可通过各种方法对逻辑表达式进行化简。设计要求在满足逻辑功能和技术要求的基础上，力求使电路简单、经济、可靠。实现组合逻辑函数的途径是多种多样的，可采用基本门电路，也可采用中、大规模集成电路。其一般设计步骤如下：

（1）根据设计要求列出真值表；

（2）由真值表写出逻辑表达式；

（3）化简、变换逻辑表达式；

（4）画出逻辑电路图。

【例 12.1.3】 道路交通指示电路中，当红、绿、黄三色灯单独工作点亮，或绿、黄两灯同时工作点亮时，表示情况正常，其他情况均属故障，需要输出报警信号。试设计此交通报警控制电路。

解：（1）列真值表。设A、B、C分别代表红、绿、黄三色灯，并设A、B、C为1时表示信号灯点亮，为0则表示信号灯熄灭。故障报警电路的输出为Y，1表示故障，0表示正常。真值表如表12.1.3所示。

（2）写逻辑表达式。将真值表中Y为1的项取出，这样的项有4项，它们分别为$\overline{A}\overline{B}\overline{C}$、$A\overline{B}C$、$AB\overline{C}$、ABC。因此输出Y的逻辑表达式为

$$Y=\overline{A}\overline{B}\overline{C}+A\overline{B}C+AB\overline{C}+ABC$$

（3）化简，变换。设计组合逻辑电路时，通常要求电路简单，所用器件种类最少。如要求所设计的电路用**与非**门实现，则要把最简**与或**式转换成**与非**式，一般采用对**与或**式两次求反的方法来实现。

化简：

$$\begin{aligned}Y&=\overline{A}\overline{B}\overline{C}+A\overline{B}C+AB\overline{C}+ABC\\&=\overline{A}\overline{B}\overline{C}+A\overline{B}C+AB\overline{C}+ABC+ABC\\&=\overline{A}\overline{B}\overline{C}+AB(\overline{C}+C)+AC(\overline{B}+B)\\&=\overline{A}\overline{B}\overline{C}+AB+AC\end{aligned}$$

（4）画出逻辑电路图。

根据**与非**逻辑表达式，其逻辑电路如图12.1.3所示。

【例 12.1.4】 火车站在同一时间只发一趟列车，给出唯一允许发车信号，按照特快、直快和普快的优先次序放行，试按此要求设计逻辑电路。

解：设A、B、C分别代表特快、直快和普快列车，申请发车为1，开车信号分别为Y_A、Y_B、Y_C，允许开车为1。表12.1.4所示为其真值表。

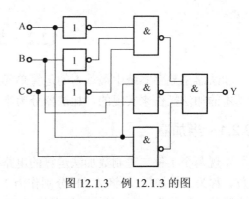

图 12.1.3　例 12.1.3 的图

表 12.1.3　例 12.1.3 的真值表

A	B	C	Y
0	0	0	1
0	0	1	0
0	1	0	0
0	1	1	0
1	0	0	0
1	0	1	1
1	1	0	1
1	1	1	1

从表 12.1.4 中得到如下逻辑式：

$$Y_A = A\overline{B}\,\overline{C} + A\overline{B}C + AB\overline{C} + ABC = A(\overline{B}\,\overline{C} + \overline{B}C + B\overline{C} + BC)=A$$

$$Y_B = \overline{A}\,\overline{B}\,\overline{C} + \overline{A}BC = \overline{A}B$$

$$Y_C = \overline{A}\,\overline{B}C$$

由逻辑式可画出逻辑电路图，如图 12.1.4 所示。

表 12.1.4　例 12.1.4 的真值表

A	B	C	Y_A	Y_B	Y_C
0	0	0	0	0	0
0	0	1	0	0	1
0	1	0	0	1	0
0	1	1	0	1	0
1	0	0	1	0	0
1	0	1	1	0	0
1	1	0	1	0	0
1	1	1	1	0	0

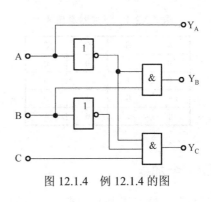

图 12.1.4　例 12.1.4 的图

在数字系统中，有多种常用的组合电路都已制成集成芯片，可直接采用，如半加器、全加器、编码器、译码器、数据选择器、数据分配器等。下一节将介绍其中一些电路的组成和工作原理。

练习与思考

12.1.1　如何设计比较器比较两位无符号二进制数的大小？

12.1.2　图 12.1.5 所示的是两处控制照明灯的电路，单刀双掷开关 A 装在一处，B 装在另一处，两处都可以开闭电灯。设 Y = 1 表示灯亮，Y = 0 表示灯灭；A = 1 表示开关向上扳，A = 0 表示开关向下扳，B 亦如此。试写出灯亮的逻辑表达式。

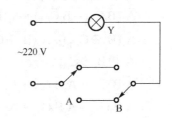

图 12.1.5　练习与思考 12.1.2 的图

12.2 加 法 器

加法器是数字系统中最基本的运算单元。任何二进制算术运算，一般都是按一定规则通过基本的加法操作来实现的。加法器分为半加器和全加器两大类。

12.2.1 半加器

实现两个 1 位二进制数加法运算的电路称为半加器。半加器只管本位求和，不管低位的进位，称为"半加"。若将 A、B 分别作为 1 位二进制数，S 表示 A、B 相加的"和"，C 是相加产生的"进位"，半加器的真值表如表 12.2.1 所示。

由表 12.2.1 可直接写出

$$S = \overline{A}B + A\overline{B} = A \oplus B$$

$$C = AB$$

半加器可以用**异或门**和**与门**来实现，如图 12.2.1(a)所示。图 12.2.1(b)所示是半加器的逻辑符号。

表 12.2.1　半加器真值表

A	B	S	C
0	0	0	0
0	1	1	0
1	0	1	0
1	1	0	1

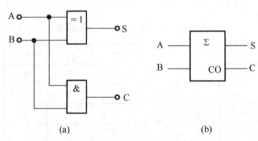

(a)　　　　　　　　(b)

图 12.2.1　半加器逻辑图及其逻辑符号

12.2.2 全加器

对两个 1 位二进制数及来自低位的"进位"进行相加，产生本位"和"及向高位"进位"的逻辑电路称为全加器。全加器实质是 3 个 1 位二进制数相加。由此可知，全加器有 3 个输入端，2 个输出端，其真值表如表 12.2.2 所示。其中 A_i、B_i 分别是被加数、加数，C_{i-1} 是低位进位，S_i 为本位全加和，C_i 为本位向高位的进位。

由真值表可分别写出输出端 S_i 和 C_i 的逻辑表达式

$$S_i = \overline{A}_i\overline{B}_iC_{i-1} + \overline{A}_iB_i\overline{C}_{i-1} + A_i\overline{B}_i\overline{C}_{i-1} + A_iB_iC_{i-1}$$

$$= \overline{A}_i(\overline{B}_iC_{i-1} + B_i\overline{C}_{i-1}) + A_i(\overline{B}_i\overline{C}_{i-1} + B_iC_{i-1})$$

$$= \overline{A}_i(B_i \oplus C_{i-1}) + A_i\overline{(B_i \oplus C_{i-1})}$$

$$= A_i \oplus B_i \oplus C_{i-1}$$

$$C_i = \overline{A}_iB_iC_{i-1} + A_i\overline{B}_iC_{i-1} + A_iB_i\overline{C}_{i-1} + A_iB_iC_{i-1}$$

$$= \overline{A}_iB_iC_{i-1} + A_i\overline{B}_iC_{i-1} + A_iB_i$$

$$= (A_i \oplus B_i)C_{i-1} + A_iB_i$$

$$= \overline{\overline{(A_i \oplus B_i)C_{i-1}} \cdot \overline{A_iB_i}}$$

表 12.2.2　全加器真值表

A_i	B_i	C_{i-1}	S_i	C_i
0	0	0	0	0
0	0	1	1	0
0	1	0	1	0
0	1	1	0	1
1	0	0	1	0
1	0	1	0	1
1	1	0	0	1
1	1	1	1	1

1 位全加器的逻辑电路图和逻辑符号如图 12.2.2 所示。

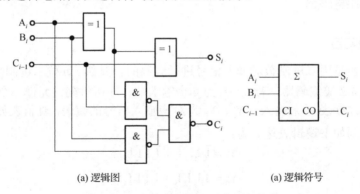

(a) 逻辑图   (a) 逻辑符号

图 12.2.2   全加器逻辑图及其逻辑符号

全加器可用 2 个半加器和 1 个"或"门组成，A_i 和 B_i 先在一个半加器中相加，得出的结果再在另一个半加器中相加，得出最终的和数 S_i，如图 12.2.3 所示。

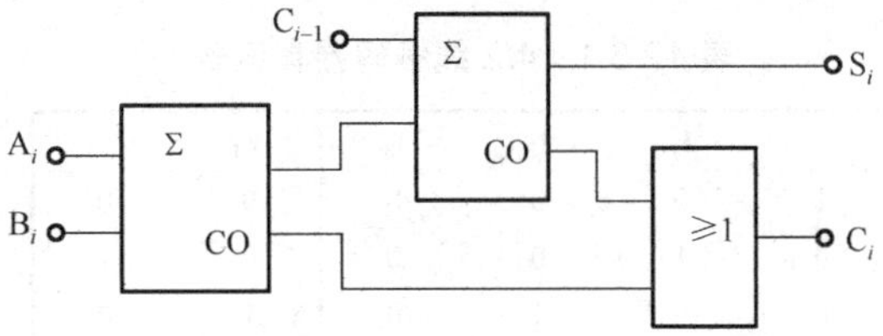

多位二进制数相加，可采用并行相加、串行进位的方式来完成。例如，图 12.2.4 所示逻辑电路可实现 2 个 4 位二进制数 $A_3A_2A_1A_0$ 和 $B_3B_2B_1B_0$ 的加法运算。

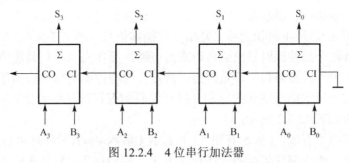

图 12.2.3   半加器组成全加器

由图 12.2.4 可以看出，低位全加器进位输出端连到高一位全加器的进位输入端，任何一位的加法运算必须等到低位加法完成后才能进行，这种进位方式称为串行进位。

串行加法器的最大缺点是运算速度慢。在最不利的情况下，做一次 2 个 4 位二进制数加法运算需要经过 4 个全加器的传输时间（从输入加数到输出建立起稳定的状态所需的时间）才能得到稳定可靠的运算结果。但考虑到串行加法器的电路结构比较简单，因而在对运算速度要求不高的设备中，串行加法器仍不失为一种可取的电路。双极型 TTL 集成电路 T692 就属于串行加法器。

图 12.2.4   4 位串行加法器

12.3   编 码 器

将二进制数码 0 和 1 按一定规律编排起来，用来表示某种信息含义的一串符号称为编码，具有编码功能的逻辑电路称为编码器。例如，计算机键盘就是由编码器组成的，每按一下键，编码器就将该键的含义转换为一个计算机能识别的二进制代码。

12.3.1 二进制编码器

1. 4/2 线编码器

二进制编码器是用二进制数对输入信号进行编码的。显然，n 位二进制数可对 2^n 个输入信号编码。例如 4/2 线编码器，若 $I_0 \sim I_3$ 为 4 个输入端，任何时刻只允许一个输入为高电平，即 1 表示有输入，0 表示无输入，Y_1、Y_0 为对应输入信号的编码，真值表如表 12.3.1 所示。

由真值表得到如下逻辑表达式为：

$$Y_1 = \overline{I_0}\,\overline{I_1}I_2\overline{I_3} + \overline{I_0}\,\overline{I_1}\,\overline{I_2}I_3$$

$$Y_0 = \overline{I_0}I_1\overline{I_2}\,\overline{I_3} + \overline{I_0}\,\overline{I_1}\,\overline{I_2}I_3$$

根据上式可以画出如图 12.3.1 所示的 4/2 线编码器逻辑图。

表 12.3.1　4/2 线编码器真值表

I_0	I_1	I_2	I_3	Y_1	Y_0
1	0	0	0	0	0
0	1	0	0	0	1
0	0	1	0	1	0
0	0	0	1	1	1

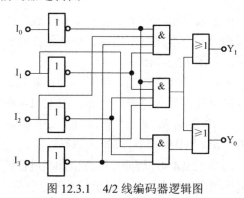

图 12.3.1　4/2 线编码器逻辑图

2. 优先编码器

上述编码器虽然简单，但当同时有两个或两个以上输入端有信号时，其编码输出将是混乱的。例如，当 I_1 和 I_2 同时为 1 时，Y_1Y_0 为 00，此输出既不是 I_1 的编码，也不是 I_2 的编码。在数字系统中，特别是在计算机系统中，常常要控制几个工作对象，例如微型计算机主机要控制打印机、磁盘驱动器、键盘输入等。当某个部件需要实行操作时，必须先送一个信号给主机（称为服务请求），经主机识别后再发出允许操作信号（服务响应），并按事先编好的程序工作。这里会有几个部件同时发出服务请求的可能，而在同一时刻只能给其中 1 个部件发出允许操作信号。因此，必须根据轻重缓急，规定好这些控制对象允许操作的先后次序，即优先级别。识别这类请求信号的优先级别并进行编码的逻辑部件称为优先编码器。4/2 线优先编码器的真值表如表 12.3.2 所示。

该电路输入高电平有效，1 表示有输入，0 表示无输入。×表示任意状态，取 0 或 1 均可。从真值表可以看出，输入端优先级的次序依次为 I_3、I_2、I_1、I_0。I_3 优先级最高，I_0 最低。例如，对于 I_3，无论其他三个输入是否为有效电平输入，输出均为 11。对于 I_1，只有当 I_2、I_3 均为 0，且 I_1 为 1 时，输出为 01。

优先编码器允许几个信号同时输入，但电路仅对优先级别最高的进行编码，不理会其他输入。优先级的高低由设计人员根据具体情况事先设定。

由表 12.3.2 可以得出该优先编码器的逻辑表达式为

$$Y_1 = \overline{I_3}I_2 + I_3 \qquad\qquad Y_0 = \overline{I_3}\,\overline{I_2}I_1 + I_3$$

据此可画出相应的逻辑电路，如图 12.3.2 所示。值得注意的是，图中只提供了 3 个输入端，第 4 个输入 I_0 有效，而其他输入均无效时，相当于真值表第 1 行的情况，即输出为 00。

表 12.3.2 4/2 线优先编码器的真值表

I_0	I_1	I_2	I_3	Y_1	Y_0
1	0	0	0	0	0
×	1	0	0	0	1
×	×	1	0	1	0
×	×	×	1	1	1

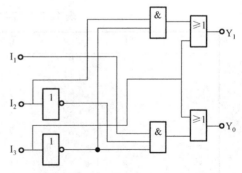

图 12.3.2   4/2 线优先编码器逻辑图

集成优先编码器的种类较多，如 TTL 系列中的 8/3 线二进制优先编码器 74148、10/4 线二-十进制优先编码器 74147 等。

74LS148（见图 12.3.3）是 8/3 线优先编码器，其真值表如表 12.3.3 所示。从真值表中可以看出，输入信号 $\overline{I_7} \sim \overline{I_0}$ 和输出信号 $\overline{Y_2} \sim \overline{Y_0}$ 均为低电平（0）有效。$\overline{S}$ 是使能输入端，$\overline{S}=0$ 时编码器工作。$\overline{Y_S}$ 是使能输出端，当 $\overline{I_7} \sim \overline{I_0}$ 有信号输入时，$\overline{Y_S}=1$。$\overline{Y_{EX}}$ 是扩展输出端，当 $\overline{S}=0$ 时，只要有编码信息，则 $\overline{Y_{EX}}$ 就为 0。

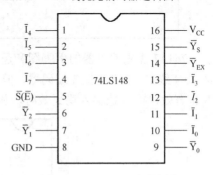

图 12.3.3   74LS148 引脚图

表 12.3.3   74LS148 优先编码器真值表

$\overline{S}$	$\overline{I_0}$	$\overline{I_1}$	$\overline{I_2}$	$\overline{I_3}$	$\overline{I_4}$	$\overline{I_5}$	$\overline{I_6}$	$\overline{I_7}$	$\overline{Y_2}$	$\overline{Y_1}$	$\overline{Y_0}$	$\overline{Y_{EX}}$	$\overline{Y_S}$
1	×	×	×	×	×	×	×	×	1	1	1	1	1
0	1	1	1	1	1	1	1	1	1	1	1	1	0
0	×	×	×	×	×	×	×	0	0	0	0	0	1
0	×	×	×	×	×	×	0	1	0	0	1	0	1
0	×	×	×	×	×	0	1	1	0	1	0	0	1
0	×	×	×	×	0	1	1	1	0	1	1	0	1
0	×	×	×	0	1	1	1	1	1	0	0	0	1
0	×	×	0	1	1	1	1	1	1	0	1	0	1
0	×	0	1	1	1	1	1	1	1	1	0	0	1
0	0	1	1	1	1	1	1	1	1	1	1	0	1

12.3.2 二-十进制优先编码器

74147 是一个典型的 8421BCD 码优先编码器，真值表如表 12.3.4 所示。从真值表中可以看出，输入信号 $\overline{I_1} \sim \overline{I_9}$ 和输出信号 $\overline{Y_3} \sim \overline{Y_0}$ 均为低（0）有效。

74147 的输入中，输入信号的优先次序为 $\overline{I_9} \sim \overline{I_1}$，即 $\overline{I_9}$ 优先级最高，$\overline{I_1}$ 优先级最低。例如，当输入 $\overline{I_9}$ 有效时，无论 $\overline{I_1} \sim \overline{I_8}$ 是否有效（真值表中用 "×" 表示），编码器均按 $\overline{I_9}$ 编码，使输出为对应 9 的 8421BCD 码的反码 0110；又如，当输入 $\overline{I_8}$ 有效但 $\overline{I_9}$ 无效时，无论 $\overline{I_1} \sim \overline{I_7}$ 是

否有效，编码器均按 $\bar{I}_8$ 编码，使输出为对应 8 的 8421BCD 码的反码 0111；其余以此类推。当所有输入都无效时，输出为对应 0 的 8421 BCD 码的反码 1111。

表 12.3.4　74147 优先编码器真值表

$\bar{I}_1$	$\bar{I}_2$	$\bar{I}_3$	$\bar{I}_4$	$\bar{I}_5$	$\bar{I}_6$	$\bar{I}_7$	$\bar{I}_8$	$\bar{I}_9$	$\bar{Y}_3$	$\bar{Y}_2$	$\bar{Y}_1$	$\bar{Y}_0$
1	1	1	1	1	1	1	1	1	1	1	1	1
×	×	×	×	×	×	×	×	0	0	1	1	0
×	×	×	×	×	×	×	0	1	0	1	1	1
×	×	×	×	×	×	0	1	1	1	0	0	0
×	×	×	×	×	0	1	1	1	1	0	0	1
×	×	×	×	0	1	1	1	1	1	0	1	0
×	×	×	0	1	1	1	1	1	1	0	1	1
×	×	0	1	1	1	1	1	1	1	1	0	0
×	0	1	1	1	1	1	1	1	1	1	0	1
0	1	1	1	1	1	1	1	1	1	1	1	0

74147 优先编码器的引脚图和逻辑符号分别如图 12.3.4(a)、(b)所示。值得注意的是，74147 是 10/4 线二-十进制优先编码器，但 74147 实际上只提供了 9 个输入端 $\bar{I}_1 \sim \bar{I}_9$。当第 10 个输入 $\bar{I}_0$ 有效，而其他输入均无效时，相当于真值表第 1 行的情况。

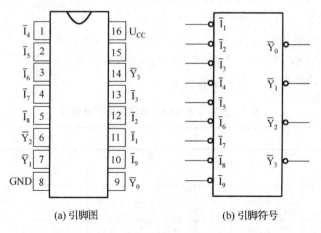

(a) 引脚图　　　　　　　　(b) 引脚符号

图 12.3.4　74147 优先编码器的引脚图和逻辑符号

【例 12.3.1】　编码电路如图 12.3.5(a)所示，当输入 $\overline{D}_6$、$\overline{D}_7$ 和 $\overline{D}_8$ 为图 12.3.5(b)所示的波形时，试画出 74147 编码器的输出波形。

解：根据 74147 真值表可分析得到各时间段的工作情况：

t_1 以前：所有输入均为高电平，输出 $\overline{Y}_3\overline{Y}_2\overline{Y}_1\overline{Y}_0$ =1111；

$t_1 \sim t_2$：$\bar{I}_6$ 为低电平，其他输入为高电平，输出 $\overline{Y}_3\overline{Y}_2\overline{Y}_1\overline{Y}_0$ =1001；

$t_2 \sim t_3$：$\bar{I}_8$ 为低电平，其他输入为高电平，输出 $\overline{Y}_3\overline{Y}_2\overline{Y}_1\overline{Y}_0$ = 0111；

$t_3 \sim t_4$：$\bar{I}_7$ 为低电平，其他输入为高电平，输出 $\overline{Y}_3\overline{Y}_2\overline{Y}_1\overline{Y}_0$ = 1000；

$t_4 \sim t_5$：$\bar{I}_8$、$\bar{I}_7$ 均为低电平，$\bar{I}_8$ 的优先级高，输出 $\overline{Y}_3\overline{Y}_2\overline{Y}_1\overline{Y}_0$ =0111；

$t_5 \sim t_6$：$\bar{I}_7$、$\bar{I}_6$ 均为低电平，$\bar{I}_7$ 的优先级高，输出 $\overline{Y}_3\overline{Y}_2\overline{Y}_1\overline{Y}_0$ =1000

根据以上分析可画出各输出端波形，如图 12.3.5(b)所示。

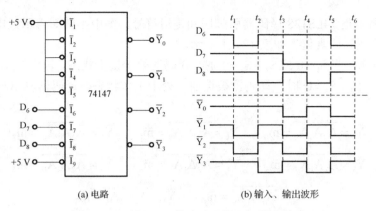

(a) 电路   (b) 输入、输出波形

图 12.3.5　例 12.3.1 的电路及输入、输出波形

12.4　译码器和数字显示

译码器的功能与编码器的相反，它将二进制代码（输入）转换成十进制数、字符和其他输出信号。常用的译码电路有二进制译码器、二-十译码器和显示译码器等。

12.4.1　二进制译码器

二进制译码器可将 n 位二进制代码译成电路的 2^n 种输出状态。如 2/4 线译码器。3/8 线译码器和 4/16 线译码器等。

图 12.4.1 为常用的双极型集成 3/8 线译码器 74LS138 的内部逻辑图。图中 A_2、A_1、A_0 为 3 个输入端，输入 3 位二进制数码。$\overline{Y}_0$、$\overline{Y}_1$、$\cdots$、$\overline{Y}_7$ 为 8 个输出端，Y 上的"—"不表示非运算的含义，表示输出低电平有效。S_1、$\overline{S}_2$、$\overline{S}_3$ 为控制端，同样 $\overline{S}_2$、$\overline{S}_3$ 上的"—"也不表示非运算含义，表示控制端的有效输入电平为低电平。用 S_1、$\overline{S}_2$、$\overline{S}_3$ 的组合控制译码器的选通和禁止。

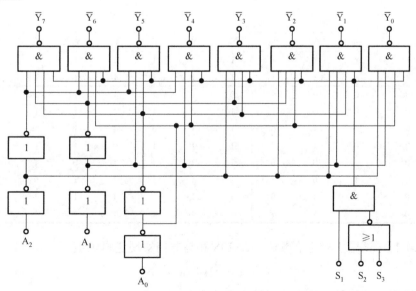

图 12.4.1　74LS138 集成译码器逻辑图

图 12.4.2 所示是 74LS138 译码器引脚图和逻辑符号，图中小圆圈表示低电平有效。

74LS138 译码器的真值表如表 12.4.1 所示。

由真值表可知，当 $S_1 = 0$ 或 $\overline{S}_2 + \overline{S}_3 = 1$ 时，译码器处于禁止状态，输出 $\overline{Y}_0$、$\overline{Y}_1$、$\cdots$、$\overline{Y}_7$ 全为 1；当 $S_1 = 1$，$\overline{S}_2 + \overline{S}_3 = 0$ 时，译码器被选通，处于工作状态，译码器输出与输入之间的逻辑关系为

$$\overline{Y}_0 = \overline{\overline{A}_2\overline{A}_1\overline{A}_0} = \overline{m}_0 , \quad \overline{Y}_1 = \overline{\overline{A}_2\overline{A}_1 A_0} = \overline{m}_1 , \quad \overline{Y}_2 = \overline{\overline{A}_2 A_1\overline{A}_0} = \overline{m}_2$$

$$\overline{Y}_3 = \overline{\overline{A}_2 A_1 A_0} = \overline{m}_3 , \quad \overline{Y}_4 = \overline{A_2\overline{A}_1\overline{A}_0} = \overline{m}_4 , \quad \overline{Y}_5 = \overline{A_2\overline{A}_1 A_0} = \overline{m}_5$$

$$\overline{Y}_6 = \overline{A_2 A_1\overline{A}_0} = \overline{m}_6 , \quad \overline{Y}_7 = \overline{A_2 A_1 A_0} = \overline{m}_7$$

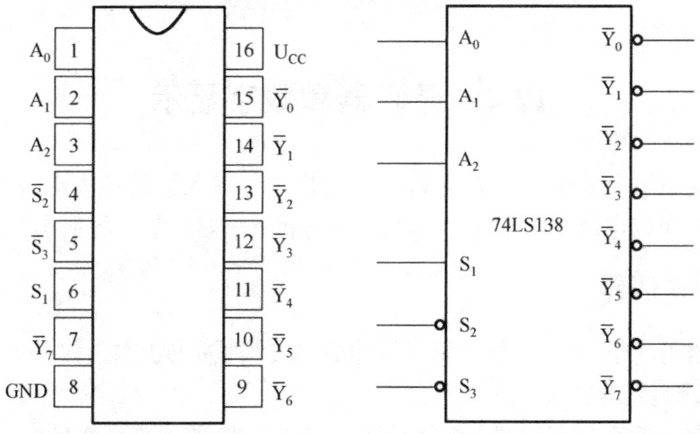

(a) 引脚图　　　　　　　　(b) 逻辑符号

图 12.4.2　74LS138 译码器引脚图和逻辑符号

表 12.4.1　74LS138 译码器的真值表

输　入					输　出							
控 制 码		数　码										
S_1	$\overline{S}_2 + \overline{S}_3$	A_2	A_1	A_0	$\overline{Y}_0$	$\overline{Y}_1$	$\overline{Y}_2$	$\overline{Y}_3$	$\overline{Y}_4$	$\overline{Y}_5$	$\overline{Y}_6$	$\overline{Y}_7$
×	1	×	×	×	1	1	1	1	1	1	1	1
0	×	×	×	×	1	1	1	1	1	1	1	1
1	0	0	0	0	0	1	1	1	1	1	1	1
1	0	0	0	1	1	0	1	1	1	1	1	1
1	0	0	1	0	1	1	0	1	1	1	1	1
1	0	0	1	1	1	1	1	0	1	1	1	1
1	0	1	0	0	1	1	1	1	0	1	1	1
1	0	1	0	1	1	1	1	1	1	0	1	1
1	0	1	1	0	1	1	1	1	1	1	0	1
1	0	1	1	1	1	1	1	1	1	1	1	0

【例 12.4.1】　试用 3/8 线译码器 74LS138 和与非门实现逻辑函数

$$Y = \overline{A}B + BC$$

解：将逻辑函数用最小项表示，然后两次求反。

$$Y = \overline{A}B + BC$$
$$= \overline{A}B(\overline{C} + C) + BC(\overline{A} + A)$$
$$= \overline{A}B\overline{C} + \overline{A}BC + ABC$$
$$= m_2 + m_3 + m_7$$
$$= \overline{\overline{m}_2 \cdot \overline{m}_3 \cdot \overline{m}_7} = \overline{\overline{Y}_2 \cdot \overline{Y}_3 \cdot \overline{Y}_7}$$

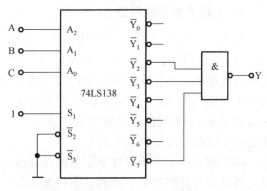

图 12.4.3　例 12.4.1 的图

输入变量 A、B、C 分别接到 3/8 线译码器 74LS138 的输入端 A_2、A_1、A_0，输出端 $\overline{Y}_2$、$\overline{Y}_3$、$\overline{Y}_7$ 接到与非门的输入端，并令 $S_1 = 1$、$\overline{S}_2 = 0$、$\overline{S}_3 = 0$，实现逻辑函数 Y 的电路如图 11.4.3 所示。

【例 12.4.2】 用 3/8 线译码器 74LS138 和与非门实现逻辑函数

$$Y(A,B,C,D) = \overline{A}\,\overline{B}CD + \overline{A}BCD + A\overline{B}CD + ABC\overline{D}$$

解：逻辑函数有 4 个逻辑变量，显然可采用与例 12.4.1 类似的方法，用一个 4/16 线的译码器和与非门实现。

此外，也可以充分利用 3/8 线译码器的使能输入端，将 2 个 3/8 线译码器扩展成 4/16 线译码器，实现四变量逻辑函数：

$$Y(A,B,C,D) = \overline{\overline{m}_3 \cdot \overline{m}_7 \cdot \overline{m}_9 \cdot \overline{m}_{13}}$$

然后将逻辑变量 B、C、D 分别接至片 I 和片 II 的输入端 A_2、A_1、A_0，逻辑变量 A 接至片 I 的使能端 $\overline{S}_2$ 和片 II 的使能端 S_1。这样，当输入变量 A = 0 时，片 I 工作，片 II 禁止，由片 I 产生 $\overline{m}_0 \sim \overline{m}_7$；当 A = 1 时，片 II 工作，片 I 禁止，由片 II 产生 $\overline{m}_8 \sim \overline{m}_{15}$。将译码器输出中与函数相关的信号进行与非运算，即可实现给定函数 Y 的功能。逻辑电路如图 12.4.4 所示。

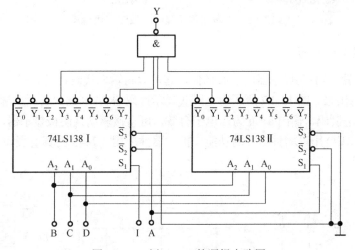

图 12.4.4　例 11.4.2 的逻辑电路图

12.4.2　数字显示译码器

在数字系统中，通常需要将数字量直观地显示出来，一方面供人们直接读取处理结果，另一方面用以监视数字系统的工作情况。因此，数字显示电路是许多数字设备不可缺少的部分。

1. 七段式数字显示器

常用的显示器件有半导体数码管、液晶数码管和荧光管等。半导体七段式数字显示器（LED）是目前使用最广泛的一种数码显示器。这种数码显示器由分布在同一平面的七段可发光的线段组成，可用来显示数字、文字或符号。它的基本单元是由磷化镓做成的 PN 结，二极管工作电压为 1.5~3V，工作电流为几毫安到几十毫安。图 12.4.5 所示的为七段式数字显示器利用 a~g 不同的发光段组合，显示 0~15 等数字。在实际应用中，并不使用 10~15，而是用 2 位数字显示器进行显示。

图 12.4.6 所示为半导体显示器两种接线方法。根据发光二极管的连接形式不同，半导体显示器可分为共阴极显示器和共阳极显示器。共阴极显示器将 7 个发光二极管的阴极连在一起，作为公共端。在电路中，将公共端接于低电平，当某段二极管的阳极为高电平时，相应段发光。共阳极显示器的控制方式与共阴极显示器正好相反。

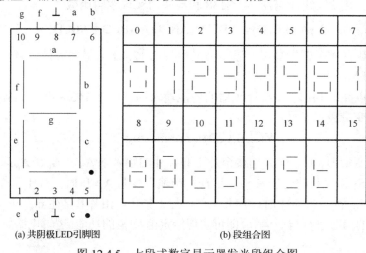

(a) 共阴极LED引脚图　　　　　　　　　　　(b) 段组合图

图 12.4.5　七段式数字显示器发光段组合图

2. 七段式显示译码器

数字显示译码器是驱动显示器的核心部件，它可以将输入代码转换成相应的数字显示代码，并在数码管上显示出来。图 12.4.7 所示为七段式显示译码器 7448 的引脚图，输入 A_3、A_2、A_1 和 A_0 接收 4 位二进制码，输出 a~g 为高电平有效，可直接驱动共阴极显示器，3 个辅助控制端 $\overline{LT}$、$\overline{RBI}$、$\overline{BI}/\overline{RBO}$ 用以增强器件的功能，扩大器件应用。7448 的真值表如表 12.4.2 所示。

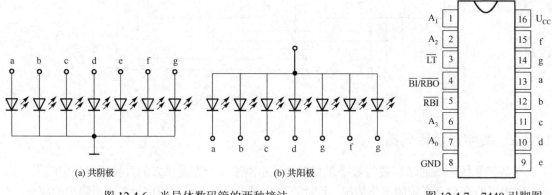

(a) 共阴极　　　　　　　　　　(b) 共阳极

图 12.4.6　半导体数码管的两种接法　　　　　　　图 12.4.7　7448 引脚图

从功能表可以看出，对输入代码 0000，译码条件是：灯测试输入 $\overline{LT}$ 和动态灭零输入 $\overline{RBI}$ 同时等于 1。而对其他输入代码则仅要求 $\overline{LT}$ = 1。译码器各段 a～g 输出的电平是由输入代码决定的，并且满足显示字形的要求。

灯测试输入 $\overline{LT}$ 低电平有效。当 $\overline{LT}$ = 0 时，无论其他输入端是什么状态，所有输出 a～g 均为 1，显示字形 8。该输入端常用于检查 7448 本身及显示器的好坏。

表 12.4.2 7448 功能表

十进制数或功能	输　入						BI/$\overline{RBO}$	输　　出						
	$\overline{LT}$	$\overline{RBI}$	A_3	A_2	A_1	A_0		a	b	c	d	e	f	g
0	1	1	0	0	0	0	1	1	1	1	1	1	1	0
1	1	×	0	0	0	1	1	0	1	1	0	0	0	0
2	1	×	0	0	1	0	1	1	1	0	1	1	0	1
3	1	×	0	0	1	1	1	1	1	1	1	0	0	1
4	1	×	0	1	0	0	1	0	1	1	0	0	1	1
5	1	×	0	1	0	1	1	1	0	1	1	0	1	1
6	1	×	0	1	1	0	1	0	0	1	1	1	1	1
7	1	×	0	1	1	1	1	1	1	1	0	0	0	0
8	1	×	1	0	0	0	1	1	1	1	1	1	1	1
9	1	×	1	0	0	1	1	1	1	1	1	0	1	1
10	1	×	1	0	1	0	1	0	0	0	1	1	0	1
11	1	×	1	0	1	1	1	0	0	1	1	0	0	1
12	1	×	1	1	0	0	1	0	1	0	0	0	1	1
13	1	×	1	1	0	1	1	1	0	0	1	0	1	1
14	1	×	1	1	1	0	1	0	0	0	1	1	1	1
15	1	×	1	1	1	1	1	0	0	0	0	0	0	0
消　隐	×	×	×	×	×	×	0	0	0	0	0	0	0	0
动态灭零	1	0	0	0	0	0	0	0	0	0	0	0	0	0
灯测试	0	×	×	×	×	×	1	1	1	1	1	1	1	1

动态灭零输入 $\overline{RBI}$ 低电平有效。当 $\overline{LT}$ = 1，$\overline{RBI}$ = 0，且输入代码 $A_3A_2A_1A_0$ = 0000 时，输出 a～g 均为低电平，即与 0000 码相应的字形 0 不显示，故称"灭零"。利用 $\overline{LT}$ = 1 与 $\overline{RBI}$ = 0，可以实现某一位数码的"消隐"。

灭灯输入/动态灭零输出 $\overline{BI}/\overline{RBO}$ 是特殊控制端，既可作输入，又可作输出。当 $\overline{BI}/\overline{RBO}$ 作输入使用，且 $\overline{BI}/\overline{RBO}$ = 0 时，无论其他输入端是什么电平，所有输出 a～g 均为 0，字形消隐。$\overline{BI}/\overline{RBO}$ 作为输出使用时，受 $\overline{LT}$ 和 $\overline{RBI}$ 控制，只有当 $\overline{LT}$ = 1，$\overline{RBI}$ = 0，且输入代码 $A_3A_2A_1A_0$ = 0000 时，$\overline{BI}/\overline{RBO}$ = 0，其他情况下 $\overline{BI}/\overline{RBO}$ = 1。该端主要用于显示多位数字时多个译码器之间的连接。

【例 12.4.3】 七段式显示器构成 2 位数字译码显示电路，如图 12.4.8 所示。当输入 8421BCD 码时，试分析两个显示器分别显示的数码范围。

解：在图 12.4.8 所示的电路中，2 片 7448 的 $\overline{LT}$ 均接高电平。由于 7448（1）的 $\overline{RBI}$ = 0，所以，当它的输入代码为 0000 时，满足灭零条件，显示器（1）无字形显示。7448（2）的 $\overline{RBI}$ = 1，所以，当它的输入代码为 0000 时，仍能正常显示，显示器（2）显示 0。而对其他输入代码，由于 $\overline{LT}$ = 1，译码器都可以输出相应的电平驱动显示器。

根据上述分析可知，当输入 8421BCD 码时，显示器（1）显示的数码范围为 1～9，显示器（2）显示的数码范围为 0～9。

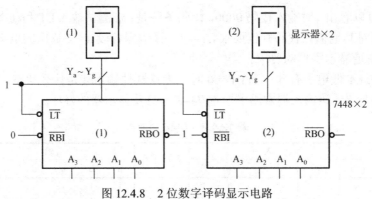

图 12.4.8　2 位数字译码显示电路

12.5　数据分配器和数据选择器

数据分配器和数据选择器都是数字电路中的多路开关。数据分配器用于将一路输入数据分配到多路输出；数据选择器是从多路输入数据中选择一路输出。

在数字电路中，当需要进行远距离多路数据传输时，为了减少传输线的数目，发送端常通过一条公共传输线，用多路选择器分时发送数据到接收端，接收端利用多路分配器分时将数据分配给各路接收端，如图 12.5.1 所示。

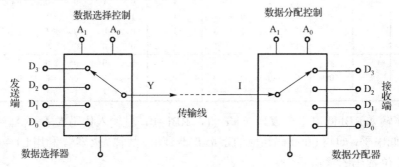

图 12.5.1　远距离多路数据传输示意图

12.5.1　数据选择器

数据选择器又称为多路数据选择器，它类似于多个输入的单刀多掷开关，其示意图如图 12.5.2 所示。它在选择控制信号作用下，选择多路数据输入中的某一路与输出端接通。集成数据选择器的种类很多，有 2 选 1、4 选 1、8 选 1 和 16 选 1 等。图 12.5.3 所示为 74LS151 型 8 选 1 数据选择器的引脚图和逻辑符号。

74LS151 是一种典型的集成电路数据选择器，它有 3 个地址输入端 A_2、A_1 和 A_0，可选择 $D_0 \sim D_7$ 共 8 个数据源，具有两个互补输出端，同相输出端 W 和反相输出端 $\overline{W}$。该逻辑电路输入使能 $\overline{S}$ 为低电平有效。

输出 W 的表达式为

$$W = \sum_{i=0}^{7} m_i D_i$$

式中，m_i 为 A_2、A_1、A_0 的最小项。例如，当 $A_2A_1A_0 = 011$ 时，根据最小项性质，只有 $m_3 = 1$，其余各项为 0，故得 $W = D_3$，即只有 D_3 传送到输出端。

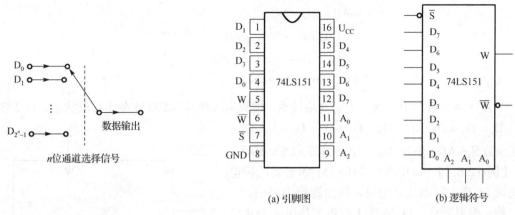

(a) 引脚图   (b) 逻辑符号

图 12.5.2　数据选择器　　　　　　　　图 12.5.3　74LS151 型 8 选 1 数据选择器

74LS151 的功能表如表 12.5.1 所示。

表 12.5.1　74LS151 的功能表

输　入				输　出	
使　能	地　址				
$\overline{S}$	A_1	A_1	A_0	W	$\overline{W}$
1	×	×	×	0	1
0	0	0	0	D_0	$\overline{D}_0$
0	0	0	1	D_1	$\overline{D}_1$
0	0	1	0	D_2	$\overline{D}_2$
0	0	1	1	D_3	$\overline{D}_3$
0	1	0	0	D_4	$\overline{D}_4$
0	1	0	1	D_5	$\overline{D}_5$
0	1	1	0	D_6	$\overline{D}_6$
0	1	1	1	D_7	$\overline{D}_7$

　　除了 74LS151 型 8 选 1 数据选择器外，数字电路中也常用到 74LS153 型双 4 选 1 数据选择器。它的逻辑符号如图 12.5.4 所示，74LS153 的功能表如表 12.5.2 所示。

表 12.5.2　74LS153 的功能表

输　入			输　出
使　能	地　址		
$\overline{S}$	A_1	A_0	W
1	×	×	0
0	0	0	D_0
0	0	1	D_1
0	1	0	D_2
0	1	1	D_3

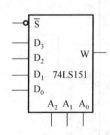

图 12.5.4　74LS153 型 4 选 1 数据选择器

【例 12.5.1】　试用 74LS151 实现逻辑函数 $Y = AB + BC + AC$ 。

解：把 $Y = AB + BC + AC$ 转换成最小项表达式

$$Y = AB + BC + AC$$
$$= AB(\bar{C} + C) + (\bar{A} + A)BC + A(\bar{B} + B)C$$
$$= \bar{A}BC + A\bar{B}C + AB\bar{C} + ABC$$
$$= m_3 + m_5 + m_6 + m_7$$

令 $A_2 = A$，$A_1 = B$，$A_0 = C$；$\bar{S}$ 端接地，使数据选择器 74LS151 处于使能状态。只要输入 $D_0 = D_1 = D_2 = D_4 = 0$，$D_3 = D_5 = D_6 = D_7 = 1$，即可实现函数 $Y = AB + BC + AC$。电路如图 12.5.5 所示。

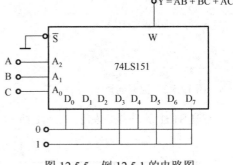

图 12.5.5　例 12.5.1 的电路图

【例 12.5.2】 试用两片 74LS151 和必要的门电路构成 16 选 1 数据选择电路，画出逻辑电路图。

解：根据题意，设 16 选 1 数据选择电路的 4 位地址码为 DCBA，输入数据为 $D_0 \sim D_{15}$。当 DCBA = 0000～0111 时，$W = D_0 \sim D_7$，地址码最高位 D = 0；当 DCBA = 1000～1111 时，$W = D_8 \sim D_{15}$，地址码最高位 D = 1。因此，可用地址码最高位 D 作为使能控制信号，让两片 8 选 1 数据选择器 74LS151 分段工作。将 $D_0 \sim D_7$ 送到 74LS151（1）的数据输入端，$D_8 \sim D_{15}$ 送到 74LS151（2）的数据输入端。要实现电路功能需要进行以下处理：

①用非门让最高位地址输入产生 D 和 $\bar{D}$ 信号，分别作为 74LS151（1）和 74LS151（2）的使能控制信号，在电路中将 D 和 $\bar{D}$ 分别接至 74LS151（1）和 74LS151（2）的 $\bar{S}$ 端。当 D=0 时，仅 74LS151（1）工作；而 D = 1 时，仅 74LS151（2）工作。

②将两片选择器的低 3 位地址码 CBA 并联输入到 74LS151（1）和 74LS151（2）的地址输入端。

③将两片 74LS151 的输出经**或**门输出得到电路的数据输出信号 W。于是，可画出 16 选 1 数据选择电路如图 12.5.6 所示。

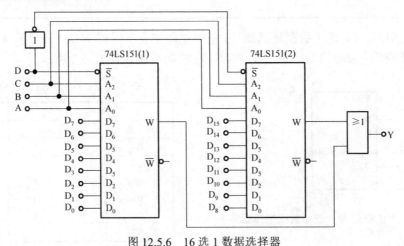

图 12.5.6　16 选 1 数据选择器

12.5.2　数据分配器

数据分配器具有根据通道地址信号，将一个公共通道上的数据分时传送到多个不同的通道上去的功能。它的作用相当于多输出的单刀多掷开关，其工作原理示意图如图 12.5.7 所示。

数据分配器可以采用二进制译码器来实现。用 74LS138 作为数据分配器的逻辑原理图，如图 12.5.8 所示。图中 A_2、A_1 和 A_0 作为通道地址输入信号，$\overline{S}_2$ 作为数据输入端，$\overline{S}_3$ 为低电平，S_1 为使能信号。

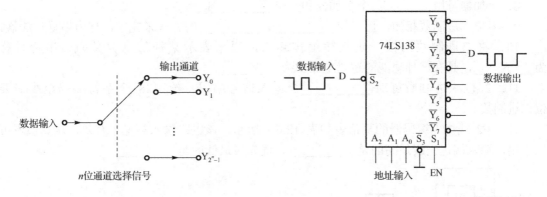

图 12.5.7 数据分配器工作原理　　　　　　图 12.5.8 用 74LS138 作为数据分配器

在 $\overline{S}_3 = 0$，$S_1 = 1$ 的情况下，74LS138 译码器作为数据分配器的功能表如表 12.5.3 所示。根据功能表可知，当 $S_1 = 1$，$\overline{S}_3 = 0$，$A_2A_1A_0 = 000\sim111$ 时，$\overline{S}_2$ 端输入的数据 D 被分配到 $\overline{Y}_0 \sim \overline{Y}_7$ 不同的输出端。

表 12.5.3 74LS138 译码器作为数据分配器的功能表

输　　入						输　　出							
S_1	$\overline{S}_2$	$\overline{S}_3$	A_2	A_1	A_0	$\overline{Y}_0$	$\overline{Y}_1$	$\overline{Y}_2$	$\overline{Y}_3$	$\overline{Y}_4$	$\overline{Y}_5$	$\overline{Y}_6$	$\overline{Y}_7$
0	×	0	×	×	×	1	1	1	1	1	1	1	1
1	D	0	0	0	0	D	1	1	1	1	1	1	1
1	D	0	0	0	1	1	D	1	1	1	1	1	1
1	D	0	0	1	0	1	1	D	1	1	1	1	1
1	D	0	0	1	1	1	1	1	D	1	1	1	1
1	D	0	1	0	0	1	1	1	1	D	1	1	1
1	D	0	1	0	1	1	1	1	1	1	D	1	1
1	D	0	1	1	0	1	1	1	1	1	1	D	1
1	D	0	1	1	1	1	1	1	1	1	1	1	D

12.6 习　　题

12.6.1 填空题

1．逻辑电路按输入/输出关系，分为＿＿＿＿＿＿和＿＿＿＿＿＿两大类。

2．组合逻辑电路中不包含存储信号的＿＿＿＿＿元件，它一般是由各种＿＿＿＿＿组合而成。

3．组合逻辑电路的设计是组合逻辑分析的＿＿＿＿＿，它是根据要求来实现某种逻辑功能，画出实现该功能的＿＿＿＿＿电路。

4．逻辑电路如图 12.6.1 所示。化简后 Y_1 和 Y 的逻辑表达式为 $Y_1 =$ ＿＿＿＿＿＿ ；
Y= ＿＿＿＿＿。

5．设输入变量为 A、B、C，判别三个变量中有奇数个 1 时，函数 Y=1，否则 Y=0，实现它的标准函数 $Y(A,B,C) = \sum m$（1，2，____，____）。

6．一位加法器分为_____和_____两种。

7．一位半加器的输出包括_____和_____。

8．全加器可用_____个半加器和一个_____门组成。

9．多位二进制数相加，可采用_____、_____的方式来完成，称为串行加法器。

10．将二进制数码按一定规律编排起来，用来表示某种信息含义的一串符号称为_____，具有这种功能的逻辑电路称为_____。

11．2 位二进制数可对_____个输入信号编码；给 128 个字符编码至少需要____位二进制数。

12．4/2 线优先编码器的真值表如表 12.6.1 所示，该电路输入高电平有效，从真值表可以看出，输入端优先级最高的是_____，优先级最低的是_____。

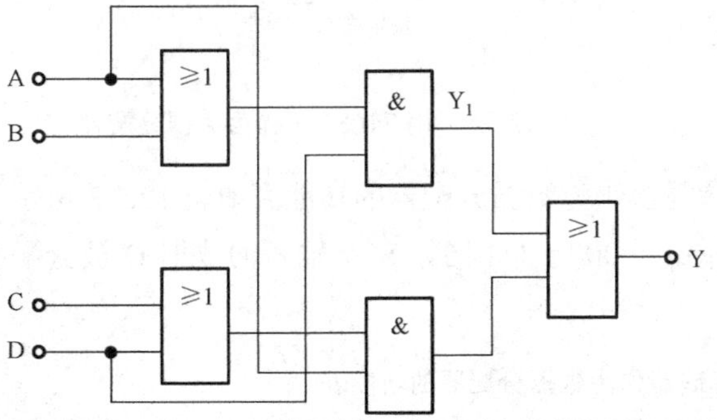

图 12.6.1

表 12.6.1 4/2 线优先编码器的真值表

I_0	I_1	I_2	I_3	Y_1	Y_0
1	0	0	0	0	0
×	1	0	0	0	1
×	×	1	0	1	0
×	×	×	1	1	1

13．74147 的输入端 $\overline{I_9}\,\overline{I_8}\,\overline{I_7}\,\overline{I_6}\,\overline{I_5}\,\overline{I_4}\,\overline{I_3}\,\overline{I_2}\,\overline{I_1} = 001111111$，则有_____路输入信号有效；输出 $\overline{Y_3}\,\overline{Y_2}\,\overline{Y_1}\,\overline{Y_0} = $_____。

14．二进制译码器可将 n 位二进制代码译成电路的_____种输出状态，如 2/_____线译码器。

15．74LS138 译码器当_____ = 0 或_____ = 1 时，译码器处于禁止状态。

16．若七段式共阴极显示译码器显示十进制数字"5"，则显示译码器 7448 的输入 $A_3A_2A_1A_0$ 应为_____；输出应为_____。

17．数据选择器是一种多输入、_____输出的逻辑部件。数据分配器是一种_____输入、多输出的逻辑部件。

18．4 选 1 数据选择器 74LS153 中，A_1A_0 为地址信号，$D_0 = D_3 = 1$，$D_1 = C$，$D_2 = \overline{C}$，当 $A_1A_0 = 00$ 时，输出 Y = _____；当 $A_1A_0 = $_____时，输出 Y = C。

12.6.2 选择题

1．组合逻辑电路的特点是（　　）。

A．含有记忆元件　　　　　　　　B．输出、输入之间有反馈通路

C．电路输出与以前状态有关　　　　D．全部由门电路构成

2．在下列逻辑电路中，不是组合逻辑电路的有（　　）。

    A．译码器   B．编码器   C．全加器   D．寄存器

3．在图 12.6.2 中，逻辑电路完成（　　）功能。

    A．异或门   B．同或门

    C．半加器   D．全加器

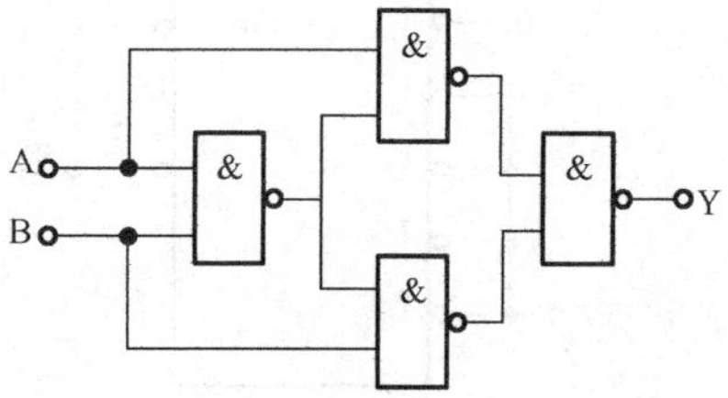

4．设输入变量 A、B、C，判别三个变量中有偶数个 1 时，函数 $Y = 1$，否则 $Y = 0$，实现它的标准函数 $Y(A,B,C) = $（　　）。

    A．$\sum m(1,2,4,7)$ B．$\sum m(1,3,5,6)$

    C．$\sum m(3,5,6,7)$ D．$\sum m(0,3,5,6)$

图 12.6.2

5．逻辑电路如图 12.6.3 所示，半加器为（　　）。

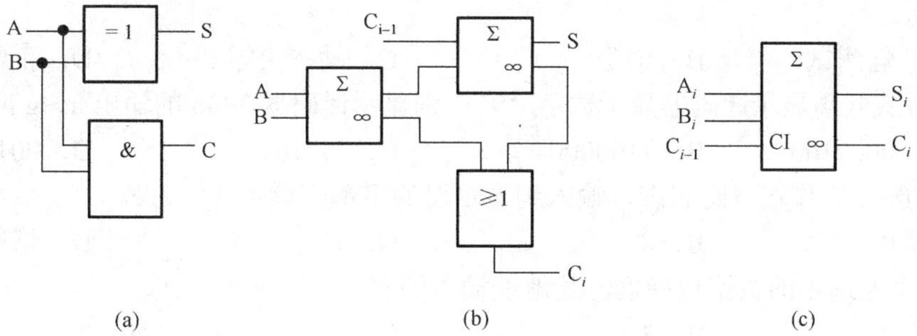

(a)   (b)   (c)

图 12.6.3

    A．图(a)   B．图(b)   C．图(c)   D．都不是

6．1 位全加器的输入信号和输出信号是（　　）。

    A．A_i，B_i，C_{i-1}；S_i，C_i B．A_i，B_i，C_i；S_i，C_{i-1}

    C．1，1，1；S_i，C_i D．0，0，0；S_i，C_{i-1}

7．串行加法器和并行加法器的进位信号分别采用（　　）传递。

    A．超前，逐位   B．逐位，超前   C．逐位，逐位   D．超前，超前

8．设 74148 的工作状态如图 12.6.4 所示，则输出 $\overline{Y}_2\overline{Y}_1\overline{Y}_0 = $（　　）。

    A．110   B．001   C．011   D．100

9．74147 的输出 $\overline{Y}_3\overline{Y}_2\overline{Y}_1\overline{Y}_0 = 1101$，则表示输入（　　）。

    A．$\overline{I}_1$、$\overline{I}_2$ 都未进信号   B．$\overline{I}_1$ 进信号，$\overline{I}_2$ 未进信号

    C．$\overline{I}_2$ 进信号，$\overline{I}_1$ 可能进信号   D．以上说法都不对

10．要使 3/8 线译码器（74LS138）能正常工作，使能控制端 S_1、$\overline{S}_2$、$\overline{S}_3$ 的电平信号应是（　　）。

    A．100   B．111   C．011   D．000

11．3/8 线译码器（74LS138）的唯一输出有效电平是（　　）电平。

    A．高   B．低   C．三态   D．任意

12．74LS138 的工作状态如图 12.6.5 所示，化简后逻辑关系为 Y=（　　）。

    A．$B+\overline{A}C$ B．$AB+\overline{A}C$ C．$A+BC$ D．$\overline{A}+BC$

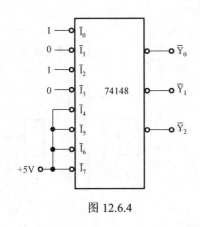

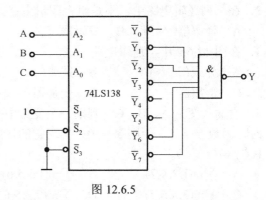

图 12.6.4   图 12.6.5

13. 显示译码器 7448 的输入 $\overline{LT}=0$，$\overline{BI}/\overline{RBO}=1$，输出 a～g 全为 1，则表示芯片工作在（   ）状态。

    A. 灯测试   B. 消隐   C. 动态灭零   D. 正常数码输出

14. 七段式共阴显示译码器显示数字"9"，则显示译码器 7448 的输出 a～g 应为（   ）。

    A. 0000100   B. 1100000   C. 1111011   D. 0011111

15. 7448 若工作在消隐状态，输入到显示器的字形应该是（   ）。

    A. 0   B. 8   C. 1   D. 黑屏

16. 一个 8 选 1 的数据选择器，其地址输入端有（   ）个。

    A. 2   B. 3   C. 4   D. 8

17. 四路数据分配器，其地址输入端有（   ）个。

    A. 4   B. 3   C. 2   D. 1

18. 8 选 1 数据选择电路如图 12.6.6 所示，它所实现的函数 Y 的最小项表达式为（   ）。

    A. $\sum m(0,4,6)$ B. $\sum m(1,2,3,5,7)$

    C. $C+\overline{A}B$ D. AB+BC

12.6.3 计算题

1. 电路如图 12.6.7 所示，A、B 是数据输入端、C 是控制输入端，试分析在 C = 0 和 C = 1 两种情况下，数据输入 A、B 和输出 Y 之间的关系。

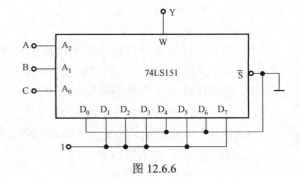

图 12.6.6

2. 电路如图 12.6.8 所示，分析电路的逻辑功能。

3. 逻辑电路如图 12.6.9 所示，试写出逻辑式，并说明电路功能。

4. 设计一个组合逻辑电路，该电路输入端接收两个 2 位二进制数 $A=A_2A_1$，$B=B_2B_1$。当 A≥B 时，输出 Y = 1，否则 Y = 0。

5. 试用最少与非门设计一个 3 位多数表决电路（无弃权）。

6. 某实验室有红、黄两个故障灯，用来表示三台设备的工作情况。当只有一台设备有故障时，黄灯亮；若有两台设备同时产生故障，则红灯亮；而当三台设备都产生故障时，红灯、黄灯同时亮。试设计一个控制指示灯的逻辑电路。

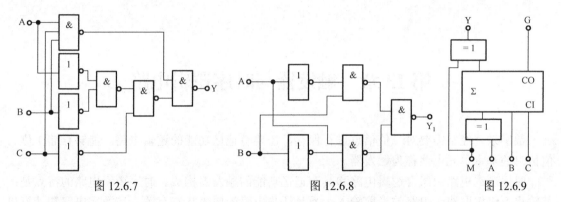

图 12.6.7   图 12.6.8   图 12.6.9

7. 假定 $x = AB$ 代表一个二位二进制数，试设计满足 $Y = x^2$ 的逻辑电路。

8. 密码锁控制电路如图 12.6.10 所示，开锁条件有二：钥匙插入锁眼闭合开关 S；拨对密码。若两个条件同时满足，开锁信号为"1"，将锁打开。否则，报警信号为"1"，接通警铃。试分析密码 ABCD 是多少？

9. 3/8 线译码器电路如图 12.6.11 所示，试写出它所实现的函数 Y 的最简**与或**表达式。

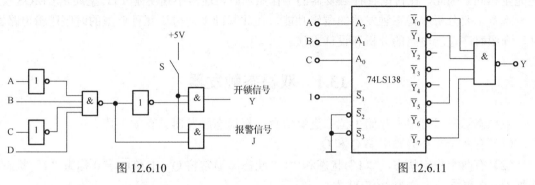

图 12.6.10   图 12.6.11

10. 试画出用 3/8 线译码器 74LS138 和与非门实现如下逻辑函数的逻辑电路图：

$$Y = AB + BC + CA$$

11. 8 选 1 数据选择电路如图 12.6.12 所示，试写出它所实现的函数 Y 的最简**与或**表达式。

12. 试用 8 选 1 数据选择 74LS151 实现函数 $Y = A \odot B \odot C$。

13. 双 4 选 1 数据选择器 74153（$W = \sum_{i=0}^{7} m_i D_i$，$m_i$ 为 A_1、A_0 组成的最小项）组成的电路如图 12.6.13 所示，输入变量为 A、B、C，试写出输出函数 Y_1、Y_2 的表达式，并分析电路的逻辑功能。

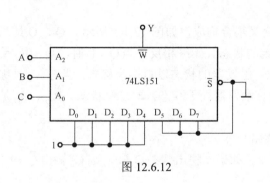

图 12.6.12

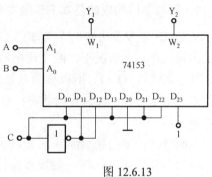

图 12.6.13

第 13 章　触发器与时序逻辑电路

数字系统经常需要对二值信息进行保存，需要有记忆功能的逻辑电路。能够存储 1 位二值信息的基本单元电路称为触发器。

时序逻辑电路由组合逻辑电路和具有记忆功能的触发器构成。时序逻辑电路的特点是：其输出不仅仅取决于电路的当前输入，而且还与电路的原来状态有关。在数字电路和计算机系统中，常用时序逻辑电路组成各种寄存器、存储器、计数器等。

触发器是时序逻辑电路的基本单元，其种类繁多。根据工作状态的不同，触发器可分为双稳态触发器、单稳态触发器和无稳态触发器三类；根据制造工艺的不同，触发器可分为 TTL 型和 CMOS 型两大类。不论是哪一类型的触发器，只要是同一名称，其输入与输出的逻辑功能完全相同。因此，在讨论各种触发器的工作原理时，通常不指明是 TTL 型还是 CMOS 型。

本章主要分析双稳态触发器的逻辑功能，在此基础上，讨论几种典型的时序逻辑电路器件，介绍时序逻辑电路的分析和设计方法。

13.1　双稳态触发器

双稳态触发器可用来存储 1 位二进制信息，双稳态触发器具有如下特点：

（1）有两个互补的输出端 Q 和 $\overline{Q}$。

（2）有两个稳定状态，"1" 状态和 "0" 状态。通常将 $Q=1$ 和 $\overline{Q}=0$ 称为 "1" 状态，而把 $Q=0$ 和 $\overline{Q}=1$ 称为 "0" 状态。

（3）当输入信号不发生变化时，触发器状态稳定不变。

（4）在一定输入信号的作用下，触发器可以从一个稳定状态转移到另一个稳定状态。

双稳态触发器按逻辑功能可分为 RS 触发器、JK 触发器、D 触发器、T 触发器和 T′ 触发器。本节将重点介绍各类触发器的逻辑功能。

13.1.1　基本 RS 触发器

基本 RS 触发器是构成各种功能触发器的基本部件。

1. 用与非门构成的基本 RS 触发器

基本 RS 触发器可由两个与非门 G_1 和 G_2 交叉耦合构成，如图 13.1.1 所示。Q、$\overline{Q}$ 是两个输出端，在正常情况下，两个输出端保持稳定的状态且始终相反。当 $Q=1$ 时，$\overline{Q}=0$；反之，当 $Q=0$ 时，$\overline{Q}=1$，所以称为双稳态触发器。触发器的状态以 Q 端为标志，当 $Q=1$ 时称触发器处于 1 态，也称为置位状态；$Q=0$ 时则称触发器处于 0 态，即复位状态。$\overline{R}_D$、$\overline{S}_D$ 是信号输入端。

下面分析由非门构成的基本 RS 触发器的逻辑功能。

（1）当 $\overline{R}_D=\overline{S}_D=1$ 时，触发器保持原态不变。如果原输出状态 $Q=0$，则 G_2 输出 $\overline{Q}=1$，

这样 G_1 的两个输入端均为 1，所以输出 $Q=0$，即触发器保持原来的 0 态。同样，当原状态 $Q=1$ 时，触发器也将保持 1 态不变。

（2）当 $\overline{R}_D=1$，$\overline{S}_D=0$ 时，因 G_1 有一个输入端为 0，故输出 $Q=1$，这样 G_2 的两个输入端均为 1，所以输出 $\overline{Q}=0$，即触发器处于 1 状态，也称为置位状态，故 $\overline{S}_D$ 端被称为置位或置 1 端。

（3）当 $\overline{R}_D=0$，$\overline{S}_D=1$ 时，因 G_2 有一个输入端为 0，故输出 $\overline{Q}=1$。这样 G_1 的两个输入端均为 1，所以输出 $Q=0$，即触发器为复位状态，故 $\overline{R}_D$ 端也称为复位端或清零端。

（4）当 $\overline{R}_D=\overline{S}_D=0$ 时，显然 $Q=\overline{Q}=1$，此状态不是触发器定义的状态。另外，当负脉冲同时除去后，触发器的状态为不定状态，因此，此种情况在使用中应该禁止出现。

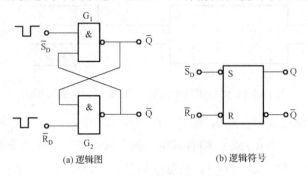

(a) 逻辑图　　　　　　　　　　(b) 逻辑符号

图 13.1.1　由与非门组成的基本 RS 触发器

上述逻辑关系可用表 13.1.1 来表示。表中，Q^n、Q^{n+1} 分别表示输入信号 $\overline{R}_D$、$\overline{S}_D$ 作用前后触发器的输出状态，Q^n 称为现态，Q^{n+1} 称为次态。

基本 RS 触发器置 0 或置 1 是利用 $\overline{R}_D$、$\overline{S}_D$ 端的负脉冲实现的。图 13.1.1(b)为与非门构成的基本 RS 触发器的逻辑符号，$\overline{R}_D$ 端和 $\overline{S}_D$ 端引线上靠近方框的小圆圈表示用负脉冲有效。

表 13.1.1　基本 RS 触发器的逻辑功能表

$\overline{R}_D$	$\overline{S}_D$	Q^{n+1}	说　明
0	0	不定	禁止
0	1	0	复位
1	0	1	置位
1	1	Q^n	保持

2．用或非门构成的基本 RS 触发器

由两个或非门交叉耦合组成，其逻辑图和逻辑符号分别如图 13.1.2(a)和图 13.1.2(b)所示。该电路的输入是正脉冲或高电平有效，故逻辑符号的输入端未加小圆圈。

表 13.1.2　给出了由或非门构成的 RS 触发器的逻辑功能。

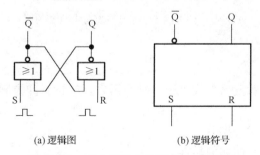

(a) 逻辑图　　　　　　(b) 逻辑符号

图 13.1.2　或非门构成的基本 RS 触发器

表 13.1.2　基本 RS 触发器的逻辑功能表

R	S	Q^{n+1}	说　明
1	1	不定	禁止
1	0	0	复位
0	1	1	置位
0	0	Q^n	保持

基本 RS 触发器的优点是结构简单。它不仅可作为记忆元件独立使用，而且由于它具有直接复位、置位功能，因而被作为各种性能完善的触发器的基本组成部分。但由于 R、S 之间的约束关系，以及不能进行定时控制，使它的使用受到一定限制。

【例 13.1.1】 设与非门构成的基本 RS 触发器的初态为 0，$\overline{R}_D$ 和 $\overline{S}_D$ 的波形如图 13.1.3 所示，试画出 Q 和 $\overline{Q}$ 端的输出波形。

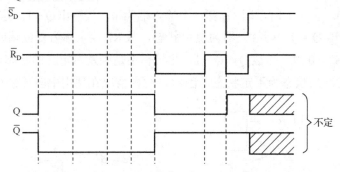

图 13.1.3　由与非门组成的基本 RS 触发器的波形图

解： 根据题意，触发器初态为 0，即 Q = 0，$\overline{Q}$ = 1，当输入信号 $\overline{R}_D$ 和 $\overline{S}_D$ 同时输入高电平时触发器保持 0 态不变；当 $\overline{R}_D$ 或 $\overline{S}_D$ 端有低电平输入时，则分别使触发器置 0 或置 1。当 $\overline{R}_D$ 和 $\overline{S}_D$ 端同时输入低电平时，$Q = \overline{Q} = 1$。负脉冲信号过后，触发器处于不定状态。触发器 Q、$\overline{Q}$ 的电压波形如图 13.1.3 所示。

练习与思考

13.1.1　由**或非门**组成的基本 RS 触发器如图 13.1.4 所示。试写出其逻辑功能表。

13.1.2　在图 13.1.5 中，令 JK 触发器的 J = D，K = $\overline{D}$，试写出其逻辑功能表。

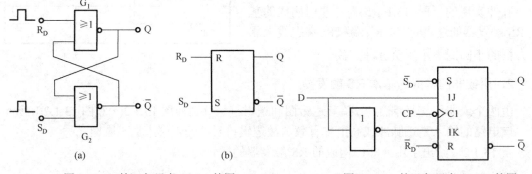

(a)　　　　　　　　(b)

图 13.1.4　练习与思考 13.1.1 的图　　　　图 13.1.5　练习与思考 13.1.2 的图

13.1.2　时钟控制触发器

具有时钟脉冲控制的触发器称为"时钟控制触发器"或"定时触发器"。时钟脉冲控制触发器的工作特点如下所述：

（1）由时钟脉冲确定状态转换的时刻（即何时转换）；

（2）由输入信号确定触发器状态转换的方向（即如何转换）。

下面介绍 5 种常用的时钟控制触发器。

1. RS 触发器

前面介绍的由与非门构成的基本 RS 触发器的状态转换直接受输入信号 $\overline{R}$ 和 $\overline{S}$ 的控制，而在实际应用中，往往要求触发器的翻转时刻受统一时钟脉冲 CP（Clock Pulse）控制。用 CP 控制的 RS 触发器称为钟控 RS 触发器，其逻辑图和逻辑符号如图 13.1.6 所示。图 13.1.6(a) 中与非门 G_1、G_2 构成基本 RS 触发器，G_3、G_4 构成时钟控制电路，通常称为控制门。CP 为时钟脉冲输入端。$\overline{R}_D$ 和 $\overline{S}_D$ 是直接复位和直接置位端，一般用在工作之初，预先使触发器处于某一给定状态，在工作过程中不用它们，让它们处于 1 状态。

由图 13.1.6(a)可见，当时钟脉冲到来之前，即 CP = 0 时，G_3 和 G_4 门被封锁，输入信号 R、S 不会对触发器的状态产生影响；只有当时钟脉冲来到之后，即 CP = 1 时，G_3 和 G_4 门打开，R 和 S 端的信号才能送入基本 RS 触发器，使触发器的状态发生变化。

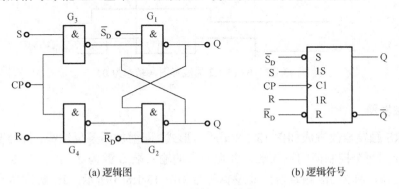

(a) 逻辑图　　　　　　　　(b) 逻辑符号

图 13.1.6　钟控 RS 触发器

下面分析在 CP = 1 期间触发器的逻辑功能。

（1）当 R = 0，S = 0 时，G_3 和 G_4 门输出为 1，触发器保持原状态不变；

（2）当 R = 0，S = 1 时，G_3 门输出为 0，G_4 门输出为 1，触发器状态 Q = 1；

（3）当 R = 1，S = 0 时，G_3 门输出为 1，G_4 门输出为 0，触发器状态 Q = 0；

（4）当 R = S = 1 时，G_3 和 G_4 门输出为 0，$Q = \overline{Q} = 1$。时钟脉冲过去以后，触发器状态不定，因此，此种情况在使用中应该禁止出现。

根据以上分析可得钟控 RS 触发器的逻辑功能表如表 13.1.3 所示。表中 Q、Q^{n+1} 分别表示时钟 CP 作用前后触发器的输出状态，Q 称为现态，Q^{n+1} 称为次态。

钟控 RS 触发器逻辑功能也可用下式描述：

表 13.1.3　钟控 RS 触发器的逻辑功能表

R	S	Q^{n+1}	说　明
0	0	Q	保持
0	1	1	置位
1	0	0	复位
1	1	不定	禁用

$$Q^{n+1} = S + \overline{R}Q \qquad \text{（次态方程）}$$

$$R \cdot S = 0 \qquad \text{（约束方程）}$$

由分析可知：时钟控制 RS 触发器的工作过程是由时钟信号 CP 和输入信号 R、S 共同作用的；时钟信号 CP 控制转换时间，输入信号 R 和 S 确定转换后的状态。在时钟控制触发器中，时钟信号 CP 是一种固定的时间基准，通常不作为输入信号列入表中。对触发器功能进行描述时，均只考虑时钟作用（CP = 1）时的情况。时钟控制 RS 触发器虽然解决了对触发器工作进行定时控制的问题，而且具有结构简单等优点，但它对输入信号有约束条件，即 R、S 不能同时为 1。

【例 13.1.2】 已知时钟控制 RS 触发器的输入信号 R、S 及时钟脉冲 CP 的波形如图 13.1.7 所示。设触发器的初始状态为 0，试画出输出 Q 的波形图。

解： 第一个时钟脉冲到来时，R = 0，S = 0，触发器保持初始状态 0 不变。第二个时钟脉冲到来时，R = 0，S = 1，所以 Q = 1。第三个时钟到来时，R = 1，S = 0，所以 Q = 0。第四个时钟来到时，S = R = 1，触发器 Q = $\overline{Q}$ = 1。时钟脉冲过去以后，触发器的状态不定。

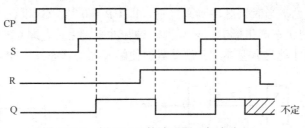

图 13.1.7　例 13.1.2 的波形图（初态为 0）

2．JK 触发器

将钟控 RS 触发器改进成如图 13.1.8(a)所示形式，即增加两条反馈线，将触发器的输出 Q 和 $\overline{Q}$ 交叉反馈到两个控制门的输入端，并把原来的输入端 S 改为 J，R 改为 K，便构成了另一种钟控触发器，称为 JK 触发器，其逻辑符号如图 13.1.8(b)所示。JK 触发器利用触发器两个输出端信号始终互补的特点，有效地解决了输入同时为 1 时，时钟脉冲过去以后触发器状态不确定的问题。

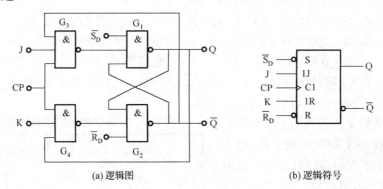

(a) 逻辑图　　　　　　　　　　(b) 逻辑符号

图 13.1.8　JK 触发器

JK 触发器的工作原理如下：

在没有时钟脉冲作用（CP = 0）时，无论输入端 J 和 K 怎样变化，G_3、G_4 门的输出均为 1，触发器保持原来状态不变。

在时钟脉冲作用（CP = 1）时，可分为以下 4 种情况：

（1）当输入 J = 0，K = 0 时，不管触发器原来处于何种状态，G_3、G_4 门的输出均为 1，触发器状态保持不变。

（2）当输入 J = 0，K = 1 时，若原来处于 0 状态，则 G_3、G_4 门输出均为 1，触发器保持 0 状态不变；若原来处于 1 状态，则 G_3 门输出为 1，G_4 门输出为 0，触发器状态置成 0。即输入 JK = 01 时，触发器次态一定为 0 状态。

（3）当输入 J = 1，K = 0 时，若原来处于 0 状态，则 G_3 门输出为 0，G_4 门输出为 1，触发器状态置成 1；若原来处于 1 状态，则 G_3 和 G_4 门输出均为 1，触发器保持 1 状态不变。即输入 JK = 10 时，触发器次态一定为 1 状态。

（4）当输入 J = 1，K = 1 时，若原来处于 0 状态，则 G_3 门输出为 0，G_4 门输出为 1，触发器置成 1 状态；若原来处于 1 状态，则门 G_3 输出为 1，门 G_4 输出为 0，触发器置成 0 状态。即输入 JK = 11 时，触发器的次态与现态相反。

根据上述工作原理，可归纳出 JK 触发器在时钟脉冲作用下（CP = 1）的功能表如表 13.1.4 所示。

上述逻辑关系可用逻辑表达式表示为

$$Q^{n+1} = J\overline{Q^n} + \overline{K}Q^n$$

该关系式被称为 JK 触发器的次态方程，式中 Q^n、Q^{n+1} 分别为 CP 到来之前和之后触发器的状态。

表 13.1.4 JK 触发器的逻辑功能表

J	K	Q^{n+1}	说　明
0	0	Q^n	保持
0	1	0	复位
1	0	1	置位
1	1	$\overline{Q^n}$	计数

上述 JK 触发器结构简单，且具有较强的逻辑功能，但存在"空翻"现象。输入信号仅在时钟信号为高电平（CP = 1）时才能被触发器接收并使其输出状态发生相应的变化；时钟信号为低电平（CP = 0）时，触发器将不接收输入信号且维持原状态。触发器的这种触发方式称为电平触发方式。

时钟信号一次由 0→1→0 的过程称为一个时钟脉冲 CP。在实际应用中，为了确保数字系统可靠工作，要求触发器到来一个 CP 最多翻转一次。如果在同一个时钟脉冲 CP 作用期间触发器状态发生两次或两次以上变化，这种现象称为触发器的"空翻"。 电平触发方式的钟控触发器存在一个共同的问题，就是可能出现空翻现象。空翻将造成触发器状态的不确定和系统工作的混乱。

为了解决空翻问题，实际中广泛采用主从 JK 触发器。主从 JK 触发器将在后续章节详细介绍。

3. D 触发器

D 触发器只有一个输入端，其逻辑电路如图 13.1.9(a)所示。D 触发器是对钟控 RS 触发器的控制电路稍加修改后形成的。修改后的控制电路除了实现对触发器工作的定时控制外，另一个作用是在时钟脉冲作用期间（CP = 1），将输入信号 D 转换成一对互补信号送至基本 RS 触发器的两个输入端，使基本 RS 触发器的两个输入信号只可能为 01 或者 10 两种取值，从而消除了触发器状态不确定的现象。D 触发器的逻辑符号如图 12.1.9(b)所示。

当无时钟脉冲作用（CP = 0）时，G_3、G_4 门被封锁。此时，不管 D 端为何值，G_3、G_4 门的输出均为 1，触发器状态保持不变。

当有时钟脉冲作用（CP = 1）时，若 D = 0，则 G_3 门输出为 1， G_4 门输出为 0，触发器状态被置 0；若 D = 1，则 G_3 门输出为 0，G_4 门输出为 1，触发器状态被置 1。

D 触发器的功能表如表 13.1.5 所示。

由功能表可知，在 CP = 1 时，D 触发器状态的变化仅取决于输入信号 D，而与现态无关。其次态方程为

$$Q^{n+1} = D$$

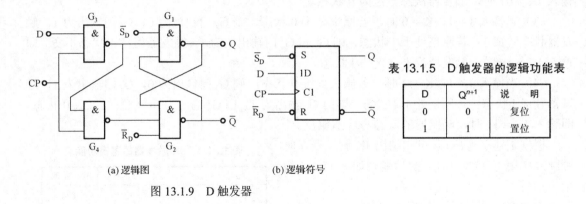

(a) 逻辑图   (b) 逻辑符号

图 13.1.9   D 触发器

表 13.1.5   D 触发器的逻辑功能表

D	Q^{n+1}	说 明
0	0	复位
1	1	置位

4．T 触发器

由 D 触发器转换而成的 T 触发器的逻辑电路如图 13.1.10(a)所示。T 触发器的逻辑符号如图 13.1.10(b)所示。

T 触发器的逻辑功能可由 D 触发器的次态方程导出。T 触发器的次态方程为

$$Q^{n+1} = T \oplus Q^n$$

根据次态方程，可列出 T 触发器的功能表如表 13.1.6 所示。

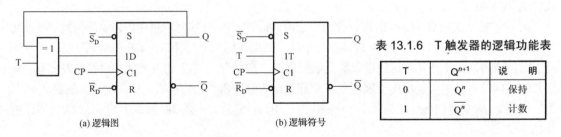

(a) 逻辑图   (b) 逻辑符号

图 13.1.10   T 触发器

表 13.1.6   T 触发器的逻辑功能表

T	Q^{n+1}	说 明
0	Q^n	保持
1	$\overline{Q^n}$	计数

由功能表可知，当 T = 1 时，只要有时钟脉冲到来（CP = 1），触发器状态翻转，由 1 变为 0 或由 0 变为 1，即具有计数功能。当 T = 0 时，即使有时钟脉冲作用，触发器状态也保持不变。

5．T′ 触发器

如果将上述 T 触发器的 T 端固定接 1，它就是一种具有计数功能的触发器（每到来一个时钟脉冲翻转一次），并特别称它为 T′ 触发器。它的次态方程为

$$Q^{n+1} = T \oplus Q^n = 1 \oplus Q^n = \overline{Q^n}$$

D 触发器、JK 触发器都可以转换为具有计数功能的触发器。如果将 D 触发器的 D 端和 $\overline{Q}$ 端相连，如图 13.1.11 所示，D 触发器就转换成了 T′ 触发器。

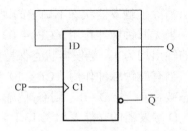

图 13.1.11   D 触发器转换为 T′ 触发器

13.1.3 主从型 JK 触发器

1. 触发器的空翻问题

以图 13.1.12 所示的电平式 JK 触发器的波形图为例,来说明电平式触发器在 CP = 1 期间的多次翻转现象。从图 13.1.12 中可以看出,在 CP = 1 期间,由于 JK 触发器的输入信号发生了多次变化,使得触发器输出 Q 在此期间也发生了多次翻转。另外,在 CP = 1 期间,当输入信号 JK = 11 时,JK 触发器的输出 Q 将自行发生连续的翻转。

由于电平式触发器存在空翻问题,其应用范围也就受到了限制。此外,这种触发器在 CP = 1 期间,如遇一定强度的正向脉冲干扰,使输入信号发生变化,也会引起空翻现象,所以它的抗干扰能力也差。

为了克服空翻,需要在逻辑结构和触发方式上加以改进,这就是下面将要介绍的另外两种钟控触发器——主从型触发器和维持阻塞型触发器。

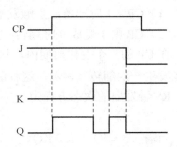

图 13.1.12　电平式 JK 触发器波形图

2. 主从型 JK 触发器

主从结构的钟控触发器采用具有存储功能的控制电路,避免了空翻现象。下面以主从 JK 触发器为例进行介绍。

图 13.1.13(a)所示的是主从 JK 触发器的逻辑图,它由两个电平式 RS 触发器串联组成,一个称为主触发器,另一个称为从触发器。主、从两个触发器的时钟脉冲是反相的,时钟脉冲 CP 作为主触发器的控制信号,经反相后的 $\overline{CP}$ 作为从触发器的控制信号。J、K 是输入信号,它们分别与 $\overline{Q}$ 和 Q 构成与逻辑关系,成为主触发器的 S 端和 R 端,即

$$S = J\overline{Q}, \qquad R = KQ$$

主触发器的状态 Q′ 和 Q 作为从触发器的输入,从触发器的输出 Q 和 $\overline{Q}$ 作为整个主从触发器的状态输出。

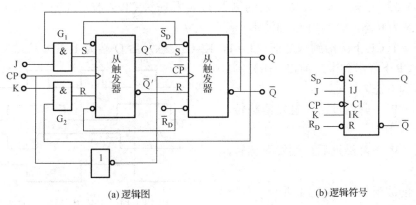

(a) 逻辑图　　　　　　　　　　　　(b) 逻辑符号

图 13.1.13　主从 JK 触发器

该触发器的工作原理如下。

当时钟脉冲 CP = 1 时,主触发器开放,其状态取决于输入 R、S 的值,逻辑功能与前述

RS 触发器完全相同；而对于从触发器来说，由于此时 $\overline{CP}=0$，从触发器被封锁，故从触发器状态不受主触发器状态变化的影响，即整个主从触发器状态保持不变。

当时钟脉冲 CP 由 1 变为 0 后，主触发器被封锁，它的状态不再受输入 J、K 的影响，即主触发器状态保持不变；同时，由于从触发器的时钟 $\overline{CP}$ 由 0 变成 1，使从触发器开放，所以主触发器的状态作用于从触发器，使从触发器的状态与主触发器的状态相同：

（1）当 Q'=0 时，从触发器的 S=0、R=1，从触发器被置 0，即 Q=0；

（2）当 Q'=1 时，从触发器的 S=1、R=0，从触发器被置 1，即 Q=1。

综上所述，主从 JK 触发器的工作方式是：

（1）CP=1 时准备：主触发器接收输入信号，从触发器不变；

（2）CP 由 1 变成 0 时翻转：从触发器跟随主触发器翻转。

在 CP 的一个变化周期内，只有在 CP 下降沿到来的瞬间，触发器的输出状态（Q，$\overline{Q}$）才能发生一次翻转。显然，这种触发器能有效地克服空翻。

RS 触发器的次态方程为

$$Q^{n+1}=S+\overline{R}Q$$

当输入 $S=J\overline{Q}$，$R=KQ$ 时

$$Q^{n+1}=S+\overline{R}Q=J\overline{Q}+\overline{KQ}\cdot Q=J\overline{Q}+\overline{K}Q$$

主从 JK 触发器的逻辑功能与电平式 JK 触发器完全相同。

由于主从 JK 触发器状态的变化发生在时钟脉冲 CP 的下降沿（1→0）时刻，故通常称为下降沿触发。在图 13.1.13(b)所示的逻辑符号中，时钟端的小圆圈表示主从 JK 触发器状态的改变是在时钟脉冲的下降沿发生的。

为了使主从 JK 触发器能正常实现预定的逻辑功能，要求它在时钟脉冲作用（CP=1）期间输入 J、K 不能发生变化。如果 Q=0 时 J 发生变化（或 J 端出现干扰），或 Q=1 时 K 发生变化（或 K 端出现干扰），都有可能引起逻辑错误。主从 JK 触发器虽然避免了空翻现象，但存在一次翻转现象，降低了其抗干扰能力；而维持阻塞型触发器仅在时钟脉冲 CP 的上升沿或下降沿才对输入信号响应，可大大提高触发器的抗干扰能力。

【例 13.1.3】已知主从 JK 触发器的输入 J、K 和时钟 CP 的波形如图 13.1.14 所示。设触发器初始状态为 0 态，试画出 Q 的波形。

解： 第一个 CP 下降沿到来之前，J=1，K=0，触发后 Q 端为 1 态。

第二个 CP 下降沿到来之前，J=0，K=1，触发后 Q 端为 0 态。

第三个 CP 下降沿过后，触发器翻转，Q=1。

第四个 CP 下降沿过后，触发器翻转，Q=0。

画出 Q 的波形如图 13.1.14 所示。

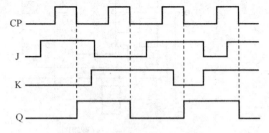

图 13.1.14 主从 JK 触发器的波形图

13.1.4 维持阻塞型 D 触发器

主从 JK 触发器是在 CP 脉冲高电平期间接收信号，如果在 CP 高电平期间输入端出现干扰信号，那么就有可能使触发器产生与逻辑功能表不符合的错误状态。边沿触发器的电路结

构可使触发器在 CP 脉冲有效触发沿到来前一瞬间接收信号，在有效触发沿到来后产生状态转换。下面以维持阻塞型 D 触发器为例介绍边沿触发器的工作原理。维持阻塞型边沿 D 触发器的逻辑图和逻辑符号如图 13.1.15 所示。

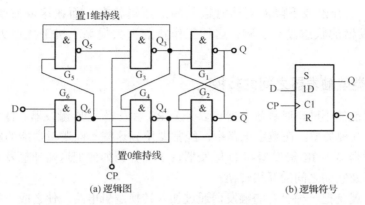

置1维持线

置0维持线

(a) 逻辑图   (b) 逻辑符号

图 13.1.15 维持阻塞型 D 触发器

该触发器由六个**与非门**组成，其中 G_1、G_2 门组成基本 RS 触发器，G_3、G_4 门组成时钟控制电路，G_5、G_6 门组成数据输入电路。电路工作过程如下。

CP = 0 时，G_3 门和 G_4 门被封锁，其输出皆为 1，触发器保持原来的状态。同时，由于 Q_3 至 G_5 门和 Q_4 至 G_6 门的反馈信号将 G_5、G_6 门打开，因此可接收输入信号 D，使 $Q_6 = \overline{D}$，$Q_5 = \overline{Q}_6 = D$。

CP 由 0 变为 1 时，G_3 门和 G_4 门被打开，它们的输出 Q_3 和 Q_4 的状态由 G_5 门和 G_6 门的输出状态决定。$Q_3 = \overline{Q}_5 = \overline{D}$，$Q_4 = \overline{Q}_6 = D$。由基本 RS 触发器的逻辑功能可知，Q = D。

触发器被触发后，在 CP = 1 时输入信号被封锁。G_3 门和 G_4 门被打开，它们的输出 Q_3 和 Q_4 的状态是互补的，即必定有一个是 0。若 Q_4 为 0，则经反馈线将 G_6 门封锁，即封锁了 D 通往基本 RS 触发器的路径。该反馈线起到了使触发器维持在 0 状态和阻止触发器变为 1 状态的作用，故该反馈线称为置 0 维持线，或称为置 1 阻塞线；若 Q_3 为 0，则封锁 G_4 门和 G_5 门，D 端通往基本 RS 触发器的路径也被封锁。G_3 输出端至 G_5 反馈线起到使触发器维持在 1 状态的作用，称为置 1 维持线；G_3 输出端至 G_4 输入的反馈线起到阻止触发器置 0 的作用，称为置 0 阻塞线。因此，该触发器称为维持阻塞型触发器。

由上述分析可知，维持阻塞 D 触发器在 CP 脉冲的上升沿产生状态变化，触发器的次态取决于 CP 脉冲的上升沿到来前 D 端的输入信号，而在 CP 脉冲上升沿到来后，D 端的输入信号变化对触发器的输出状态没有影响。如果在 CP 脉冲的上升沿到来前 D = 0，则在 CP 脉冲的上升沿到来后，触发器置 0。

【例 13.1.4】 已知上升沿触发的维持阻塞 D 触发器的输入 D 和时钟 CP 的波形如图 12.1.14 所示，试画出 Q 端的波形。设触发器初态为 0。

解： 该 D 触发器是上升沿触发，即在 CP 的上升沿过后，触发器的状态等于 CP 脉冲上升沿到来前 D 的状态。所以第一个 CP 过后，Q = 1，第二个 CP 过后，Q = 0，…波形如图 13.1.16 所示。

D 触发器在 CP 上升沿到来前接收输入信号，上

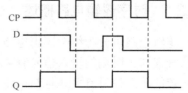

图 13.1.16 维持阻塞 D 触发器的波形图

升沿触发翻转，即触发器的输出状态变化比输入端 D 的状态变化有所延迟，这就是 D 触发器的由来。

维持阻塞式 D 触发器是一种边沿式触发器，边沿式触发器的工作特点是触发器的次态仅取决于 CP 上升沿或下降沿到达时输入端的逻辑状态，而在这以前或以后，输入信号的变化对触发器的状态没有影响。这种工作特点大大提高了抗干扰能力和电路工作的可靠性。

13.1.5 不同类型触发器之间的转换

根据逻辑功能的不同，时钟触发器可以分为 RS 触发器、JK 触发器、D 触发器、T 触发器和 T′ 触发器五种类型。在数字电路中，经常要用到这些不同逻辑功能的触发器。现在市面上的集成触发器多为 JK 触发器和 D 触发器，下面介绍如何把这两种触发器转换成其他类型的触发器，以及它们之间的互相转换。

所谓转换，就是把一种已有的触发器通过加入转换逻辑电路，使之成为另一种功能的触发器。

1. D 触发器转换成 JK 触发器

D 触发器的次态方程是：$Q^{n+1} = D$

JK 触发器的次态方程是：$Q^{n+1} = J\overline{Q^n} + \overline{K}Q^n$

$$D = J\overline{Q^n} + \overline{K}Q^n$$

D 触发器转换成 JK 触发器的转换电路如图 13.1.17 所示。

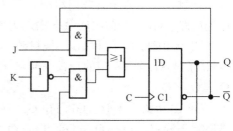

图 13.1.17 D 触发器转换成 JK 触发器

2. JK 触发器转换成 D 触发器

JK 触发器的次态方程是：$Q^{n+1} = J\overline{Q^n} + \overline{K}Q^n$

D 触发器的次态方程是：$Q^{n+1} = D$

JK 触发器转换成 D 触发器，即令 $J = D$，$K = \overline{D}$，有

$$Q^{n+1} = D\overline{Q^n} + \overline{\overline{D}}Q^n = D(\overline{Q^n} + Q^n) = D$$

JK 触发器转换成 D 触发器的转换电路如图 13.1.18 所示。

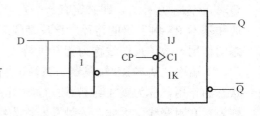

图 13.1.18 JK 触发器转换成 D 触发器

13.2 时序逻辑电路

13.2.1 时序逻辑电路概述

逻辑电路可分为组合逻辑电路和时序逻辑电路。组合逻辑电路在任意时刻产生的稳定输出信号仅与该时刻的输入信号有关；而时序逻辑电路在任何时刻产生的稳定输出信号不仅与该时该的输入信号有关，且与电路过去的输入信号有关，即时序逻辑电路具有记忆功能，这是它与组合逻辑电路的本质区别。

时序逻辑电路的一般结构如图 13.2.1 所示。它由组合电路和存储电路两部分组成，其中 $X(X_1,X_2,\cdots,X_n)$ 是时序逻辑电路的输入信号，$Q(Q_1,Q_2,\cdots,Q_r)$ 是存储电路的输出信号，它被反馈到组合电路的输入端，与输入信号共同决定时序逻辑电路的状态。$Z(Z_1,Z_2,\cdots,Z_m)$ 是时序电路的输出信号，$Y(Y_1,Y_2,\cdots,Y_r)$ 是时序逻辑电路中的激励信号，又称为组合电路的内部输入信号，它与时序逻辑电路的当前状态共同决定存储电路下一时的状态。

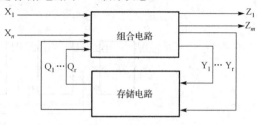

从时序电路的一般结构可知，时序逻辑电路具有以下特点：

（1）电路由组合电路和存储电路共同组成，具有对过去输入信号进行记忆的功能。

（2）时序电路中存在反馈回路。

（3）电路的输出由电路当时的输入和电路原来的状态（过去的输入）共同决定。

图 13.2.1　时序电路的一般结构

13.2.2　寄存器

在数字系统中，最典型的时序逻辑电路是寄存器和计数器。

寄存器是用来存储数据或运算结果的一种常用逻辑部件。寄存器的主要组成部分是在双稳态触发器基础上加上一些逻辑门。一个触发器可以存储 1 位二进制数码，要存储 n 位二进制数码，就需要 n 个触发器组成寄存器。

按功能分，寄存器分为数码寄存器和移位寄存器。

1. 数码寄存器

对于 D 触发器，如果在 D 端有输入信号，在 CP 脉冲作用下，触发器的输出状态 Q 就等于 D，只要 CP 端没有脉冲，无论 D 端如何变化，输出状态 Q 都不会改变。因此，用 D 触发器构成一个数码寄存器十分简单，而且只需一步即可完成存数过程。图 13.2.2 所示是由 4 个 D 触发器组成的并行输入/并行输出数码寄存器。$\overline{R}_D$ 是异步清零端，在往寄存器中存储数码之前，直接在 $\overline{R}_D$ 端加负脉冲将寄存器清零。$D_3 \sim D_0$ 是数码输入端，当时钟 CP 上升沿过后，$D_3 \sim D_0$ 端的数据被并行地存入寄存器。需要取出数码时，可并行地从输出端 $Q_3 \sim Q_0$ 取出。

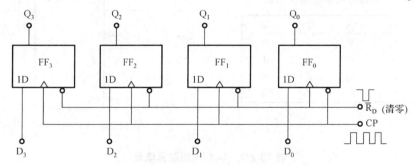

图 13.2.2　四位数码寄存器

2. 移位寄存器

移位寄存器具有数码寄存和移位两种功能。它的种类很多，通常有左移寄存器、右移寄存器、双向移位寄存器和循环移位寄存器。移位寄存器可实现数据的串行/并行转换、数据的运算和数据的处理等。如二进制数 1011 乘以 2 的运算，可以通过将 1011 左移一位实现，左移后二进制数变为 10110；而除以 2 的运算则可通过右移一位实现，如二进制数 11110 除以 2 的运算，可以通过将 11110 右移一位实现，右移后二进制数变为 1111。

图 13.2.3 所示是由 4 个 D 触发器组成的四位左移寄存器。数码从第一个触发器的 D_0 端串行输入，使用前先用 $\bar{R}_D$ 将各触发器清零。现将数码 $d_3d_2d_1d_0 = 1011$ 从高位到低位依次送到 D_0 端。

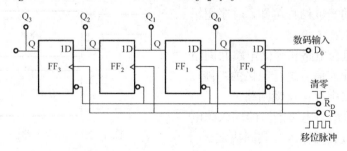

图 13.2.3　由 D 触发器组成的四位左移寄存器

第一个 CP 过后，$Q_0 = d_3 = 1$，其他触发器的输出状态仍为 0，即 $Q_3Q_2Q_1Q_0 = 000d_3 = 0001$。第二个 CP 过后，$Q_0 = d_2 = 0$，$Q_1 = d_3 = 1$，而 $Q_3 = Q_2 = 0$。经过 4 个 CP 脉冲后，$Q_3Q_2Q_1Q_0 = d_3d_2d_1d_0 = 1011$，存数结束。各输出端状态如表 13.2.1 所示。如果继续送 4 个移位脉冲，就可以使寄存的这 4 位数码 1011 逐位从 Q_3 端输出，这种取数方式为串行输出方式。直接从 $Q_3Q_2Q_1Q_0$ 取数的方式为并行输出方式。

3. 集成电路 CD74194 移位寄存器

CD74194 移位寄存器的外引脚图如图 12.2.4 所示，它具有双向移位、数据并行输入、数据双向串入、数据并行输出、保持和清除的功能。这些功能可由表 12.2.1 看出。应指出的是，在使用该器件过程中，在数据输入以及在时钟 CP 建立时间和保持时间内，工作方式控制端 S_0、S_1 的电平必须稳定。

表 13.2.1　四位左移寄存器状态表

CP	Q_3	Q_2	Q_1	Q_0
1	0	0	0	d_3
2	0	0	d_3	d_2
3	0	d_3	d_2	d_1
4	d_3	d_2	d_1	d_0

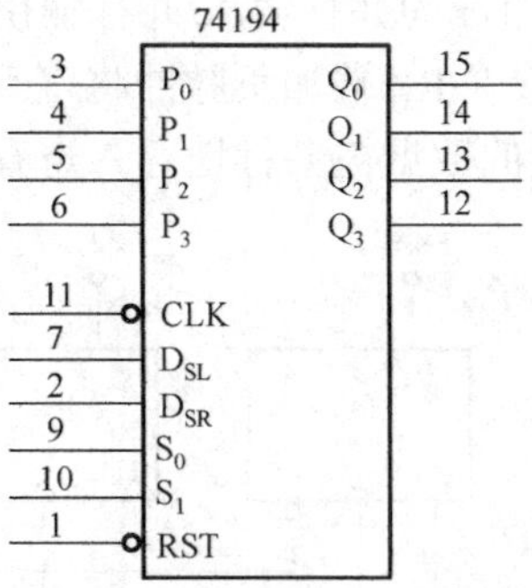

图 13.2.4　CD74194 外引脚图

表 13.2.1　14194 功能真值表

工作方式	输　入							输　　出
	C_L	S_1	S_0	D_{SR}	D_{SL}	$P_0 \sim P_3$	RST	Q_3　Q_2　Q_1　Q_0
保　持	×	0	0	×	×	×	1	Q_3　Q_2　Q_1　Q_0
左　移	↑	1	0	×	0	×	1	Q_2　Q_1　Q_0　0
	↑	1	0	×	1	×	1	Q_2　Q_1　Q_0　1

工作方式	输　　　入							输　　出
	C_L	S_1	S_0	D_{SR}	D_{SL}	$P_0 \sim P_3$	RST	$Q_3\ Q_2\ Q_1\ Q_0$
右　移	↑	0	1	0	×	×	1	$0\ Q_3\ Q_2\ Q_1$
	↑	0	1	1	×	×	1	$1\ Q_3\ Q_2\ Q_1$
并　行 置　数	↑	1	1	×	×	0	1	0　0　0　0
	↑	1	1	×	×	1	1	1　1　1　1
复　位	×	×	×	×	×	×	0	0　0　0　0

13.2.3　计数器

计数器是一种对输入脉冲数目进行计数的时序逻辑电路，被计数的脉冲信号称为计数脉冲。计数器除计数以外，还可以实现定时、分频等，在计算机及数字系统中应用极广。

计数器的种类很多，通常有如下不同的分类方法。

（1）按逻辑功能可分为加法计数器、减法计数器和可逆计数器。

（2）按计数进制可分为二进制计数器、十进制计数器和任意进制计数器等。

（3）按工作方式可分为同步计数器和异步计数器。

在同步计数器中，计数脉冲 CP 同时加到所有触发器的时钟端，当计数脉冲输入时，触发器的翻转是同时发生的。在异步计数器中，各个触发器不是同时被触发的。同步计数器工作速度较异步计数器快。

1．二进制计数器

由于双稳态触发器有 0 和 1 两个状态。一位触发器可以表示 1 位二进制数，如果要表示 n 位二进制数，需要用 n 个触发器。

（1）异步二进制计数器

图 13.2.5 所示是一个三位异步二进制加法计数器，它由 3 个 D 触发器组成。各触发器已转换成 T′ 触发器，具有 $Q^{n+1} = \overline{Q}$ 的计数功能。高位触发器在相邻低位触发器从 1 变为 0 时翻转。

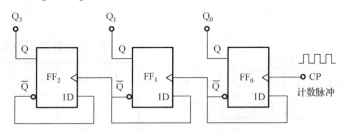

图 13.2.5　三位异步二进制加法计数器

下面分析该计数器的功能。

计数脉冲输入前，设各触发器的状态为 0。第一个计数脉冲上升沿过后，Q_0 端由 0 变为 1，其余各触发器状态不变。第二个计数脉冲上升沿过后，Q_0 从 1 变为 0，因此第二个触发器被触发而使其状态从 0 翻转为 1，第三个触发器保持不变。以此类推，每来一个计数脉冲，最低位触发器在 CP 的上升沿翻转一次；而高位触发器是在相邻的低位触发器从 1 变为 0 时翻转。各触发器的输出波形如图 13.2.6 所示。

图 13.2.5 所示各触发器的状态变化如表 13.2.2 所示。从表中可以看出，每到来一个计数脉冲，二进制数加 1。

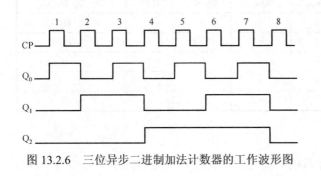

图 13.2.6 三位异步二进制加法计数器的工作波形图

表 13.2.2 三位异步二进制加法计数器状态表

计数脉冲数	二 进 制 数		
	Q_2	Q_1	Q_0
0	0	0	0
1	0	0	1
2	0	1	0
3	0	1	1
4	1	0	0
5	1	0	1
6	1	1	0
7	1	1	1
8	0	0	0

【例 13.2.1】 分析图 13.2.7 所示逻辑电路的逻辑功能。设触发器的初始状态为 0。

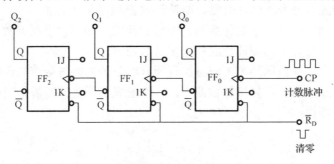

图 13.2.7 例 13.2.1 的图

解：在图 13.2.7 所示电路中，每个触发器的 J、K 端悬空，相当于 1，故具有计数功能。高位触发器的 CP 来自相邻的低位触发器 $\overline{Q}$ 端。每到来一个计数脉冲，最低位触发器在 CP 的下降沿翻转一次；而高位触发器是在相邻的低位触发器从 0 变为 1 时翻转。

波形图和状态表分别示于图 13.2.8 和表 13.2.3。可见，图 13.2.7 所示电路是三位异步二进制减法计数器。

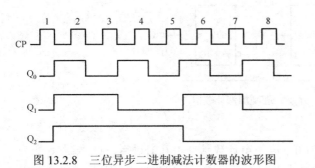

图 13.2.8 三位异步二进制减法计数器的波形图

表 13.2.3 三位异步二进制减法计数器状态表

计数脉冲数	二 进 制 数		
	Q_2	Q_1	Q_0
0	0	0	0
1	1	1	1
2	1	1	0
3	1	0	1
4	1	0	0
5	0	1	1
6	0	1	0
7	0	0	1
8	0	0	0

（2）同步二进制计数器

图 13.2.9 给出了用主从 JK 触发器组成的三位同步二进制加法计数器的电路图。由于计

数脉冲 CP 同时加到各触发器的时钟端，它们的状态变化和计数脉冲同步，这即是"同步"名称的由来，并与"异步"相区别。同步计数器的计数速度较异步为快。

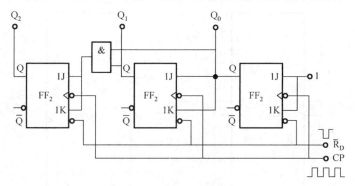

图 13.2.9　三位同步二进制加法计数器

在图 13.2.9 中，各触发器的信号输入端 J_i 和 K_i 相连，作为共同的信号输入端，即 JK 触发器转换成了 T 触发器。当 $T_i = J_i = K_i = 0$ 时，到来一个时钟脉冲，触发器状态保持不变；当 $T_i = J_i = K_i = 1$ 时，到来一个时钟脉冲，触发器状态发生翻转，即由 0→1 或由 1→0。

各触发器 J、K 端的逻辑关系式（又称驱动方程）如下：

$$T_2 = J_2 = K_2 = Q_1 Q_0$$

$$T_1 = J_1 = K_1 = Q_0$$

$$T_0 = J_0 = K_0 = 1$$

根据上式和 T 触发器的功能表，可得到次态 Q_2^{n+1} Q_1^{n+1} Q_0^{n+1}，如表 13.2.4 所示。

表 13.2.4　三位同步二进制加法计数器状态转移表

CP	Q_2	Q_1	Q_0	T_2	T_1	T_0	Q_2^{n+1}	Q_1^{n+1}	Q_0^{n+1}
1	0	0	0	0	0	1	0	0	1
2	0	0	1	0	1	1	0	1	0
3	0	1	0	0	0	1	0	1	1
4	0	1	1	1	1	1	1	0	0
5	1	0	0	0	0	1	1	0	1
6	1	0	1	0	1	1	1	1	0
7	1	1	0	0	0	1	1	1	1
8	1	1	1	1	1	1	0	0	0

各触发器状态的翻转发生在计数脉冲的下降沿时刻。三位同步二进制加法计数器的波形图如图 13.2.10 所示。

（3）集成电路 74161 型四位同步二进制计数器

图 13.2.11 所示为 74161 型四位同步二进制可预置计数器的引脚图及其逻辑符号，其中 $\overline{R}_D$ 是异步清零端，$\overline{LD}$ 是预置数控制端，

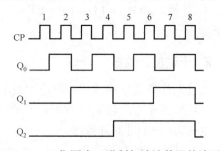

图 13.2.10　三位同步二进制加法计数器的波形图

$A_3A_2A_1A_0$ 是预置数据输入端，EP 和 ET 是计数控制端，$Q_3Q_2Q_1Q_0$ 是计数输出端，RCO 是进位输出端。74161 型计数器的功能表如表 13.2.5 所示。

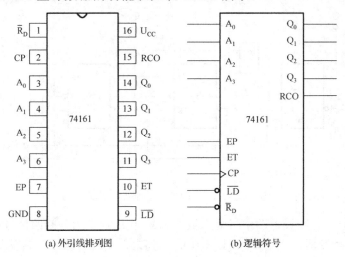

(a) 外引线排列图　　　　　　　　(b) 逻辑符号

图 13.2.11　74161 型四位同步二进制计数器

表 13.2.5　74161 型四位同步二进制计数器的功能表

清　零	预　置	控　　　制		时　钟	预 置 数 据 输 入				输　　　出			
$\overline{R}_D$	$\overline{LD}$	EP	ET	CP	A_3	A_2	A_1	A_0	Q_3	Q_2	Q_1	Q_0
0	×	×	×	×	×	×	×	×	0	0	0	0
1	0	×	×	↑	d_3	d_2	d_1	d_0	d_3	d_2	d_1	d_0
1	1	0	×	×	×	×	×	×	保持			
1	1	×	0	×	×	×	×	×	保持			
1	1	1	1	↑	×	×	×	×	计数			

由表 13.2.5 可知，74161 型四位同步二进制计数器具有以下功能。

① 异步清零。$\overline{R}_D = 0$ 时，计数器输出被直接清零，与其他输入端的状态无关。

② 同步并行预置数。在 $\overline{R}_D = 1$ 的条件下，当 $\overline{LD} = 0$ 且有时钟脉冲 CP 的上升沿作用时，A_3、A_2、A_1、A_0 输入端的数据 d_3、d_2、d_1、d_0 将分别被 Q_3、Q_2、Q_1、Q_0 所接收。

③ 保持。在 $\overline{R}_D = \overline{LD} = 1$ 条件下，当 $ET \cdot EP = 0$，不管有无 CP 脉冲作用，计数器都将保持原有状态不变。需要说明的是，当 EP = 0，ET = 1 时，进位输出 RCO 也保持不变；而当 ET = 0 时，不管 EP 状态如何，进位输出 RCO = 0。

④ 计数。当 $\overline{R}_D = \overline{LD} = EP = ET = 1$，且有时钟脉冲 CP 的上升沿作用时，74161 处于计数状态。

2. 十进制计数器

二进制计数器结构简单，但是读数不习惯，所以在有些场合采用十进制计数器较为方便。十进制计数器是在二进制计数器的基础上得出的，用 4 位二进制数来代表十进制的每一位数，所以也称为二-十进制计数器。

（1）同步十进制计数器

图 13.2.12 所示是用 4 个 JK 触发器组成的同步十进制加法计数器的逻辑图。由图 13.2.12

可以列出各触发器 JK 端的逻辑关系式：

$$J_3 = Q_2Q_1Q_0 , \quad K_3 = Q_0$$

$$J_2 = K_2 = Q_1Q_0$$

$$J_1 = \overline{Q}_3Q_0 , \quad K_1 = Q_0$$

$$J_0 = K_0 = 1$$

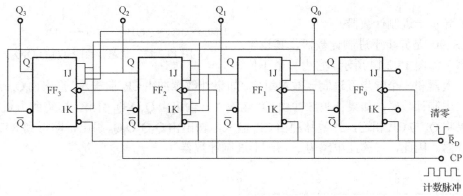

图 13.2.12　同步十进制加法计数器

代入各个 JK 触发器的次态方程，有

$$Q_3^{n+1} = J_3\overline{Q}_3 + \overline{K}_3Q_3 = \overline{Q}_3Q_2Q_1Q_0 + Q_3\overline{Q}_0$$

$$Q_2^{n+1} = J_2\overline{Q}_2 + \overline{K}_2Q_2 = \overline{Q}_2Q_1Q_0 + Q_2\overline{Q_1Q_0}$$

$$Q_1^{n+1} = J_1\overline{Q}_1 + \overline{K}_1Q_1 = \overline{Q}_3\overline{Q}_1Q_0 + Q_1\overline{Q}_0$$

$$Q_0^{n+1} = J_0\overline{Q}_0 + \overline{K}_0Q_0 = \overline{Q}_0$$

将触发器 $Q_3Q_2Q_1Q_0$ 的 16 种取值组合代入各触发器的次态方程，得到如表 13.2.6 所示的状态转移表。

表 13.2.6　同步十进制加法计数器的状态转移表

Q_3	Q_2	Q_1	Q_0	Q_3^{n+1}	Q_2^{n+1}	Q_1^{n+1}	Q_0^{n+1}
0	0	0	0	0	0	0	1
0	0	0	1	0	0	1	0
0	0	1	0	0	0	1	1
0	0	1	1	0	1	0	0
0	1	0	0	0	1	0	1
0	1	0	1	0	1	1	0
0	1	1	0	0	1	1	1
0	1	1	1	1	0	0	0
1	0	0	0	1	0	0	1
1	0	0	1	0	0	0	0
1	0	1	0	1	0	1	1
1	0	1	1	0	1	0	0
1	1	0	0	1	1	0	1
1	1	0	1	0	1	0	0
1	1	1	0	1	1	1	1
1	1	1	1	0	0	0	0

根据状态转移表可画出状态转换图，如图 13.2.13 所示。

在 CP 作用下，计数器的状态 $Q_3^{n+1}Q_2^{n+1}Q_1^{n+1}Q_0^{n+1}$ 按照 $0000 \to 0001 \to \cdots \to 1001 \to 0000$ 循环，这 10 个状态称为有效状态。1010、1011、1100、1101、1110、1111 这 6 个状态称为无效状态。

74160 型同步十进制计数器是广泛使用的，它具有异步清零、同步预置功能，它的引脚图与前述的 74161 型同步二进制计数器完全相同。

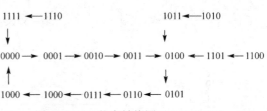

图 13.2.13 状态转换图（$Q_3Q_2Q_1Q_0$）

（2）异步十进制计数器

74LS290 是异步十进制计数器，其逻辑图和引脚图如图 13.2.14 所示。它由一个 1 位二进制计数器和一个异步五进制计数器组成。如果计数脉冲由 CP_0 端输入，输出由 Q_0 端引出，即得到二进制计数器；如果计数脉冲由 CP_1 端输入，输出由 $Q_3Q_2Q_1$ 引出，即得到五进制计数器；如果将 Q_0 与 CP_1 相连，计数脉冲由 CP_0 输入，输出由 $Q_3Q_2Q_1Q_0$ 引出，即得到 8421 码十进制计数器。因此，又称此电路为二-五-十进制计数器。

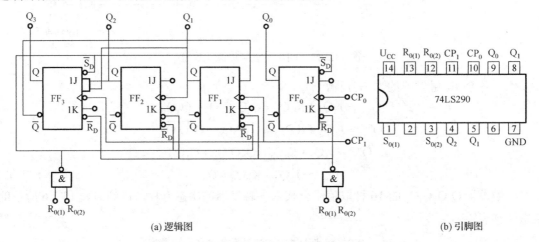

(a) 逻辑图　　　　　　　　　　　　　　(b) 引脚图

图 13.2.14 74LS290 型计数器

表 13.2.7 所示是 74LS290 的功能表。由表可以看出，当复位输入 $R_{0(1)} = R_{0(2)} = 1$，且置位输入 $S_{9(1)} \cdot S_{9(2)} = 0$ 时，74LS290 的输出被直接清零；只要置位输入 $S_{9(1)} = S_{9(2)} = 1$，则 74LS290 的输出将被直接置 9，即 $Q_3Q_2Q_1Q_0 = 1001$；只有同时满足 $R_{0(1)} \cdot R_{0(2)} = 0$ 和 $S_{9(1)} \cdot S_{9(2)} = 0$ 时，才能在计数脉冲（下降沿）作用下实现二-五-十进制加法计数。

3. 任意进制计数器

在需要其他任意进制计数器时，只能用已有的计数器产品经过外电路的不同连接而得到。这种接线一般并不复杂。

假定已有 N 进制计数器，需要得到一个 M 进制计数器。只要 $M < N$，就可以令 N 进制计数器在顺序计数过程中跳越 $N - M$ 个状态，从而获得 M 进制计数器。

实现状态跳越可采用清零法（复位法）和置数法（置位法）两种。

（1）清零法

清零法的原理是：设原有的计数器为 N 进制，当它从起始状态 S_0 开始计数并接收了 M

个脉冲以后，电路进入 S_M 状态。如果这时利用 S_M 状态产生一个复位脉冲将计数器置成 S_0 状态，这样就可以跳越 $N-M$ 个状态而得到 M 进制计数器了。

表 13.2.7　74LS290 型计数器的功能表

复位输入		置位输入		时钟	输 出			
$R_{0(1)}$	$R_{0(2)}$	$S_{9(1)}$	$S_{9(2)}$	CP	Q_3	Q_2	Q_1	Q_0
1	1	0	×	×	0	0	0	0
		×	0	×				
×	×	1	1	×	1	0	0	1
×	0	×	0	↓		计　数		
0	×	0	×	↓		计　数		
0	×	×	0	↓		计　数		
×	0	0	×	↓		计　数		

【例 13.2.2】　试利用清零法将集成二-五-十进制计数器 74LS290 接成六进制计数器。

解：当 74LS290 的 $R_{0(1)} \cdot R_{0(2)} = 0$ 和 $S_{9(1)} \cdot S_{9(2)} = 0$ 时，计数器处于计数状态。如果将 Q_0 与 CP_1 相连，计数脉冲由 CP_0 输入，输出由 $Q_3Q_2Q_1Q_0$ 引出，即得到 8421 码十进制计数器。已知计数器的 $N = 10$，而要求 $M = 6$，故满足 $M < N$，可以用清零法接成六进制计数器。

若取 $Q_3Q_2Q_1Q_0 = 0000$ 为起始状态，则记入 6 个计数脉冲后，电路应为 0110 状态。只要将 Q_2、Q_1 分别接至 $R_{0(1)}$、$R_{0(2)}$，则当电路进入 0110 状态后，计数器将立即被清零。0110 这一状态转瞬即逝，显示不出。电路如图 12.2.15 所示。

计数器的状态循环如下：

$0000 \rightarrow 0001 \rightarrow 0010 \rightarrow 0011 \rightarrow 0100 \rightarrow 0101 \rightarrow 0000$

它经过 6 个脉冲循环一次，故为六进制计数器。

虽然这种电路的连接方法十分简单，但它的可靠性较差。因为置 0 信号的作用时间极其短暂。

（2）置数法

置数法与清零法不同，它是利用给计数器重复置入某个数值的方法跳越 $N-M$ 个状态，从而获得 M 进制计数器的。

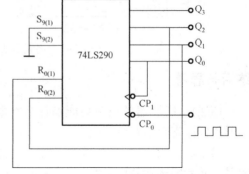

图 13.2.15　六进制计数器

置数法适用于具有预置数功能的集成计数器。对于具有同步预置数功能的计数器而言，在其计数过程中，可以将它输出的任何一个状态通过译码，产生一个预置数控制信号反馈至预置数控制端，在下一个 CP 脉冲作用后，计数器就会把预置数输入端的状态置入输出端。预置数控制信号消失后，计数器就从预置入的状态开始重新计数。

图 13.2.16(a)和图 13.2.16(b)所示都是借助同步预置数功能，采用反馈置数法，用 74161 构成十二进制加计数器的。其中图 13.2.16(a)所示的接法是把输出 $Q_3Q_2Q_1Q_0 = 1011$ 状态译码产生预置数控制信号 0，反馈至 $\overline{LD}$ 端，在下一个 CP 脉冲的上升沿到达时置入 0000 状态。图 13.2.16(a)所示电路的循环状态为

$$0000 \rightarrow 0001 \rightarrow 0010 \rightarrow 0011 \rightarrow 0100 \rightarrow 0101$$
$$\uparrow \qquad\qquad\qquad\qquad\qquad\qquad \downarrow$$
$$1011 \leftarrow 1010 \leftarrow 1001 \leftarrow 1000 \leftarrow 0111 \leftarrow 0110$$

其中，0001～1011 这 11 个状态是 74161 进行加 1 计数实现的，0000 是由反馈置数得到的。

图 13.2.16(b)所示电路的接法是将 74161 计数到 1111 状态时产生的进位信号译码后，反馈到预置数控制端。预置数据输入端置成 0100 状态。电路从 0100 状态开始加 1 计数，输入第 11 个 CP 脉冲后到达 1111 状态，此时 RCO = 1，$\overline{LD}$ = 0，在第 12 个 CP 脉冲作用后，$Q_3Q_2Q_1Q_0$ 被置成 0100 状态，同时使 RCO = 0，$\overline{LD}$ = 1。新的计数周期从 0100 开始。图 13.2.16(b)所示电路的循环状态为

$$0100 \rightarrow 0101 \rightarrow 0110 \rightarrow 0111 \rightarrow 1000 \rightarrow 1001$$
$$\uparrow \qquad\qquad\qquad\qquad\qquad\qquad \downarrow$$
$$1111 \leftarrow 1110 \leftarrow 1101 \leftarrow 1100 \leftarrow 1011 \leftarrow 1010$$

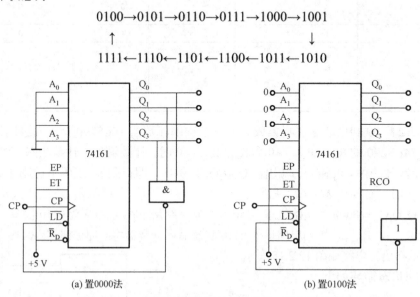

(a) 置0000法　　　　　　　(b) 置0100法

图 13.2.16　用置数法将 74161 接成十二进制计数器

练习与思考

13.2.1　寄存器的逻辑功能是什么？数码寄存器和移位寄存器有何不同？

13.2.2　什么是异步计数器，什么是同步计数器？两者的区别是什么？

13.2.3　数字钟表中的分、秒计数都是六十进制，试用两片 74LS161 型计数器连接成六十进制电路。

13.2.4　在图 13.2.17 所示的逻辑电路中，试

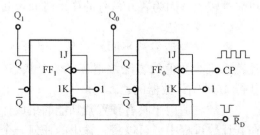

图 13.2.17　练习与思考 13.2.4 的图

画出 Q_0、Q_1 端的波形（在四个时钟脉冲 CP 的作用下）。如果 CP 的频率为 6000Hz，那么 Q_0、Q_1 的频率各为多少？设初态 $Q_1 = Q_0 = 0$。

13.3　555 定时器及其应用

通用集成定时器 555 是一种将模拟电路和数字逻辑电路巧妙地组合在一起的中规模集成电路，分为单极型（CMOS）和双极型（TTL）两种。大多数情况下，两种定时器可以互相替换。外加少量的阻容元件就可以构成性能稳定而精确的多谐振荡器、单稳电路、施密特触发器等，应用十分广泛。

13.3.1 555 定时器

通用集成定时器的内部逻辑电路如图 13.3.1 所示，它由 3 个阻值为 5kΩ 的电阻组成的分压器、2 个比较器 C_1 和 C_2、基本 RS 触发器、输出级和放电管等五部分组成。

分压器为比较器 C_1 的反相输入端提供 $\frac{2}{3}U_{CC}$ 的参考电压，而为比较器 C_2 的同相输入端提供 $\frac{1}{3}U_{CC}$ 的参考电压。

当同相输入端的电压值大于反相输入端的电压值时，比较器输出高电平信

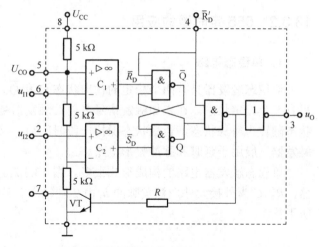

图 13.3.1　555 定时器原理图

号；当同相输入端的电压值小于反相输入端的电压值时，比较器输出低电平信号。输出级是定时器的驱动级，用于提高电路的负载能力。放电管是为了应用方便，用于电容充放电的三极管。TTL 器件的 555 芯片的电源电压范围是 +4.5～+18V（CMOS 器件为 +2V～+18V），输出电流可达 100～200mA，能直接驱动微型电机、继电器和低阻抗扬声器。

图 13.3.1 中，$\overline{R}'_D$ 是复位输入端。当 $\overline{R}'_D = 0$ 时，基本 RS 触发器被置 0，晶体管 VT 导通，输出端 u_o 为低电平。正常工作时，$\overline{R}'_D = 1$。

u_{I1} 和 u_{I2} 分别为 6 端和 2 端的输入电压。当 $u_{I1} > \frac{2}{3}U_{CC}$，$u_{I2} > \frac{1}{3}U_{CC}$ 时，C_1 输出为低电平，C_2 输出为高电平，即 $\overline{R}_D = 0$，$\overline{S}_D = 1$，基本 RS 触发器被置 0，晶体管 VT 导通，输出端 u_o 为低电平。

当 $u_{I1} < \frac{2}{3}U_{CC}$，$u_{I2} < \frac{1}{3}U_{CC}$ 时，C_1 输出为高电平，C_2 输出为低电平，$\overline{R}_D = 1$，$\overline{S}_D = 0$，基本 RS 触发器被置 1，晶体管 VT 截止，输出端 u_o 为高电平。

当 $u_{I1} < \frac{2}{3}U_{CC}$，$u_{I2} > \frac{1}{3}U_{CC}$ 时，基本 RS 触发器状态不变，电路亦保持原状态。

综上所述，可以把通用集成定时器 555 的工作情况概括为：输入信号与参考信号通过比较器相比较后，控制基本 RS 触发器的状态，再通过输出级驱动负载。555 定时器功能如表 13.3.1 所示。

表 13.3.1　555 定时器功能表

输　　入			输　　出	
复位 $\overline{R}'_D$	u_{I1}	u_{I2}	输出 u_o	晶体管 VT
0	×	×	0	导通
1	$> \frac{2}{3}U_{CC}$	$> \frac{1}{3}U_{CC}$	0	导通
1	$< \frac{2}{3}U_{CC}$	$< \frac{1}{3}U_{CC}$	1	截止
1	$< \frac{2}{3}U_{CC}$	$> \frac{1}{3}U_{CC}$	保持	保持

13.3.2　555 定时器的应用

1. 单稳态电路

双稳态触发器具有两个稳定的输出状态 Q 和 $\overline{\text{Q}}$，且两个状态始终相反。而单稳态触发器只有一个稳定状态。在未加触发信号之前，触发器处于稳定状态，经触发后，触发器由稳定状态翻转为暂稳状态，暂稳状态保持一段时间后，又会自动翻转回原来的稳定状态。单稳态触发器一般用于延时和脉冲整形电路。

单稳态触发器电路的构成形式很多。图 13.3.2(a)所示为用 555 定时器构成的单稳态触发器，R、C 为外接元件，触发脉冲 u_I 由 2 端输入。5 端不用时一般通过 $0.01\,\mu\text{F}$ 电容接地，以防干扰。

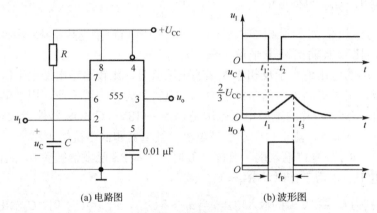

(a) 电路图　　　　　　　　　(b) 波形图

图 13.3.2　单稳态触发器

555 定时器构成的单稳态触发器工作原理如下：

没有触发信号时，u_I 处于高电平（$u_I > \frac{1}{3}U_{\text{CC}}$），当接通电源后，$U_{\text{CC}}$ 经 R 给电容 C 充电，当 u_C 上升到大于 $\frac{2}{3}U_{\text{CC}}$ 时，输出 $u_o = 0$。同时，晶体管 VT 饱和导通，使电容 C 放电。此后 $u_C < \frac{2}{3}U_{\text{CC}}$，若不加触发信号，即 $u_I > \frac{1}{3}U_{\text{CC}}$，则 u_o 保持 0 状态。电路将一直处于这一稳定状态。

如图 13.3.2(b)所示，在 $t = t_1$ 瞬间，2 端输入一个负脉冲，即 $u_I < \frac{1}{3}U_{\text{CC}}$，若 $u_C < \frac{2}{3}U_{\text{CC}}$，则输出 u_o 为高电平，并使晶体管 VT 截止，电路进入暂稳态。此后，电源又经 R 向 C 充电，充电时间常数 $\tau = RC$，电容的电压 u_C 按指数规律上升。在 $t = t_2$ 时刻，触发负脉冲消失（$u_I > \frac{1}{3}U_{\text{CC}}$），若 $u_C < \frac{2}{3}U_{\text{CC}}$，则输出 u_o 仍为高电平。在 $t = t_3$ 时刻，当 u_C 上升略高于 $\frac{2}{3}U_{\text{CC}}$ 时，输出 $u_o = 0$，回到初始稳态。同时，晶体管 VT 导通，电容 C 通过 VT 迅速放电，电路为下次翻转做好了准备。

输出脉冲宽度 t_P 为暂稳态的持续时间，即电容 C 的电压从 0 充至 $\frac{2}{3}U_{\text{CC}}$ 所需的时间。由

$$\frac{2}{3}U_{CC} = U_{CC}(1 - e^{\frac{t_P}{RC}}) \ 得$$

$$t_P = \ln 3 \cdot RC \approx 1.1RC$$

由上式可知：

① 改变 R、C 的值，可改变输出脉冲宽度，从而可以用于定时控制。

② 在 R、C 的值一定时，输出脉冲的幅度和宽度是一定的，利用这一特性可对边沿不陡、幅度不齐的波形进行整形。

2. 多谐振荡器

多谐振荡器又称为无稳态触发器，它没有稳定的输出状态，只有两个暂稳态。在电路处于某一暂稳态后，经过一段时间可以自行触发翻转到另一暂稳态。两个暂稳态自行相互转换而输出一系列矩形波。多谐振荡器可用作方波发生器。

如图 13.3.3 所示是由 555 定时器构成的多谐振荡器。R_1、R_2 和 C 是外接元件。

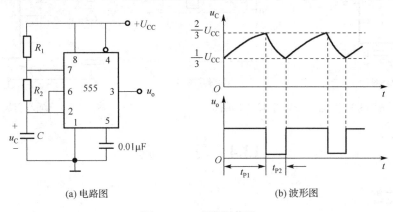

(a) 电路图　　　　　　　(b) 波形图

图 13.3.3　多谐振荡器

刚接通电源时，$u_C = 0$，$u_o = 1$。当 u_C 升至 $\frac{2}{3}U_{CC}$ 后，定时器输出 u_o 由 1 变为 0。同时，三极管 VT 导通，电容通过 R_2 放电，u_C 下降。在 $\frac{1}{3}U_{CC} < u_C < \frac{2}{3}U_{CC}$ 期间，u_o 保持低电平状态。在 u_C 下降至 $\frac{1}{3}U_{CC}$ 以后，输出 u_o 由 0 变为 1。同时三极管 VT 截止，于是电容 C 再次被充电。如此不断重复上述过程，多谐振荡器的输出端就可得到一串矩形波。工作波形如图 13.3.3(b) 所示。

振荡周期等于两个暂稳态的持续时间。第一个暂稳态时间 t_{P1} 为电容 C 的电压 u_C 从 $\frac{1}{3}U_{CC}$ 充电至 $\frac{2}{3}U_{CC}$ 所需的时间，即

$$t_{P1} \approx \ln 2 \cdot (R_1 + R_2)C = 0.7(R_1 + R_2)C$$

第二个暂稳态时间 t_{P2} 为电容 C 的电压从 $\frac{2}{3}U_{CC}$ 放电至 $\frac{1}{3}U_{CC}$ 所需的时间，即

$$t_{P2} \approx \ln 2 \cdot R_2 C = 0.7 R_2 C$$

振荡周期　　　　　　　　　$$T = t_{P1} + t_{P2} = 0.7(R_1 + 2R_2)C$$

振荡频率

$$f = \frac{1}{T} = \frac{1.43}{(R_1 + 2R_2)C}$$

占空比

$$D = \frac{t_{P1}}{t_{P1} + t_{P2}} = \frac{R_1 + R_2}{R_1 + 2R_2}$$

练习与思考

13.3.1 将 555 定时器按图 13.3.4(a)所示连接，输入波形如图 13.3.4(b)所示。请画出定时器的输出波形，并说明电路相当于什么器件？设 u_o 初始输出为高电平。

13.3.2 求图 13.3.5 所示多谐振荡器的振荡周期 T 和占空比 D。

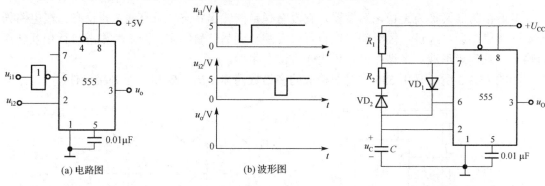

图 13.3.4 练习与思考 13.3.1 的图　　　　图 13.3.5 练习与思考 13.3.2 的图

13.4 习　　题

13.4.1 填空题

1．JK 触发器和 D 触发器的特性方程分别为_____，_____。

2．时序逻辑电路按其状态改变是否受同一定时信号控制，可分为_____和_____两种类型。

3．T 触发器的特性方程是_____；T′触发器的特性方程是_____。

4．时序逻辑电路是由_____和具有记忆作用的_____构成的。

5．全面描述一个时序电路的功能，必须使用 3 个方程式，它们是_____、_____、_____和_____。

6．某时序电路如图 13.4.1 所示，若在输出端得到 100kHz 的矩形波，则该电路时钟脉冲 CP 的频率为_____。

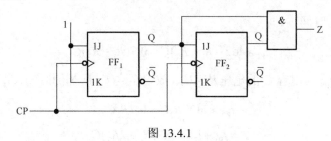

图 13.4.1

7. 某时序电路设计过程中的最简状态图中的状态数为 10 个，设计该电路至少需要用_____个触发器。

8. 若一单稳态触发器电路的输出脉宽 $t_p = 4\mu s$，恢复时间 $t_{re} = 1\mu s$，则输出信号的最高频率为_____。

9. 同步时序逻辑电路和时钟脉冲 CP 的波形分别如图 13.4.2 所示。说明是_____进制计数器。

10. 在图 13.4.3 所示的用 555 定时器组成的施密特触发器电路中，它的回差电压等于_____。

11. 设图 13.4.4 所示电路的现态 $Q_1Q_0 = 10$，经两个 CP 脉冲后的状态 $Q_1Q_0 = $_____。

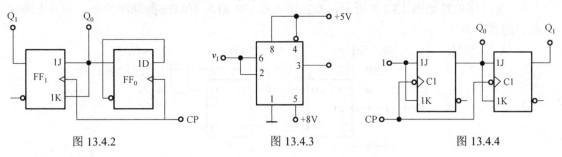

图 13.4.2   图 13.4.3   图 13.4.4

13.4.2 选择题

1. 下列通用集成电路中，属于时序逻辑电路的是（   ）。
   A. 译码器   B. 计数器   C. 编码器   D. 加法器
2. 下列触发器中，抗干扰能力最强且可靠性最高的是（   ）。
   A. 主从型 RS 触发器   B. 主从型 JK 触发器
   C. 基本 RS 触发器   D. 维持阻塞型 D 触发器
3. 下列触发器中，有约束条件的是（   ）。
   A. 主从型 RS 触发器   B. 主从型 JK 触发器
   C. 基本 RS 触发器   D. 维持阻塞型 D 触发器
4. 构成一个十进制计数器，需要触发器的个数至少为（   ）。
   A. 3 个   B. 4 个   C. 5 个   D. 6 个
5. 若一个单稳态触发器电路的输出脉宽 $t_p = 3\mu s$，恢复时间 $t_{re} = 1\mu s$，则输出信号的最高频率为（   ）。
   A. $f_{max} = 250kHz$ B. $f_{max} \geq 1MHz$
   C. $f_{max} \leq 200kHz$ D. $f_{max} = 200kHz$

6. 如图 13.4.5 所示，若单稳态触发器电路输出波形的脉冲宽度 $t_p = 5\mu s$，恢复时间 $t_{re} = 1\mu s$，则输出信号的最高频率为（   ）。

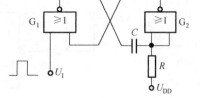

   A. 166.7kHz   B. 200kHz
   C. 250kHz   D. 1MHz

图 13.4.5

7. 某时序电路的状态图如图 13.4.6 所示，该电路为（   ）。
   A. 四进制加计数器   B. 四进制计数器

C. 五进制加计数器
D. 五进制计数器

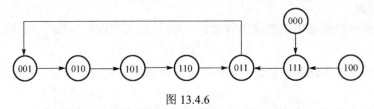

图 13.4.6

8. 设计一个九十九进制计数器的电路至少要用（ ）个触发器。

A. 1　　　　B. 2　　　　C. 3　　　　D. 4

9. 某时序电路如图 13.4.7 所示，若在输入端 CP 加入 10kHz 的脉冲波形，则该电路输出端 Z 的频率为（ ）。

A. 2.5kHz　　　B. 5kHz　　　C. 20kHz　　　D. 40kHz

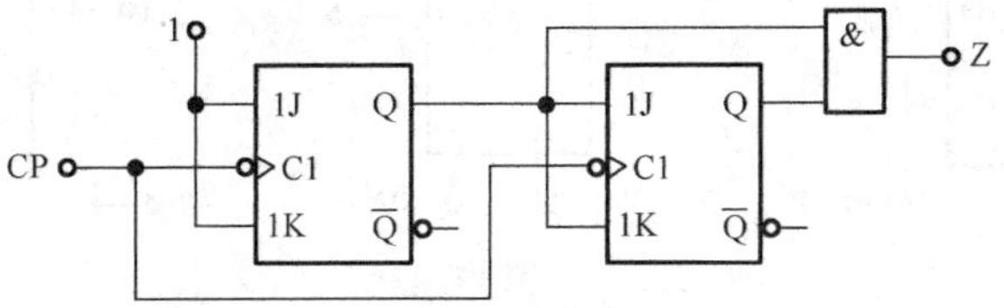

图 13.4.7

10. 下列触发器中，有约束条件的是（ ）。

A. RS 触发器　　B. JK 触发器　　C. D 触发器　　D. T 触发器

11. 下列中规模通用集成电路中，属于组合逻辑电路的是（ ）。

A. 4 位计数器 74161　　　　B. 4 位加法器 74283
C. 4 位寄存器 74194　　　　D. 译码器 74138

12. 某时序电路设计过程中的最简状态图中的状态数为 8 个，设计该电路至少需要用（ ）个触发器。

A. 4　　　　B. 3　　　　C. 2　　　　D. 6

13.4.3　计算题

1. 逻辑电路如图 13.4.8(a)所示，输入 A、B、K 和时钟脉冲 CP 的波形如图 13.4.8(b)所示，试画出 J 和 Q 的波形（设 Q 的初始状态为 0）。

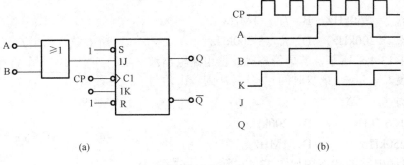

(a)　　　　　　　　　　　　(b)

图 13.4.8

2. 同步时序逻辑电路和时钟脉冲 CP 的波形分别如图 13.4.9 所示。

（1）画出在 CP 脉冲作用下 Q_0、Q_1 的波形，设触发器初态均为 0；

（2）说明是几进制计数器。

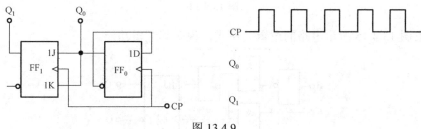

图 13.4.9

3. 已知由与非门组成的基本 RS 触发器和输入端 $\overline{R}_D$、$\overline{S}_D$ 的波形如图 13.4.10 所示，试对应地画出 Q 和 $\overline{Q}$ 的波形，并说明状态"不定"的含义。

4. 已知钟控 RS 触发器 CP、R 和 S 的波形如图 13.4.11 所示，试画出输出 Q 的波形。设初始状态分别为 0 和 1 两种情况。

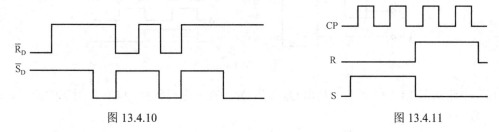

图 13.4.10   图 13.4.11

5. 在主从结构的 JK 触发器中，已知 CP、J、K 的波形如图 13.4.12 所示，试画出 Q 端的波形。设初始状态 Q = 0。

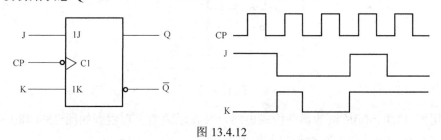

图 13.4.12

6. 维持阻塞型 D 触发器的输入 D 和时钟脉冲 CP 的波形如图 13.4.13 所示，试画出 Q 端的波形。设初始状态 Q = 0。

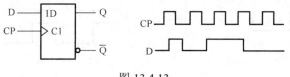

图 13.4.13

7. 在 T 触发器中，已知 T 和 CP 的波形如图 13.4.14 所示，试画出 Q 端的波形。设初始状态 Q = 0。

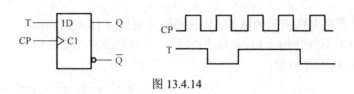

图 13.4.14

8. 写出图 13.4.15 所示电路的逻辑关系式，说明其逻辑功能。

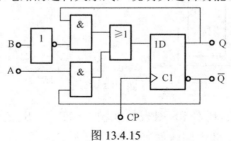

图 13.4.15

9. 如图 13.4.16 所示的电路和波形，试画出 D 端和 Q 端的波形。设初始状态 $Q = 0$。

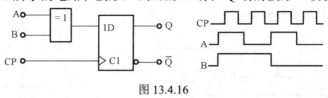

图 13.4.16

10. 电路如图 13.4.17 所示。画出 Q_0 端和 Q_1 端在 6 个时钟脉冲 CP 作用下的波形。设初态 $Q_1 = Q_0 = 0$。

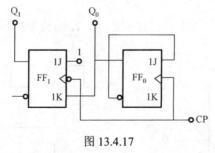

图 13.4.17

11. 用图 13.4.18(a)所给的器件构成电路，并在示波器上观察到如图 13.4.18(b)所示的波形。试问电路是如何连接的？请画出逻辑电路图。

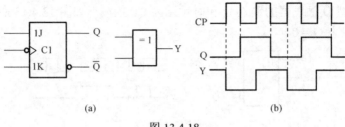

(a)　　　　　　　　　　　　　(b)

图 13.4.18

12. 已知如图 13.4.19(a)所示电路的各输入端信号如图 13.4.19(b)所示。试画出触发器输出端 Q_0 和 Q_1 的波形。设触发器的初态均为 0。

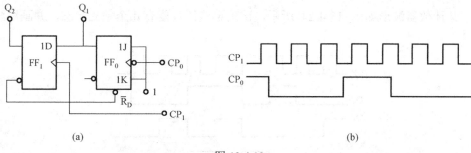

图 13.4.19

13. 已知电路和时钟脉冲 CP 及输入端 A 的波形如图 13.4.20 所示,试画出输出端 Q_0、Q_1 的波形。假定各触发器初态为 1。

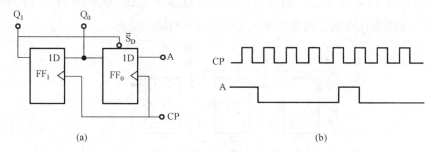

图 13.4.20

14. 已知图 13.4.21(a)所示电路中输入 A 及 CP 的波形如图 13.4.21(b)所示。试画出输出端 Q_0、Q_1、Q_2 的波形,设触发器初态均为 0。

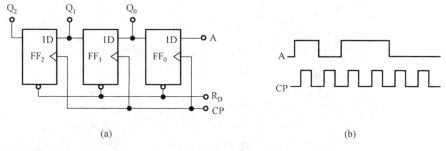

图 13.4.21

15. 电路如图 13.4.22 所示,已知时钟脉冲 CP 的频率为 2 kHz,试求 Q_0、Q_1 的波形和频率。设触发器的初始状态为 0。

16. 分析如图 13.4.23 所示电路的逻辑功能。

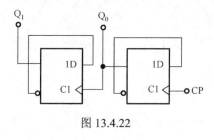

图 13.4.22

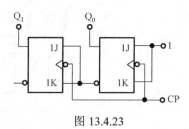

图 13.4.23

17. 某计数器波形如图 13.4.24 所示，试确定该计数器有几个独立状态，并画出状态循环图。

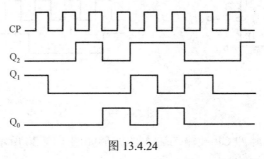

图 13.4.24

18. 电路如图 13.4.25 所示。假设初始状态 $Q_2Q_1Q_0 = 000$。试分析 FF_2、FF_1 构成几进制计数器？整个电路为几进制计数器？画出 CP 作用下的输出波形。

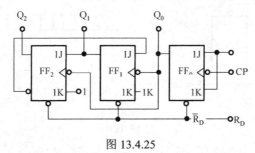

图 13.4.25

19. 分析图 13.4.26 所示计数器的逻辑功能，确定该计数器是几进制的？

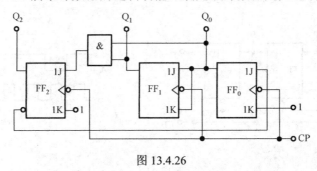

图 13.4.26

20. 同步时序逻辑电路如图 13.4.27 所示，触发器为维持阻塞型 D 触发器。其初态均为 0。试求：① 在连续 7 个时钟脉冲 CP 作用下输出端 Q_0、Q_1 和 Y 的波形；② 输出端 Y 与时钟 CP 的关系。

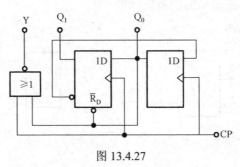

图 13.4.27

21. 已知逻辑电路及时钟 CP 和 X 的波形如图 13.4.28 所示,试画出触发器输出端 Q_1 和 Q_2 的波形,设触发器的初始状态为 0。

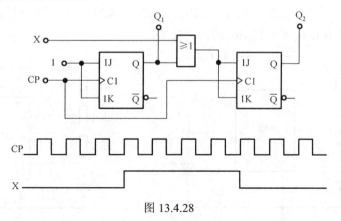

图 13.4.28

22. 用二-五-十进制计数器 74LS290 构成如图 13.4.29 所示的计数电路,试分析它们各为几进制计数器?

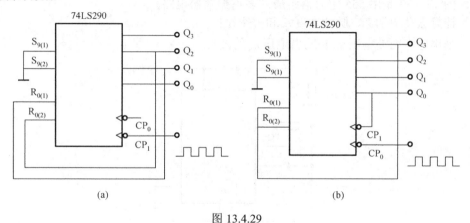

图 13.4.29

23. 试分别分析图 13.4.30 所示电路,说明它是多少进制的计数器。

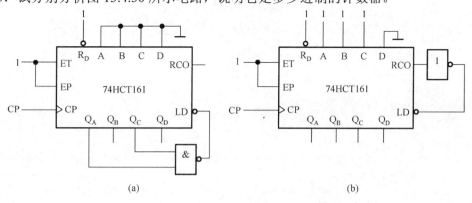

图 13.4.30

24. 试用 74161 构成同步二十四进制计数器。

25. 分析图 13.4.31 所示电路，简述电路的组成及工作原理。若要求发光二极管 LED 在开关 S 按下后，持续亮 10 秒，试确定图中 R 的阻值。

26. 用 555 定时器构成的多谐振荡器电路如图 13.4.32 所示，当电位器滑动臂移至上、下两端时，分别计算振荡频率和相应的占空比 D。

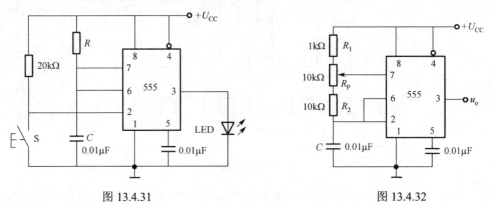

图 13.4.31   图 13.4.32

27. 图 13.4.33 是由 555 定时器组成的多谐振荡器电路。

（1）计算振荡周期 T、脉冲宽度 t_p 和占空比；

（2）画出电容两端电压 u_C 和输出电压 u_o 的波形。

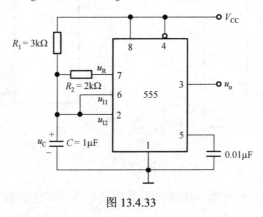

图 13.4.33

参 考 文 献

[1] 邱关源. 电路[M]. 5 版. 北京. 高等教育出版社. 2006.

[2] 康华光. 电子技术基础(模拟部分)[M]. 5 版. 北京. 高等教育出版社. 2005.

[3] 康华光. 电子技术基础(数字部分)[M]. 5 版. 北京. 高等教育出版社. 2005.

[4] 秦曾煌. 电工学[M]. 6 版. 北京. 高等教育出版社. 2004.

[5] 秦曾煌. 电工学学习辅导与习题选解[M]. 北京. 高等教育出版社. 2004.

[6] 符磊，王久华. 电工技术与电子技术基础[M]. 3 版. 北京. 清华大学出版社. 2011.

[7] 焦阳. 电工与电子技术[M]. 北京. 机械工业出版社. 2011.

[8] 王槐斌. 电路与电子简明教程[M]. 2 版. 武汉. 华中科技大学出版社. 2010.

[9] 王槐斌. 吴建国，周国平. 电路与电子学习指导[M]. 2 版. 武汉. 华中科技大学出版社. 2010.

[10] 宋玉阶，吴建国，张彦，曹阳. 电工与电子技术[M]. 武汉. 华中科技大学出版社. 2012.

[11] 吴建国，张军颖. 电工与电子技术学习指导[M]. 武汉. 华中科技大学出版社. 2012.